U0232567

国家自然科学基金项目(41272278)
2014年国家工程技术研究中心组建项目计划(2014FU125Q06)
安徽高校科研平台创新团队建设项目(2016-2018-24)
安徽高校自然科学研究重点项目(KJ2016A826、KJ2017A071)资助

构造极复杂煤炭采区水文地质条件立体探查与综合评价

吴基文　沈书豪　葛春贵　翟晓荣 等　著

科学出版社
北　京

内 容 简 介

随着煤炭资源的进一步开发，浅部及条件简单区域的煤炭资源逐渐匮乏，深部、地质条件复杂区域的煤层开采，已构成了我国目前乃至未来相当长时间内煤矿企业的攻关课题。为了预测和防治极复杂地质条件块段煤层开采水害问题，重点解放受太灰水和奥灰水威胁的呆滞储量，采区水害综合探查与防治技术研究是解决此类问题的有效途径之一。本书以淮北矿业集团桃园煤矿北八采区为研究对象，在系统分析矿区和井田地质和水文地质条件的基础上，针对桃园煤矿北八采区极复杂的地质与水文地质条件，采用地面补充钻探、地面三维地震勘探及其精细解释、井下钻探、井下综合物探（瞬变电磁、并行电法、二维地震）、放水试验、水化学探查等方法和手段，对北八采区进行了立体探查，在此基础上对该采区水文地质条件进行了综合评价，揭示了该采区受断层水、底板岩溶水、上覆松散层水、煤系砂岩水、岩溶陷落柱水等威胁的极复杂的水文地质特点，为采区水害预测、评价和防治提供了技术支撑，为极复杂地质条件采区煤炭资源安全高效开采提供了水文地质保障。研究成果对皖北矿区乃至华北类似条件的矿井水害防治均具有重要的指导意义和应用价值。

本书可供煤田地质、水文地质、采矿工程、地质工程、勘查技术与工程及矿井地质灾害防治等专业从事相关课题研究的科研人员、工程技术人员及大专院校师生参考。

图书在版编目(CIP)数据

构造极复杂煤炭采区水文地质条件立体探查与综合评价/吴基文等著．—北京：科学出版社，2019.4

ISBN 978-7-03-060728-7

Ⅰ.①构… Ⅱ.①吴… Ⅲ.①复杂煤层-采区-水文地质条件-探查-综合评价 Ⅳ.①P641.4

中国版本图书馆 CIP 数据核字（2019）第 042926 号

责任编辑：焦 健 姜德君／责任校对：张小霞

责任印制：肖 兴／封面设计：北京图阅盛世

科学出版社 出版

北京东黄城根北街 16 号

邮政编码：100717

http://www.sciencep.com

三河市春园印刷有限公司 印刷

科学出版社发行 各地新华书店经销

*

2019 年 4 月第 一 版 开本：787×1092 1/16

2019 年 4 月第一次印刷 印张：16 1/2

字数：374 000

定价：218.00 元

（如有印装质量问题，我社负责调换）

《构造极复杂煤炭采区水文地质条件立体探查与综合评价》编撰委员会

前　言

中国是以煤炭为主要能源的国家，并具有“富煤贫油少气”的资源特点，从而决定了中国能源生产与消费以煤为主的格局将长期存在，未来煤炭在能源消费结构中的比重将持续下降，但煤炭的需求总量仍将保持增加态势。近年来，煤炭在我国初级能源消费结构中的比例一直保持在66%左右。随着煤炭资源的需求增加，已逐步向大采深、地质条件复杂区域发展，然而对开采不利的地质因素也逐渐增多，开采的风险性也随之加大，尤其是矿井地下水害的威胁。

虽然国内外煤矿防治水工作在不断地探索前进，根据自身的条件和特点进行了研究和试验，已初步形成一套行之有效的矿井防治水理论、对策、方法、手段和有关的管理制度。但许多老矿区浅部及构造简单区域煤炭资源已近枯竭，深部煤炭资源在高地压、高水压开采环境下，以及在构造极复杂区域，矿井水防治已成为严重的工程问题和地质问题。面对复杂的构造和水文地质条件，不少水患因素正在被不断揭露。目前国内外矿井对复杂的水文地质条件下水害防治尚未有成熟的技术和经验。鉴于此，作者在多项基金的支持下，并与淮北矿业（集团）有限责任公司（简称淮北矿业）合作，联合高等院校、科研院所、勘探系统，开展了构造极复杂采区水文地质条件探查研究，取得了多项研究成果和显著的经济效益与社会效益，其中1项研究成果经同行专家鉴定达到了国际先进水平，并获得2015年度中国煤炭工业协会科学技术奖二等奖。研究成果对皖北矿区乃至华北类似条件的矿井水害防治均具有重要的指导意义和应用价值，具有较广阔的推广应用前景。本书就是在这些研究成果的基础上完成的。

本书以淮北矿业集团桃园煤矿为依托，针对该矿北八采区极复杂的地质与水文地质条件，在系统分析矿区和井田地质和水文地质条件的基础上，采用地面补充钻探、地面三维地震勘探及其精细解释、井下钻探、井下综合物探（瞬变电磁、并行电法、二维地震）、放水试验、水化学探查等方法和手段，对北八采区进行了立体探查，揭示了该采区受断层水、底板岩溶水、上覆松散层水、煤系砂岩水、岩溶陷落柱水等威胁的极复杂的水文地质特点；通过理论分析、室内试验、现场测试和模拟计算，综合确定了北八采区各含水层的富水性及其间的水力联系，评价了断层的导含水性、太原组灰岩岩溶裂隙含水层水的可疏放性、底板灰岩水的突水危险性，为采区突水预测和评价提供了技术支撑，为极复杂地质条件采区煤炭资源安全高效开采提供了水文地质保障。并将研究成果应用于煤矿生产实际，取得了较显著的经济效益和社会效益。主要创新性成果有：①提出了“地面（井下）钻探、三维地震勘探、井下综合物探、井下放水试验、水化学探查”极复杂地质条件采区水害综合探查模式，获得了北八采区边界断层导水、高水压强富水补给、高水位异常的极复杂水文地质条件；②基于先进的地震属性分析技术及测井成果约束下的地震多属性反演技术，建立了岩层的孔隙度与波阻抗之间的关系模型，反演了视电阻率体，预测了疑似陷落柱及8_2、10煤层顶底板岩层的富水性；③建立了补给边界条件下群孔阶梯流量放水试验的承压含水层渗透系数计算公式，为极复杂水文地质条件采区含水层水文地质参数求解提供了科学依据；④针对高水压强奥陶系灰岩岩溶裂隙含水层水补给边界，建立了极复杂地质条件下群孔放水疏降模型，揭示了北八采区太原组灰岩岩溶裂隙含水层水难以疏放的特点。

本书共9章，由安徽理工大学吴基文教授、沈书豪博士、翟晓荣博士、张红梅博士，淮北矿业集团葛春贵教授级高工、倪建明教授级高工、王大设教授级高工、龚世龙高工、韩东亚教授级高工、胡杰工程师、张治工程师，合肥工业大学葛晓光教授，安徽惠洲地质安全研究院股份有限公司周官群教授级高工，中国煤炭地质总局地球物理研究院张兴平教授级高工和安徽省煤田地质局物探测量队吴有信教授级高工、武磊彬高工合作完成。

其中前言、第1章、第8章、第9章由吴基文教授、葛春贵教授级高工和沈书豪博士合作撰写，第2章由韩东亚教授级高工、龚世龙高工、张治工程师和翟晓荣博士合作撰写，第3章由葛晓光教授、倪建明教授级高工、韩东亚教授级高工、张治工程师和张红梅博士合作撰写，第4章由吴有信教授级高工、武磊彬高工、张兴平教授级高工、王大设教授级高工和吴基文教授合作合作撰写，第5章由周官群教授级高工、张红梅博士、沈书豪博士和胡杰工程师合作撰写，第6章由翟晓荣博士、吴基文教授、沈书豪博士和韩东亚教授级高工合作撰写，第7章由吴基文教授、翟晓荣博士、张红梅博士和沈书豪博士合作撰写，全书由吴基文教授统稿。

本书研究工作自始至终得到了淮北矿业、安徽理工大学、合肥工业大学、安徽惠洲地质安全研究院股份有限公司、安徽省煤田地质局物探测量队、中国煤炭地质总局地球物理研究院等单位领导和技术人员的热情指导和大力支持。在现场资料收集、采样与测试过程中，得到了淮北矿业桃园煤矿领导及地测与钻探技术人员的大力帮助。

自2011年以来，安徽理工大学研究生黄伟、邱国良、张郑伟、彭涛、王浩、李博、宣良瑞、郭 艳、郑晨、彭军、郑挺、张海潮、任自强、田诺成等做了大量的现场资料收集与室内外试验工作。研究生王广涛和毕尧山参与了本书插图的清绘工作。

借本书出版之际，作者对以上各单位领导、专家、老师和朋友对本项研究和本书出版的指导、支持和帮助表示衷心感谢！对本书引用文献中作者的支持和帮助表示衷心感谢！向参与本项研究的同事和研究生表示衷心感谢！

本书的研究和出版得到了国家自然科学基金项目（41272278）、2014年国家工程技术研究中心组建项目计划（2014FU125Q06）、安徽高校科研平台创新团队建设项目（2016-2018-24）和安徽高校自然科学研究重点项目（KJ2016A826、KJ2017A071）的资助。在此表示衷心感谢。

限于研究水平和条件，书中难免存在不足之处，恳请读者不吝赐教。

吴基文

2018年8月于安徽淮南

目　　录

第1章　绪　　论

1.1　研究背景

煤炭资源是国家能源安全与社会经济发展的基础，为满足我国工业化进程中对能源的长期需求提供了有力保障（谢克昌，2014）。中国是以煤炭为主要能源的国家，在全国已探明的化石能源资源储量中，煤炭、石油和天然气所占比重分别为94%、5.4%和0.6%，这种“富煤贫油少气”的资源特点，决定了中国能源生产与消费以煤为主的格局将长期存在。根据国内外相关权威研究机构预测，中国在积极推进节能减排、大力发展和利用可再生能源的基础上，未来煤炭在能源消费结构中的比重将持续下降，但煤炭的需求总量仍将保持增加态势（彭苏萍，2009）。近年来，煤炭在我国初级能源消费结构中的比例一直保持在66%左右（彭苏萍等，2015）。随着煤炭资源的需求增加，已逐步向大采深、复杂地质条件区域发展，然而对开采不利的地质因素也逐渐增多，开采的风险性也随之加大，尤其是矿井地下水害的威胁。

我国煤矿区受到的水害一般来自三套含水系统，即新生界松散含水系统、煤系裂隙含水系统及深部灰岩岩溶含水系统。长期以来，煤层底板突水一直是严重影响我国煤矿资源安全开采的一个主要因素，特别是构造区域的断层突水更为严重，占整个突水事故的80%（徐睿等，2009）。华北石炭–二叠系煤田是我国重要的产煤区，其下组煤位于含水丰富的奥陶系灰岩含水层或太原组灰岩含水层之上，在采矿活动影响下，发生底板突水的可能性较大。据统计，有3/5的煤矿不同程度地受到煤层底板承压水的威胁，仅华北地区受其危害的矿井就有200多个，造成2/5左右的煤炭资源不能正常开采回收（王作宇和刘鸿泉，1993；王连国和宋扬，2001）。随着煤矿开采深度的不断增加，矿井灰岩水的危害日趋严重，给人们的生命与财产带来了极大的威胁，也制约着煤炭工业的发展，是煤矿安全生产的重大隐患之一。

虽然国内外煤矿防治水工作在不断地探索前进，根据自身的条件和特点进行了研究和试验，已初步形成一套行之有效的矿井防治水理论、对策、方法、手段和有关的管理制度（武强等，2013；国家安全生产监督管理总局和国家煤矿安全监督局，2009）。但许多老矿区浅部及构造简单区域煤炭资源已近枯竭，深部煤炭资源在高地压、高水压开采环境下，以及构造极复杂区域矿井水防治已成为严重的工程问题和地质问题。面对复杂的构造和水文地质条件，不少水患因素正在被不断揭露。目前国内外矿井对复杂的水文地质条件下水害防治尚未有成熟的技术和经验，有待深入研究加以解决。本书即为对此开展研究的成果总结。

桃园煤矿位于安徽省宿州市区南约11km，为淮北矿业集团主力生产矿井之一，于1983年12月26日正式破土兴建，于1995年11月15日正式投产。矿井采用立井分水平阶段石门开拓方式，分两个水平开采。第一水平标高为-520m，第二水平标高为-800m，回风水平标高为-310m，通风方式为中央分列式，采煤方式为走向长壁顶板冒落式。矿井设计生产能力为90万t/a，2012年矿井能力核定为185万t/a。

桃园矿井位于淮北煤田，属华北石炭-二叠纪含煤岩系，主采二叠系山西组10煤层和下石盒子组7_1、8_2煤层。煤层开采主要受新生界松散层第四含水层（组，简称四含）水、煤系砂岩裂隙含水层水、石炭系太原组灰岩岩溶裂隙含水层（简称太灰）水与奥陶系灰岩岩溶裂隙含水层（简称奥灰）水的影响。矿井内F2断层将井田划分为南北两块，F2断层以北为北八采区，以南为南部采区（又称大区），包括南一、南三、北二、北四和北六采区。随着南部采区一水平煤炭资源的开采完毕，矿井逐步向深部二水平和北部采区进军，并于2005年开始对北八采区进行开拓。

北八采区位于矿井北部，其北界为F1断层（即桃园煤矿北界），西界为太原组顶部第一层灰岩基岩露头，南部以F2断层与北六采区相邻，深部至3_2煤层-520m底板等高线的平面投影。采区走向长为3.8km，倾向宽1.5km，面积约5.7km^2。设计开采7_1、8_2、10煤层，可采储量1254.2万t，其中：一水平（-520m以上）合计可采储量383.9万t，二水平（-800～-520m）可采储量870.3万t。

该采区位于两大断层之间，受断层作用影响，煤层倾角大，小断层发育，构造极复杂，由此造成了复杂的水文地质条件。存在的主要水文地质问题如下。

1. 北八采区水文地质条件不清

1）水文地质勘探程度低

井田范围内先后进行过四次勘探，一共有28个水文地质勘探钻孔。其中长观孔10个，全部在F2断层以南；水文地质孔和水文地质补勘孔8个，其中5个孔在F2断层以南，本采区3个孔，分别为构13孔、构14孔及3-4-2孔；抽水试验孔10个，9个孔在F2断层以南，只有4-3孔位于本采区内。4-3孔对F2断层进行简易抽水试验，构13孔位于F2断层以北约20m，钻至奥灰时发生漏水，3-4-2孔钻至8煤下砂岩时发生漏水。与太灰有关的只有构14孔，该孔位于F2断层以北约250m，钻至太灰时发生漏水，仅此而已。本区无太灰水文地质勘探资料，太灰水文地质勘探程度不能满足矿井安全生产要求。

2）太灰水文地质条件不清

据《桃园煤矿北八采区地质说明书》，利用桃园南部抽水资料，结合本区含水层发育特征，对各含水层组进行描述和评价。F2断层的隔水性，使北部的水文地质特征与南部有一定的差异，基岩含水层的富水性评价可能与实际有出入。

a. 太灰富水性

由于本区内太灰未进行抽水试验，根据南部综合水文地质资料，钻孔单位涌水量0.249～1.412L/(s·m)，据《煤矿防治水规定》，太灰为中等-强富水含水层。F2断层的影响，使断层两侧的水文地质特征有一定的差异，北八采区太灰富水性采用F2断层以南的资料，可靠性值得商榷。

b. 太灰与其他含水层的水力联系

根据矿井已有水文地质资料，F2断层以南太原组石灰岩含水层与其他含水层之间存在一定的水力联系。水质化验结果显示太原组灰岩含水层与煤系地层含水层、新生界第四含水层组的水质类型、pH 及矿化度相似，说明三个含水层之间可以由风化带沟通，相互发生水力联系。另外断层裂隙带是地下水径流和沟通各含水层水的良好通道，太灰与其他含水层在断层带附近可以相互补给，在垂向上或水平方向上发生水力联系。本采区仅有 1 个四含长观孔（2007 观 1），没有明确显示太灰含水层与其他含水层有水力联系的资料。

2. 10 煤开采受太灰水和断层水的威胁

10 煤是本采区的主要可采煤层之一，煤层开采时将受到太原组石灰岩含水层水及断层水的威胁。

（1）根据《桃园煤矿北八采区地质说明书》，10 煤下距太灰含水层顶界面一般距离为 49～64m，在 F3 断层上盘最小距离只有 25m。北八采区大巷标高为-490m，根据 F2 以南太灰长观孔，太灰水压在 3.5～4.5MPa。在采矿过程中底板承压太灰水有可能突破底板隔水层，进入采掘工作面，造成灾变突水。

（2）北八采区煤系地层及太原组灰岩与 F2 断层对盘奥灰对接，但两者的联系程度及奥灰水对太灰水的补给情况不清。

（3）F2 断层和 F1 断层是本采区的南北边界断层，断层带附近裂隙发育是地下水储存和径流的良好场所，在开采区接近这些区域时其涌水量将会增加。

3. 采区存在水文地质异常

根据本采区开拓巷道揭露及放水试验前施工的井下水文地质钻孔情况，结合地面水文观测孔及以前的水文地质勘探资料，北八采区显示出异常的水文地质现象，主要表现如下。

1）煤系地层砂岩出水量大

北八采区上部车场 8 煤层顶底板砂岩水涌水量约为 $100m^3/h$，经 3 年多并没有衰减；8_281 工作面回风石门开始掘进时，单个锚杆眼最大涌水量达 $3m^3/h$，至 5 个月后掘进头出水量 $10m^3/h$，反映出与南部采区（大区）明显不同。

2）水温、水质异常

在上部车场和 8_281 工作面回风石门共取了 4 个水样，水温都在 29℃以上，水质化验结果均显示灰岩水离子成分含量较高。北八采区井下共施工 5 个灰岩放水测压孔，水温均明显高于南部采区，水位也高于南部采区，水质也异常。

综上所述，桃园煤矿北八采区水文地质条件极其复杂，开采本采区煤层将受到严重的水害威胁。

为此，淮北矿业集团领导高度重视，多次进行现场调研，并专门组织召开了多场专家咨询会。针对北八采区水文地质条件的复杂性，淮北矿业集团于 2007 年开始立项，联合高等院校、科研院所和勘探系统开展系列研究，对北八采区水文地质条件进行了立体探查，研究了北八采区各含水层的富水性，补、径、排条件及水力联系，断层导含水性、导水通道等，对北八采区水文地质条件进行了综合评价，制订北八采区水害防治方案，为构造极复杂采区煤层安全高效开采提供可靠的水文地质保障。本书研究成果不仅具有重要的实际意义，而且具有较高的理论价值，对类似地质条件矿井（或采区）的水害防治具有重要的借鉴作用。

1.2 主要试验研究内容与工作过程

1.2.1 主要试验研究内容

针对桃园煤矿北八采区极复杂的地质及水文地质特点，开展了下列主要试验研究工作。

1. 桃园煤矿北八采区水文地质条件综合探查

1）地面钻孔补充探查

在地面布置钻孔，重点探查四含、F2 断层、太灰、奥灰等含水层，取心观测描述，进行抽水试验。

2）采区三维地震勘探与精细化解释

开展三维地震勘探，并采用叠前偏移等技术对已有三维地震勘探采集的数据进行精细解释，查明采区内疑似陷落柱等垂直导水通道、煤层顶底板富水性等。

3）井下综合物探

利用采区现有巷道开展井下综合物探。鉴于地面条件不适应电磁法物探施工，利用采区主体巷道开展瞬变电磁、高密度电法和震波 CT 等物探工作，查明顶底板低阻异常区及隐伏构造发育情况，结合生产揭露地质及水文地质条件，综合分析采区水文地质异常原因，为井下钻探提供依据。

4）采区地下水动态观测系统建立与完善

增加太灰和奥灰水文观测孔各 1 个，井下灰岩放水孔 3 个，观测孔 1 个，以满足放水试验和水文监测的要求。地面钻孔由淮北矿业（集团）勘探工程有限公司完成，井下钻孔由桃园煤矿完成。

5）井下放水试验

开展以太灰含水层为目的层的放水试验，观测奥灰、太灰含水层的水压，确定地下水流场、水质、水温动态特征，获取水文地质参数，研究放水对煤系砂岩水涌水量的影响，确定奥灰含水层的补给量、补给地点，评价太灰水可疏放性，制订 10 煤开采防治水方案。

6）水化学探查与分析

对各含水层采取水样，以及在放水过程中采集系列水样，进行水质化验（简易、常规、微量元素等），评价各含水层的水质特征及其间的水力联系。

2. 桃园煤矿北八采区水文地质条件综合评价

根据以上工程探查与研究成果，系统分析各含水层的富水性、水力联系、边界条件等，划分采区水文地质类型，为本采区煤层安全开采水害治理提供科学依据。

3. 北八采区水害预防与治理方案研究

针对北八采区水文地质特点，提出水害治理方案，为北八采区煤层安全高效开采提供水文地质保障。

1.2.2 研究工作过程

本项目针对桃园煤矿北八采区地质及水文地质条件的复杂性，开展极复杂地质条件采区水害综合防治研究，联合高等院校、科研院所和物探队，开展采区水文地质条件立体探查与综合评价，为制订极复杂地质条件煤层开采水害防治方案提供科学依据，为矿井安全高效开采提供可靠的水文地质保障。项目实施过程如下。

（1）2007年3～12月：开展了北八采区四含富水性及回采上限研究。施工了2007观1和07水1两个四含水文勘查孔，提交了《桃园煤矿北八采区四含富水性与防治技术研究报告》，确定了北八采区四含防隔水煤柱留设方案。

（2）2007年3月～2008年8月：安徽省煤田地质局物探测量队对北八采区进行了三维地震勘探，提交了《北八采区三维地震勘探报告》，揭露落差20m断层1条，1个异常区（疑似陷落柱）。

（3）2010年2～12月：开展了北八采区F1、F2断层防水煤岩柱研究，提交了《桃园煤矿北八采区F1、F2断层水文地质勘查与断层水害防治技术研究报告》，并对F2断层防水安全煤岩柱进行了留设。

（4）2011年7～10月：中国煤炭地质总局地球物理勘探研究院对北八采区三维地震资料进行了精细解释、研究，主要对北八采区三维地震资料进行了精心的分析、处理及解释，并利用地质测井成果与地震资料进行精细属性约束反演、研究，获得了主采煤层顶底板赋水性分析成果及主采煤层精细构造分析成果，提交了《淮北矿业股份有限公司桃园煤矿北八采区三维地震资料精细解释研究报告》。

（5）2011年5～10月：完成井下放水孔、观测孔施工，现场调查、观测、采样及室内试验，地面观测孔施工与地质描述。开展北八采区放水试验，对放水试验数据进行处理，提交了《北八采区放水试验研究报告》。

（6）2011年7～11月：对井下各条巷道进行了并行电法、瞬变电磁法以及二维地震偏移法探测，提交了《北八采区上部车场及回风、人行、轨道上山巷道井下综合物探》和《桃园煤矿北八采区北八大巷井下综合物探》报告。

（7）2011年10月～2013年8月：采区水文地质条件综合评价，底板突水危险性评价，水害防治方案研究。

（8）2012年10月～2014年12月：资料整理分析，数值模拟计算，图件编制，研究总报告编写。

（9）2014年12月：成果鉴定与提交。

研究技术路线如图1-1所示。

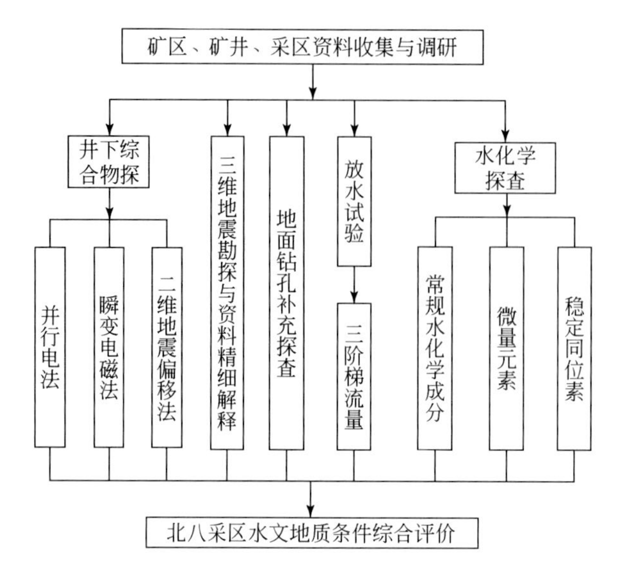

图 1-1　研究技术路线示意图

第2章　桃园煤矿矿井水文与工程地质背景

2.1　矿井地质概况

2.1.1　矿井地层特征

桃园煤矿位于淮北煤田的东南缘，在地层区划分上属于华北地层区鲁西地层分区徐宿地层小区。井田内无基岩出露，均为巨厚松散层所覆盖，经钻孔揭露，地层由老到新有奥陶系、石炭系、二叠系、新近系和第四系。现由老至新简述如下。

1）奥陶系（O）

奥陶系揭露不全。98观1孔揭露116.20m，大致为奥陶系的中部地层。石灰岩：浅灰-深灰色，局部显肉红色调。隐晶-细晶质，局部含泥质或白云质，下部见有燧石结核，方解石脉较发育。

2）石炭系（C）

上统本溪组（C_2b）。98观3孔揭露地层厚度26.75m，下部为灰黑-黑色的泥岩，上部为灰色的粉砂岩夹薄层泥岩以及青灰-灰白色，隐晶质结构的石灰岩。与下伏地层呈不整合接触。

上统太原组（C_2t）。矿井内本组地层没能连续揭露。98观3钻孔连续揭露本组地层厚度172.76m（大致为2灰以下地层）。岩性由浅海相石灰岩和过渡相的砂岩、粉砂岩、泥岩、薄煤层组成，含动物化石。其中石灰岩占地层厚度的35%左右，3、4、8、9这四层石灰岩厚度较大。本组含有薄煤层，局部有可采点，属极不稳定煤层。本组地层为浅海相、滨海相、潮坪相及过渡相沉积，其主要特征为：随海水进退，地层呈旋回出现。与下伏地层呈整合接触。

3）二叠系（P）

下统山西组（P_1sh）。下部以太原组顶部1灰之顶为界，上部以铝质泥岩之底为界，地层厚度一般在115m左右，与下伏地层呈整合接触。岩性以砂岩、粉砂岩为主，其次为泥质岩或煤层。上部颜色较浅，多为浅灰-浅灰白色，局部略呈灰绿色调；下部颜色较深，一般为灰-深灰色。砂岩成分以石英为主，发育鲕状、条带状及椭球状菱铁结核。10煤层上部砂岩含岩屑，胶结疏松；10煤层下部砂岩层面有大量云母，常与粉砂岩或泥岩薄层组成互层状，具缓波状-水平状层理，见有底栖动物通道等。底部为厚20m左右的海相泥岩，灰黑色，致密均一，具水平层理，含少量动物化石，底部含菱铁质结核。该组为本矿主要含煤地层之一，含10、11两个煤层（组），其中10煤层为本矿主要可采煤层。

中统下石盒子组（P_2x）。底界为铝质泥岩之底，上界为 K_3 砂岩之底，地层厚度一般为225m左右。由中细粒砂岩、粉砂岩、泥岩及煤层组成，与下伏地层呈整合接触。自下而上，岩石颜色逐渐变浅，砂岩粒度逐渐变粗。下部：6煤组至铝质泥岩段，砂岩及部分粉砂岩由碳质、泥质及菱铁质显示水平、波状、透镜状层理，泥岩、粉砂岩中植物化石丰富，本段含煤层数多，含煤性较好，含有6、7、8、9四个煤层（组）。底部普遍发育一层铝质泥岩，浅灰-铝灰色，具紫、油黄等杂色斑块，含菱铁鲕粒，块状构造。上部：在粉砂岩和泥岩中，含较多瘤状及姜状菱铁质结核。在煤层附近植物化石较丰富。本段含煤性较下部差，含4、5两个煤层（组）。本组 7_1、8_2 煤层为本矿主要可采煤层。

上统上石盒子组（P_3sh）。本矿井范围内未见顶界，揭露地层厚度350m，由砂岩、粉砂岩、泥岩和煤层组成。按其主要特征，大致分为两个部分。

下部自底部的 K_3 砂岩到1煤层（组），以具紫、油黄色杂斑的泥岩、粉砂岩及灰绿色、浅灰色细-中粒砂岩为主，泥岩、粉砂岩中含较多量的菱铁鲕粒，植物化石及炭屑少见；煤层附近多为灰-深灰色的泥岩、粉砂岩，产丰富的植物化石。底部 K_3 砂岩，为灰白色、厚层状、细-粗粒结构的长石石英砂岩，成分以石英为主，次为长石，硅质胶结，具交错层理。

上部包括1煤层组及其以上地层，以灰绿色、灰白色中细粒砂岩、粉砂岩为主，夹少部分杂色泥岩，偶见粗砂岩及煤线。粉砂岩中具缓波状层理，砂岩可见交错层理。中上部砂岩粒度较下部粗，成分变杂。

本组含1、2、3三个煤层组，其中 3_2 煤层为本矿井主要可采煤层。与下伏地层呈整合接触。

4）新近系（N）

中新统（N_1）。共分2段。下段：为坡积、残积堆积物，不整合于下伏地层之上。全层厚度0~47.30m，平均22m，本矿北部古地形有一低盆，厚度较大。其他地段大多在20m以下。主要岩性为砾石、砂砾、黏土夹砾石、砂层、砂质黏土、黏土及钙质黏土等，在砂质黏土中混杂着较多的钙质团块和砾石块。上段：厚度61.5~121.1m，平均94m，为湖相沉积，主要由灰绿色黏土和砂质黏土组成。分层厚度大、塑性强，分布稳定，局部含有石膏聚结体和单晶体。与下伏地层呈假整合接触。

上新统（N_2）。地层总厚60~120m，平均95m。底部以灰白色、棕黄色中细砂、细砂为主，含有砾石及黏土质砾石。中部为棕红、棕黄色中细砂、细砂及少量砂砾层，其间夹有黏土、砂质黏土、泥灰岩和钙质黏土。上部为棕红、棕黄和褐黄色细砂、黏土质砂、砂质黏土及黏土层，为河湖相沉积，与下伏中新统呈整合接触。

5）第四系（Q）

更新统（Q_{1-3}）。厚度35~80m，平均52m，由黄、灰黄和褐黄色中、细砂、粉砂、黏土质砂夹砂质黏土或黏土组成，北部砂层较多，南部黏土类层增厚。底部有一层中粗或中粒砂夹小砾石。

全新统（Q_4）。厚度25~57.80m，平均32m，北部厚南部薄。灰黄、浅黄色粉砂、黏土质砂及砂质黏土、黏土相间组成，含有丰富的螺蚌化石。主要为河流相及河漫滩相，与下伏更新统呈整合接触。

2.1.2 矿井地质构造特征

1. 矿区构造背景

桃园煤矿所在的宿南矿区位于淮北煤田的东南部，大地构造环境处于华北古大陆板块的东南缘，豫淮拗陷带的东部，徐宿弧形推覆构造南端（图2-1）。东邻宿东向斜，南有固镇断裂，西接童亭背斜，北有宿北断裂。

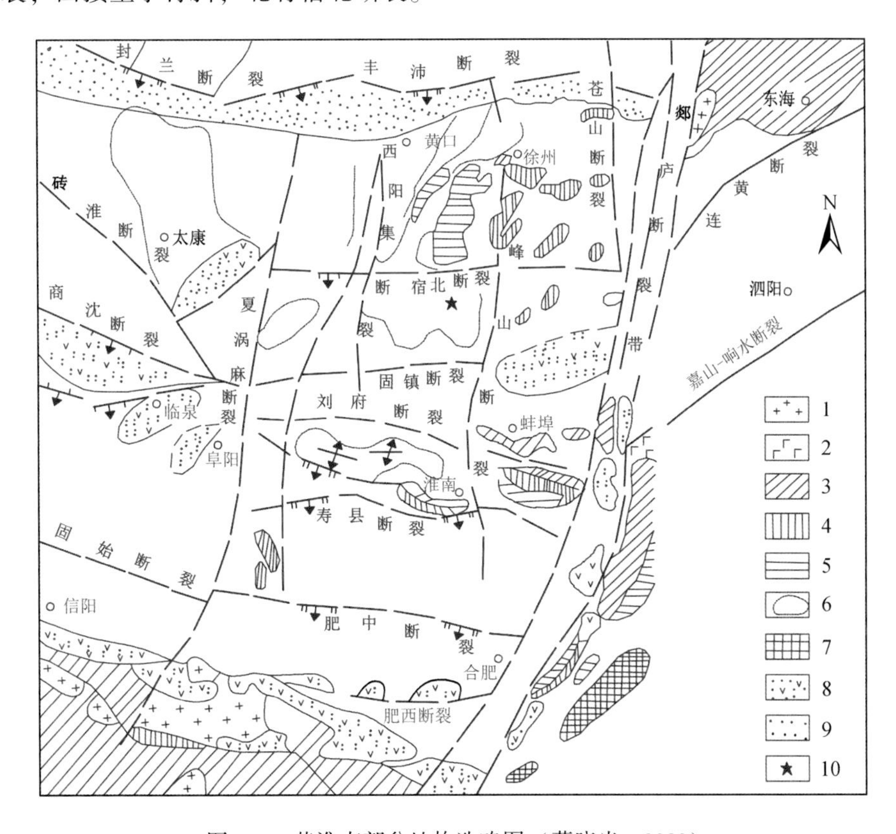

图2-1 黄淮南部盆地构造略图（葛晓光，2002）

1. 酸性岩浆岩；2. 基性岩浆岩；3. 变质岩；4. 震旦系；5. 下古生界；6. 上古生界；7. 扬子区S-P；8. 侏罗-白垩系；9. 古近系；10. 桃园矿井

宿南矿区的主体是一个北部残破的向斜构造，称宿南向斜。矿区内的主要地层与地质构造关系如图2-2所示，宿南向斜位于宿东向斜之西端，其轴向为20°N～25°E，东北部被一组北西向寺坡逆断层切割，破坏了向斜构造的完整性，西翼较为平缓，东翼较陡，南翼平缓，并发育了与地层走向大体一致的次级皱曲构造。该向斜受北北东向断裂所控制，含煤岩系的基地由中、下奥陶统组成。

桃园井田位于宿南向斜的西翼，表现为南北走向、倾向东的单斜构造，北部较陡，倾角在25°～30°，少数达到40°，南部逐步变缓，在15°左右。受宿北断裂拖拽构造的影响，在本井田内形成了两个大的正断层F1和F2，断层落差均超过400m。

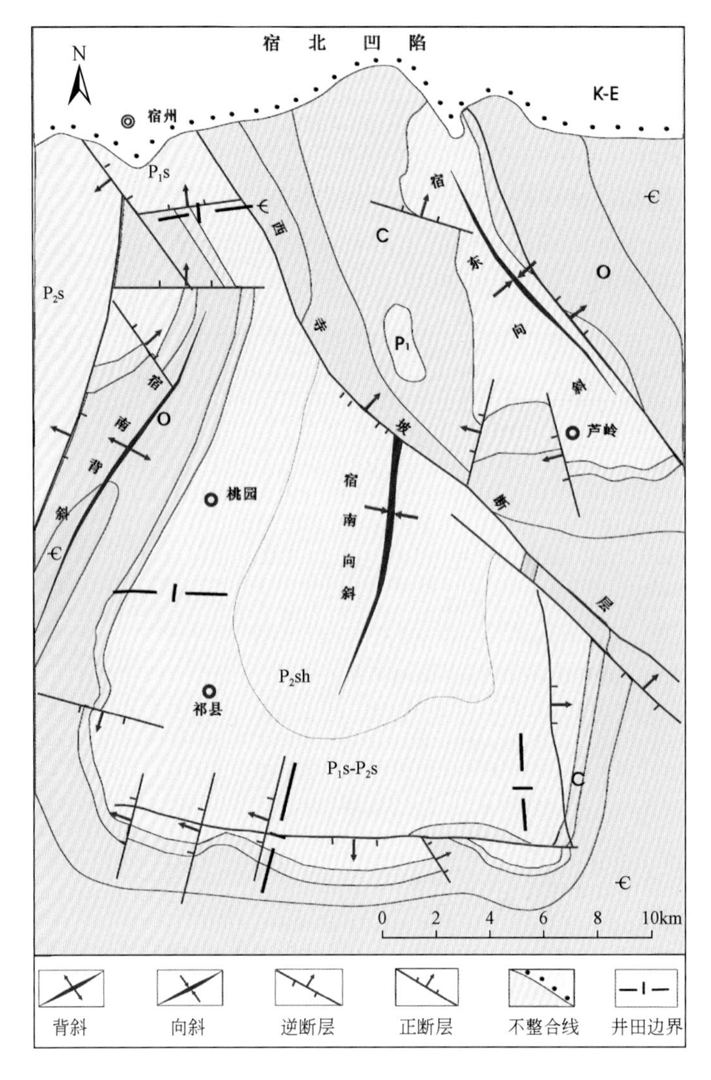

图 2-2　矿区地质构造示意图

2. 矿井构造特征

1）褶皱

桃园煤矿位于宿南向斜西翼的北段。矿井内被 F2 断层切割分成两块，并且以 F2 断层为界，地层走向生了变化。其以北为北北西向，其以南为北北东向。矿井总体为一走向近南北、向东倾的简单的单斜构造，仅在局部有小幅度波状起伏，地层倾角北部较陡（一般 25°～30°，局部达 40°以上），南部较缓（一般 23°左右），地层倾角呈有规律变化。桃园井田内地层整体褶线构造不甚发育，主要表现为波状起伏。较大的起伏位于补 5 线至补 9 线之间，主要表现为各煤层的深部底板等高线呈宽缓的“S”形。8 线附近背斜，波宽约 1. 35km，波高约 85m，两翼基本对称，地层倾角一般为 6°～9°；补 8 线向斜，波宽约 1. 5km，波高约 75m，南翼陡，北翼缓，两翼地层倾角一般为 5°～8°；补 6 线背斜，波宽约1.5km，波高约70m，两翼基本对称，地层倾角一般5°~7°。

2）断层

矿井断层较发育，全矿井共查出落差≥10m的断层10条，其中落差≥20m、<30m的断层2条；≥10m，<20m的断层6条（表2-1）。小构造局部较为发育，在矿井建设与生产过程中已揭露出落差<10m的断层266条。

表2-1　断层情况一览表

断层名称	性质	走向	倾向	倾角/(°)	落差/m	长度/km	钻孔控制	地震控制及级别	可靠程度
F1	正	NE	NW	70	>650	>2.5	$1\text{-}2_3$　$1\text{-}2_5$		基本查明
F2	正	NWW	NNE	60	>400	>3.5	$3\text{-}4_3$　4_3　4_5	三维地震控制	查明
F3	正	NE	SE	70	0~20	0.6	$1\text{-}2_4$		查出
F4	正	NWW	SSW	70	0~12	0.4	4_3	三维地震控制	查明
F5	正	NWW	NNE	70	0~25	0.6		三维地震控制	查明
F_{D4}	逆	NE	NW	35	0~12	0.53		4（A）6（B）	基本查明
F_{D5}	逆	NNW	NEE	55	0~18	0.85		1（A）4（B）	基本查明
F6	逆	NE	SE	27~53	0~15.5	0.4	有6个巷道点揭露		查明
F2-1	正	近EW	N		5~12	675	三维地震		基本查明
DF3	正	近EW	N		0~10	700	三维地震		基本查明

3）岩浆岩

a. 岩浆侵入特征

矿井内有岩浆侵入煤系地层之中，呈有规律分布。北部分布范围由5线到矿井北界；南部分布范围由8-9线到矿井南界。在矿井南部，岩浆顺层侵入10煤层；在矿井北部，3-3线以南，岩浆顺层侵入7、8煤层（组），3-3线以北，岩浆侵入的层位逐渐抬高，主要侵入7煤组和6_1煤层中。在矿井南部，侵入10煤层的岩浆岩是云斜煌斑岩，在矿井北部，侵入中部煤组的岩浆岩是中性闪长玢岩。侵入本矿井的岩浆体属脉岩，均呈小型岩床状产出。平面上呈片状或树枝状。侵入10煤层的云斜煌斑岩厚度变化不大，为0.30~2.40m，一般在1.40~1.80m。侵入中部煤组岩浆岩厚度稍大，为1~20.4m，一般在7~13m。岩浆多为顺煤层侵入，也有侵入煤层顶、底板中的。

参考安徽省地质局编写的《区域地质调查报告》有关淮北地区岩浆活动的研究成果，根据桃园矿井岩浆侵入特征和岩浆侵入的地层时代，推测本矿井岩浆侵入时代为燕山期。

b. 岩浆岩对煤层的影响

岩浆的侵入，对煤层的影响主要表现在以下几方面。

（1）破坏了煤层的结构：煤层被岩浆穿插，出现“分叉合并”，煤层夹矸增多，结构复杂，如10煤层岩浆岩夹矸多者达3层。

（2）使煤层的可采性变差：岩浆对煤层有一定的推挤和熔蚀作用，受岩浆侵蚀的残留煤层利用厚度一般要小于正常煤层的厚度。例如，本矿井的10煤层，无岩浆影响区见煤点平均厚度为3.04m，受岩浆侵入区仅少部分见煤点可采。

（3）使煤层稳定性变差：岩浆对煤层的推挤、熔蚀作用结果，使煤层的变异系数明显增大，不可采点增多，不可采面积扩大。通常情况下，煤层的厚度还受岩浆岩厚度的影响，两者有明显的互补关系，岩浆岩厚则煤层较薄，岩浆岩薄则煤层较厚。

（4）使煤层顶板强度降低：岩浆沿煤层顶板侵入，使煤层顶板遭到破坏，强度大大降低，给回采、支护煤层顶板管理增加难度。

（5）使煤质变差；岩浆同煤层直接接触，使煤变质为天然焦，减少了矿井内煤的工业储量和煤炭的利用价值。

c. 岩浆的侵入和矿井构造的关系

根据区域岩浆活动特点，一般沿侵入方向岩体较厚，向两侧或周边逐渐变薄。本矿北部岩浆岩分布于F2断层两侧，并且，其厚度沿F2断层，有向两侧逐渐变薄的趋势；本矿南部岩浆岩与祁南煤矿北端的岩浆岩是连续的，并且，有自南向北逐渐变薄的趋势。按区域岩浆活动规律，初步分析认为，本矿北部F2、F1断层为北部岩浆侵入的通道；南部的岩浆通道在祁南矿井内。

d. 与主要含水层的关系

根据井田内岩浆岩分布特征来看，在矿井南部，岩浆顺层侵入10煤层，对底板灰岩含水层不产生影响；在矿井北部，3-3线以南，岩浆顺层侵入7、8煤层（组），3-3线以北，岩浆侵入的层位逐渐抬高，主要侵入7煤组和6_1煤层中，构成中煤组煤层的顶板或底板，存在岩浆岩裂隙赋水，与煤层顶底板砂岩裂隙含水层勾通，将成为煤层开采的直接充水含水层，开采前应给予重视。

4）陷落柱

本矿已揭露岩溶陷落柱2个。

a. 1041工作面岩溶陷落柱

2000年10月8日，在1041工作面轨道巷掘进过程中发现地层异常，出水量$1m^3/h$，其结构见图2-3。

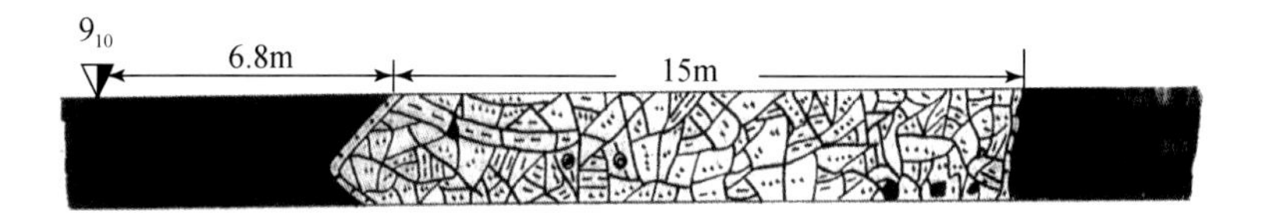

图2-3　1041工作面轨道巷揭露陷落柱素描图（下帮）

经地面钻探、井下钻探和井下电法探测，该异常体为直径50～70m的不规则圆形陷落柱，冒落顶界在381.20m，层位为8煤下（图2-4）。

b. 1035工作面陷落柱

2013年2月3日0点35分，桃园煤矿南三采区1035切眼掘进工作面发生隐伏陷落柱导水造成的底板突水，瞬时最大突水量2.9万m^3/h，远远超过矿井排水能力，造成淹井事故。

根据陷落柱治理工程，处于陷落柱中的堵5孔、堵1孔、堵2孔、堵3孔、堵6孔和地

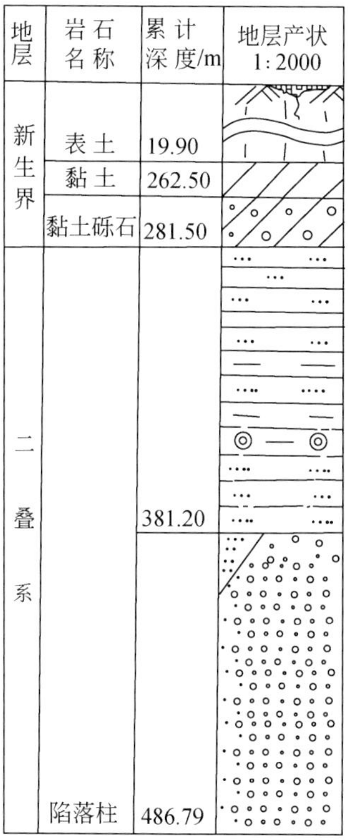

地层	岩石名称	累计深度/m	地层产状 1:2000
新生界	表土	19.90	
	黏土	262.50	
	黏土砾石	281.50	
二叠系		381.20	
	陷落柱	486.79	

图2-4　1041工作面陷落柱钻孔探查成果图

层稳定的堵7孔、堵4孔和截3孔的平面位置，同时结合陷落柱灌浆量大的特点，判断陷落柱长轴方向为南北向，长约70m，短轴为东西向，长约30m，面积约2100m^2。陷落柱发育较高，止于10煤层底板以下约20m处，且与奥灰含水层存在明显水力联系，如图2-5所示。

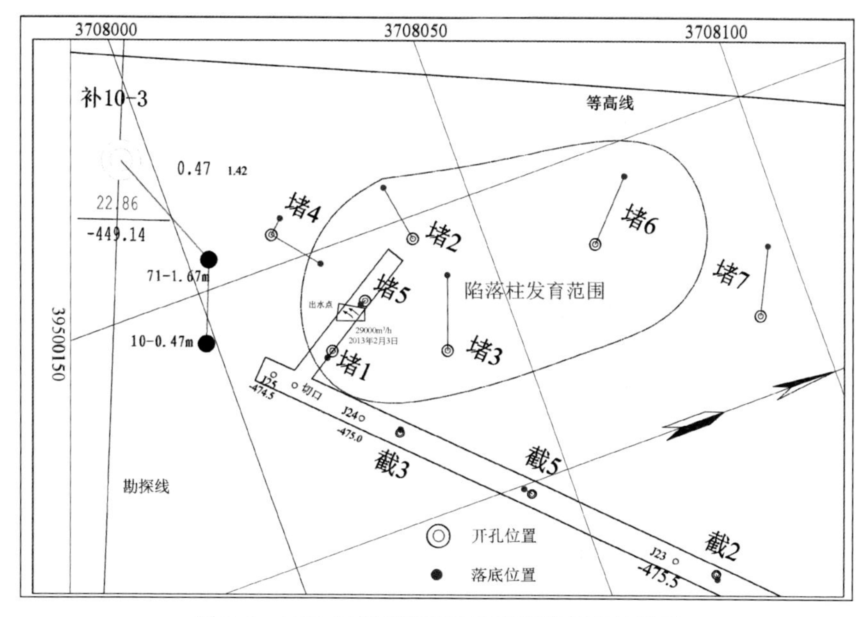

图2-5　1035工作面陷落柱发育范围探查结果图

桃园矿井位于宿南向斜轴线的北部翘起端，根据岩溶发育的规律，此类型地段的构造应力集中，岩溶地层岩体容易发生张性破坏，纵向水动力作用强，因此地质历史上陷落柱发生概率较大。

2.2 矿井水文地质概况

2.2.1 区域水文地质概况

淮北煤田大地构造环境处于华北板块东南缘，豫淮拗陷带的东部，徐宿弧形推覆构造的中南部，东有固镇-长丰断层，南有光武-固镇断层隔蚌埠隆起与淮南煤田相望，西以夏邑-固始断层与太康隆起和周口拗陷为邻，北以丰沛断裂为界与丰沛隆起相接。四周大的断裂构造控制了该区地下水的补给、径流、排泄条件，使其基本上形成一个封闭-半封闭的网格状水文地质单元。淮北煤田中部还有宿北断层，其间又受徐宿弧形推覆构造的次一级构造制约，差异比较大。故此，以宿北断层为界将淮北煤田划分为两个水文地质单元，即南部水文地质单元（南区）、北部水文地质单元（北区）。

1）南部水文地质单元（南区）

南区包括宿县矿区、临涣矿区和涡阳矿区。

新生界松散层覆盖于二叠系煤系地层之上，厚度80.45～866.70m，一般350m左右。新生界松散层划分四个含水层（组）和三个隔水层（组）。三隔厚度大，分布稳定，隔水性好，是区内重要的隔水层（组）。四含厚度0～59.10m，单位涌水量q=0.00024～0.404L/(s·m)，渗透系数k=0.0011～5.8m/d。在朱仙庄矿东北部，祁南矿西北部，许疃矿、徐广楼井田有古近系-新近系下部砾岩含水层。砾岩厚度0～111.40m，一般20～50m，q=0.568～3.406L/(s·m)，k=0.23～29.53m/d，富水性弱-强。四含水平补给、径流条件差，开采条件下通过基岩浅部裂隙带和采空冒裂带渗入矿井排泄。

四含直接覆盖在二叠系煤系地层之上，是矿井充水的主要补给水源之一。

二叠系煤系地层可划分为三个含水层（段）和四个隔水层（段），即3煤上隔水层（段），3～4煤层间砂岩裂隙含水层（段），4～6煤层间隔水层（段），7～8煤层上下砂岩裂隙含水层（段），8煤下铝质泥岩隔水层（段），10煤层上、下砂岩裂隙含水层（段），10煤层-太原组1灰顶隔水层（段）。主采煤层顶板砂岩裂隙含水层是矿井充水的直接充水水源。

地下水储存和运移在以构造裂隙为主的裂隙网络之中，处于封闭-半封闭的水文地质环境，地下水补给微弱，层间径流缓慢，基本上处于停滞状态，显示出补给量不足，以静储量为主的特征。开采条件下以突水、淋水和涌水的形式向矿井排泄。据抽水试验资料q=0.0022～0.87L/(s·m)，k=0.0066～2.65m/d，富水性弱-中等。矿井涌水量为80～625m^3/h。井下出现的出水点大多为滴水、淋水，个别出水点涌水量较大；一般是开始水量较大，短期内水量很快下降，后逐渐减少甚至疏干。

石炭系划分太原组石灰岩岩溶裂隙含水层（段）和本溪组铝质泥岩隔水层（段）。另外还有奥陶系石灰岩岩溶裂隙含水层（段）。

太灰和奥灰均隐伏于新生界松散层之下，灰岩埋藏较深，径流和补给条件较差，富水性弱-强，差异较大。开采条件下以 10 煤底板突水或井下疏放水的形式向矿井排泄。

太灰与 10 煤层之间有 50～60m 的隔水层，正常情况下太灰水对 10 煤层开采没有影响。但因受断层影响使其间距变小或“对接”时，易发生灰岩突水灾害，故太灰和奥灰水是矿井安全生产的重要隐患。

2）北部水文地质单元（北区）

北区位于宿北断层与丰沛断层之间，包括濉肖矿区、闸河矿区。

新生界松散层厚度 20.30～601.40m，具有东薄西厚的趋势，东部新生界松散层厚度 20.30～118.70m，可划分为上部全新统松散层孔隙含水层（组），下部更新统松散层隔水层（段）。上部全新统松散层孔隙含水层（组），$q=0.0043\sim1.379\text{L/(s·m)}$，$k=0.03\sim12.8\text{m/d}$，富水性弱-强，为矿区主要含水层之一。西部新生界松散层厚度较大，砀山最大厚度达 601.40m，含、隔水层的划分与南区基本相似。

二叠系煤系地层划分有两个含水层（段）和三个隔水层（段），即 3 煤上隔水层（段）、3～5 煤层砂岩裂隙含水层（段）、5 煤下隔水层（段）、6 煤顶底板砂岩裂隙含水层（段）、6 煤下-太原组 1 灰顶隔水层（段）。主采煤层顶底板砂岩裂隙含水层（段）是矿井充水的直接充水含水层，具有补给量不足，以静储量为主的特征。据钻孔抽水试验 $q=0.00194\sim0.7563\text{L/(s·m)}$，$k=0.00171\sim12.89\text{m/d}$，富水性弱-中等，生产矿井涌水量为 20.0～878.70 m^3/h，具有衰减疏干特征。

东部石灰岩埋藏较浅，寒武系、奥陶系石灰岩在山区裸露，岩溶裂隙发育，接受大气降水补给，补给水源充沛，径流条件好，富水性较强，构成淮北岩溶水系统的主要补给区。西部石灰岩被新生界松散层覆盖、埋藏较深，补给、径流条件相对东部较差。

石灰岩岩溶裂隙水是矿井充水的主要补给水源，也是矿井安全生产的重要隐患之一。

综上所述，淮北煤田是新生界松散层所覆盖的全隐伏煤田，是以顶底板直接进水，裂隙水为主要充水水源的矿床，局部地区亦有底板进水岩溶水充水矿床。水文地质条件简单或中等，局部地区太灰、奥灰以及新生界松散层四含可能会大量突水，防治水工程量比较大，矿井水文地质条件为复杂类型。

宿县矿区位于淮北煤田的东南部，属淮北煤田南部水文地质单元的一部分。东起大店-任桥集，西以南坪断层与临涣矿区相邻，南止湖沟集-三和集一线，北以宿北断层为界与濉肖矿区相接。其水文地质条件受四周大断层所控制，形成网格状水文地质单元。

桃园煤矿则位于宿县矿区宿南向斜西翼北端，为一走向近似南北、向东倾的单斜构造。其地表为巨厚的新生界松散层所覆盖，以下地层依次为二叠系石千峰组，上、下石盒子组，山西组，基底为石炭系太原组及奥陶系石灰岩，位于南部水文地质单元的东部。

2.2.2　矿井水文地质特征

1. *矿井边界及其水力性质*

桃园井田北界为 F1 断层，南部以第 10 勘探线为界与祁南煤矿毗邻，西界为 10 煤层露头线，东界至3_2煤层-1200m底板等高线的水平投影。

北界F1断层为一正断层，落差大，F1断层带没有抽水资料，仅有1-2-5孔控制，控制程度较低，其导含水性不清。南界为人为边界，各含水层与祁南矿相通，存在补给关系；西界为10煤露头，受新生界底含水的补给以及高水位含水层的顶托补给；东界为人为边界，在深部与矿外相对应的含水层相通，存在补给关系。

2. 矿井含、隔水层特征

1）新生界松散层含、隔水层（组、段）水文地质特征

本矿含煤地层均被新生界松散层所覆盖，松散层由第四系和新近系组成，其厚度受古地形控制。松散层两极厚度205.50～333.50m，一般为280～300m，总的变化趋势由西向东逐渐增厚。F2断层及4_3孔附近古地形为一低盆，松散层沉积较厚。通过松散层岩性组合特征及其与区域水文地质剖面对比，可分为四个含水层（组）和三个隔水层（组），现自上而下分述之。

a. 第一含水层（组，简称一含）

一般自地表垂深3～5m起，底板埋深25.00～57.80m，平均32m。含水砂层总厚10～30m，一般22m。岩性主要由浅黄色少量浅灰色粉砂，黏土质砂、细砂夹4～8层黏土或砂质黏土组成。近地表为褐黑色耕植土壤，呈疏松状，含钙质砂姜结核。垂深20m左右普遍发育有一层灰黑色富含腐殖质的黏土或砂质黏土，厚1～1.5m，含螺蚌化石或碎片。该组上部为潜水，下部水具弱承压性，为一复合型潜水-弱承压含水层（组）。

据水07孔和8_2孔对一含、二含混合抽水试验，降深s=2.91～1.31m，q=1.382～0.947L/(s·m)，富水性中等，k=4.46～4.76m/d，静止水位标高为23.10～21.66m，水质类型为HCO_3-Ca·Mg型，矿化度0.73g/L，全硬度27.06odH①。

本组地下水主要补给来源是大气降水入渗，其次为侧向径流补给。据祁南煤矿资料，一含水位标高年最高为21.63m，年最低水位标高为19.57m，地下水年变化幅度2.06m；一含地下水受地形控制，地下水流向近似垂直地表水系，水力坡度1.23/10000，一含水的排泄除蒸发和人工开采外，上部潜水经常排泄于河流。

b. 第一隔水层（组，简称一隔）

底板埋深37.20～67.60m，一般厚度15m左右，隔水层厚2.3～24.80m，平均11m。岩性由暗黄色、浅黄色中厚-薄层状黏土或砂质黏土夹1～2层砂或黏土质砂组成，富含钙质或铁猛质结核。黏土或砂质黏土黏性好，塑性较强，一般隔水性能较好，但在局部地带隔水层较薄，使其具有弱透水性。

c. 第二含水层（组，简称二含）

底板埋深82.00～131.00m，总厚度37m左右。含水砂层厚9.00～46.20m，平均21m，岩性以褐黄、棕黄色细砂、粉砂为主，间夹1～7层黏土或砂质黏土，含水层北部厚，南部薄，本组为一孔隙型复合承压含水层。

二含或一含在水08孔和8_2孔进行了混合抽水，另外在补6_7孔单独对二含进行了抽水，

① 1odH=1.79×10^{-1}mmol/L。

s=28.03m，q=0.00425L/(s·m)，含水性较弱，k=0.014m/d，静止水位标高为 21.64m，水质类型为 HCO_3-Na·Mg 型，矿化度 0.59g/L，pH 为 7.7，全硬度 16.01odH。

本组以层间水平径流补给为主，在局部地带接受一含的越流补给，水位年变化基本上与一含升降同步，并滞后于一含。

d. 第二隔水层（组，简称二隔）

底板埋深 88.10～131.10m，总厚一般 15m 左右。黏土类隔水层厚度 2.70～28.90m，平均 12m。岩性由棕黄色、浅棕红色黏土、砂质黏土夹 1～2 层薄层砂层组成，隔水层一般塑性好，膨胀性强，结构致密，分布较稳定，隔水性能一般较好。

e. 第三含水层（组，简称三含）

底板埋深 143.00～222.10m，总厚一般 80m 左右。含水砂层厚 17.80～75.27m，平均 45m，岩性由棕黄色、灰白色中砂、细砂、粉砂夹黏土或砂质黏土组成，砂层呈松散状，分选较好，单层厚度较大，主要矿物成分为石英，次为长石及云母片。本组中上部一般含有 1～3 层透镜状钙质胶结的砂岩（盘），厚 1～3m，较坚硬，局部有溶蚀现象。下部砂层质不纯，含泥质量增高。

据水 08 孔对三含抽水试验资料，s=16.51～12.18m，q=0.493～0.555L/(s·m)，k=1.21～1.31m/d，静止水位标高 21.85m，水质类型为 HCO_3·SO_4-Na·Ca 型，矿化度为 0.98g/L，全硬度为 25.42odH。

f. 第三隔水层（组，简称三隔）

底板埋深 205.50～293.30m，总厚 61.50～121.10m，平均 94m；隔水层纯厚 52.60～108.70m，平均 80m。主要岩性为灰绿色、棕红色黏土和砂质黏土，间夹 1～7 层砂层。黏土质纯细腻，具 45°静压滑面，黏土塑性指数 17.7～37.8，砂质黏土的塑性指数为 8.3～15.3。本组上部岩性质纯，局部呈半固结状，中下部黏土可塑性好，膨胀性强，部分地带钙质含量高，有钙质黏土或泥灰岩分布。三隔分布广泛，沉积稳定，厚度大，是矿内重要的良好的隔水层（组），由于它的存在，其以上的各含水层及地表水、大气降水与其下的四含和煤系水失去水力联系。

g. 第四含水层（组，简称四含）

底板埋深 205.50～333.50m，总厚 0～47.30m，平均 22m。含水层纯厚 0～39.90m，平均 15m。四含沉积厚度受古地形控制，除矿内东南部局部地带四含缺失，三隔与煤系直接接触外，矿内绝大部分四含均有分布。在北部 2-3 线至补 4 线间，古地形为一低盆，在此沉积了 25～39.90m 厚的含水层，其他地带含水层厚度一般都在 10m 左右。含水层（组）岩性较复杂，有砾石、砂砾、半胶结砾岩、黏土质砾石、砂层及黏土质砂等，其间夹有 1～6 层薄层状黏土夹砾石、黏土、砂质黏土，钙质黏土及泥灰岩等隔水岩层。

四含岩性泥质含量高，渗透性差，含水性弱，此地带虽然沉积了较厚的砾石、砂砾、黏土砾石，但古地形为一低盆，处于孤立的封闭状态，与四周联系不密切，故含水性不强，据水 08、水 04、补 5_1 和 4-5_6 四孔抽水资料，s=33.82～47.11m，q=0.001074～0.2068L/(s·m)，k=0.009～0.54m/d，静止水位为 15.20～19.76m，恢复水位-10.96～20.09m，水质类型为 HCO_3·SO_4-Na 或 SO_4·Cl-Ca·Na 型，矿化度为 1.015～2.42g/L。

1994 年施工的 94 观 1 四含观测孔，1994 年 5 月水位标高为 11.46m，至 2013 年 1 月水位为-64.52m，19 年水位降低 75.98m，年降幅 4.00m；1995 年施工的 95 观 2 四含观测孔，1995 年 10 月水位标高为 15.41m，至 2013 年 1 月水位为-61.42m，年降幅为 4.52m；2000 年底施工的位于李寨的四含观测孔 2000 观 1 孔，2001 年 1 月水位标高为-11.74m，至 2009 年 11 月水位为-144.32m，年降幅为 14.73m，至 2013 年 1 月水位为-132.84m，水位有所回升；2003 年 6 月施工的四含观测孔 2003 观 1 孔，2003 年 7 月水位标高为-34.35m，至2013 年 1 月水位为-95.75m，年降幅为 6.14m；2007 年 3 月施工的四含观测孔 2007 观 1 孔，2007 年 3 月水位标高为 0.00m，至 2013 年 1 月水位为-10.31m，年降幅仅为 1.47m；2013 年 3 月施工四含观测孔 2013 观 1 孔，2013 年 3 月底水位标高-73.06m，至 2013 年 7 月水位为-114.49m，3 个月下降 41.43m，月下降 13.81m，与井下四含疏放有关。各钻孔水位变化情况见图 2-6。

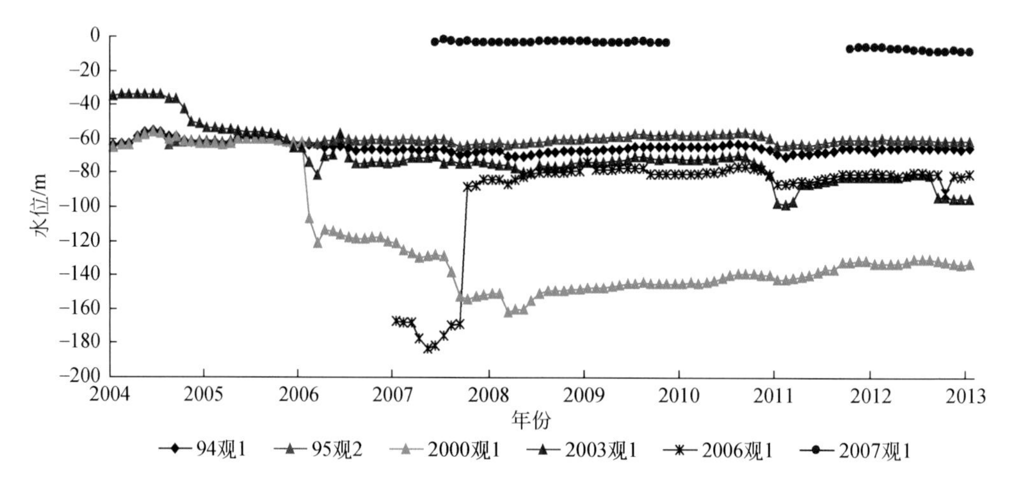

图 2-6　四含水位变化曲线图

以上资料表明，采区附近或工业广场的四含观测孔，水位下降比较明显，而远离采区和工业广场的四含观测孔，水位下降较慢；尤其在工作面回采阶段，附近的四含水位可出现极为剧烈的下降。这些现象说明由于井巷的开拓和煤层的开采，矿井排水造成了四含水位的下降，工作面回采导致四含水位的幅度和速度最猛烈。由此表明，矿坑涌水构成中有四含水的进入，即四含水是矿井排水的补给水源之一。但在工作面有限涌水量前提下四含水位的突降，意味着四含储存能力弱，被排泄后获得补充的条件也差，这也反映出四含对矿井水的补给量很有限。

本矿北部 F2 断层两侧钻孔平面距离不大，揭露的新生界底面深度往往相差 40 ~ 50m，地震勘探也说明了 F2 断层两侧存在了一个陡坎，通过剖面对比，可以看出其错动层位是从三隔开始的，这是由 F2 断层新构造运动造成的。

2）二叠系主采煤层间含、隔水层（段）水文地质特征

矿井内二叠系岩性由砂岩、粉砂岩、泥岩、煤层（局部有岩浆岩）等组成。并以泥岩、粉砂岩为主，砂岩裂隙不发育，即使局部地段裂隙发育，也具有不均一性，煤系砂岩含水层含水性较弱。另据区域及本矿资料，一般是开始水量较大，随时间增长水量衰减，最后大多呈淋水和滴水状态，仅个别点呈流量较小的长流水。现根据区域资料和矿内主采

煤层赋存的位置关系与裂隙发育程度划分为如下含、隔水层（段）。

a. 1 ~ 3_2煤上隔水层（段）

除部分地段缺失外，厚度一般为 60 ~ 100m，岩性为泥岩、砂岩、粉砂岩夹少量薄煤层，以泥岩、粉砂岩为主，砂岩裂隙不发育，钻孔穿过此层位未发生冲洗液漏失较大现象，说明此层段隔水性能较好。

b. 3_2 ~ 4 煤间含水层（段）

本矿 3 煤层（组）中可采煤层为3_2煤，其直接顶板的岩性主要为泥岩、粉砂岩，部分钻孔的3_2煤老顶为中、细粒砂岩，厚 5 ~ 20m，一般厚约 10m。3_2煤底板多为粉砂岩，厚 3 ~ 10m，K_3砂岩距3_2煤层底板 20 ~ 30m，其一般为灰白色中细粒砂岩，厚 0 ~ 40m，一般 20m 左右。该层段砂岩裂隙发育不均一，矿内揭露此层位的补 7_4、6-7_{10}等钻孔在此层位发生漏水现象，说明此层段含水性不均一，局部富水性较好。

c. 4 ~ 6 煤间隔水层（段）

此层段间距为 70 ~ 90m，以灰色泥岩、粉砂岩为主，夹 1 ~ 3 层薄层砂岩。岩性致密完整，裂隙不发育，穿过此层段的钻孔只有个别孔发现冲洗液消耗量大的现象，此层段隔水岩层厚度较大，隔水性能较好。

d. 6 ~ 9 煤间含水层（段）

此层段间距 60 ~ 80m。6_1、6_3、7_1、8_2煤层为可采煤层。7 煤、8 煤的顶底板岩性主要为砂岩、泥岩、粉砂岩，个别地带有岩浆岩侵入。有砂岩 1 ~ 4 层，厚度 20 ~ 30m。钻探时，补 2_5孔在 7 煤顶板中砂岩钻进时冲洗液消耗量大，3-4_2孔在 8 号煤下粗砂岩钻进中漏水。精查勘探时，在 7_{10}和补 2_5孔对 7 ~ 8 煤组砂岩含水层进行了抽水试验，s = 31.43 ~ 34.49m，q = 0.00359 ~ 0.0823L/(s · m)，k = 0.0078 ~ 0.63m/d，矿化度为 2.03g/L，水质类型为 SO_4 · Cl · HCO_3-Na · Ca · Mg 型。

e. 9 ~ 10 煤上隔水层（段）

此层段间距一般 60m 左右，主要岩性为泥岩、粉砂岩夹 1 ~ 2 层砂岩。在 9 煤下 15m 左右矿内普遍有一层铝质泥岩（K_2）和粉砂岩，岩性致密，厚度较大。该层段分布稳定，隔水性能良好。

f. 10 煤上下砂岩裂隙含水层（段）

10 煤顶板砂岩较为发育，细中粒结构，一般厚度为 10 ~ 20m，直接底板以泥岩为主，部分钻孔有砂岩和粉砂岩。其下为叶片状砂泥岩互层，厚度为 0 ~ 40m。此层段砂岩裂隙发育不均，局部裂隙发育较好，钻探时，构 12 孔在 F2 断层南侧，且处于露头浅部，由于断层影响，裂隙比较发育，施工时发生漏水现象。在构 12 孔附近 6m 处施工的补 2_6孔对此层位进行了抽水试验 s = 38.87m，q = 0.0949L/(s · m)，k = 0.45m/d，矿化度为 2.08g/L，水质类型为 SO_4 · Cl-Na · Ca 型。

g. 10 煤下至太原组 1 灰顶隔水层（段）

该层段岩性以泥岩、粉砂岩为主，夹 1 ~ 2 层砂岩，部分钻孔见有砂泥岩互层及海相泥岩，其岩性致密，厚度较大。井田内此层段分布情况见表 2-2，由表可以看出，除 1-2_3孔因断层影响 10 煤底至太灰顶间距缩短为 32.62m 外，一般间距为 51.16 ~ 72.36m，平均 61.43m。在一般情况下，开采 10 煤时，此层段能起到隔水作用，但在局部地带，受断层影响或遇岩溶陷落柱，导致间距缩短甚至10煤与灰岩“对口”接触，则有可能造成“底鼓”或断层突水。

表 2-2　10 煤底至太灰顶间距统计表

孔号	间距/m	孔号	间距/m	孔号	间距/m	孔号	间距/m
$1\text{-}2_3$	32.62	86_2	58.33	87_3	58.11	补 10_2	65.27
构 17	62.72	检 3	57.76	$7\text{-}8_{11}$	67.91	补 10_3	64.27
构 16	52.66	$6\text{-}7_1$	8.51	补 8_1	69.755	9_1	70.81
3_3	49.46	补 6_2	62.73	补 8_2	58.17	补 12_1	64.92
$5\text{-}6_1$	65.99	补 6_3	55.04	补 8_3	63.00	补 12_3	62.80
97 观 1	72.36	补 6_4	59.72	8_{11}	60.60		
补 4_1	60.91	补 6_6	62.70	补 9_7	51.16		

3）太原组灰岩岩溶裂隙含水层（段）水文地质特征

井田内有40个孔揭露此层段，但只有6个钻孔穿过太原组，见灰岩11层，单层厚度0.39～19.04m，以3、4、5、8和11层灰岩最厚，太原组总厚约190m，灰岩厚度占全组厚度的40%左右。灰岩揭露厚度情况见表2-3。太灰地下水主要储存和运移在石灰岩岩溶裂隙网络之中，富水性主要取决于岩溶裂隙的发育程度，岩溶裂隙发育具有不均一性，因此富水性也不均一。1～4灰岩处于浅部露头带，岩溶裂隙发育，含水丰富，且水动力条件较好，因此，在开采10煤层时，1～4灰水是其主要的补给水源。

表 2-3　太原组各层灰岩厚度统计表　（单位：m）

孔号	1	2	3	4	5	6	7	8	9	10	11	1～4 灰岩厚度
补 10_1	3.58	3.43	11.30	17.54	6.89	4.32	0.39	18.97	0.76			35.85
补 6_2	2.65	4.32	9.66	16.30	11.25	3.81	1.98	3.24	1.20			32.93
98 观 3			3.99	11.50	6.50	3.8	4.37	1.14	3.18			
97 观 1	1.99	2.69	3.44	14.19								22.31
98 观 2		5.30	6.42	19.04	1.50	4.12	5.60	1.55	17.0			
94 观 2	1.08	4.83	3.00	12.36								21.27

在精查勘探施工揭露浅部的构14、补1_2、补6_2、8_3及补10_1五个孔在此层位漏水。据8_3孔对太灰抽水试验，$s=5.44\sim13.49$m，$q=1.3511\sim1.924$L/(s·m)，$k=1.74\sim1.18$m/d，当时静止水位标高为22.70m，水质类型为SO_4-Ca·Na型，矿化度为2.45g/L。

本矿现有太灰水位长期观测孔6个，其中95观1、97观1、2010观1和2011观2观测层位为1～4灰，98观2和98观3观测层层位为5～11灰。

95观1孔1995年9月移交时水位标高为0.03m，以后缓慢回升，至1996年12月为19.2m，这可能是由于当时施工时，水位未达到实际水位标高，同时也说明了该孔附近太灰岩溶裂隙不发育，导水性不强，导致水位恢复缓慢。从此以后水位开始下降，至2013

年1月水位标高为-71.00m，年降幅为5.63m。97观1孔1997年9月移交时水位标高为-12.57m，至2013年1月，水位标高为-172.49m，年降幅为12.33m。两个孔水位标高下降幅度相差较大，且二孔距开采采区都不远，说明太灰的岩溶裂隙发育的不均一和其导水的各向异性。

2010观1孔2011年1月移交时水位标高为-7.75m，至2013年1月，水位标高为-13.40m，年降幅为2.825m。2011观2孔2011年11月水位标高为-7.21m，至2013年1月，水位标高为-11.35m，年降幅为3.55m。二孔水位下降幅度相近。

98观2孔1998年10月移交时，水位标高14.20m，至2013年1月，水位标高为6.75m，下降速度缓慢，14年多仅下降了7.45m，平均年降幅为0.53m。

98观3孔1999年4月移交时水位标高为0.76m，至2013年1月水位标高降至-198.47m，14年多水位下降了199.23m，年降幅为14.23m。此二孔均是5～11灰观测孔，水位标高和下降幅度相差如此之大，其主要原因是98观2孔位于本矿南部，离开拓范围较远，而98观3孔位于本矿北部，距开采的采区较近。

依据《煤矿防治水规定》规定，考虑区域的岩溶发育不均一性，桃园井田太灰含水层应属于中等至强富水性。太灰长观孔水位变化趋势如图2-7所示。

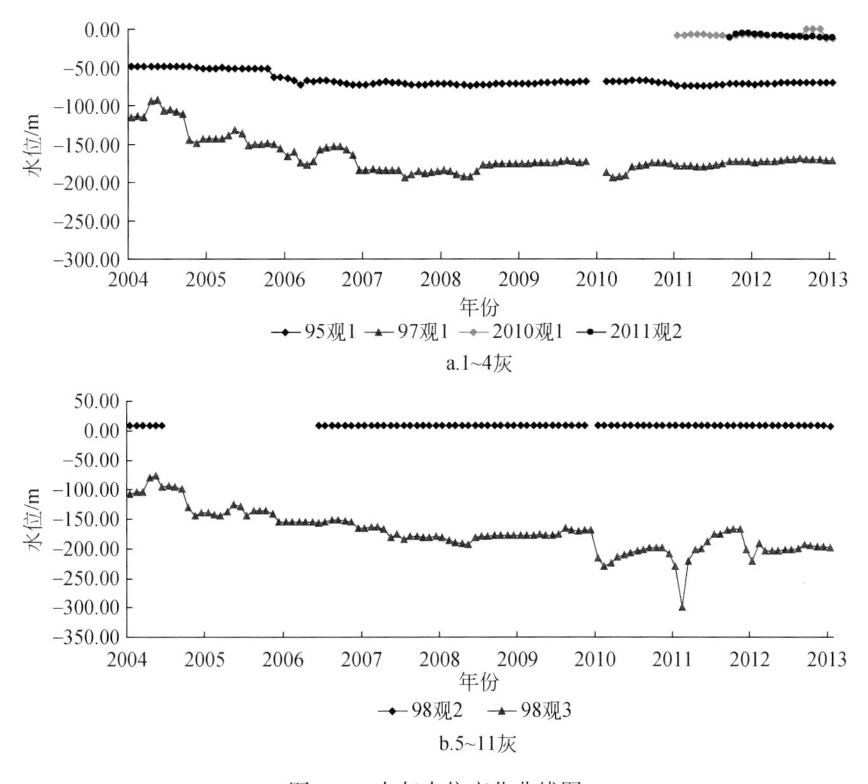

图2-7　太灰水位变化曲线图

经生产验证，太灰岩溶裂隙水是开采10煤的矿坑充水的主要隐患之一。

4）奥陶系石灰岩岩溶裂隙含水层（段）水文地质特征

区域厚度500多米，井田内揭露奥灰最大厚度为143.39m，主要成分为石灰岩，上部裂隙发育，有水蚀锈斑，局部溶洞、溶穴发育，直径0.6～1.2cm，岩心破碎，并出现冲洗液全漏现象。据抽水试验资料（表2-4），q=0.718～3.61 L/(s·m)，为富水性中等至强的含水层。是矿井其他含水层的补给源，也是矿井充水的间接含水层，对矿井开采威胁最大。

表2-4 桃园井田奥灰抽水试验成果

孔号	试验含水层厚度/m	水位标高/m	单位涌水量/[L/(s·m)]	渗透系数/(m/d)
98观1	110.80	13.20	1.59	1.92
2001观1	143.39	9.10	3.61	1.98
2011观1	58.38	-6.05	0.718～0.727	1.34～1.45

本矿98观1孔，1998年10月移交时水位标高14.00m，至2013年1月，水位为-11.95m，14年多下降了25.95m，年降幅1.85m。2001观1孔于2001年6月施工，2004年1月水位为3.67m，至2012年1月降为-20.44m，8年下降24.11m，年降幅3.01m。2011观1孔于2011年9月施工，2011年10月水位为-6.52m，至2012年1月降为-11.14m，2个月下降4.62m。各孔奥灰水位变化趋势见图2-8。

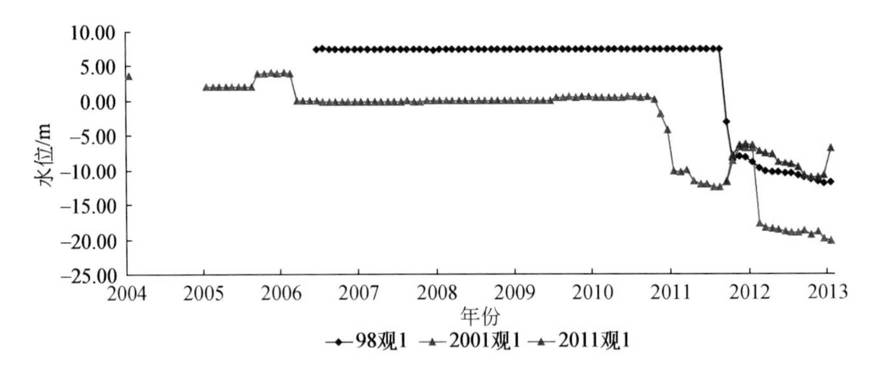

图2-8 奥灰水位变化曲线图

奥灰水位的不断下降说明了由于煤矿的采掘，奥灰水已部分地补给太灰，再进入矿坑，被排至地面，但本矿奥灰水补给作用较强。奥灰水具有水压高，水量大的特征，是矿井开采的重要安全隐患之一。2013年2月3日，本矿南三采区1035工作面发生了隐伏岩溶陷落柱奥灰突水，突水量29000m^3/h，远远超过矿井排水能力，造成淹井。1996年3月任楼煤矿$7_2$22工作面发生岩溶陷落柱特大突水灾害，最大水量达34570m^3/h，造成矿井被淹，损失巨大。因此，应提前对奥灰含水层进行水文地质评价，加强岩溶陷落柱的探查工作，制订相应的防治水计划。

3. 含水层的补给、径流、排泄及水力联系

1）新生界第一含水层（组）

上部属潜水，下部属弱承压水，为多层结构的复合含水层（组），主要靠大气降水和地表水体垂直渗透补给，循环交替条件好，水位随季节变化大，主要排泄途径为

蒸发和人工开采。一含下部以层间径流为主，在一隔薄弱地带，一含水也可越流补给二含。

2）新生界第二、三含水层（组）

均属多层结构的承压含水层（组），以区域层间径流为主，其次在二隔薄弱地带，二含可越流补给三含，二者的排泄方式主要为层间侧向径流，其次二含和三含上部水也已有相当部分为人工开采。

由于有分布稳定、隔水性能良好的三隔的存在，使一、二、三含水与煤系水失去水力联系。

3）第四含水层（组）

四含直接覆盖在基岩各含水层之上，在天然状态下与下伏各含水层均有一定的水力联系（主要在各基岩含水层露头带）。煤矿开采以后，四含水已通过浅部裂隙带和塌陷露头带渗入矿坑，引起四含水位下降。矿内四含发育不均，北部补 4 ~ 2-3 线的四含较发育。但总体上看，本矿四含水平径流及区域补给微弱，但部分四含水会渗入井下，从而使矿井涌水量增加。

4）二叠系主采煤层间砂岩裂隙含水层（段）

二叠系岩性一般较致密，砂岩裂隙不发育，渗透性弱，主要受区域层间径流补给，同时浅部露头带接受新生界四含水缓慢入渗补给。由于井巷的开拓和煤层的开采，二叠系砂岩裂隙水以突水、淋水和涌水的形式向矿坑排泄。

由于区域范围内二叠系含水层补给水源缺乏，水平径流微弱，以静储量为主，故区域二叠系含水层之水的补给对本矿开采影响不大。

5）太灰、奥灰岩溶裂隙含水层（段）

以层间径流、补给为主，在浅部露头带接受四含水的补给，区域范围内，若出现大的水位差，则径流、排泄、补给明显。尤其是奥灰，厚度大，浅部岩溶裂隙发育，任楼煤矿 1996 年 3 月 4 日发生特大岩溶陷落柱突水造成淹井灾害时，突水 4 天后，远在 16.2km 外的童亭煤矿 91-8 奥灰水位观测孔水位下降了 7.02m。这说明区域灰岩水，尤其是奥灰水的补给，会给矿井开采造成巨大灾害。

4. *矿井充水条件*

1）充水水源

a. 矿井充水含水层类型

根据本矿各突水含水层的性质，以及其对矿井充水的方式及影响程度，对矿井充水含水层作如下划分。

（1）新生界松散层第四含水层（组），属孔隙承压含水层，是矿井充水的间接充水含水层。

（2）二叠系主采煤层顶、底板砂岩裂隙含水层（段），属承压含水层，是矿井充水的直接充水含水层。

（3）石炭系太原组和奥陶系石灰岩岩溶裂隙含水层（段），属承压含水层，是矿井充水的间接充水含水层。

b. 矿井充水水源

（1）大气降水。

本矿煤系之上为平均厚280m的松散层所覆盖，其间发育有多层稳定的黏土类隔水层，阻隔了大气降水的下渗，因而大气降水对煤层开采无影响。

（2）地表水系。

矿内没有大的河流，但人工沟渠纵横，密如蛛网，最大的为运粮河，自北向南流入浍河。浍河为中小型季节性河流，在祁南煤矿中部流过，距本矿南部边界仅2.5km。矿内沟渠流量受大气降水控制，每年7月至9月雨季时，水位较高，枯水季节（当年10月至次年3月），沟渠水量很少甚至干涸。由于有松散层一、二、三隔水层的存在，尤其是三隔黏土层厚，黏性好，膨胀性强，隔水性能良好，能有效地阻隔其上的一、二、三含（包括大气降水和地表水）与煤系水的水力联系。

（3）四含水。

四含在本矿大部分地段均有分布。该含水层通过断层F1、F2的疏导，形成了矿区边界的直接补给源，此外四含与基岩风化带接触，构成了煤系地层和灰岩的补给源。从四含的岩性组合、沉积厚度和分布范围来看，富水性弱–中等。四含地下水可沿浅部基岩风化带裂隙和采空冒裂带裂隙进入矿井。在留有防水煤柱的情况下，四含是浅部煤组开采时矿井充水的主要补给水源。

（4）煤层顶底板砂岩裂隙含水层水。

各主采煤层顶底板砂岩裂隙含水层是矿井充水的直接充水含水层。其富水性受构造裂隙发育程度的控制，一般富水性弱。地下水处于封闭–半封闭环境，补给条件差，以储存量为主。淮北各矿生产实际表明，此类水在不与其他富水性强的含水层发生水力联系时，一般涌水量不大，易于疏干，对矿井生产不会构成水患威胁。但是局部地段因构造影响，或者岩浆岩蚀变带裂隙发育，所以其富水性较强，具有突发性涌水的特征。

（5）岩溶裂隙含水层水。

包括底部的太原组灰岩水和奥灰水。在正常情况太原组和奥陶系石灰岩岩溶裂隙水对主采煤层开采无直接充水影响。但井巷工程遇导水性断层或导水性岩溶陷落柱时，则灰岩水有可能对矿井产生突水。灰岩水水压高，水量大，易于造成突水灾害，是矿井安全生产的重要隐患之一。

（6）断层水。

在自然状态下断层一般富水性弱，导水性差，但在断层的两侧派生的一些次一级小断层或裂隙带往往富水性较强。

（7）采空区积水。

除上述几种矿井充水水源之外，采空区积水也是矿井充水的水源之一。

2）充水通道

矿井充水的通道主要有：断层、采动裂隙、岩溶通道、岩溶陷落柱以及封闭不良钻孔。

a. 断层

断层作为矿坑充水通道，是导水通道中变化最大的因素。由于断层的性质、规模、两盘岩性、后期改造等因素不同，其导水性能不同。就水文地质特征而言，断层可分为富水断层、导水断层、储水断层和阻水断层等。断层对矿坑充水的作用主要表现如下。

（1）造成充水岩层与其他含水层对接，形成横向水力联系，增加了矿坑充水间接水源。

（2）断层本身导水，造成充水岩层与其他含水层间垂向水力联系。

（3）断层附近，岩层破碎，空隙性增强，含水、导水性增强。

b. 采动裂隙

（1）顶底板砂岩水通过采动裂隙成为矿井充水直接水源。

（2）四含水在采动上三带影响下，间接向矿坑补给，成为矿坑的间接充水水源。

（3）底板采动破坏裂隙导通灰岩水使之成为矿坑充水水源。

（4）由于采动裂隙的影响，会改变岩层原有的裂隙状况，形成新的裂隙网络，增大岩层透水性或含水空间，改变断裂原有的导水性能，成为矿坑的间接充水水源。

c. 岩溶通道

地下水流在太灰和奥灰的溶裂隙间运动，形成不同规模的岩溶通道，构成对矿井充水的间接通道，它通过断层通道的沟通，使得太灰水和奥灰水直接涌向矿井。

d. 岩溶陷落柱

这种通道切穿深度大，对各含水层具有沟通作用，一旦与其他突水通道沟通，将对矿井安全生产构成重大威胁。本矿已发现岩溶陷落柱存在，故在生产中，应注意此类问题的探查。

e. 封闭不良钻孔

本矿目前还未发现此类突水。但据淮北杨庄煤矿资料，1985 年 11 月发生封闭不良钻孔突水，涌水量最大达 645.3m^3/h，给生产造成很大危害。这说明如若封闭不好的钻孔不经过处理，导通了含水丰富的含水层，其突水量可能很大，会给煤矿造成水害。

矿井内不同勘探和生产阶段，施工多个地质钻孔，经初步调查封孔质量良好。但由于钻孔施工时间跨度长，对其封孔质量有必要调查，以防封闭不良钻孔成为松散层水下泄和灰岩水上涌充入矿坑的通道。另外，采动影响下，也可能会造成已封钻孔导水性能改变。

5. *矿井涌、突水特征*

本矿自 1997 年投产以来，发生突水 25 次，突水量较大的突水 11 次，其中底板突水 16 次，顶板突水 8 次，老塘出水 1 次，详细情况见表 2-5。

表 2-5　桃园煤矿主要突水点统计表

序号	突水地点	突水类型	突水水源	突水通道	水温/℃	涌水量/(m^3/h)			突水描述及危害程度
						最大	最小	稳定	
1	1018 工作面	底板	砂岩	断层带	18	45	15	25	1996 年 4 月 18 日夜班该面煤壁断层导水，工作面停产
2	1022 工作面	底板	灰岩	采动影响	21	410	120	220	1997 年 3 月 15 日夜班该面突水，一天之内淹大巷，全矿停产三天，该面停产到 1997 年底

续表

序号	突水地点	突水类型	突水水源	突水通道	水温/℃	涌水量/(m^3/h)			突水描述及危害程度
						最大	最小	稳定	
3	1022 工作面	底板	灰岩	周期来压	20	550	350		1998 年 2 月 19 日工作面中上部三处出水，工作面半停产
4	1022 工作面	底板	灰岩	断层导水	20	280	127		1998 年 5 月 6 日工作面下部断层导水，工作面半停产
5	1022 工作面	底板	灰岩	周期来压	20	300	130		1998 年 5 月 13 日工作面中上部突然出水
6	–520 北大巷	顶板	砂岩	裂隙	20	20	5		1999 年 10 月 16 日大巷施工，左肩窝出水影响不大
7	北四轨道上山	顶板	砂岩	裂隙	22	38	25		巷道推进时影响施工，计有三处出水
8	1023 工作面	底板	灰岩	采动影响	20	81	45	40	1999 年 5 月 31 日 20 时工作面停产
9	1024 工作面	底板	灰岩	采动影响	20	76	6	42	1999 年 8 月 6 日 3 时突水，工作面停产
10	1024 工作面	底板	灰岩	断层导水	21	75		60	2000 年 7 月 18 日 21 时工作面机尾底板突水，没有影响回采
11	1026 工作面	底板	灰岩	采动影响	20	80		50	2000 年 7 月 18 日 21 时工作面机尾底板突水，没有影响回采
12	1022 风巷	顶板	四含	冒顶	22	35		23	2002 年 6 月 20 日 10 时 40 分巷道冒落突水，没影响回采
13	1042 工作面	顶板	四含	断层导水	20	15		5	2002 年 7 月 3 日顶板冒落，断层导水
14	$1022^{上}$切眼	顶板	四含	冒顶	21	18			2002 年 11 月 10 日顶板冒落突砂造成地面注浆
15	1026^{-2}工作面	老塘	砂岩	采动影响	21	15			2004 年 11 月 2 日早班出水，工作面停产，影响一天生产
16	1031 工作面	底板	灰岩	采动影响	20	33	8	24	影响两天生产
17	北八大巷	顶板	砂岩	断层导水	20	10		7	
18	北八大巷	顶板	砂岩		20	25	3	5	2007 年 2 月 28 日

续表

序号	突水地点	突水类型	突水水源	突水通道	水温/℃	涌水量/(m^3/h)			突水描述及危害程度
						最大	最小	稳定	
19	1062工作面	顶板	砂岩			53	5	38	该工作面顶板多处有出水点(2007年2月28日)汇入老塘从机头采空区流出，长期保持40~50t/h水量
20	1066工作面	底板	灰岩	采动裂隙	22	38	10	13	2009年12月11日，从老塘底板流出
21	1066工作面	底板	灰岩	采动裂隙	22	40	8	35	2010年1月25日，工作面上隅角老塘出水，停产48h
22	1066工作面	底板	灰岩	断层带	22	35	6	12	2010年2月7日底板出水
23	Ⅱ1023工作面	底板	灰岩	采动裂隙	22	20	8	18	2011年11月11日，从老塘底板流出
24	Ⅱ6轨道大巷	底板	灰岩	裂隙	28	46	3	30	2012年10月15日7时发生底鼓并出水，中班稳定在30m^3/h
25	1035切眼	底板	奥灰	陷落柱	26	29000	30	20000	2013年2月3日凌晨突水，最大瞬时涌水量29000m^3/h，造成淹井

1）突水水源

a. 太灰水

表2-5中所列的几次突水，大多为10煤工作面采煤时，10煤底板灰岩出水。以突水量较大的1997年3月15日突水为例，当日1时许，当工作面沿走向推进时，突然发生了底板突水事故，矿上及时组织人力强排，终因水量急剧增大，致使大巷和主副石门一片积水，至17时，全矿被迫停产。突水灾害发生后，通过一系列工作，如井上、井下施工钻孔，水文地质观测，水质分析及连通试验等得出如下结论。

（1）工作面下伏太灰高压含水层是此次突水的主要原因。水质对比、水位观测及连通试验均反映突水水源来自太灰含水层，而太灰上段含水层是主要出水层位。

（2）下伏太灰含水层富水性极不均一，出水量大说明太灰含水层具有一定的富水性，但位于工作面中段及下方300m，两个井下放水孔均无大的出水。研究后认为太灰含水层存在倾斜方向强富水径流带，而走向方向水力联系较差。

（3）太灰上段含水层以水平补给为主，垂向补给的可能性不大，上述突水后半年内，突水量衰减较快，太灰水位大面积降低，说明突水水源补给量不太丰富。

（4）突水层形成了一定范围的降落漏斗。随出水时间延长，太灰水位会进一步降低。

b. 奥灰水

本矿南三采区南翼的 1035 工作面，2013 年 2 月 2 日 17 时 30 分，工作面机巷准备到位向上施工切眼 28m 时，迎头向后约 12m 处底板底鼓渗水，至 18 时，水量稳定在 $60m^3/h$ 左右，至 19 时水量增加到 $150\sim200m^3/h$，之后一直稳定到次日 0 时。3 日 0 时 20 分，突水点水量突然剧增，最大突水量 2.9 万 m^3/h 以上，最后造成淹井事故。综合分析突水区地质、水文地质、奥灰、太灰水位变化情况、突水水量和水质化验资料，判定突水水源为奥灰水。

从图 2-9 中可以看出，桃园煤矿奥灰水位明显下降，最大降幅达 80m。相邻在祁南煤矿奥灰水位也明显下降（图 2-10），最大降幅达 30m。充分说明桃园煤矿“2・3 突水”水源为奥灰水。

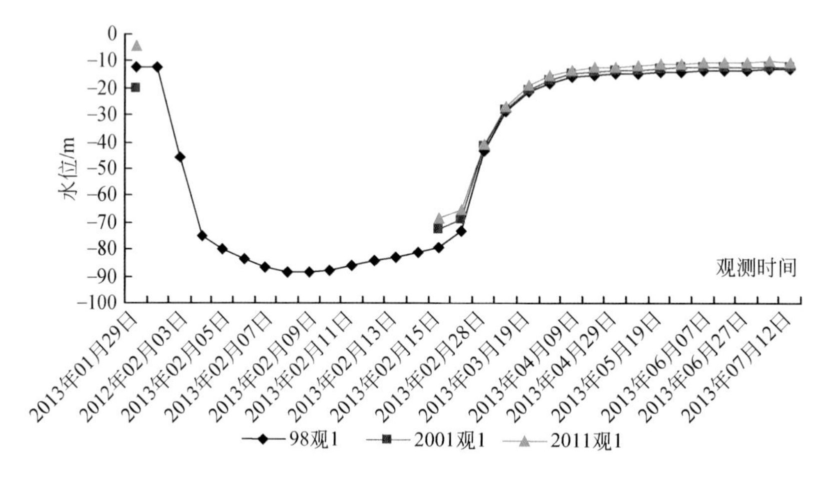

图 2-9　桃园煤矿“2・3”突水前后奥灰观测孔水位变化

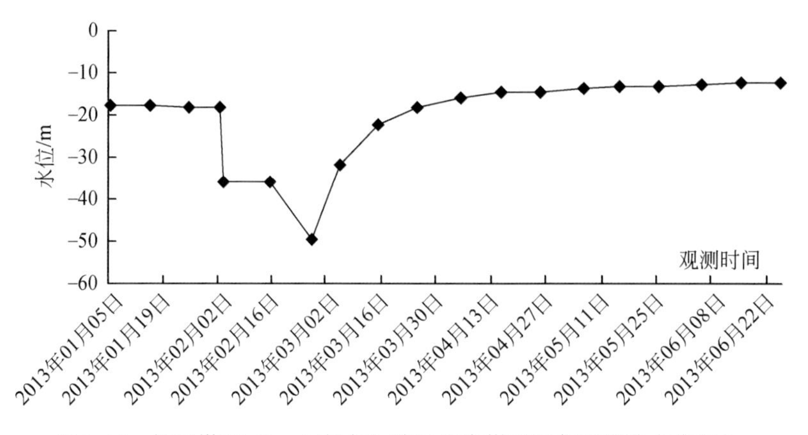

图 2-10　桃园煤矿“2・3 突水”前后祁南煤矿奥灰观测孔水位变化

本矿各开采煤层顶底板砂岩裂隙突水发生得不多，出水量也不大。

2）突水通道及突水特点

（1）以原生裂隙及采动裂隙为通道的突水：本矿除 10 煤底板出水（主要是太灰水）

外，其他各煤顶底板出水大多为此类水。总体来看，出水量不大，特别是开始水量较大，但很快就呈衰减趋势，最后呈滴水或淋水状态。

（2）矿山压力作用底板破坏为通道的突水：这类水多发生在回采工作面内，表 2-5 中所列的 1997 年 3 月 15 日、1999 年 8 月 6 日、2000 年 7 月 18 日出水均属此类突水。尤其是 1997 年 3 月 15 日出水，突水量大，延续时间长，影响本矿生产半年多。

（3）以断裂、破碎带为导水通道的突水：表 2-5 中所列的另外三次突水，均在突水点或其附近发现小断层，主要是正断层，特别是初期水量大，水量会很快减小，易于疏干。

（4）井壁裂隙或四含冒顶突水：本矿新生界三含、四含大部分较发育，含水较丰富，井壁若出现较大裂隙，则会出现突水，且对井壁破坏很大，本矿目前主、副、风井井筒出水量不大，但也应有一定预防措施。四含冒顶或顺断层突水，水量不是太大，但来势猛，水中泥砂量大，会给井下人员和设施造成伤害，对于此类水害，须留足防水煤柱，提高回采上限要慎重，要多做些工作，以防患于未然。

（5）以井下隐伏岩溶陷落柱为导水通道的突水：本矿南三采区南翼的 1035 工作面，2013 年 2 月 3 日突水，最大突水量 2.9 万 m^3/h 以上，最后造成淹井事故，损失巨大。为此，应加强对此类水害的防治，做到先探后掘，先治后采，防患于未然。

6. 矿井充水因素分析

1）断层的导水性、富水性以及对矿井充水的作用和影响

a. 断层的导水性和富水性

本矿井共组合落差≥10m 的断层 10 条，按力学性质划分，正断层 7 条，逆断层 3 条；按断层落差划分，25m≤H<100m 的断层 8 条，H≥100m 的断层 2 条。据 4_3 孔对断层抽水试验，$q=0.00218L/(s\cdot m)$，$k=0.0044m/d$。说明自然状态下断层的导水性差，富水性弱。

b. 小断层及构造裂隙的导水性和富水性

小断层是指落差≤5m 的小断层。淮北各生产矿井在生产过程中均发现了很多小断层，有的矿井甚至发现有几百条小断层，本矿与宿县矿区其他矿井地质构造条件基本相似，受区域构造的影响，构造应力集中小断层较发育。在建井与生产过程中已揭露落差<10m 的小断层 266 条（其中落差>5m 的断层 8 条），建井期间揭露 33 条，生产过程中揭露 233 条，按断层力学性质划分，正断层 214 条，逆断层 52 条。从断层分布情况看，南一采区的断层比北二采区发育。

小断层因其数量多，张性好，充填差，是基岩地下水良好的导水通道，相互联结起到汇水网络作用，可造成太灰内部、太灰与奥灰之间、太灰与煤系砂岩之间的水力沟通，是矿井充水的主要控水构造之一。

c. 断层及构造裂隙对矿井充水作用和影响

断层及构造裂隙对矿井充水起到控制作用，主要表现以下几个方面。

（1）断层及构造裂隙一方面为地下水创造了良好的储水空间，多含水；另一方面它的存在及发育，是基岩地下水的重要运移通道。生产实践表明，一些较大的断层带本身虽然富水性弱，导水性差，巷道通过时多数没有发生突水现象。但是在其两侧派生的一些低次序的小断层或裂隙带，往往含水丰富，导水性也强。

淮北地区煤矿在采掘过程中揭露的大于2m的小断层多数有淋水或渗水现象，甚至少数断层有“滞后”突水现象，如杨庄煤矿、祁东煤矿均是在揭露落差2～3.5m的小断层发育部位发生了矿井突水。

（2）断层受采动局部可能“活化”，裂隙的延伸性和连通性扩大了地下水的赋存空间。

（3）构造裂隙发育具有分带性和方向性，使地下水呈现规律性显现。

（4）断层及构造裂隙是矿井充水的主要通道。

总之，本矿多数断层富水性弱，导水性差。但随着矿井采掘深度的不断增加，断层的导水能力可能会有所增强；同时也不排除某些断层或断层的某些部位存在富水性较强、导水性较好的可能性。

2）岩溶发育特征

石灰岩岩溶裂隙在浅部发育，深部减弱。同时在水平方向上岩溶裂隙发育程度也具有不均一性。

岩溶陷落柱是岩溶空洞塌陷的产物，它是由下伏易溶岩层经地下水强烈溶蚀形成的大量溶洞，从而引起上覆岩层失稳向岩溶空间塌陷所形成的筒状体。

淮北煤田石灰岩岩溶较发育，临涣矿区的任楼矿，宿县矿区的祁南矿、桃园矿、许疃矿，濉肖矿区的刘桥一矿、恒源煤矿、杨庄矿、袁庄矿均已发现有岩溶陷落柱存在。

淮北煤田发现的陷落柱多数没有发生突水现象，一旦发生将是灾害性的。例如，1996年3月4日任楼矿$7_2$22工作面曾因岩溶陷落柱导水发生特大突水现象，瞬时突水量达34570m^3/h，造成矿井被淹；2013年2月3日桃园南三采区1035工作面隐伏岩溶陷落柱突水，瞬时突水量达29000m^3/h，造成矿井被淹，经济损失巨大。

本矿已揭露陷落柱2个，位于1041工作面和1035工作面。今后必须加强对岩溶陷落柱的探查和水害防治工作。

3）矿井疏干排水对水文地质条件及地下水流场变化的影响

（1）矿井排水一方面对煤系砂岩水、四含水起到疏干作用，减弱了四含对主采煤层顶底板砂岩含水层的补给作用。另一方面对灰岩水起到了疏干降压作用。降低了灰岩突水对矿井安全生产的危害程度，有利于矿井安全生产。

（2）矿井排水改变了四含、煤系砂岩含水层，太灰水的流动方向。据94观1、95观2、2001观1、2003观1孔四含长观孔水位观测资料，至2013年1月四含水位标高已降至-64.52～-132.84m（表2-6）。据95观1、97观1、98观3孔太灰长观孔水位观测资料，至2013年1月太灰水位标高已降至-71.00～-198.47m（详见表2-7），北八采区太灰水位降至-11.35～-13.04m。四含、太灰、煤系砂岩裂隙含水层均形成了一个以采空区为中心的大范围降落漏斗，四含、太灰、煤系砂岩裂隙含水层水均向降落漏斗中心流动，通过矿井排水进行排泄。

表2-6　四含水位变化情况统计表

孔号	观测日期水位/m							累计降低/m	年降幅/m
	1994年5月	1995年10月	2001年1月	2004年1月	2013年1月	2013年3月	2013年7月		
94观1	11.46				-64.52			75.98	4.00

续表

孔号	观测日期水位/m							累计降低/m	年降幅/m
	1994年5月	1995年10月	2001年1月	2004年1月	2013年1月	2013年3月	2013年7月		
95观2		15.41			-61.42			76.83	4.27
2000观1			-11.74		-132.84			121.10	10.09
2003观1				-34.35			-76.22	41.87	4.65
2013观1						-85.16	-114.49	29.33	

表2-7　太灰水位变化情况统计表

孔号	观测日期水位/m							累计降低/m	年降幅/m
	1996年12月	1997年9月	1998年1月	1998年4月	2011年1月	2011年9月	2013年1月		
97观1		-15.55					-172.49	156.94	9.81
98观2			13.72				6.75	6.97	0.46
2010观1					-7.75		-13.04	5.29	2.64
95观1	19.20						-71.00	90.20	5.63
98观3				0.76			-198.47	199.23	14.23
2011观2						-10.87	-11.35	0.48	0.36

7. 矿井涌水量

1）矿井实测涌水量

本矿1994年以来矿井涌水量观测资料见表2-8，其变化趋势见图2-11。

从表2-8中可以看出，1994～1996年矿井涌水量增加不快，1997年4月开始矿井涌水量增加很快，至2000年6月矿井涌水量大致上保持在310m^3/h，2000年7月～2002年3月矿井涌水量基本保持在450m^3/h，2002年4月～2005年10月矿井涌水量基本保持在500～600m^3/h，2005年11月～2007年6月矿井涌水量基本保持在600～700m^3/h，2007年7月～2010年4月矿井涌水量基本保持在700～800m^3/h，2010年5月～2012年12月矿井涌水量基本保持在600～700m^3/h。通过计算，矿井涌水量1994～2010年4月平均为457 m^3/h，其中1994～1996年平均为128m^3/h，1998～2001年6月的3年半平均为358.3m^3/h，2003～2006年平均为573m^3/h，2007～2010年平均为758m^3/h，2011～2012年平均为694 m^3/h。2008～2013年平均矿井涌水量为740.5m^3/h，其中最大涌水量出现在2010年2月为843m^3/h，2013年2月3日，矿井发生奥灰突水，最大突水量为29000m^3/h。

表2-8　1994年以来矿井涌水量观测统计表　（单位：m^3/h）

年份	1月	2月	3月	4月	5月	6月	7月	8月	9月	10月	11月	12月
1994	110	131	121	141	111	99	107	112	104	120	112	110
1995	97	99	130	117	132	143	143	115	123	105	109	136
1996	151	125	158	144	164	170	175	143	128	149	156	123

续表

年份	1月	2月	3月	4月	5月	6月	7月	8月	9月	10月	11月	12月
1997	155	161	145	441	330	342	327	350	318	304	287	306
1998	315	526	471	399	444	361	319	286	311	287	301	313
1999	256.4	255.3	254.4	242.8	245.8	322.9	302.8	341.9	328	291	286	289
2000	294	279	288	293	357	322	462	492	456	464	470	456
2001	433	457	475	442	401	458						
2002	436	420	436	485	496	575	512	478	513	520	530	520
2003	569	581	588	653	591	590	594	560	548	552	570	620
2004	592	601	586	543	511	516	501	511	482	535	550	557
2005	586	583	571	522	555	566	536	522	554	576	625	625
2006	659	637	595	583	540	556	560	570	576	638	646	653
2007	637	657	637	687	673	684	723	794	794	788	757	779
2008	783	797	795	786	767	774	805	777	742	747	764	810
2009	751	763	719	737	752	763	780	756	753	762	775	830
2010	811	845	782	763	772	770	782	765	766	713	740	758
2011	779	789	712	724	738	665	658	686	788	661	679	670
2012	660	670	677	659	664	670	681	686	694	679	687	683
2013	680	290000										

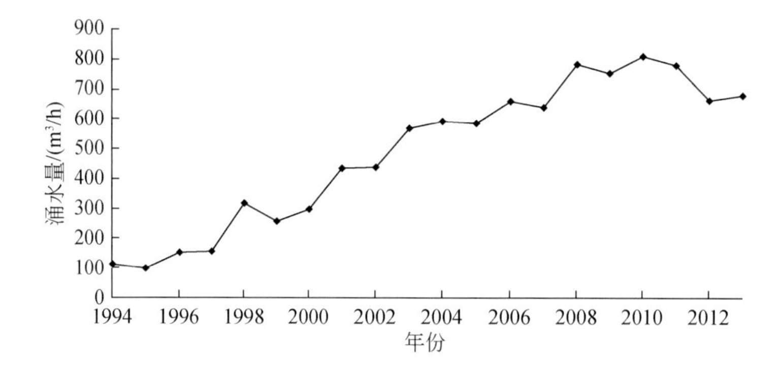

图 2-11　实测矿井涌水量历时曲线图

2）矿井涌水量构成

矿井涌水量主要是由三部分组成，分析如下。

a. 煤层顶底板砂岩裂隙水

这是在采掘施工中，通过煤层顶底板砂岩裂隙、构造裂隙和采空冒落带裂隙等进入矿井的水，目前约 390m³/h，占全矿总涌水量的 87.9%。

b. 新生界松散层含水层孔隙水

本矿主要是三含、四含水，由主井、副井、风井井筒沿井壁小裂隙淋入井下，水量约

$10m^3/h$，占全矿总涌水量的2.2%。

c. 其他水

井下防尘、煤层注水及井下太灰探放水孔、观测孔等出水，这主要是太灰水，水量约$45m^3/h$，占全矿总涌水量的9.9%。

3）矿井涌水量的相关因素及变化规律

a. 大气降水与地表水对矿井涌水量的影响

本矿为新生界松散层全覆盖煤矿，松散层有三个隔水层，尤其是第三隔水层，能有效地阻隔大气降水和地表水与煤系砂岩裂隙水的水力联系，因而大气降水、地表水对矿井涌水量没有影响。

b. 开拓面积、原煤产量及开采深度对矿井涌水量的影响

据建矿以来资料分析，开始建井阶段，矿井涌水量随开采面积的扩大、开采水平的延续，原煤产量的增加而增长明显，当井巷围圈面积、开采面积达到一定值时，矿井涌水量已达到高峰值或相对稳定状态，保持在一定范围内波动，其后在采区接替，采掘面积增加或开采水平延伸时，矿井涌水量也有所增加，但不太明显，呈现出矿井涌水量与开拓面积、开采深度增加的非线性关系。

第3章 北八采区水文与工程地质条件地面钻孔探查

3.1 资源勘探阶段钻孔探查概况

经统计，从1961年至1978年前后，在北八采区共施工钻孔39个，其中外围5个，总工程量为21168.92m（表3-1）。钻孔分布见图3-1。

表3-1 北八采区资源勘探阶段钻探工程一览表

年份	北八采区		外围	
	孔数/个	工程量/m	孔数/个	工程量/m
1961	1	329.68		
1965	7	3422.85	2	756.78
1966	1	403.12	1	743.000
1973	3	1856.24		
1978	22	12417.68	2	1239.57
合计	34	18429.57	5	2739.35

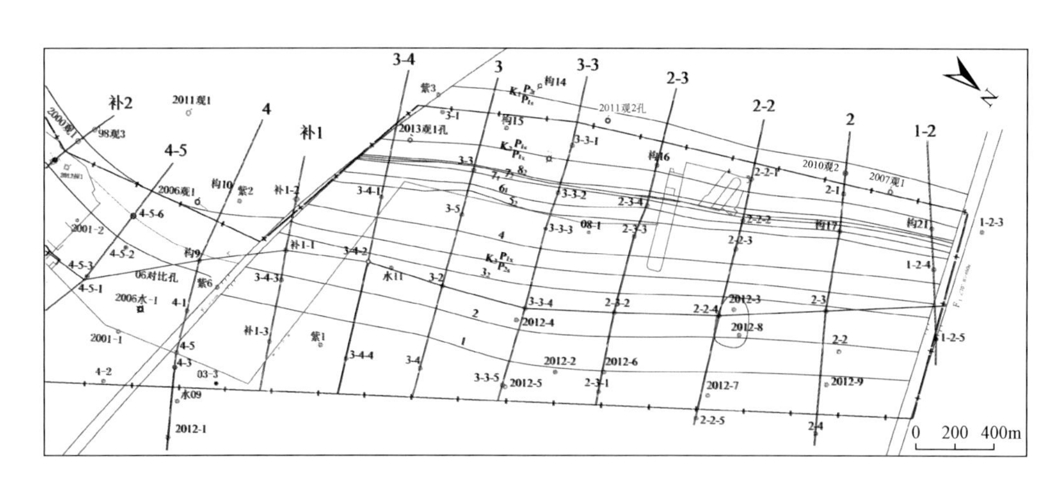

图3-1 北八采区钻孔分布图

据勘探报告分析，该采区全部勘探工作中，1964年以前的钻孔钻探质量较为低劣，测井不过关，所获得资料经精查勘探证实可靠程度较低。1964年以后的钻孔，钻探质量较好，一般均能符合《煤、泥炭地质勘查规范》（DZ/T 0215—2002）要求。由于测井中没有电测斜，所以孔斜资料可靠性差。

通过历次勘探工作，查明本采区地质与水文地质条件控制程度如下。

（1）煤层赋存情况已经查明，煤层产状已探清；C 级储量范围内煤层底板等高线误差不超过 20m，煤层露头位置可靠。

（2）采区内构造已查明，主要断层在采区内的位置已有严密控制，其走向、倾角、落差已查清，摆动幅度不大于 100m。

（3）各可采煤层的煤质及其变化状况已查明。

（4）岩浆侵入及其对煤层的影响情况已基本查清。

（5）采区内水文地质特征已基本查明。

但仍存在下列问题。

（1）桃园井田先后进行四次勘探，可利用抽水试验资料 13 次，其中只有 4-3 孔一次是位于本采区内，该孔对 F2 断层的导水性及富水性做了简易抽水试验。本区内水文地质勘探程度较低。

（2）采区勘探报告利用桃园南部抽水资料，结合本区含水层发育特征，对各含水层（组）进行描述和评价。由于 F2 断层的隔水性，北部的水文地质特征与南部有一定的差异，基岩含水层的富水性评价可能与实际有出入。

（3）四含由于其分布存在不均匀性，利用南部《桃园煤矿供水水源报告》的综合水文资料进行评价，可能也存在一定差异。

（4）采区南北均以断层为界，根据现有勘探资料不能充分证明断层的隔水属性，特别是 F2 断层的导水性对本区水文地质条件影响较大。

（5）各含水层之间的水力联系程度不清，强含水层奥灰水的影响程度也不清。

因此，为了安全高效开采本采区煤层，主要开展了四含水、F2 断层、太灰含水层和奥灰含水层等补勘工作。

3.2　地面钻孔补充探查

3.2.1　四含富水性地面钻孔探查

桃园矿无论是在水文地质条件的勘探与研究程度，还是对四含富水特征和充水规律的掌握，以及防治技术要领方面都缺乏系统全面的分析，国内外同类工作成功经验难以借鉴。有必要结合矿井开发实际要求开展钻孔探查工作，进一步查明四含岩性、分布及其水理、力学特性，研究其富水特性，为合理确定回采上限，预计矿井涌水量、制定切实合理可行的防治技术途径提供科学依据。

1. 探查钻孔特征

北八采区有 39 个钻孔揭露四含，但采区内原先没有对四含进行过抽水试验，因此没有任何四含水文地质参数信息。而整个桃园井田的四含的富水性评价中，参数（尤其是单位涌水量 q 指标）的差异较大，使本采区无从选择。因此，研究期间对北八采区实施了两个四含补勘钻孔（2007 水 1 孔和 2007 观 1 孔），用来进行四含水文地质试验，获取含水层参数。分别布置在采区的南部和北部（图3-1），钻孔柱状见图3-2。两个钻孔的具体结构与工程状况分析如下。

厚度/m 厚度	 累计	柱状 1∶500	岩性描述
250.8	250.77		松散层：刮刀判层
5.75	256.52		黏土：浅黄色夹灰绿色斑块，含钙质，黏塑性好，膨胀性强
3.93	260.45		砂质黏土：浅黄色，含有少量细砂质，黏塑性一般
10.64	271.09		黏土：浅黄色夹灰绿色斑块，遇水膨胀，含钙质，黏塑性强
1.59	272.68		细砂：浅黄色，成份以石英为主，少含铁锰结核及少量黏土质，分选性一般，较松散
5.34	278.02		黏土：浅黄色，黏塑性好，膨胀性强
4.43	282.45		砂质黏土：浅黄色，含有少量粉砂质，黏塑性好
13.08	295.53		砾石：浅灰-肉红色，成份以灰岩为主，其次为石英砂岩，砾径3~5cm占65%，砾径5~9cm占35%，分选性中等，次圆状-圆状，局部含黏土质
14.06	309.59		泥石：紫红色夹灰绿色斑块，中厚层状，泥质结沟，含有少量粉砂质及菱铁质颗粒，参差状断口，局部弱风化
3.59	313.18		砂岩：灰色，中厚层状，细粒结构，成分以石英、长石为主，含有少量暗色矿物颗粒，分选性较好，钙泥质胶结散
17.72	330.90		粉砂岩：灰色，块状，粉砂质结构，分选性差，参差状断口，含有少量植物根部化石碎片
4.61	335.51		泥岩：灰色，块状，泥质结构，局部含有少量植物根部化石碎片
5.80	341.31		粉砂岩：浅灰色，薄层状，粉砂质结构，由细砂岩显示水平层理，性较硬
5.67	346.98		泥岩：深灰色，块状，泥质结构，含有大量植物根部化石碎片
3.21	350.18		砂岩：灰白色，中厚层状，中粒结构，成分以石英为主，含有少量长石及暗色矿物颗粒，分选性一般，小型交错层理发育，局部裂隙较发育，裂隙被方解石脉充填，硅质胶结，性硬
11.23	361.42		泥岩：深灰色，中厚层状，泥质结构，含有少量粉砂质，平坦状断口，含有大量植物根部化石碎片
4.25	365.67		10煤：黑色，块状-碎片状，阶梯状断口，沥青光泽，内生裂隙，较发育，半亮型煤
1.61	367.27		泥岩：深灰-灰色，薄层状，泥质结构，平坦状断口，含有少量粉砂质及植物根部化石碎片
12.99	380.26		砂岩：灰色，中厚层状，细粒结构，成分以石英，长石为主，分选性较好，间夹薄层状泥岩条带，钙质胶结，性较硬

2007水1孔

厚度/m 厚度	 累计	柱状 1∶500	岩性描述
228.1	228.1		松散层：刮刀判层
11.95	240.05		黏土：浅黄色夹灰绿色斑块，含有少量钙质，黏塑性好，膨胀性强
0.93	240.98		黏土质砂：浅黄色，含有少量黏土质及铁锰质结核，较松散
8.64	249.62		黏土：浅黄色夹灰绿色斑块，含有少量钙质，黏塑性较好
0.90	250.52		黏土质砂：棕色，含有少量黏土质及钙质，较松散
13.01	263.53		黏土：浅黄色，含有少量砂姜，黏塑性较好，遇水膨胀
4.45	267.98		砾石：灰色-肉红色，成分为灰岩为主，砾径2~4cm占75%左右，砾径5~8cm占25%左右，分选一般，次圆状-圆状黏土质充填
13.67	281.65		泥石：浅黄色-灰色，中厚层状，泥质结合，局部含有少量粉砂质，267.98~278.45m风化较剧烈，岩心破碎
13.31	294.96		粉砂石：深灰色，中厚层状，粉砂质结构，局部含泥质，平坦状断口，含有少量植物根部化石碎片
12.16	307.12		泥石：深灰色，中厚层状，泥质结构，间夹0.5~1cm薄层细砂岩条带，致密，含有少量植物根部化石碎片

2007观1孔

图3-2　北八采区四含补勘钻孔柱状图

1）2007水1孔特征

该孔终孔深度380.26m，终孔层位10煤老底。表土层至“三隔”孔径为170mm，“三隔”至基岩面孔径为130mm，基岩面以下至终孔孔径为91mm。三隔以上下入Φ127mm地质管止水，四含段下入Φ108mm地质花管供抽（压）水之用，煤系地层为裸孔。

该孔对“三隔”底部至终孔采取取心钻进，采集岩样8组32块，以测定岩层力学性质或水理性质参数。对全孔进行了冲洗液漏失量观测和地球物理测井。对四含段进行了压水试验，对基岩段进行了电视测井。

该孔在松散层底部44.73m厚度范围内，上部的31.65m以黏性土为主，黏土层含量占76%以上。黏土以褐黄色为主，部分层位夹浅灰绿色、白色斑块，一些黏土层富含钙质，靠上部的层位黏塑性好，膨胀性强。夹有两层5.5m左右的砂质黏土层，棕黄色，黏塑性一般。中部夹一层黏土质粉砂，棕黄色，成分以方解石颗粒为主，含铁锰结核，分选性一般，较松散。下部为13.08m的砾石层，成分以灰岩、白云质灰岩为主，含少量石英砂岩，砾石颜色浅灰-肉红，砾石直径为4～6cm占65%，砾石直径为6cm占35%，有些砾石直径大于孔径；次圆状-圆状，胶结物为黏土，成分杂。

2）2007观1孔特征

2007观1孔设计为四含长观孔，终孔层位为四含底板以下基岩风化层，终孔深度307.12m，其中新地层段267.98m，基岩段39.14m。表土层至“三隔”孔径为190mm，入Φ108mm地质花管用以抽（压）水试验和水位观测，对100m以下数字测井；终孔后，进行压水试验，并兼作四含水位长观孔。

黏土层占90%以上，以浅黄色夹浅灰绿色花斑状黏土为主，黏塑性好，膨胀性强。局部为钙质黏土，以夹杂大量白色斑块为特色，黏塑性不高。单层黏土层厚度均超过5m。夹2层厚度0.9m左右的黏土质砂，浅棕黄色，含有少量黏土质及铁锰质结核，较松散。底部4.45m为砾石层：次圆状-圆状，颜色灰-肉红色，成分以灰岩为主，砾石直径2～4cm占75%左右，砾石直径5～8cm占25%左右，黏土质充填。

2. 四含岩性特征

1）宏观特征

从本次施工的2个钻孔的四含段岩心观测结果看，北八采区的四含主要由黏土、砂质黏土和砾石黏土组成，见图3-3，其中，黏土是最主要的成分。在四含内未发现典型的砂层，仅见到少许粉砂层，且黏土含量较高、固结较好（图3-3d），因此含水性较差。四含下部与基岩面接触层段有砾石分布，砾石颗粒比较大，砾石直径普遍在2～6cm，砾石成分几乎全部是石灰岩、白云岩（图3-4），从自然色泽看，表面多见黄色锈斑，表明其经历了较长时期的表生作用，是坡地岩石表面常见颜色。四含下部呈现以砾石黏土为主的岩性特征，在井筒施工过程中，从四含层位挖掘出的土样得到充分的验证，见图3-4c。

2）微观特征

对部分样品进行了实验室检测分析，包括砾石薄片分析、黏土矿物粉末X衍射分析和粉末X荧光化学成分分析。

a. 薄片鉴定

对以粉砂为主的“含黏土砂层”，如图3-3d中岩心照片。通过对其制作薄片，可以在偏光显微镜下得到砂层的显微结构特征。经鉴定，其中的石英砂含量只有 10% ~15%，绝大部分是石灰岩（方解石）的岩屑与黏性土成分（图 3-5）。

a.2007水1孔，岩心照片
松散新地层底部几乎全部为黏性土

b.2007观1孔，岩心照片
松散层以黏性土为主，底部为坡麓相砾石层

c.2007水1孔，282~283m岩心
黏土，块状、致密，已高度固结

d.2007观1孔，245.7m岩心
泥质粉砂，已高度固结

e.2007观1孔，246~247m岩心
花白黏土，黏性高，可见到典型滑面

f.2007观1孔，246~247m岩心
花白黏土，在断裂面上有铁锰质薄膜

图 3-3　四含段岩心照片

a.2007水1孔，282.45~303.88m岩心
新地层底部砾石层与基岩顶部风化层

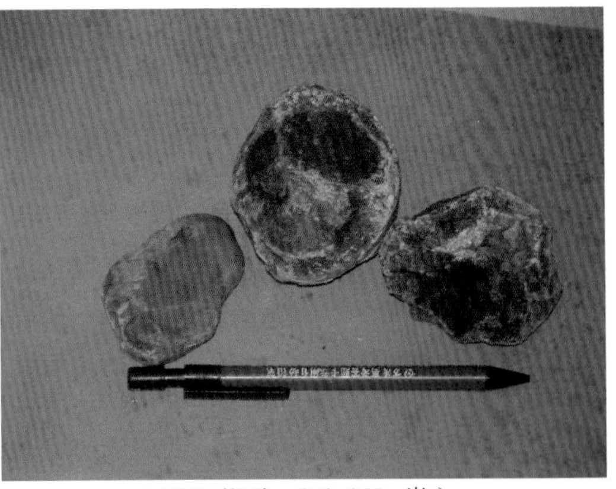

b.2007观1孔，253~255m岩心
砾石以灰岩为主，砾径数厘米至数十厘米

c.北风井冻结施工过程中，在四含底部挖掘出黏土砾石

图 3-4　四含底部砾石宏观特征

a.单偏光

b.正交偏光

图 3-5　含黏土粉砂显微特征

2007 水 1 孔 282 ~ 283m，野外定名含黏土粉砂，镜下富含灰岩岩屑等陆源碎屑，除了碳酸盐岩屑（75%）和石英碎屑外，尚见变质石英砂岩、火山岩岩屑等

从 2007 观 1 孔中选取 2 块灰岩岩样，制成薄片后，在偏光显微镜下得到图像如图 3-6 所示。可以看出，第一块为生物碎屑泥晶灰岩，富含腕足类、有孔虫等，从灰色的颜色和生物类型推断，为太灰地层中的灰岩；第二块为典型的白云化鲕状灰岩，灰白色模糊作用是强烈的白云岩化产物，从岩性和生物类型推断，为奥灰地层中的白云质灰岩。

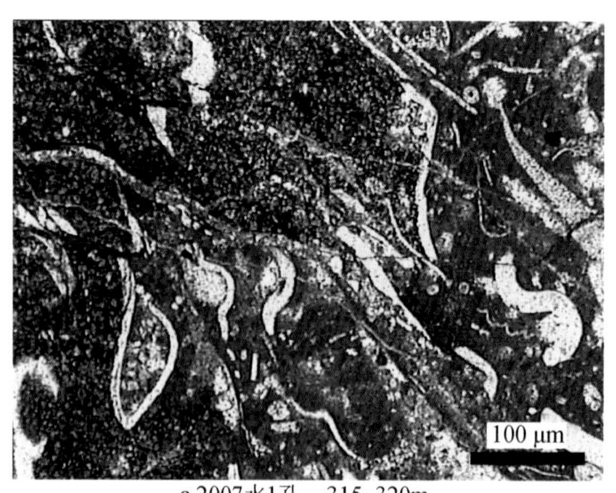

a.2007水1孔，315~320m
生物碎屑泥晶灰岩，富含腕足类、有孔虫等；灰岩淡灰色，推测层位属于太灰(正交偏光)

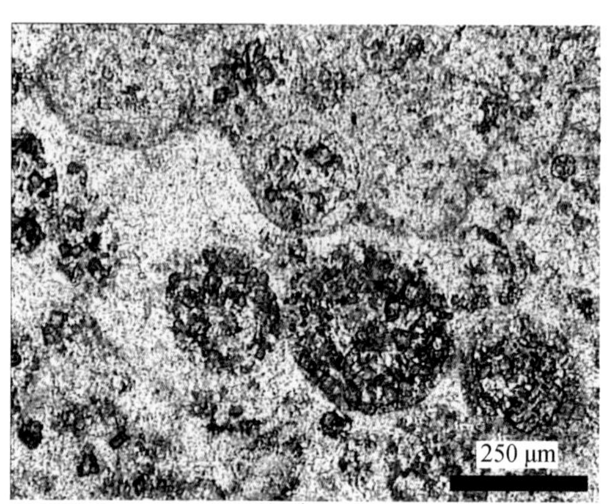

b.2007观1孔，245~255m
白云岩化鲕状灰岩，推测层位为奥灰(单偏光)

图 3-6　砾石显微特征

b. 矿物粉末 X 衍射

根据几种样片衍射分析结果，对照《沉积粘土矿物相对含量 X 射线衍射分析方法》(SY/T 5163—1995) 图谱和粉末衍射标准联合委员会 (JCPDS) 卡片 (国家能源局，2010；叶大年和金成伟，1984)，识别出本采区四含矿物物相构成主要为：伊利石 (I)、蒙皂石 (S)、高岭石 (K)、绿泥石 (Ch)、石英 (Q) 和方解石 (Cc) (表 3-2)。本采区四含黏土样品中，最主要的黏土矿物是伊利石，而非黏土矿物中方解石含量占有很高的比例，1 个样品的方解石含量竟然达到 49%。

表 3-2　黏土矿物成分表

样品编号	岩性	黏土矿物/%				杂质/%	
		S	I	Ch	K	Q	Cc
2007 水 1-1	黄色黏土夹砾石	6	22	0	31	10	31
2007 水 1-2	红色黏土	6	17	8	12	8	49
2007 观 1-1	浅棕红色黏土	12	30	11	19	5	23

c. 化学成分 X 荧光光谱分析

对 4 组四含细颗粒和 1 组煤系地层泥岩碎屑物质共 5 组样品进行了 X 荧光光谱分析，检测值见表 3-3。从总的测试结果来看，有两个显著特点：其一是 SiO_2的含量占绝对优势，Al_2O_3次之，这表明硅酸盐、铝硅酸盐矿物是岩土的最基本成分；其二是各四含样品的 CaO 都较高，达 7.59% ~ 35.48%，而煤系泥岩中 CaO 很低，只有 0.84%，而 SiO_2与

Al_2O_3却最高，原因是四含矿物成分中有大量的方解石，在基岩地层中（343.2m）方解石含量则甚微。这与矿物成分测试结果中方解石的高含量是相吻合的。此外，大部分微量元素在四含中含量较少，而在煤系地层中含量要高一些，原因是煤系地层形成早期的泥炭作为胶体物质容易大量吸附重金属元素。

表 3-3　岩石化学成分质量分数表

孔号	深度/m	Fe_2O_3/%	K_2O/%	Na_2O/%	SiO_2/%	CaO/%	MgO/%	Al_2O_3/%	
2007 水 1	269.0	1.87	1.89	0.2	54.62	19.04	0.84	14.31	
	343.2	6.05	1.85	0.89	63.3	0.84	0.97	20.53	
	282.5	4.28	2.21	0.27	57.56	7.59	5.58	13.26	
2007 观 1	245.7	3.93	1.49	0.22	33.75	35.48	2.04	14.82	
	257.9	3.88	1.66	0.24	49.47	16.66	8.35	9.07	
孔号	深度/m	$P/10^{-6}$	$Ba/10^{-6}$	$Ti/10^{-6}$	$V/10^{-6}$	$Cr/10^{-6}$	$Mn/10^{-6}$	$Co/10^{-6}$	$Ni/10^{-6}$
2007 水 1	269.0	269	262	2690	38	63	1730	3.90	9.09
	343.2	142	553	4377	75	72	245	10.41	17.66
	282.5	486	298	4198	77	101	495	10.37	24.68
2007 观 1	245.7	2038	74	1618	60	52	436	5.01	22.46
	257.9	637	228	3220	55	49	495	10.01	23.25
孔号	深度/m	$U/10^{-6}$	$Cu/10^{-6}$	$Pb/10^{-6}$	$Zn/10^{-6}$	$Th/10^{-6}$	$Rb/10^{-6}$	$Sr/10^{-6}$	$Zr/10^{-6}$
2007 水 1	269.0	2.24	9.06	18.00	22.84	6.29	44.95	839.96	119.00
	343.2	2.28	31.15	19.88	64.01	13.76	116.27	185.88	199.62
	282.5	2.18	27.08	19.75	76.05	8.52	86.69	203.69	177.74
2007 观 1	245.7	1.82	16.05	21.70	60.00	7.48	34.74	103.72	76.87
	257.9	1.48	21.58	14.87	61.52	9.13	75.72	292.76	142.28

3）四含成分与结构的富水性意义

北八采区乃至桃园矿井的四含以整体的泥质结构、底部砾石夹黏土和充分压实为结构特色。颗粒成分以黏粒为主要成分，细颗粒矿物成分以伊利石、蒙脱石、绿泥石、高岭石为主。砂级颗粒中，大量砂粒为方解石颗粒；酸化处理发现，方解石颗粒可占砂粒总量的46%～67%。在化学成分上与煤系地层主要差别是，大量的 CaO 成分取代 Al_2O_3和 SiO_2，反映出硅酸盐、铝硅酸盐矿物含量较少、方解石较多的矿物特点。

所有这些都显示出，本井田所谓的“四含”实际上主要由黏土等细颗粒组成，尽管大量砾石分布，但这些砾石为坡积、洪积成因，黏土与砾石混杂，分选性差且缺少砂层。而大量方解石的存在，在沉积学意义上表明绝不是在成熟河流作用下形成的，这也是本地新生界底部层位缺乏砂层的根本原因。

3. 四含水文地质参数

1）试验过程

施工 2007 水 1 孔与 2007 观 1 孔的重要目的之一是进行四含水文地质试验。由于抽水试验抽不到水，改做压水试验。压水试验均采用三个泵压挡位（即三个阶段）压水观测，每隔 10min 同时观测记录流量计和泵压表读数。第一阶段使用 3 挡泵压，第二阶段使用 2 挡泵压，第三阶段使用 1 档泵压，各阶段均持续 8h 以上，累计压水试验 25h 以上。停止压水后，又进行了超过 24h 的水位恢复观测。这两个孔的压水试验综合情况见表 3-4。具体的压水过程如图 3-7 所示。

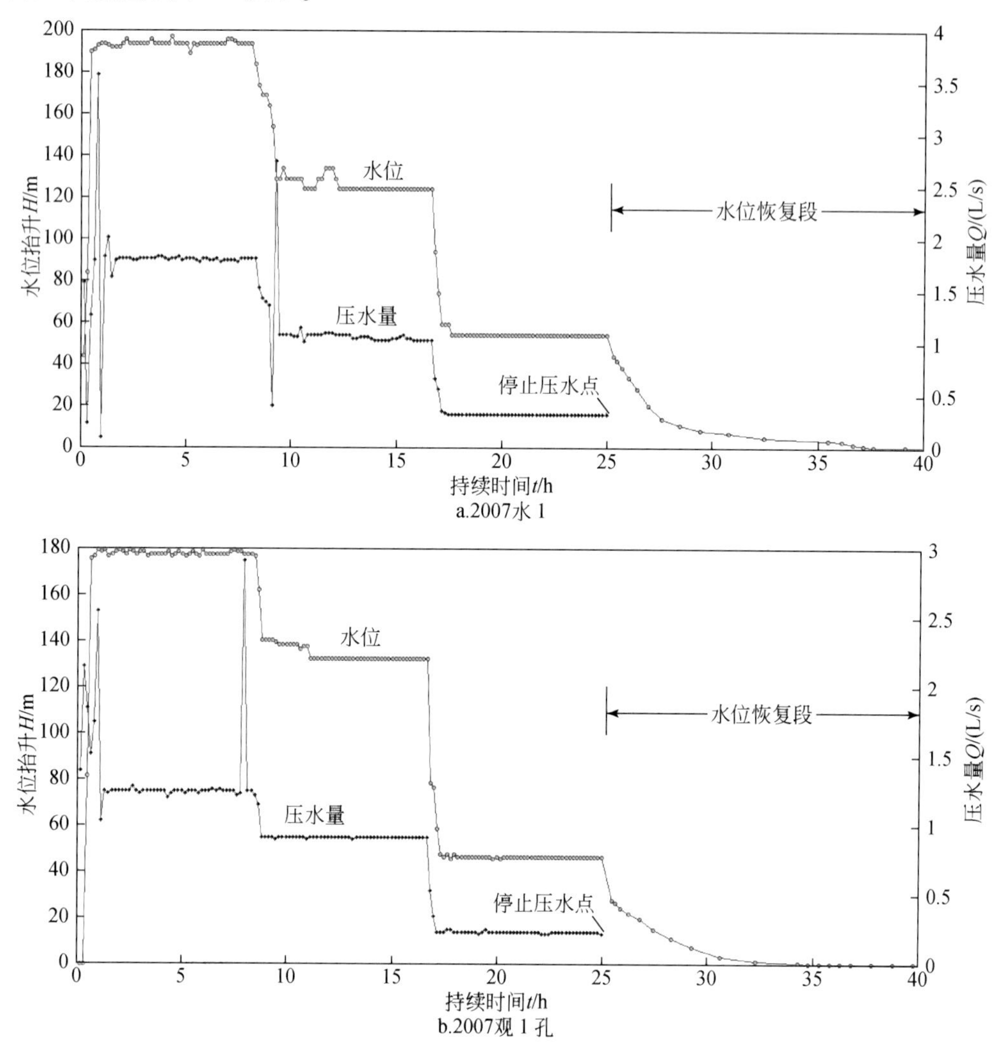

图 3-7　四含补勘孔压水试验历时曲线

表 3-4　钻孔压水试验过程

钻孔	阶段	挡位	持续时间
2007 水 1	1	3 挡	8h20min
	2	2 挡	8h30min
	3	1 挡	8h20min
	恢复		26h

续表

钻孔	阶段	挡位	持续时间
2007 观 1	1	3 挡	8h30min
	2	2 挡	8h10min
	3	1 挡	8h20min
	恢复		25h40min

2）四含水文地质参数评价

a. 渗透系数分析

依据表 3-4 和图 3-7 数据，通过拟合处理，计算各压水阶段中的流量和水位平均值，列入表 3-5 中。采用如下压水试验公式计算渗透系数。

$$k=\frac{0.527Q}{ls}\lg\frac{0.66l}{r} \tag{3-1}$$

式中，k 为渗透系数，m/d；l 为试验段长度，m；r 为钻孔半径，m；Q 为稳定压水量，L/min；s 为稳定水位上升量，m。

根据式（3-1）计算出这 2 个钻孔 3 个阶段稳定压水对应的渗透系数值，也列入表 3-5 中。对照表 3-6 可以看出，两个孔的渗透系数计算值基本都在 $1\times10^{-5}\sim1\times10^{-4}$ cm/s，均属于“弱透水”类型。

表 3-5　压水试验稳定流计算

钻孔	阶段	稳定压水量 Q/(L/min)	稳定水位上升量 s/m	渗透系数计算值 k		参数
				以 m/d 计	以 cm/s 计	
2007 水 1	1	108	194.05	0.0525	6.077×10^{-5}	l=13.08m r=0.054m
	2	64.8	124.00	0.0493	5.705×10^{-5}	
	3	19.2	54.05	0.0335	3.878×10^{-5}	
2007 观 1	1	75.0	177.00	0.0925	10.710×10^{-5}	l=4.45m r=0.045m
	2	55.2	132.60	0.0909	10.518×10^{-5}	
	3	13.8	46.60	0.0647	7.480×10^{-5}	

表 3-6　岩土渗透性等级（据中华人民共和国水利部，1999）

渗透性等级	渗透系数 k 标准/(cm/s)	透水率 η/Lu	土类
极微透水	$k<10^{-6}$	$\eta<0.1$	黏土
微透水	$10^{-6}\leqslant k<10^{-5}$	$0.1\leqslant\eta<1$	黏土-粉土
弱透水	$10^{-5}\leqslant k<10^{-4}$	$1\leqslant\eta<10$	粉土-细粒土质砂
中等透水	$10^{-4}\leqslant k<10^{-2}$	$10\leqslant\eta<100$	砂-砂砾
强透水	$10^{-2}\leqslant k<1$	$\eta\geqslant100$	砂砾-砾石、卵石
极强透水	$k\geqslant1$		粒径均匀的巨砾

注：Lu 为吕荣单位，是 1MPa 压力下，每米试段的平均压入流量，以 L/min 计。

b. 单位涌水量分析

单位涌水量公式为

$$q = Q/3.6s \tag{3-2}$$

式中，符号同式（3-1）。

因此，可根据表 3-5 中数据求出 q，见表 3-7。

表 3-7　单位涌水量与透水率计算结果

钻孔	阶段	单位涌水量 q/(L/m · s)	透水率 η/Lu	备注
2007 水 1	1	0.009327	4.32	l=25m
	2	0.00871	2.59	
	3	0.00592		
2007 观 1	1	0.007062	3.75	l=20m
	2	0.006938	2.76	
	3	0.004936		

单位涌水量 q 均远远小于 0.1L/(m · s)，对比《煤矿防治水规定》（国家安全生产监督管理总局，2009），均属“弱富水性”类型。

c. 透水性分析

根据《水利水电工程地质勘察规范》（GB 50287—99）（中华人民共和国水利部，1999）的岩土透水率等级分类方法，求出的两个钻孔四含段透水率为 2.59 ~ 4.32Lu（表 3-7），对比表 3-6 的标准可以发现，均在 $1\text{Lu} \leqslant \eta < 10\text{Lu}$ 范围内，属于“弱透水”类型。

3.2.2　F2 断层导含水性地面钻孔探查

1. 钻孔工程简介

1）地面钻探工程目的和任务

实施地面钻探工程的目的是：①形成地面孔管，并利用该孔管进行断层水文地质试验（抽水试验或压水试验）以了解断层的富水性；②在钻探过程中对断层带物质取样，并通过观察岩心获得断层的产状、节理与擦痕特性等信息。

2）钻孔工程布置

布设钻孔两个：2005 水 1 孔用于探查北八大巷与 F2 断层交界处的断层活动性与富水性；2005 水 2 孔用于探查基岩地层较浅部位 F2 断层的富水性，作为工作面断层防水煤柱设计依据。根据资源勘探 4 个穿越 F2 的钻孔（4-3 孔、4-5 孔、补 1-1 孔和 $3\text{-}4_3$孔）及其勘探线剖面图资料，用空间平面函数拟合断层面，与大巷（342.5°方向）纵切面图（图 3-8）相结合确定断层分布位置，将 2005 水 1 孔定位于经距 x=3716637，纬距 y=39502634 处，地面标高 23.624m，孔深 564.12m，终孔层位为断层下盘的 8 煤 ~ 10 煤底板间 K_2 砂岩（大巷以下约 35m）。根据大巷（−370m）水平切面图结合三维地震勘探 10 煤地板等高线图，将 2005 水 2 孔定位在经距 x=3716560m，纬距 y=39502180m 处，地面标高 23.624m，孔深370.43m，终孔层位为断层下盘的10煤底板砂页岩（图3-1）。

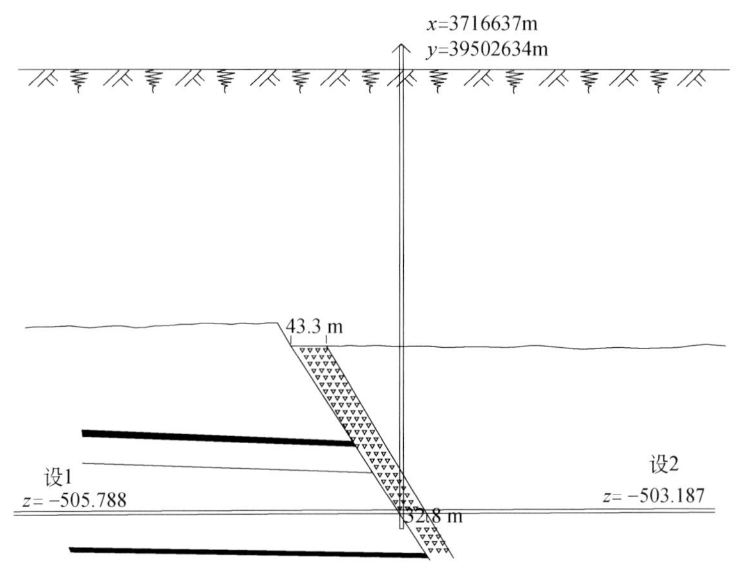

图3-8　北八大巷N17.5°W方向纵剖面图

从钻孔实际穿越地层结果来看，2005水1孔实见断层情况与预计较吻合；2005水2孔进入基岩后即见断层，比预计提前。但都基本达到控制断层分布与断层性质测试分析的目的。

2. F2断层的物质成分

利用F2断层2个探查钻孔所获得的部分钻孔岩心样品，开展了样品成分分析，包括：样品的化学元素构成、矿物成分分析、断层破碎带粒度成分分析等。从物质微观与宏观组成上研究F2断层，以深化对F2断层的工程性质及其形成机理的认识。

1）基本粒度成分

a. 断层角砾岩的岩石粒度成分

在断层的反复挤压与剪切作用下，断层带内岩石发生了严重的破坏，出现程度不等的裂隙化乃至糜棱化现象。由于张性断层的基本规律制约，在不同地带（甚至断层带内部）破坏程度差异极大。从钻孔资料来看，岩石糜棱化现象在各部位不尽相同，导致角砾大小差异悬殊。大块角砾主要由细砂岩、粉砂岩、泥岩组成，细颗粒主要由强度较低的泥岩类构成。在角砾缝隙之间或岩石裂隙之间，有含量不等的黏土成分充填于其中。根据钻孔取心观察，角砾的组成和接触方式有多种形式，包括：密集定向劈理（图3-9a），显示出强烈的定向挤压剪切作用；密集劈理（图3-9b），显示出岩性较软弱的泥岩被挤压剪切作用强烈揉皱；破碎岩石与相对完整岩石之间以滑动层面相接触（图3-9c），表明二者原先处于压应力状态，后期沿断层面滑动才使它们相互接触；相对完整岩石与强烈破碎岩石之间参差接触（图3-9d），推测系张性断裂造成一定的空间，细碎颗粒进入后在相对完整岩石的上方沉积所致。

a.压性定向劈理(2005水1孔，507.35~509.35m)

b.揉皱式压性劈理(2005水1孔，484.36~488.04m)

c.破碎岩石与相对完整岩石之间以滑动层面相接触(2005水1孔，507.35~509.35m)

d.相对完整岩石与强烈破碎岩石之间参差接触(2005水1孔，484.36~488.04m)

图 3-9　断层角砾岩粒度成分岩心照片

b. 细颗粒物质的粒度结构

断层带内许多部位含有泥质成分，而且许多地段泥质成分含量很高，如 2005 水 1 孔在 528. 94 ~ 534. 08m 深度和 2005 水 2 孔在 331. 1 ~ 331. 3m 深度的断层泥样品都含有较多的细颗粒成分（图 3-10a、b）。

a.黑色高黏性土(2005水1孔，528.94~534.08m)

b.灰白色黏性土(2005水2孔，331.1~331.3m)

图 3-10　断层带中细颗粒粒度结构岩心照片

对3组样品进行了颗粒分析，对其中粗颗粒部分采用筛析法，对细颗粒部分采用比重计法，测定结果见表3-8。可以直观看出，样品之间的颗粒成分含量差异极大。如2005水1孔525m样品的黏粒含量高达65%，碎石含量只有8. 3%，而与之成鲜明对照的是，484m处样品的碎石含量高达53. 4%，黏粒含量只有8. 2%。

表3-8　F2断层土体颗粒组成表

序号	土样编号	取样深度/m	颗粒分析/%							土的分类名称
			碎石		砂粒			粉粒	黏粒	
			20~10mm	10~2mm	2~0. 5mm	0~0. 25mm	0. 25~0. 075mm	0. 075~0. 005mm	<0. 005mm	
01	2005水1-528	528. 9~534. 1		8. 3	4. 2	5. 5	7. 6	9. 4	65	黏土
02	2005水1-484	484. 36~488. 0	31. 2	22. 2	13. 1	14. 6	6. 2	4. 5	8. 2	糜棱岩
03	2005水2-329	281. 1~281. 3		4. 0	6. 3	6. 5	21. 2	25. 6	36. 4	黏土

大量观测资料证明，在张性裂隙断层带内，地下水渗透过程中，运动水流可携带黏粒（多半是胶粒物质），并不断在裂隙中沉积下来；如果断层内张性裂隙很大，就可以成生体积较大、黏粒含量较高的断层带黏性土体（表3-8）；2005水1孔528m处高黏性土现象就是以这种方式产生后，又经过后期压密而形成的。图3-11中的黑色松软淤泥显示出了这类黏性土的早期形态。

图3-11　张性裂隙中的黑色软淤泥沉积

2005水2孔，深度336m

2）断层带岩性特征

a. 断层角砾岩的岩石成分

从钻孔揭露的岩心看，断层角砾岩主要由泥岩、粉砂岩、细砂岩与少量煤层构成。

泥岩多呈深灰色-黑色（图3-12），层状结构，常夹浅灰色细砂岩层理。在断层应力作用下破碎（图3-9a）或揉皱（图3-9b）现象严重。粉砂岩呈浅灰色-深灰色，层状结构，常夹浅灰色细砂岩层理，在断层应力作用下也较为破碎。细砂岩呈灰白色-浅灰色，硅质胶结，性硬，在断层应力作用下出现裂隙或呈较大的碎块状。

图 3-12　深灰色泥岩中的波状纹理

2005 水 1 孔，深度 452.49 ~ 456.23m

b. 断层泥的黏土矿物成分

以 2005 水 1 孔在 525m 深度和 05-水 2 孔在 329m 深度的断层泥的细颗粒（<0.005mm）黏性土粉末为对象，采用矿物粉末 X 射线衍射法半定量分析黏土的矿物成分。仪器型号为 D/Max-rB（Japan-Rigaku），实验条件：管电压 40kV，管电流 80mA，波长 1.5406Å，狭缝 DS = SS = 1°，RS = 0.3mm，扫描速度 2°/min，采样间隔 0.02°。成果频谱曲线见图 3-13a、b。

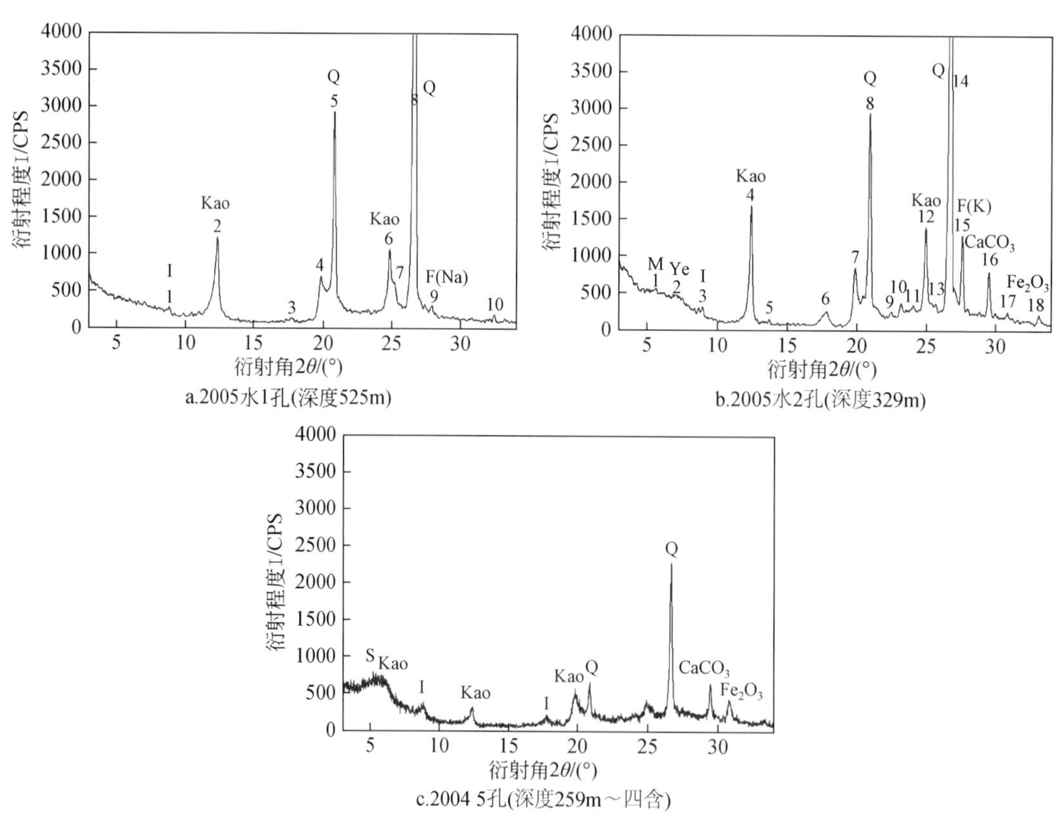

图 3-13　断层泥矿物成分 X-衍射

从两个钻孔样品的频谱曲线可以观察到下列性质。

（1）两个样品的黏粒矿物成分不尽相同。2005水2孔样品中的矿物成分较多，特有矿物包括蒙脱石（S）、叶蜡石（Py）、钾长石、$CaCO_3$和Fe_2O_3；而2005水1孔样品中的矿物成分少，特有矿物只有钠长石1种。

（2）两个样品的黏土矿物成分也有所差异。2005水2孔样品中只有高岭石（Kao）与伊利石（I），二者含量也不高；而2005水1孔样品中黏土矿物包括高岭石（Kao）、伊利石（I）、蒙脱石（S）、叶蜡石（Py），含量比较多。

样品矿物成分的强烈差异反映出成因上的不同。例如，Fe_2O_3是表生氧化环境的产物；在煤系地层深部水、气循环条件差，加上有机碳的作用，形成典型的还原环境，从而产生不了Fe_2O_3。而蒙脱石是表生风化条件下的典型黏土矿物，在压力较高条件下不稳定，会向较为有序的伊利石、高岭石等转变。因此2005水2孔样品体现出氧化、低压、饱水介质条件，而2005水1样品体现出高围压、还原性物理化学条件；这与2005水2孔所选样品埋藏浅（古风化面以下仅2m）、2005水1孔样品埋藏深（古风化面以下194m）的实际状况是完全相吻合的。由于四含的蒙脱石含量很高（图3-14c），而2005水2孔样品埋藏只有2m，四含碎屑从裂隙中进入断层带，自然也造成所测2005水2孔样品的蒙脱石含量较高。

c. 断层带物质化学成分

为了查清断层带物质的化学成分，对3个断层内碎屑物质样品（包括2005水1孔2个样品与2005水2孔1个样品）委托国土资源部（现为自然资源部）合肥矿产资源监督检测中心进行了X荧光光谱分析，检测值见表3-9。

表3-9　断层带岩石化学成分质量分数表

孔号	深度/m	Fe_2O_3/%	K_2O/%	Na_2O/%	SiO_2/%	CaO/%	MgO/%	Al_2O_3/%	
2005水1	528~534	5.38	1.23	0.62	59.48	0.55	0.63	24.12	
2005水1	452	5.82	2.08	0.92	62.82	0.76	0.93	20.16	
2005水2	329	2.08	1.91	0.23	54.45	19.11	0.89	12.99	
孔号	深度/m	P/10^{-6}	Ba/10^{-6}	Ti/10^{-6}	V/10^{-6}	Cr/10^{-6}	Mn/10^{-6}	Co/10^{-6}	Ni/10^{-6}
2005水1	528~534	219	602	5881	126.9	85.1	299	12.7	26.6
2005水1	452	134	528	4960	86.0	68.2	266	11.0	15.8
2005水2	329	260	257	2387	38.4	67.2	1902	3.8	10.3
孔号	深度/m	U/10^{-6}	Cu/10^{-6}	Pb/10^{-6}	Zn/10^{-6}	Th/10^{-6}	Rb/10^{-6}	Sr/10^{-6}	Zr/10^{-6}
2005水1	528~534	3.3	37.1	21.8	62.0	15.4	86.9	171	229
2005水1	452	2.4	27.6	18.0	66.0	13.4	120.6	186	216
2005水2	329	2.1	9.7	19.3	25.4	5.7	43.8	847	111

样品测试结果显示，断层碎屑物质具有Si、Al绝对占优势的基本特性，其中，在2005水1孔中二者之和都达80%以上，说明硅酸盐、铝硅酸盐矿物是颗粒的最基本成分。而2005水2样品的Ca含量高达19.11%，这与取样点在基岩面以下2m，历史上四含高Ca沉积物大量涌入有关。可见浅部（2005水2样品）的物质成分与深部（2005水1孔2个

样品）差异极大，大部分微量元素从浅至深呈有规律的递变。例如，Ba 含量从 257×10^{-6} 增至602×10^{-6}，Ti 含量从 2387×10^{-6}增至 5881×10^{-6}，V 含量从 38.4×10^{-6}增至 126.9×10^{-6}，Co 含量从 3.8×10^{-6}增至 12.7×10^{-6}，Ni 含量从 10.3×10^{-6}增至 26.6×10^{-6}，Cu 含量从 9.7×10^{-6} 增至 37.1×10^{-6}。

总体来看，断层深部的化学成分与煤系地层非常接近，各种重金属元素成分比较高，而浅部断层泥则大量接受来自四含土层的补充，不仅重金属元素含量比较低，而且 Al 含量也比较低，说明铝硅酸盐含量比深部少。此外，浅部的 Na 含量也只有深部的 1/2 ~ 1/3，究其原因，是深部地层沉积岩中含有较多的钠长石；在浅部，长石已经风化成黏土矿物，部分 Na^+溶解于水中，并被水带走。其反应式为

$$\underset{\text{(钠长石)}}{NaAlSi_3O_8}+2H_2CO_3+9H_2O \rightleftharpoons 2Na+2HCO_3^-+4H_2SiO_4+\underset{\text{(高岭石)}}{Al_2Si_2O_5(OH)_4}$$

d. 断层缝隙充填矿物

断层层面裂隙中不仅充填有岩石碎屑与黏土类颗粒成分，还由于在相对静水条件下产生了一些沿层面的矿物结晶体，从钻孔样品中可观察到的具体如下。

（1）方解石结晶：在 2005 水 1 孔的 482.04 ~ 484.36m 段与 515.40 ~ 518.79m 段的砂岩中都见到沿裂隙的方解石结晶（图 3-14a、b）。其原理是，在地下水中，压力作用导致的 H_2O 逸出，使水中 C 平衡反应朝着减少 HCO_3^- 的方向进行，即

$$Ca^{2+}+2HCO_3^- \rightarrow CaCO_3+H_2O+CO_2\uparrow$$

而造成 $CaCO_3$的沉淀。

（2）黄铁矿结晶：在多个层段见有黄铁矿结晶体，在裂隙中通常沿着方解石结晶层面附着结晶（图 3-14a、b）；此外在断层碎屑物充填物中也见有黄铁矿结晶体，如 2005 水 1 孔 528.94 ~ 534.08m 段断层泥（图 3-14c）与 2005 水 1 孔 329.5 ~ 331.18m 段断层泥内均见有黄铁矿结晶体。其原理是，在富有机碳条件下，微生物作用造成地下水中 SO_4^{2-} 中的 S 被还原，即

$$Fe^{2+}+2SO_4^{2-}+7/2C+H_2O \longrightarrow FeS_2+2HCO_3^-+3/2CO_2\uparrow$$

因此，黄铁矿结晶现象在煤系地层中普遍存在，尤其在水分含量一度较多的岩层裂隙孔隙内。

a.张性裂隙中的方解石与黄铁矿沉淀层(2005水1孔，452.49~456.23m)

b.张性裂隙中的方解石与黄铁矿沉淀层(2005水1孔，482.04~484.36m)

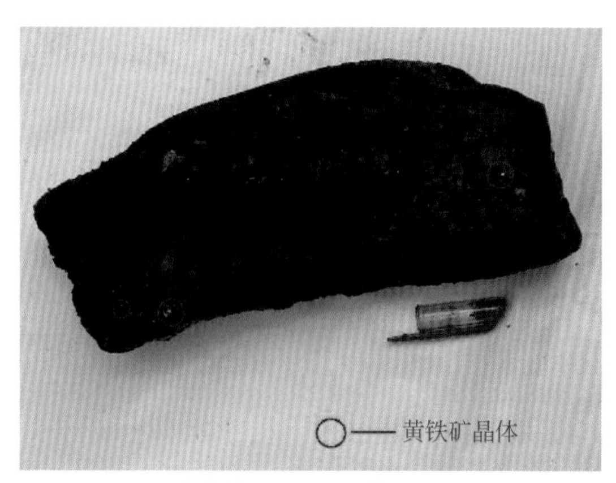

c.黑色黏性断层泥中的黄铁矿晶体
(2005水1孔，528.94~534.08m)

图3-14 断层缝隙充填矿物

3. F2断层的水文地质特性

判断F2断层属于导水的还是隔水的，是采区断层煤柱设计、北大巷过断层防治水方案的前提条件。

根据2005水1和2005水2两个钻孔的钻进情况来看，基本可认定原岩条件下F2断层为弱导水-不导水断层。其基本依据如下。

（1）两个钻孔钻进过程中，冲洗液消耗量很小，且一直很平稳，始终未出现冲洗液消耗量突然增大的现象。表明钻孔所遇到的断层带范围内没有导水性较强的裂隙存在。

（2）两个钻孔钻进完毕后，都进行了简易注水试验。做法是，终孔后把钻孔灌满，观察其水位下降情况；经过一定时间后，根据回灌量折算出相应的注水量。按此方法测出2005水1孔最大注水量为5L/h；2005水2孔最大注水量为9.5L/h。这样小的注水量也表明钻孔所遇到的断层带范围内没有导水性较强的裂隙存在。

（3）对2005水1孔进行压水试验。压水试验主要设备为泥浆泵，采用额定泵量2.5L/s；孔口水压通过注水管路上压力表读出。压水试验持续1h25min，水压变化过程见图3-15。

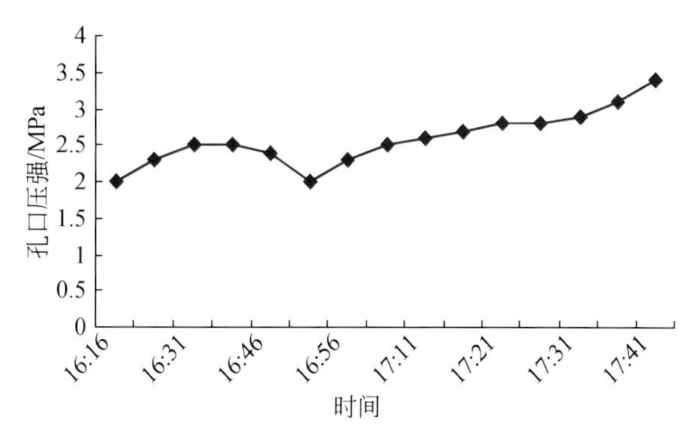

图3-15 压水试验水压过程图

以额定泵量 2.5L/s 和平均孔口水压 2.5MPa 计算，则

（1）单位吸水量：

$$\omega=\frac{Q}{LP}=150\text{L/min}\div(203.67\text{m}\times250\text{N/cm}^2)$$
$$=0.002946\ [\text{L/(min}\cdot\text{m}^2)] \tag{3-3}$$

式中：ω 为单位吸水量，L/min · m^2；Q 为注水量，L/min；L 为注水段长度，m；P 为孔口压强，N/cm^2。

根据水电工程岩石裂隙性质评价（表 3-10）（中华人民共和国水利部，1999），F2 断层带属于“完整”岩石类型。

表 3-10　水电工程岩石裂隙性质评价表

单位吸水量/(L/min · m^2)	裂隙系数	岩体评价
<0.001	<0.2	最完整
0.001～0.01	0.2～0.4	完整
0.01～0.1	0.4～0.6	节理较发育
0.1～0.5	0.6～0.8	节理裂隙发育
>0.5	>0.8	破碎岩体

（2）渗透系数：

$$k=0.572\omega\lg\frac{1.32L}{r}$$
$$=0.572\times0.002946\lg\left(\frac{1.32\times203.67}{0.070}\right) \tag{3-4}$$
$$=0.00604$$

式中，k 为渗透系数，m/d；r 为钻孔半径，m。

按照《工程地质手册》中的岩土渗透性分类（表 3-11）（《工程地质手册》编委会，2007），属于“微透水”类型岩土。

表 3-11　渗透性分类

类别	强透水	透水	弱透水	微透水	不透水
k/(m/d)	>10	10～1	1～0.01	0.01～0.001	<0.001

4. F2 断层的工程地质特性

断层带岩土性质分析的目的是：①进一步考查断层的富水性；②查明断层带填充物的工程性质，为巷道施工方案提供理论基础；③为断层的成因分析提供基础资料。断层带岩土性质分析的主要方式是根据钻孔岩心样品的实验室测定结果来表述其物理、水理、力学性质，并分析对巷道开拓与煤层开采的影响。

1）断层带岩样的物理力学性质测试分析

样品取自断层带，由于多半样品较破碎，可供测试的样品只有6块（图3-16），力学性质只进行了抗压强度与抗拉强度检测。具体测试结果见表3-12。

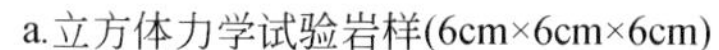

a.立方体力学试验岩样(6cm×6cm×6cm)　　b.圆柱体力学试验岩样(π×3.5²cm²×6cm)

图3-16　断层带岩石样品

表3-12　断层带岩石物理、力学性质试验成果表

孔号	深度/m	岩石名称	相对密度	密度/(g/cm²)	孔隙率/%	吸水率/%	抗压强度/MPa		单向抗拉强度/MPa	
							平均	变异范围	平均	变异范围
05-水1	452.09~456.23	泥岩-粉砂岩	2.62	2.47	5.73	3.71	47.8	47.5~48.1	2.31	1.72~2.90
		泥岩					11.9			
	487.39~490.75	泥岩-粉砂岩	2.64	2.43	7.95	4.61			2.49	
	549.86~553.57	泥岩	2.70	2.51	7.04	4.22			1.30	
05-水2	347.0±	粉砂岩	2.64	2.50	5.30	3.07	7.37			

从结果来看，断层带岩石的力学性质比正常煤层顶底板岩层的力学性质（表3-13）要低许多，属于软弱岩石。其原因是：样品一般为泥岩，强度本身就不高，遇水后容易崩解；而且在断层带内，岩石内部微小裂隙发育，也促使其强度下降。

2）断层带土样的物理水理力学性质测试

断层带内有大量黏性土等细颗粒成分，为了全面评价其工程性质，还开展了断层带土样的土工性质测试，测试内容包括：土体颗粒的物理性质、水理性质和力学性质，具体测试结果见表3-14。

表 3-13　各煤层顶底板力学试验成果表

煤层号	顶底板	岩石名称	抗剪强度/MPa								抗压强度/MPa		单向抗拉强度/MPa	
			30°				45°				自然状态			
			正应力		剪应力		正应力		剪应力					
			平均	变异范围	平均	变异范围	平均	变异范围	平均	变异范围	平均	变异范围	平均	变异范围
3_2	顶板	泥岩-砂岩	3.9	3.3～4.4	6.5	5.6～7.7	20.3	14.7～25.8	20.3	14.7～25.8	46.1	18.0～126.7		
	底板	泥岩									103.3	49.1～198.0	2.3	1.5～3.3
7_1	顶板	粉砂岩-泥岩									65.6	34.5～116.3	31.7	1.0～2.0
		中砂岩	3.4	2.3～4.3	5.7	4.1～7.3	14.8	13.8～15.7	14.8	13.8～15.7	165.8	105.4～219.4	3.7	3.5～3.9
	底板	泥岩									41.3	40.5～42.0		
10	顶板	粉砂岩-泥岩	12.0	4.7～22.2	20.9	8.2～38.6	28.6		28.6		61.0	29.0～95.5	2.4	1.1～5.4
	底板	粗粉砂岩	10.5	6.3～18.5	18.1	10.9～31.8	26.1	23.9～31.5	26.1	23.9～31.5	90.4	42.2～136.8	1.8	1.1～2.2

表 3-14　F2 断层带土工试验成果表

土样编号	取样深度/m	物理性质						液限 W_L/%	塑限 W_P/%	塑性指数 I_P	液性指数 I_L	直剪试验快剪	
		含水率 W/%	湿密度 ρ_0/(g/cm^3)	干密度 ρ_1/(g/cm^3)	土粒比重 Gs	天然孔隙比 e_0	饱和度 Sr/%					黏聚力 C/kPa	内摩擦角 φ/(°)
2005 水 1-528	528.9～534.1	20.4	2.05	1.70	2.74	0.61	91.75	65.8	29.0	37.8	-0.228	122	12.2
2005 水 1-484	484.36～488.0	11.5	1.97	1.77	2.65	0.50	70.0					79	17.8
2005 水 2-329	281.1～281.3	21.9	1.91	1.57	2.71	0.725	81.85	32.8	18.2	14.6	0.253	78	11.1

3组样品的物理力学有较大的差别，其中2005水1孔528m深度样品与2005水2孔329m深度样品主要由断层碎屑构成，塑性指数比较高，尤其2005水1孔528m样品塑性指数竟然达到37.8，表明土的主体颗粒非常细，溶于水后黏度非常大，显示出了黏性土的性质。2005水1孔484m样品取自断层糜棱岩，因为黏土过少，未测出水理参数值，此样品的主要特点是，内摩擦角略高，反映出脆性岩石的剪切特征。2005水1孔528m深度样品的液性指数为-0.228，在工程地质分类上属于“坚硬”类型，表明深部黏性土在长期地应力作用下被充分挤压密实。

综上所述，断层带岩石样品的抗压强度7.37～47.8MPa，抗拉强度1.30～2.90MPa，属于软弱岩石。断层带深部土黏聚力$C=78\sim122$kPa，内摩擦角$\varphi=11.1°\sim17.8°$；深部土具有高塑性，液性指数分类为“坚硬”土，表明在长期地应力作用下被挤压密实。但钻进中大量岩心极为破碎，无法取出，表明其断层泥破碎松散。

3.2.3　太原组灰岩富水性地面钻孔探查

1. 工程概况

为了建立桃园煤矿北八采区太灰水文观测系统，进一步探查太原组灰岩富水性，促进采区10煤层安全开采，分别于2010年和2011年在北八采区10煤露头区外施工了2个长观孔（图3-1）。勘查的主要目的是：①查明钻孔位置太灰（1～4灰）岩性、厚度及结构情况；②通过抽水试验确定太灰（1～4灰）水文地质参数；③通过太灰（1～4灰）水质化验确定其水质类型；④建立水文观测站。

探查钻孔特征及工程量如表3-15所示。

表3-15　北八采区地面探查太灰补勘钻孔基本情况一览表

孔号	开工时间	竣工时间	孔口坐标		终孔		抽水试验	现状
			坐标	高程/m	深度/m	层位		
2010观1	2010年10月6日	11月3日	x：3718696.47 y：39499766.96	24.9	360.26	太原组4灰下	1次	长观孔
2011观2	2011年7月29日	8月27日	x：3717577.57 y：39500334.09	25.2	366.81	太原组4灰下	1次	长观孔

2. 探查结果

1）2010观1孔探查结果

a. 揭露主要地层

本次揭露地层为新生界松散层、二叠系和石炭系基岩地层。其中揭露上石炭统太原组上部地层厚度45.80m，主要由泥岩、石灰岩组成，1灰厚2.90m，2灰厚3.51m，3灰厚10.61m，4灰厚12.23 m，地层倾角28°。灰岩主要为灰色，块状，隐晶质，裂隙较发育并被方解石脉充填，含海相动物化石。其中1灰有溶洞发育，直径2～4cm，有少量泥质充填，地层倾角28°。

b. 水文地质情况

该孔在钻进 1 ~4 灰岩段过程中，简易水文地质观测表明，在 1 灰层位，冲洗液有明显消耗甚至全漏失，消耗量 4. 29m^3/h，孔内水位突降至 32. 49m。抽水试验结果：含水层（1 ~4 灰）有效厚度 29. 25m，静止水位标高–6. 57m（埋深 31. 47m），q=0. 422L/(s · m) 大于 0. 10L/(s · m)，根据《煤矿防治水规定》（国家安全生产监督管理总局，2009）含水层富水性的等级标准，该孔“太灰”属富水性中等。

2）2011 观 2 孔探查结果

a. 揭露主要地层

本次揭露地层为第四系松散层、石炭系基岩地层。其中揭露上石炭统太原组上部地层厚度 45. 41m，主要由泥岩、石灰岩组成，1 灰厚 0. 72m，2 灰厚 3. 38m，3 灰厚 10. 53m，4 灰厚 22. 47 m，地层倾角 15°。灰岩主要为灰色，块状，隐晶质，上部风化呈浅黄色，裂隙较发育并被方解石脉充填，岩心较破碎，含海相动物化石。其中 1 灰有溶洞发育，有少量泥质充填。

b. 水文地质情况

该孔在钻进 1 ~4 灰岩段过程中，简易水文地质观测表明，在 1 灰层位，冲洗液有明显消耗甚至全漏失，孔内水位突降至 28. 40m。抽水试验结果：含水层（1 ~4 灰）有效厚度 38. 41m，静止水位标高–6. 30m（埋深 31. 50m），q=0. 691L/(s · m) 大于 0. 10L/(s · m)，根据《煤矿防治水规定》（国家安全生产监督管理总局，2009）含水层富水性的等级标准，该孔“太灰”属富水性中等。

3. 2. 4　奥灰富水性地面钻孔探查

1. 工程概况

为了建立桃园煤矿北八采区水文观测系统，进一步探查奥灰富水性，于 2011 年在北八采区奥灰露头区施工 1 个长观孔（图 3-1）。勘查的主要目的是：①查明奥灰岩性及结构情况；②通过抽水试验确定奥灰水文地质参数；③通过奥灰水质化验确定其水质类型；④建立水文观测站。

探查钻孔特征及工程量见表 3-16。

表 3-16　北八采区地面探查奥灰补勘钻孔基本情况一览表

孔号	开工时间	竣工时间	孔口坐标		终孔		抽水试验	现状
			坐标	高程/m	深度/m	层位		
2011 观 1	2011 年 8 月 30 日	10 月 8 日	x：3716620. 93 y：39501021. 56	24. 7	332. 46	奥陶系灰岩	1 次	长观孔

2. 探查结果

1）揭露主要地层

本次揭露地层为新生界松散层，奥陶系基岩地层。其中揭露奥陶系地层厚度 58. 39m，主要由浅黄色石灰岩组成，隐晶质，裂隙较发育并被方解石脉充填，局部溶洞发育，并见有 0.60～1.20cm 的溶穴，岩心破碎，有水锈浸染。

2）水文地质情况

简易水文地质观测表明，该孔在钻进奥灰过程中，冲洗液有明显消耗甚至全漏失。抽水试验结果：奥灰含水层静止水位标高-6.05m（埋深 30.75m），q=0.723L/(s · m) 大于 0.10L/(s · m)，根据《煤矿防治水规定》（国家安全生产监督管理总局，2009）含水层富水性的等级标准，该孔奥灰属富水性中等。

第4章　北八采区三维地震勘探及其精细解释

现代化煤矿生产对矿井地质构造、煤层顶底板赋水性等要求极高。为了查明该桃园煤矿北八采区的地质构造情况，满足采区设计和生产的需要，安徽省煤田地质局物探测量队（物测队）于2007年3月~2008年8月，在北八采区开展了三维地震勘探，较好地完成了该采区各主采煤层的构造发育程度、煤层的赋存状态以及岩性变化规律的探查任务，并解释了一个疑似岩溶陷落柱。但随着北八采区井下采掘工作的开展，主采煤层顶底板、南部边界F2断层以及北部疑似岩溶陷落柱等赋水异常将给该采区煤炭的进一步开拓带来安全隐患。为了进一步查明北八采区的地质构造及主采煤层顶底板的赋水性，中国煤炭地质总局地球物理勘探研究院于2011年7~9月，对该采区三维地震资料进行了二次精细解释和研究，并利用地质测井成果与地震资料进行精细属性约束反演，获得了主采煤层顶底板赋水性及主采煤层精细构造分析成果，为矿井安全生产提供可靠的地质依据和安全保障。

4.1　北八采区三维地震勘探

为了查明桃园煤矿北八采区的构造发育程度、煤层赋存形态及岩性变化规律，为生产提供可靠的地质依据和安全保障，安徽省煤田地质局物探测量队承担了本采区三维地震勘探工程。

通过认真分析现有资料，实地踏勘测区的地形、地物及环境，提出了解决存在问题的具体措施。在对采集参数理论计算的基础上，于2007年3月20日进行了采集前野外工作方法试验，并根据试验结果选择了最佳施工方案，结合部颁《煤炭煤层气地震勘探规范》（国家煤炭工业局，2001），编制了三维地震勘探设计。物测队于2007年4月9日开始资料采集，至2008年2月29日完成了该区野外数据采集工作，实际采集24d。

采集资料由任丘市瑞泰计算机技术服务部处理，2008年4月8日进入中间资料解释，至2008年5月初提交中间资料地震成果。在中间资料的基础上，根据资料交换意见，对时间剖面、水平时间切片综合分析研究，提高对小断层的解释和岩性的认识，于2008年8月底提交了最终报告。

4.1.1　北八采区三维地震勘探范围及地质任务

1）北八采区三维地震勘探范围

北八采区三维地震勘探有效面积为3.18km^2，由8个角点坐标控制，勘探区范围示意图如图4-1所示，各角点坐标如下。

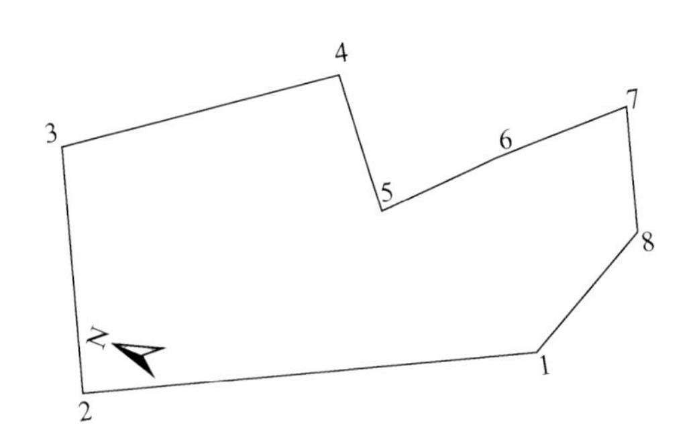

图4-1　勘探区范围示意图

角点1：x = 3716638.5097，y = 39500867.1017。角点2：x = 3718679.1745，y = 39499782.0610。角点3：x = 3719252.5355，y = 39500860.3961。角点4：x = 3718089.9349，y = 39501730.4906。角点5：x = 3717626.5026，y = 39501199.7099。角点6：x = 3717163.6351，y = 39501701.8913。角点7：x = 3716686.5795，y = 39502158.2517。角点8：x = 3716398.2748，y = 39501611.2239。

2）地质任务

（1）准确控制5_2、7_2、8_1、10煤层埋深，其底板标高误差小于1.5%。

（2）查明5_2、7_2、8_1、10煤层中落差≥5m的断层和幅度>5m的褶曲，其平面位置误差小于20m；查找落差3～5m的断点，并尽量给予组合。

（3）查明控制区内直径≥20m的陷落柱，其平面位置误差小于20m。

（4）准确控制新生界厚度变化情况，底板标高误差<2.0%。

（5）圈定勘探区内岩浆岩侵蚀范围，并解释5_2、7_2、8_1、10煤层厚度变化趋势。

（6）在剖面上解释太原组灰岩顶界面埋藏深度变化及构造发育情况。

4.1.2　地震地质条件分析

1）地表地震地质条件

测区北部地面建筑密布，沟、河、渠道较多，土路纵横，但地表较平坦，三八河西侧地表条件较好。全区地表特征如下。

（1）地表多为农田，两次施工都是小麦生长旺盛期，高楼、大棚菜地连成一片。

（2）公路、铁路、砂礓路、高压线、开发区、村庄并存。测区西北角已经接近市区，建筑物较多，施工难度大。

（3）测区东南角有部队营房覆盖，属于军事要地，其他人员不准入内，基地范围内不能放线、炮。

因此，局部地段对地震波的激发和接收产生一定的负面影响。

2）浅层地震地质条件

表层松散层20～30cm。通过对河水和井水的水位观测，潜水位一般距地表3～4m。8～10m的激发层位以黏土、砂质黏土为主，局部地段有流沙层，激发效果变差。浅层地震地质条件相对较好。

3）深层地震地质条件

本区赋存煤层比较多，8、10 煤层较厚且稳定，煤层与围岩的密度和速度差异较大，其反射系数较大，是产生地震反射波的良好条件，也是完成本次地质任务的基础，但局部受岩浆岩的影响，反射波信噪比不高。7 煤层受岩浆岩的侵入面积较大，使 7 煤层地震反射波能量和连续性受到一定影响。

依据采区三维地震成果可知，本区主要的反射波如下（图 4-2）。

（1）TQ 波：产生于新生界底界面的反射波，该界面与下伏基岩反射波呈角度不整合接触关系。其分界面与上下岩性差异明显，是一个较为稳定的波阻抗界面，但由于下伏地层风化壳的影响，TQ 波能量较弱，但角度不整合明显，可连续追踪对比。

（2）T5 波：产生于下石盒子组 5 煤层的反射波，基本能够全区追踪，是控制煤系地层上部构造的主要反射波之一。

（3）T7 波：产生于下石盒子组 7 煤组的反射波，属 7_1、7_2煤层的复合反射，岩浆岩侵入导致煤层吞蚀、焦化严重，因而 T7 波能量较弱，但基本能够全区追踪，是研究本区煤系地层起伏形态及控制断裂构造的主要反射波之一。

（4）T8 波：产生于下石盒子组 8 煤组的反射波，属 8_1、8_2煤层的复合反射，该煤层较厚且较稳定，反射波基本能够全区追踪，也是研究本区煤系地层起伏形态及控制断裂构造的主要反射波。

（5）T10 波：产生于山西组 10 煤层的反射波，该界面物性差异明显，波阻抗较稳定。是控制煤系地层起伏形态及控制断裂构造的标准反射波。受岩浆岩的影响，局部变弱。

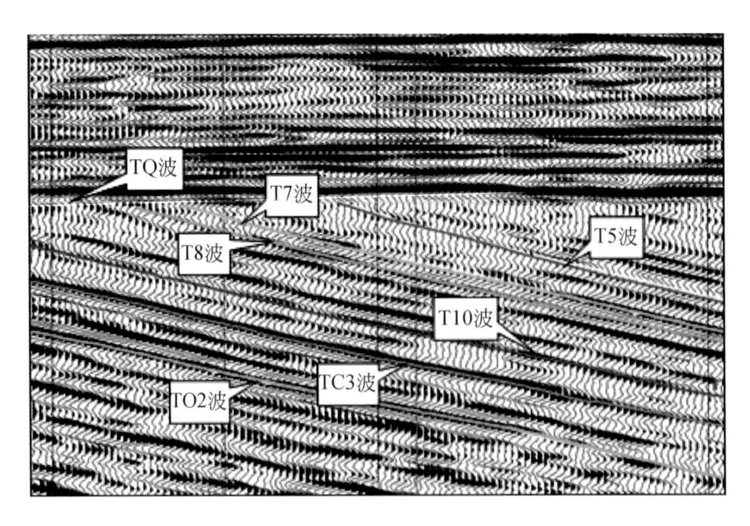

图 4-2　主要目的层的反射波

（6）其他反射波：除以上叙述的反射波组外，区内太原组顶界面和奥陶系顶界面，虽与其各自上覆地层岩性差异较大，波阻抗较为明显，但相对应产生的反射波组 TC3 波、

TO2 波由于受上部煤层反射界面对地震波能量的屏蔽、吸收、衰减、作用，中深部则难以追踪和分辨。但在煤层露头以外，反映较好。

4.1.3　野外工程量完成情况

全区共完成工程量19束测线，有效面积3.18km²。完成总物理点3625个，其中生产物理点3413个，试验物理点132个，微测井8口，折合物理点80个。

原始资料记录质量依照《煤炭煤层气地震勘探规范》（国家煤炭工业局，2001）进行评定验收。评价生产监视记录3413张，其中：甲级2627张，占76.97%；乙级785张，废品记录1张，成品率为99.97%。试验点132个，低速带调查物理点80个，均全部合格。

4.1.4　三维地震数据处理成果分析

该采区地震资料处理工作在任丘市林瑞计算机技术服务部进行，使用美国SUN公司ULTRA60工作站及法国CGG公司软件进行处理。

1）野外原始地震单炮资料分析

原始地震单炮资料总体表现为：记录面貌良好，信噪比及分辨率较高，目的层层次分明，同相轴特征突出、能量强、连续性好。但是由于该区野外施工受限，部分地段丢炮现象严重，全区覆盖次数极不均匀，加之该区岩浆岩活动强烈，部分区域7、8、10号煤层波组较弱或消失，且该区构造运动较为剧烈，这为资料处理增加了较大的难度性。

根据三维地震原始资料情况，利用高精度迭代速度模型的建立，实现叠前高精度地震成像。

2）地震资料处理思路

（1）利用野外数据及原始资料，正确建立几何空间属性，本区野外变观频繁，必须高度重视。

（2）采用地表一致性振幅补偿，实现真振幅恢复，使地震波能量真正体现煤层介质的真实情况，本区煤层深，对深层煤层能量进行补偿显得实际重要。

（3）采用地表一致性多道反褶积，在共接收点、共炮点和共反射点域实现子波统计，力争全区煤层反射波子波频率特征一致，在考虑兼顾信噪比同时，努力提高煤层反射波分辨率。

（4）做好三维静校正工作，采用迭代和图形量化控制，彻底消除炮点、检波点及仪器等产生的静校正量的影响，本区内地势平坦，采用地表一致性剩余静校正方法解决静校正问题。

（5）做好三维速度分析工作，第一次速度分析用于求取第一次剩余静校正量，第二次速度分析用于求取第二次剩余静校正量，第三次速度分析是在三维KIRCHOFF迭前偏移之后求取，速度分析也采用分次迭代方式力求拾取到准确的三维叠前时间偏移速度参数。

（6）做好三维叠前时间偏移工作，在三维叠前时间偏移前做好数据能量调整，压制面波，声波和随机干扰，分析本区地质地震构造特征，选好偏移孔径。

（7）在三维叠前时间偏移后，解决好偏移本身低通滤波效应，采用优势频率反褶积进行频率补偿，提高偏移数据体煤层分辨率。

3）资料处理特点与效果分析

通过了解工区的地震地质条件，地质任务与要求，确定了有针对性的技术思路和方法。本次三维地震资料处理针对原始资料特点叠前主要采用了三维地表一致性振幅补偿、三维地表一致性反褶积、常速扫描、KIRCHOFF 三维叠前时间偏移，偏移后又采用了优势频率反褶积进行了频率补偿，并用钻井等实际资料进行了检验。在去噪保证信噪比前提下最大限度地提高了地震资料的分辨率，使 5_2煤、7_2煤、8_2煤、10 煤层有效波主频范围达到 65 ~ 75HZ，成果剖面质量有了较大提高，这主要表现在：去噪方法、参数选取适当、讲究，叠前采用高通滤波使得面波得到较好压制，偏移后又采用随机噪声衰减，提高了剖面的信噪比，信噪比曲线上显示令人非常满意，成果剖面上反射波组突出、能量强、同相轴品质及连续性好，使该区获得了较好的成像效果。

通过上述细致的处理流程质量控制，获得了 CDP 网格为 5m×5m 的处理数据体，这为下一步精细解释奠定了良好的基础。

4）三维地震叠前偏移成果质量评述

资料数据处理采用了当前先进的叠前时间偏移处理技术，在叠前采用了地表一致性反褶积技术，叠后又进行了反 Q 滤波频率补偿，低频干扰得到较好压制，高频信号得到补偿，频带得到展宽。

处理的最终成果——高分辨三维叠前偏移数据体（CDP 网格大小为 5m×5m×1.0ms），是用于煤层赋存形态及构造等解释的核心数据体。由于处理过程中自始至终实行目标处理，以高保真、高信噪比、高分辨率为原则，严格加强质量管理，因此，获得了高质量的三维偏移数据体，通过各目的层反射波在数据体上所反映的特征仔细分析、研究，成果表明：叠前时间偏移保证了三维归位的准确度，提高了西部煤层露头区域成像质量，大断层断块之间煤层反射波信噪比大大提高，断点清晰；小断层断点收敛、清晰。为下一步利用地震多属性精细构造解释、发育于主采煤层中陷落柱的解释及利用测井成果约束下的地震属性反演预测主采煤层顶底板赋水性等奠定了良好的基础。

5）三维地震勘探地质成果

北八采区三维地震勘探获得的地质成果主要如下。

（1）根据充分的试验工作，对测区地震勘探的难点进行了深入细致的研究。完成有效控制面积 3.18km^2，生产物理点 3413 个，甲级率 76.97%，原始资料优良。

（2）在资料处理过程中，抓住了静校正、速度分析、三维偏移几个主要环节，尤其做了叠前时间偏移，获得了较好的时间剖面。Ⅰ类剖面：71.732km，占 60.50%。Ⅱ类剖面：36.578km，占 30.85%。Ⅰ+Ⅱ类剖面 108.31km，达到 91.35%。时间剖面品质优良。

（3）解释上充分发挥 Goeframe 软件的强大功能，利用解释工作站的多色彩显示及灵活快捷的优势，以垂向时间剖面解释为主，结合水平时间切片、方差体等技术，对测区内煤层形态及构造进行认真细致的分析研究，保证了地质成果的可靠性。

(4) 查明了区内落差≥5m的断层，其平面摆动误差不超过20m。全区共利用断点195个，组合断层25条。保留断层1条，新发现断层24条；可靠断层5条，较可靠断层20条；落差H≥100m的1条，10m≤H≤20m的2条，H≤5m的22条。

(5) 查明了新生界厚度和煤系地层赋存起伏形态和次一级褶曲的发育状况；预测了5、7、8、10煤层厚度变化趋势；基本控制了太原组灰岩、奥陶系灰岩顶板起伏形态。

(6) 本区内发现一处反射波异常带，初步定为疑似陷落柱。

此次三维地震勘探所取得的成果资料为本次三维地震精细解释提供了可靠的地震地质资料。

4.2　三维地震资料精细解释理论基础与技术方法

4.2.1　地震多属性精细构造解释物理基础及技术方法

1. 研究概况

长时间以来，在石油天然气勘探方面利用地震属性技术对含油、气储层进行描述、预测及储层动态监测方面得到广泛应用（邹才能和张颖，2002）。高速发展的计算机硬、软件技术，大大提高了计算表征地震波的几何学、运动学、动力学和统计学特征的能力，使得地震属性的提取简便、快捷；人机交互工作站的使用和强大的功能，使得解释人员能正确选用地震属性，合理地解释地质现象；物探、地质和油藏技术人员的结合，赋予地震属性更加有效的地质意义，尤其是对储层的研究开辟了一个新的途径。这些都是地震属性技术在石油、天然气勘探方面能够快速发展的重要因素。

20世纪90年代初以来，随着煤矿采区三维地震勘探的不断深入（唐建益和方正，1998），利用地震波形特征对比、分析为主要解释手段，已能查明、控制发育于煤层中落差大于或等于10m的断层，直径为20m的陷落柱、老窑采空区、岩浆岩侵入区等地质异常体，其吻合率可达100%，在地震地质条件比较好的地区，已能控制发育于煤层中落差大于或等于5m的断层，其吻合率可达60%～75%，为煤矿高产高效安全生产奠基了基础，但随着煤矿机械化采煤的进行，地质构造复杂化，采区地震勘探要求的时效越来越强，发育于煤层中落差3～5m的断层、直径小于20m的煤矿陷落柱老窑采空区、岩浆岩侵入区等地质异常体往往阻碍了煤矿高产高效安全生产；通过解释员按一定网度的时间剖面人机联作，手工解释的常规解释方法，往往受解释人员经验的限制；断层的组合、切割关系等认识不清，往往漏掉在煤层中发育的较小的断裂构造及小的地质异常体，难以达到精细构造解释的目的。由于煤炭采区地震所获得的煤层反射波信息具有横向连续分布的特点，一切与发育于煤层中的断裂构造、地质异常体的相关信息——煤层反射波的运动学特征、形态特征、动力学特征及统计学特征必然发生改变并隐藏在地震数据中，因而，利用地震属性计算机分析技术挖掘地震信息的潜力，成为煤矿采区地震精细解释的动力。

煤矿采区三维地震属性技术的运用始于20世纪90年代晚期，相干体、方差体、界面时间切片、顺层切片、水平时间切片等属性分析成果，仅局限在地震反射波的运动学、动力学方面的研究，但也展示了采区三维地震属性分析的前景；随着采区三维地震采集、处理硬、软件技术的提高，21 世纪初，地震波几何学、运动学、动力学和统计学特征全三维地震属性分析技术得到快速、全面的开发与运用，揭示了地震属性分析技术在煤矿采区三维地震地质解释中的必然性。

研究成果表明：煤矿采区三维地震属性技术的开发与运用，不仅可提高识别发育于煤层中人工难以识别的小的断裂构造，也大大提高了对影响煤矿开采的陷落柱、老窑采空区、岩浆岩侵入区、古河流冲刷区等地质异常体的识别力；另外，也可利用地震多属性及地质钻孔、测井等信息的融合精确预测煤层厚度，进一步扩展地震属性的应用范畴。

2. 地震属性基本概念及分类

1）地震属性基本概念

地震属性是对叠前或叠后地震数据经过数学变换，进而导出的有关地震波的几何形态、运动学、动力学和统计特征的特征参数。它是表征和研究地震数据内部所包含的各种波形、能量、时间、振幅、频率、相位以及衰减特性的指标（陆基孟，1993）。

地震波在煤系地层中的传播是个复杂的过程，是对地下地层及构造特征的一种综合反映。地下地层性质的空间变化必然会引起地震反射波特征的变化，进而也就导致了地震属性的变化。因此，地震属性与煤层及断裂构造、地质异常体等必然存在某种对应的联系，煤炭地震属性技术就是从地震数据中提取出的能反映这种变化的特征信息，进行分析、解释，提高其微小断裂构造及异常地质体的识别能力。

地震属性的提取，即利用各种数学分析方法从地震数据中拾取隐藏其中的与煤层及发育于其中的断裂构造、地质异常体等有关的信息，拓展地震信息在煤炭采区地震勘探领域中的应用。提取方法主要可分为三维体属性提取、沿层地震属性提取及层间属性提取三个方面。

随着地震属性应用的不断深入，越来越多的属性被提取出来。据不完全统计，地震属性现有 300 多种，但实际运用的仅 50 多种。但是，属性的无限增加也会给预测对象带来不利的影响，就这 50 多种属性中有些地震属性有明确的物理意义，有些则没有。煤炭地震属性优化是进行发育于煤层中的断裂构造及异常地质体精细解释的基础，同一属性在不同的煤矿采区预测的敏感性是不相同的，这是因为不同成煤环境、不同变质程度的煤层、不同采区的地震地质条件，导致煤层反射波的运动学特征、动力学特征及统计学特征差异性，因而，采用单一属性进行对发育于煤层中的细微断裂构造、地质异常体（煤矿陷落柱、老窑采空区、岩浆岩侵入体、古河床冲刷带等）解释不能获得较为精细的成果。地震属性优化的目的就是利用人的经验及数学方法，优选出对所研究的对象最为敏感的属性用于对研究的对象进行精细解释。

2）地震属性分类

目前地震属性还没有一个公认的统一分类，通过多年来地震属性在石油、天然气储层的开发与利用分析总结，地震属性大致有以下几种分类方式。

a. 基于地质关系的属性分类

1995 年 Taner 等对地震属性归纳总结为两大类：一是几何属性，二是物理属性。几何属性表征了反射波同相轴特征及同相轴之间的空间关系。可以用相似性（相干性）描述储层横向的连续性，通常用于地震地质学、层序地层学、断层及构造的解释；储层的倾角、方位角、曲率等反映了储层的沉积特征信息。物理属性则与岩性及储层特征相关联：道包络幅度、瞬时相位、瞬时频率、瞬时加速度、瞬时 Q 值，地震道的频谱属性、相关系数等以及由叠前资料计算出的带有方位角和偏移距变化特征的与流体物质和断裂构造相关的 AVO 及其各种比率、纵横波、方位角变化的属性，这些属性更多用在岩性划分和储层评价上。

b. 基于地震属性定义的属性分类

有代表性的属于 Brown（1996）将地震属性分为四类：时间属性、振幅属性、频率属性、吸收衰减属性。时间属性提供与构造有关的信息；振幅属性提供与地层和储层有关的信息；频率属性也是提供与储层有关的信息；吸收衰减属性可能提供与渗透率有关的信息。Brown（1996）强调叠前和叠后的分类，随着地震资料处理技术的进步和越来越多的地震解释处理，多数地震属性是从叠后的地震资料提取，少数属性是从叠前的地震资料提取，如速度、AVO 等属性，可预料地震资料的处理能力迅速，今后对叠前资料的提取将越来越多。

c. 基于运动学、动力学特征的属性分类

Chen 和 Sidney（1997）以运动学与动力学为基础把地震属性分成振幅、频率、相位、能量、波形、衰减、相关、比值八大类。

d. 基于统计的属性分类

统计类属性主要是由地震属性派生出来的。目前，在地震中使用的较为普遍的针对振幅特征统计有以下几种：振幅值的算术平均、振幅值的几何平均、振幅值的标准差、能量平方和、最小值、最大值、波峰数、波谷数、平均振动路径长度、综合绝对值振幅、复合绝对值振幅、相邻峰值振幅比、振幅斜率、正到负振动比率、振幅最大值、振幅最小值等。

综上所述，地震属性分类的确是一件令专家学者关注的事情，新的属性层出不穷，可用的属性越多，解释员选择的机会就越多，同时问题就越复杂。属性分类的目的是便于解释人员根据解释目标在众多的属性中选择合适且有效的属性，并且能正确地使用这些属性。

为了便于地震属性计算、提取、分析，通常采取剖面属性、层位属性及数据体属性。这样，就可将复杂的属性计算和分析简单化，更便于解释员针对属性成果对解释的目标（储层赋存特征、构造发育特征、地质异常体的发育特征）进行精细的解释。

3. 煤炭采区地震属性分析技术

基于煤炭采区地震的特点、煤系地层的沉积特征及所要解决的地质问题，近几年来中国煤炭地质局物探研究院通过大量采区地震属性分析、研究，成果表明：地震属性分析技术运用到煤炭采区三维地震勘探，有助于进一步提高煤炭采区精细解释，原因有三：

（1）煤储层沉积较为稳定，呈层性特征明显；煤储层上下围岩多为砂岩、砂质泥岩、泥岩等，与煤储层具有较大的波阻抗差异，发育于煤层中的小断层（落差小于 3m），多表现为反射波的扭曲、振幅能量减弱、能量的强弱转换等，这为利用地震属性识别人工难以识别的小断层奠定了基础。

（2）发育于煤层中的地质异常体——煤矿陷落柱、老窑采空区、古河床冲刷区、岩浆岩侵入区等在横向尺度大于或等于第一菲涅尔带时，煤层反射波在相应部位产生中断、消失，而当小于第一菲涅尔带时，相应部位的煤层反射波将会呈现能量、振幅减弱等动力学特征，因而，利用地震属性可帮助解释员识别人工难以识别的较小的地质异常体。

（3）在煤储层厚度预测方面，当煤储层厚度小于或等于1/4波长，煤储层反射波振幅与煤厚成正比，在地质钻孔成果的约束下，利用煤储层反射波预测厚度精度较高，但当煤储层厚度大于1/4波长时，可利用多地震属性与地质钻孔成果、测井成果的融合进行煤储层厚度精细预测。

因此，通过以目标为基础的地震属性分析，可得到发育于煤储层中表征微小构造或断层特征的构造属性值，使原来解释员人工无法识别的地质构造信息得到识别，使原来不清楚的地质构造信息得到加强。

在煤炭地震属性运用方面，通过大量的属性分析成果，煤炭采区地震对断裂构造、异常地质体识别较为敏感的属性归纳如表4-1所示。

表4-1　煤炭采区地震煤储层敏感属性

体属性	层属性	层间属性	
1. 相干体属性	1. 倾角属性	1. 振幅值的算术平均	9. 平均振动路径长度
2. 波形差异体属性	2. 倾角方位角属性	2. 振幅值的几何平均	10. 综合绝对值振幅
3. 方差属性	3. 局部变异属性	3. 振幅值的标准差	11. 复合绝对值振幅
4. 相似体属性	4. 断棱属性分析成果	4. 能量平方和	12. 相邻峰值振幅比
5. 曲率体属性	5. 曲率属性	5. 最小值	13. 振幅斜率
6. 瞬时振幅体	6. 时差属性	6. 最大值	14. 正到负振动比率
7. 瞬时频率体	7. 相干属性	7. 波峰数	15. 振幅最大值
8. 瞬时相位体	8. 方差属性	8. 波谷数	16. 振幅最小值

地震属性技术在煤矿采区三维地震中的运用，不仅大大提高了断裂构造的解释精度及煤矿陷落柱、老窑采空区、古河床冲刷区、岩浆岩侵入区等地质异常体的解释，另外，也突破了传统手工解释的束缚，在信噪比较好的区块，突破了常规地震的勘探极限，对于微小的断裂构造、裂隙及较小的地质体也有较高识别能力。

4. 精细解释方法与流程

1）解释方法

（1）充分利用已有的地质信息资料，掌握区内地质构造的变化规律，将宏观的区域地质构造规律和本区的地质构造规律相结合，对井巷揭露资料和区内钻孔资料深入研究，力求对地层赋存形态，尤其是煤系地层的赋存形态、构造发育特征建立起完整的地质概念模型。

（2）本着从整体到局部、由粗到细、由简单到复杂的解释原则，先进行40m×40m粗网格控制解释，建立起大的构造轮廓，然后加密到20m×20m，形成全区构造骨架，确定较大断层。最后利用解释软件自动追踪功能对层位和构造加密到5m×5m的细网格，解释小断层，确定最终解释方案。

（3）解释过程中，纵向、横向和任意时间剖面相结合，时间剖面和水平切片、沿层切片相结合，全方位的反复对比、反复检查、反复修改确认，确保解释结果的正确、可靠。

（4）将三维可视化技术贯穿于解释全过程中，将解释结果层位与断层展示于空间，并旋转显示。解释结果的三维可视化是随时随地的，解释一点，显示一点，使解释过程与三维可视化密切而有机地结合起来，充分发挥可视化的作用。

（5）三维可视化技术的应用：将三维数据体中的任意细小构造识别出来并快速显示，层位、断层的拾取，井的数据直接置入三维数据体，时间剖面嵌入“子三维体”中，这样既可检查层位解释成果的正确性又可判定断层解释成果的合理性。全三维可视化解释对断裂平面组合方案的确定起着重要的作用。

（6）地震多属性数据体的融合综合解释。在全三维解释构造的基础上利用解释软件的叠后处理功能和地震属性提取功能，生成多种属性数据体参与解释，综合判定解释成果。地震属性分析成果，对于分析目的层的赋存形态、断裂构造的发育、异常地质体的精细解释起着关键性的作用。

2）解释流程

根据上述解释方法，解释过程将实施以下流程（图4-3）。

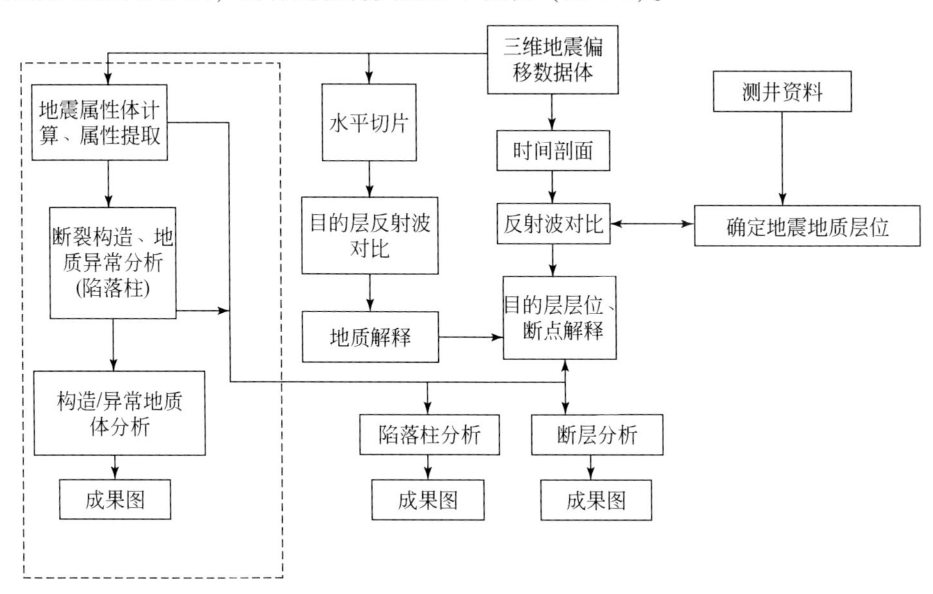

图4-3　解释流程图

5. 三维地震多属性断裂构造精细解释

1）层位解释

a. 地震地质层位的确定

首先利用水平切片分析煤系地层空间赋存状态，进而利用区内钻孔资料及过钻孔的时间剖面进行合成地震记录研究，标定反射波的地震地质层位属性，见图4-4。

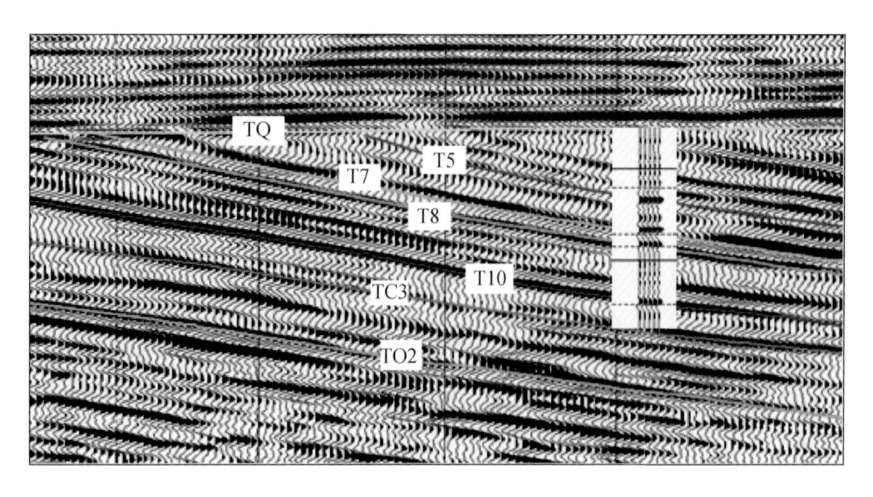

图 4-4　煤层反射波对应层位标定

b. 标准反射波的选择及解释

将时间剖面上能量强、信噪比高、连续性好、地震地质层位明确的反射波定为标准反射波，它是地震地质解释的主要依据。根据本区情况拟选 TQ 波（新生界底界面的反射波）；T5 波（5 煤层的反射波）；T7 波（7_2煤层的反射波）；T8 波（8_2煤层的反射波）；T10 波（10 煤层的反射波）作为标准反射波。TC3 波（太原组灰岩的反射波）；TO2 波为来自奥陶系灰岩定界面反射的波，作为辅助反射波，见图 4-3。

c. 层位追踪对比

（1）垂直时间剖面的对比

在三维地震时间剖面上有已知钻孔进行层位标定后，根据时间剖面上有效波的同相轴、波形波组特征、波组层间距关系、振幅强度、时差等，充分利用解释系统的局部放大及显示功能，对资料进行反复多次对比。

在正确识别上述地震波的基础上，应用波的运动学和动力学特征，进行相位对比和波组波系对比。

TQ 波的对比：本区新生界与下伏二叠系呈角度不整合关系，其岩性差异大，TQ 波形明显，基岩由于风化带的存在波阻抗变小，TQ 波变差。

T5 波的对比：为下石盒子组中部 5 煤层的反射波。该煤层由于较薄，较下部煤层反射能量较弱，全区发育不稳定，局部品质变差，但全区基本能连续追踪。

T7 波的对比：受岩浆岩侵蚀，波形变差，连续性相对较差，但还能全区连续追踪对比。

T8 波的对比：为下石盒子组中部 8 煤组形成的复合反射波。由于受岩浆岩侵入影响，该反射波整体发育较差，反射波品质时好时差，有效波部分较为连续，只是反射波能量横向上变化较大，但全区基本可以连续追踪。

T10 波的对比：信噪比高，波形连续、稳定可靠，为全区的主要目的层反射波，对解释全区构造及形态其主要作用。受上层屏蔽作用，波形变差，但能够全区连续追踪对比。

（2）垂直时间剖面、连井时间剖面与水平切片相结合确定煤层赋存形态

典型垂直时间剖面及水平切片分析煤系地层在空间上的赋存状态及主要目的层的发育、赋存规律，图4-5为一系列典型垂直时间剖面图，图4-6为系列典型水平时间切片图，分析可知，随着时间由小到大，煤系地层由西到东整体表现为走向NW、向NE倾斜一单斜沉积体。

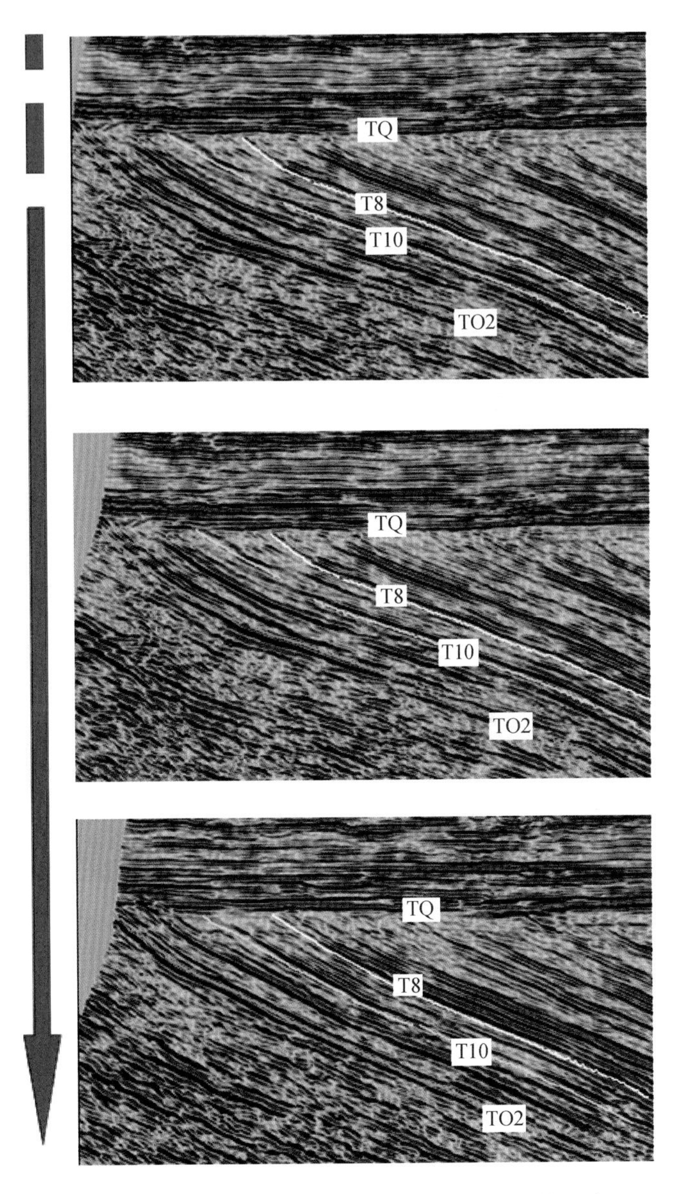

图4-5 煤系地层赋存状态在垂直时间剖面上的显示

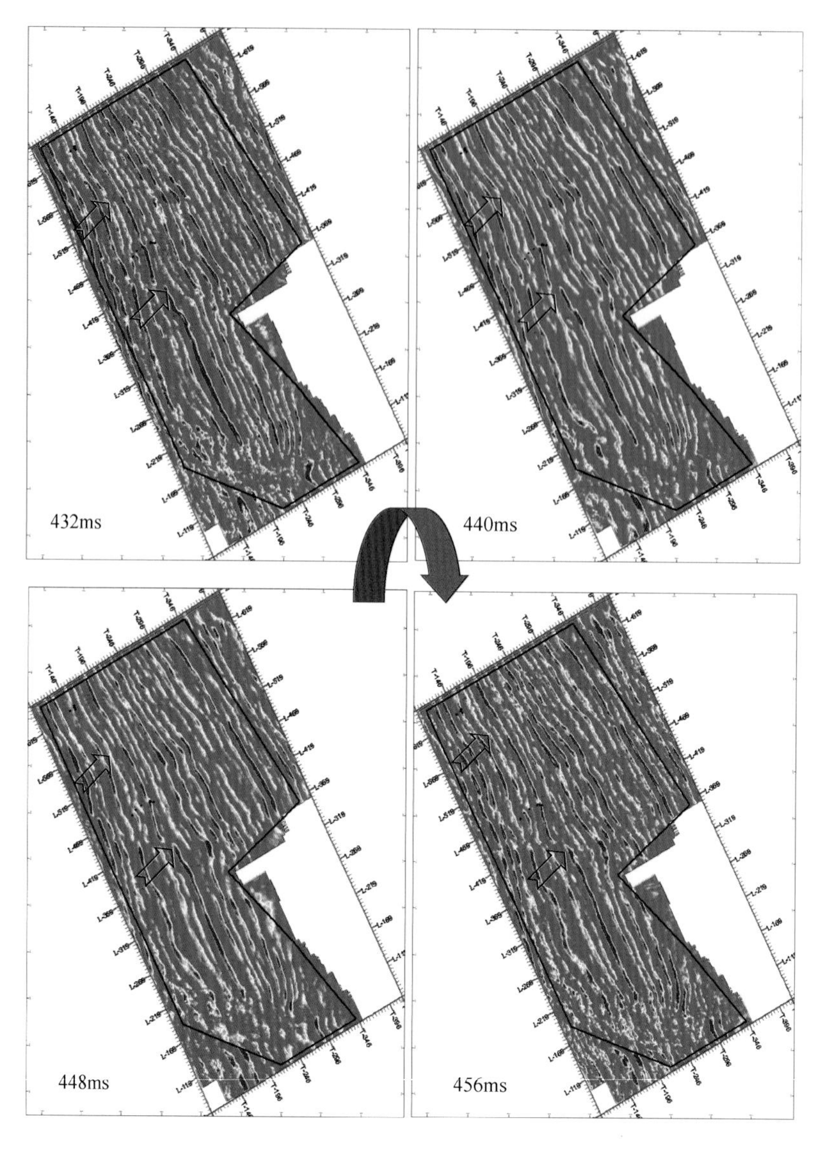

图 4-6　水平切片展示煤系地层赋存状态

由连井时间剖面开始，实现井与井之间的连续追踪，然后根据反射波的波组特征外推，形成 40m×40m 的粗网格解释成果，见图 4-7。这个过程充分利用解释工作站多种多样、灵活方便的显示功能，从纵向、横向、任意方向实现完全闭合。将层位解释追踪的结果显示在平面底图上，再与水平时间切片校核，检查平面上反映的地层产状变化、褶曲的形态是否合理。同时将追踪层位进行网格化处理，运用三维可视化技术使之立体显示并旋转，检查其空间展布形态是否正确，完成粗网格控制以后再进行加密解释，以精确地刻画地层产状的变化规律。

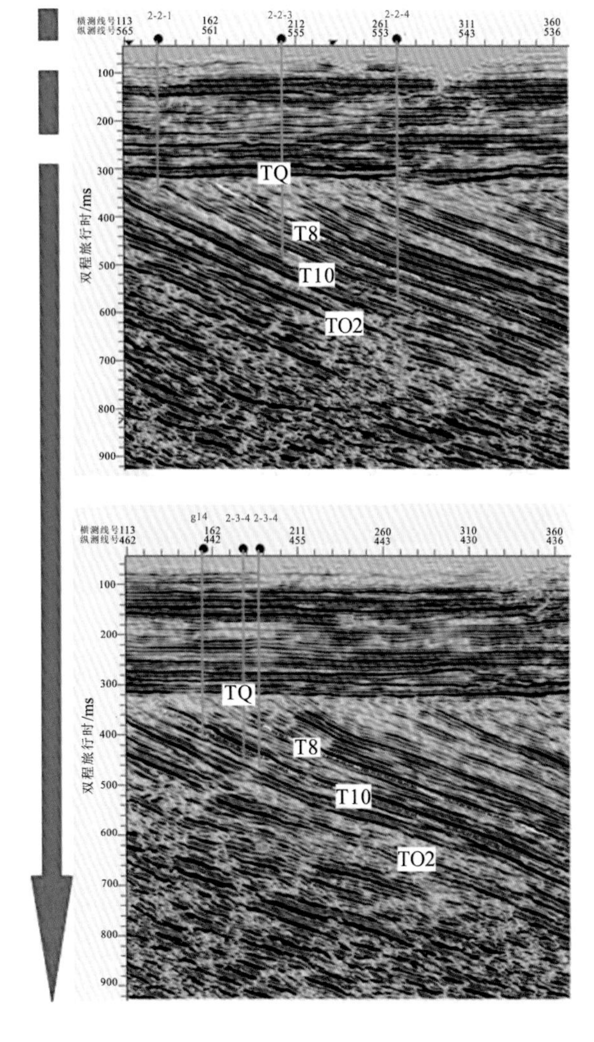

图 4-7　连井时间剖面实现井与井之间层位标定及追踪

2）三维地震多属性断裂构造精细解释

以往，断裂构造地震属性分析解释，如层拉平属性切片、方差体沿层属性切片等，受方法的约束，往往不能达到微小断层精细解释的要求。近几年来，中国煤炭地质局地球物理勘探研究院在引进油、气地震勘探属性分析技术的同时，在煤炭采区地震勘探方面展开了地震属性计算、提取、精细分析、解释大量而又系统性的分析研究，形成了一套地震属性分析、成像技术（张兴平等，2008；汪洋等，2008；张春立和张兴平，2002；赵士华和张兴平，2003；杨艳珍和张兴平，2005），并运用到煤矿采区陷落柱分析、断裂构造高精度分析、岩浆岩侵入通道的分析、煤层厚度的分析、煤层气富集带的分析等方面，其目的是充分运用三维地震数据体中包含的丰富地质信息，揭示这些地震信息的地震地质含义，更好地为煤矿采区建设生产服务。

本次断裂构造解释在采用波形变面积时间剖面、水平切片判断和识别断裂构造解释技术的同时（图 4-8），充分运用先进的地震属性分析技术与人工解释相结合方法，精细刻画区内小断裂构造的平面发育特征（图 4-9）。

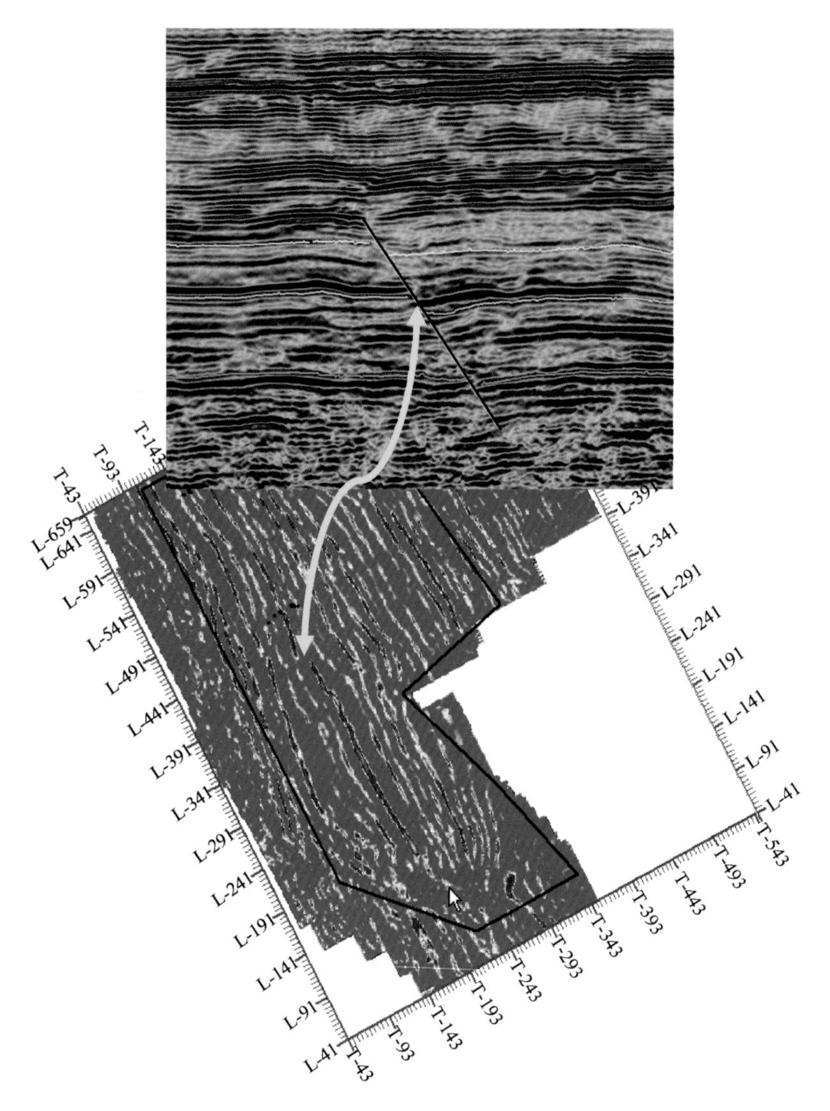

图 4-8　水平切片与时间剖面联合进行断层解释

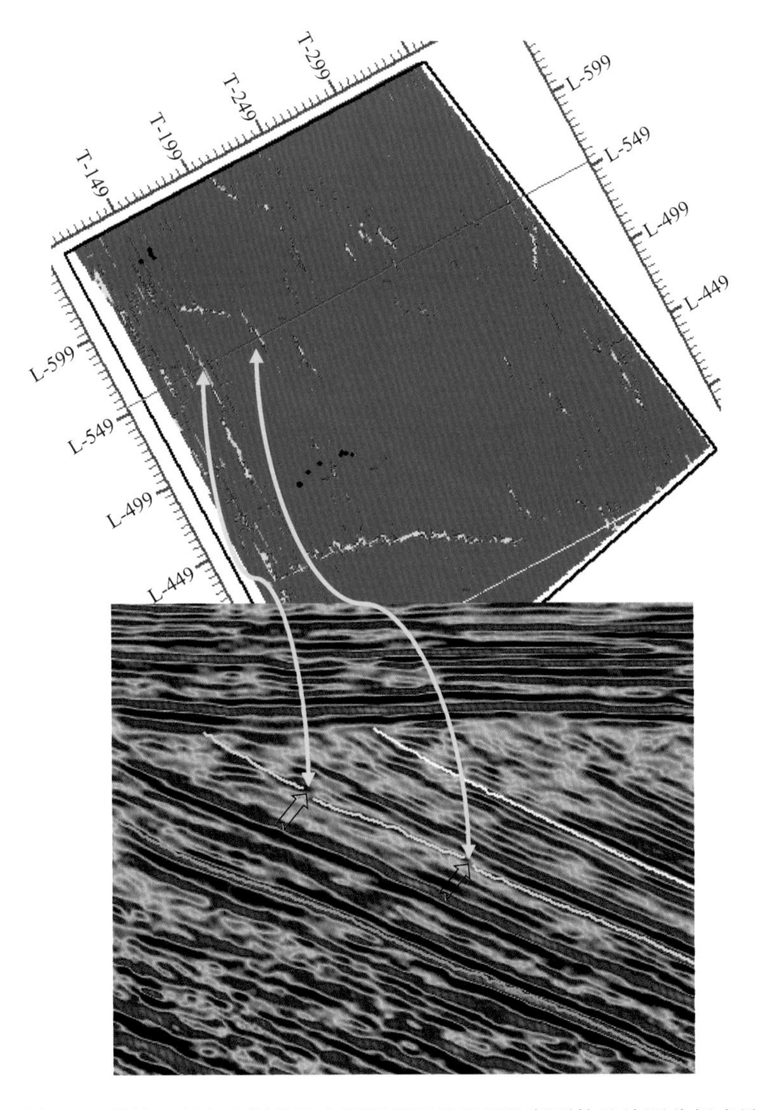

图4-9　传统解释方法漏掉的小断层利用地震属性断裂构造检测分析成果

通过10种属性数据体分析、比较，确定本区采用以下三种属性进行断裂构造精细分析。

a. DIP属性断裂构造解释（倾角分析断裂构造检测）

DIP属性表征目的层的平面构造特征，其基本原理：在一单元时窗内计算地震主测线x与联络线y方向在时间域的变化梯度，然后获得计算处的倾角值，该属性主要用于断裂构造检测，对小断层的检测具有较高的分辨能力，见图4-10。

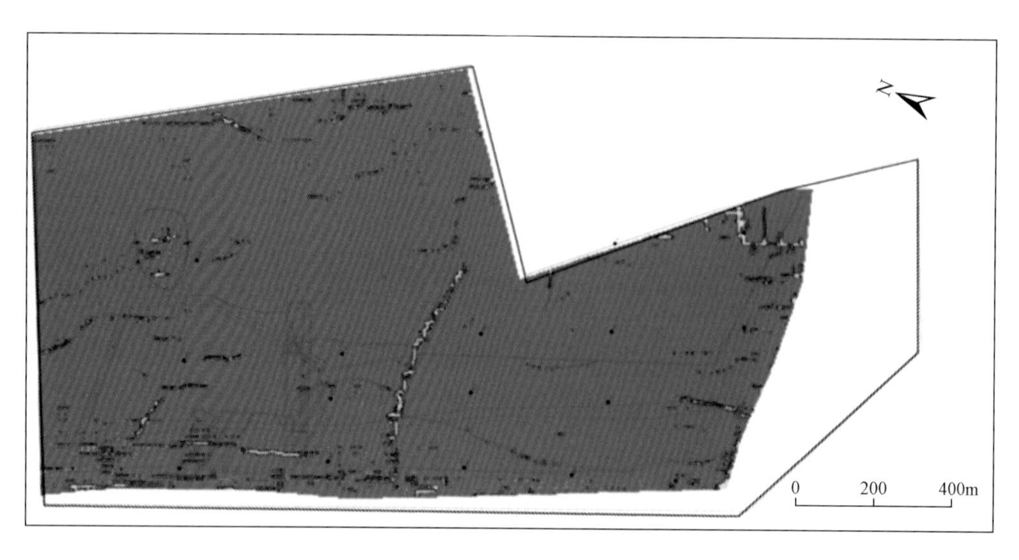

图 4-10　10 煤层 DIP 倾角分析断裂构造检测

b. 落差属性断裂构造解释

定义为断层将煤储层分割的垂直分量。最大垂直差异是通过计算在窗口范围内有效层面的每个像素得出的。通常检测发育于煤储层中的微小断层，见图 4-11。

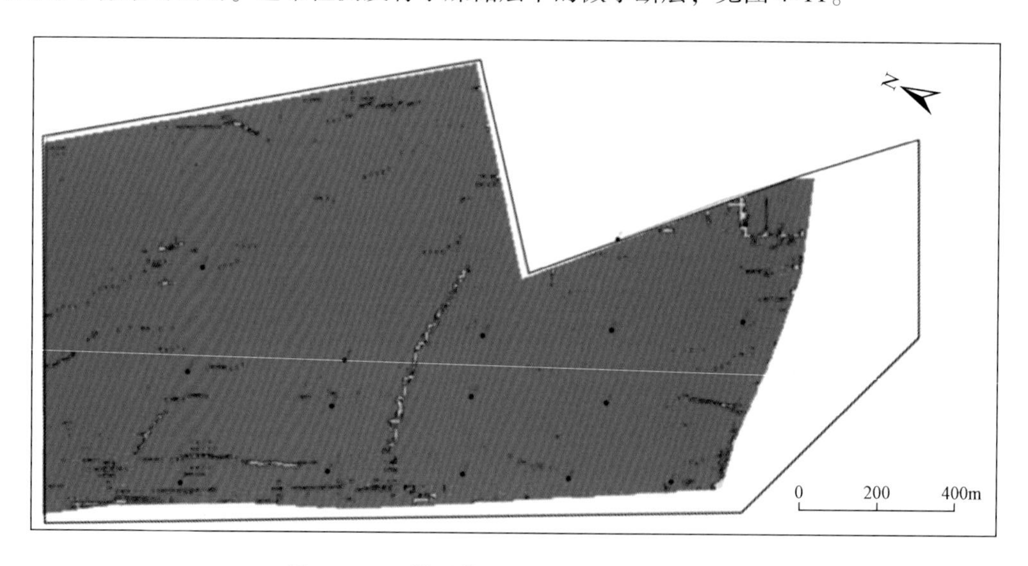

图 4-11　10 煤层落差属性分析断裂构造检测

c. 局部变异性断裂构造解释

局部变异性属性定义为在属性分析时窗内沿层变异的测量。线性变换可用于计算其大小（离中心点越近，其加权常数越大）。局部变化率被广泛用于断层描述，见图 4-12。

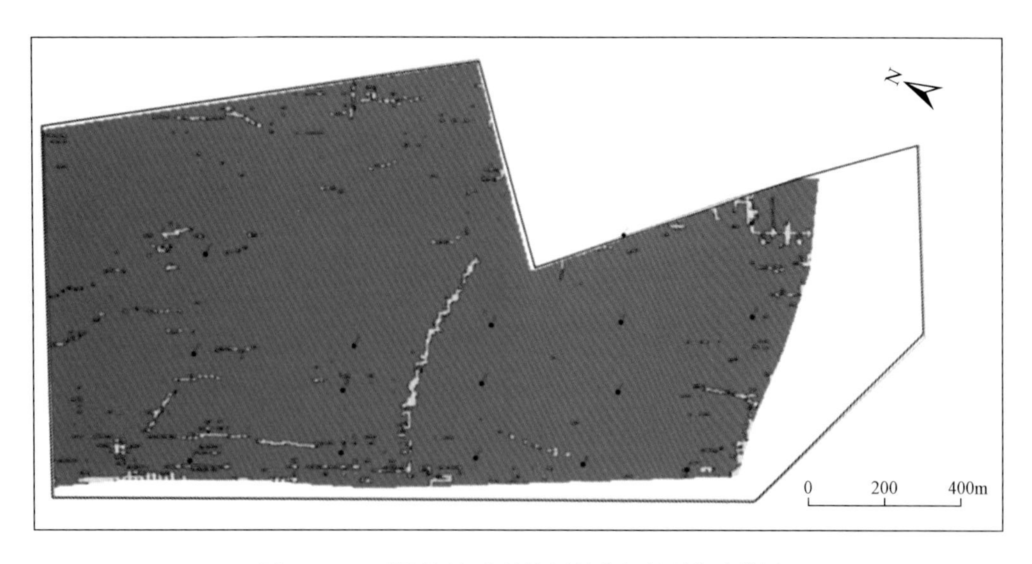

图4-12　10煤层局部变异性属性分析断裂构造检测

三维资料解释中断点组合与二维相同，把性质相同、落差相近的相邻剖面上的断点按一定展布规律组合起来，同一断层的断点在相邻倾向和走向上的性质有一定的规律性，根据这些规律性，将相邻剖面的断点进行组合后，反过来再在各个方向上闭合，检查断面与同相轴之间的关系。这些关系应在同一层位上表现出统一性和连续性，并且符合地质构造规律。

断点在平面上的投影连线就确定了断层的走向。按一定间距垂直断层走向切剖面，剖面上的断层线即反映出倾向、倾角和落差情况。

6. 陷落柱解释

陷落柱亦称岩溶陷落柱，或煤矿陷落柱，指煤田地区下伏石灰岩中岩溶发育，在重力作用下，上覆岩层（包括煤系地层）向下塌陷所形成的锥状或柱状堆积物；因其充、导水的复杂性，长期以来，一直严重威胁着我国北方一些煤矿的安全生产，同时也制约着煤矿综合机械化采煤计划的制订实施以及煤矿经济效益的提高。

煤矿井下大量揭露的陷落柱成果表明（张兴平等，2008），煤矿陷落柱在平面上是一个封闭的、形态各异的拟圆形、椭圆形形态，少量呈不规则形态；在剖面上呈上小下大的圆柱状、筒状、斜塔状、不规则形状（图4-13），其直径大小从几十米至数百米不等，陷落柱从灰岩顶面到柱体顶端的高度一般在100m到数百米，最大可达500～600m，陷落柱下部一般插入灰岩内数十米左右，陷落柱内部堆积物往往是逐次陷落形成，其下部堆积物的陷落深度较大（与原生岩层相比），而往上则陷落深度较小。陷落柱内岩块杂乱无章，排列紊乱，棱角明显，胶结程度不一。塌陷堆积物其密度差异变化较大，它比围岩其强度较低，孔隙度较好，陷落柱的周边与围岩的联结也较脆弱，其外侧的岩层通常裂隙也较发育。这些异常的地质及物性差异特征为利用地震勘探陷落柱奠定了基础。

通过大量三维地震勘探陷落柱经验表明：陷落柱在时间剖面上表现为煤层反射波/波组中断或下陷或消失；在水平时间切片和属性切片上，表现为异常能量团反应。

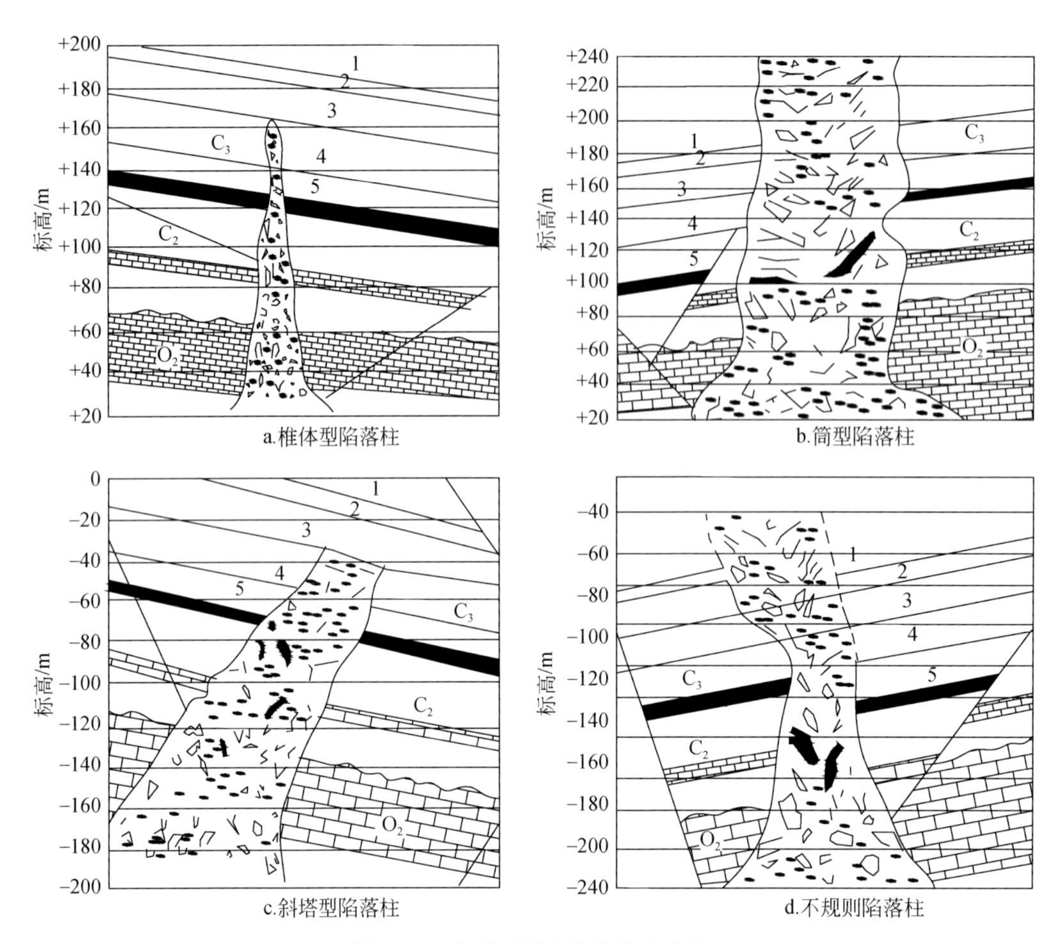

图 4-13　典型的煤矿陷落柱示意图

图中 1、2、3、4、5 为煤层编号，C 表示石炭系，O 表示奥陶系

本次将对煤层反射波同相轴表现异常的地段采用时间剖面同时结合多属性进行分析研究，尤其是对采区北部原疑似陷落柱进行全面分析。

1）地震时间剖面陷落柱异常体解释

图 4-14 是采区北部疑似陷落柱在地震垂直时间剖面上的反映（原解释成果）图。时间剖面成果表明：该疑似陷落柱异常体反射特征明显，陷落柱边界两侧煤/岩层反射连续，陷落柱内部煤/岩层反射出现紊乱、下陷、中断、消失特征；剖面解释成果呈上小下大反漏斗状。

2）地震多属性陷落柱异常体解释

a. 基于地震属性解释煤矿陷落柱的可行性分析

地震属性分析一般包括地震层属性、地震层间属性及地震体属性分析三个方面，主要通过叠前、叠后地震数据，经过数学变换而导出的有关地震波的几何形态、运动学特征、动力学特征和统计学特征的特殊属性值。不同的属性，揭示了不同的不易探测的地质体的岩性、物性、构造特征变化。地震层间属性属统计学特征范畴，它主要通过在给定的两个层位间的体属性进行统计计算，并将计算的结果在一个面上表现出来，突出和刻画层间内异常地质体的属性特征。

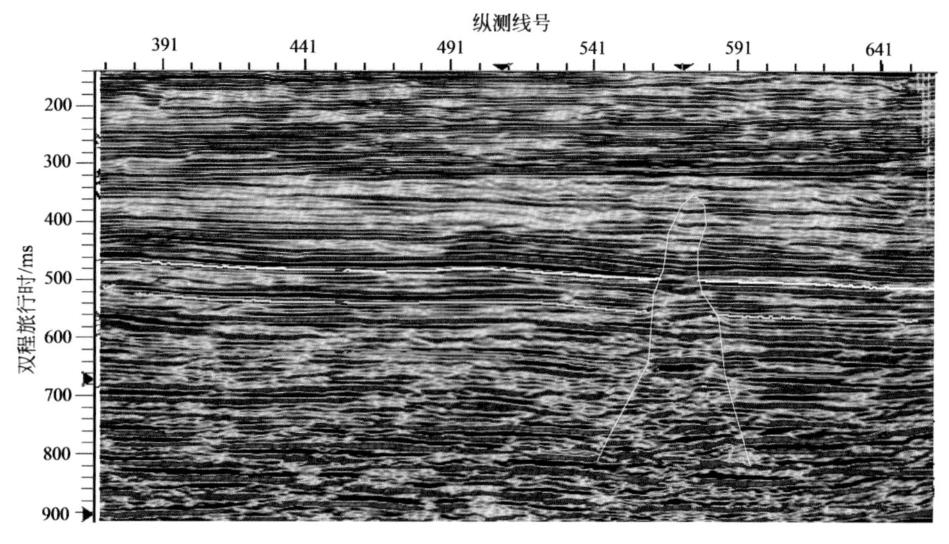

图4-14　采区北部疑似陷落柱在时间剖面上的反映（Xline259线原解释）

基于煤矿陷落柱在平面上、在空间上展布及发育特征及其陷落柱内部煤/岩层与围岩及煤层间较大物性差异特征，使利用地震属性研究煤矿陷落柱的平面及空间形态变化具有其物理基础。

b. 地震相似体属性精细解释陷落柱

相似体是“根据平均数据道的能量与每个数据道的平均能量的比值，对波形相似体的统计测量计算”。数据相对于单位值的偏差显示了地震道间的区别程度，可以显示地质或地层特征。通常用于由于岩性变化引起的地震波异常的地质异常体的解释。

通过对地震数据进行相似体计算，成果表明：在正常煤系地层部位（即陷落柱边界两侧正常沉积煤/岩层），表现为连续/不间断的相似层序（图4-15），而在陷落柱发育边界部位则表现出不相似、不连续/间断的异常特征，该特征可用于精细刻画陷落柱发育的边界及冒落的范围。图4-16为采区疑似陷落柱地震相似属性剖面解释图。根据一系列陷落柱边界发育特征，可精细刻画陷落柱的发育边界及陷落柱冒落带的发育高度。

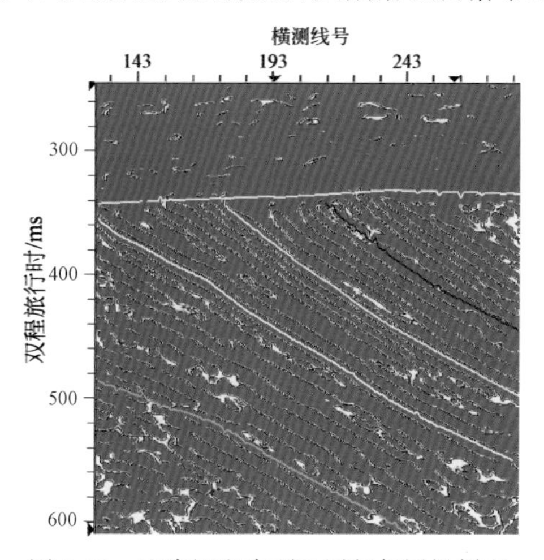

图4-15　正常沉积序列地震相似属性剖面

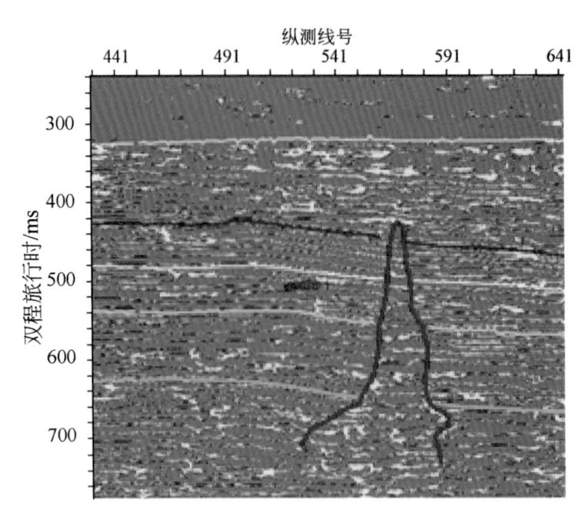

图 4-16　陷落柱地震相似属性剖面

图 4-17 为陷落柱解释成果在属性分析前后的对比。

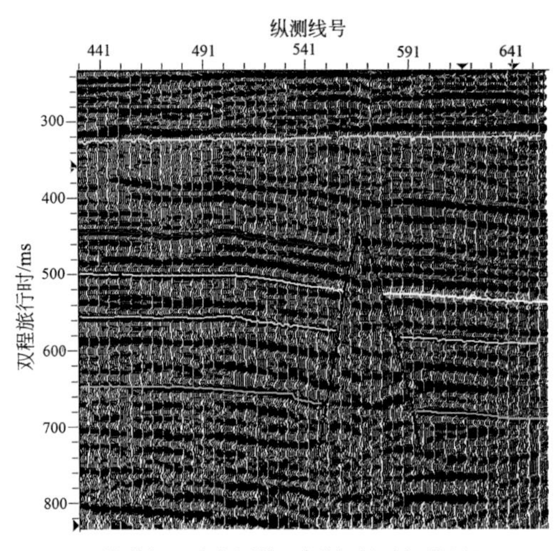

a.陷落柱异常在属性分析前时间剖面解释

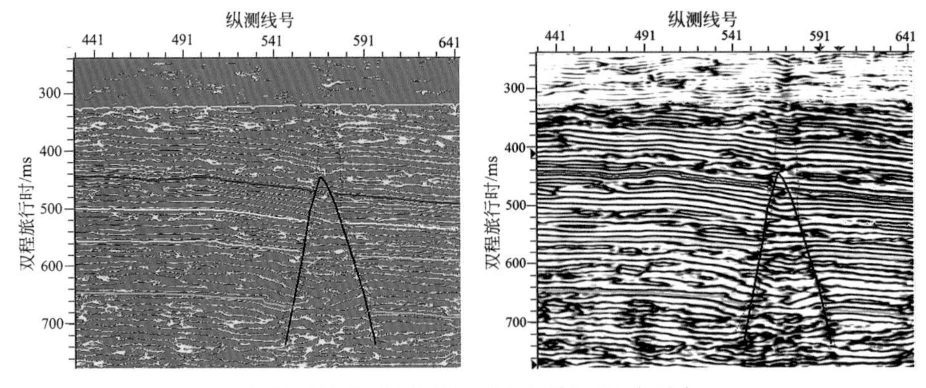

b.陷落柱异常在属性分析后属性剖面解释成果（红色）

图 4-17　陷落柱异常在属性分析前（a）后（b）成果对比

并同时采用振幅标准差层间属性、振幅斜度层间属性和复合绝对振幅层间属性陷落柱异常体解释方法，均获得了采区北部陷落柱平面分布形态。由此可见，利用地震多属性解释技术对发育在煤层中的陷落柱地质异常体进行分析、解释及精细刻画其在平面上、空间上的分布形态及发育特征比传统的解释方法具有高信噪比及分辨率的特点。图4-18显示了利用传统解释方法与地震属性解释方法对陷落柱分析成果对比。

a.传统解释方法解释陷落

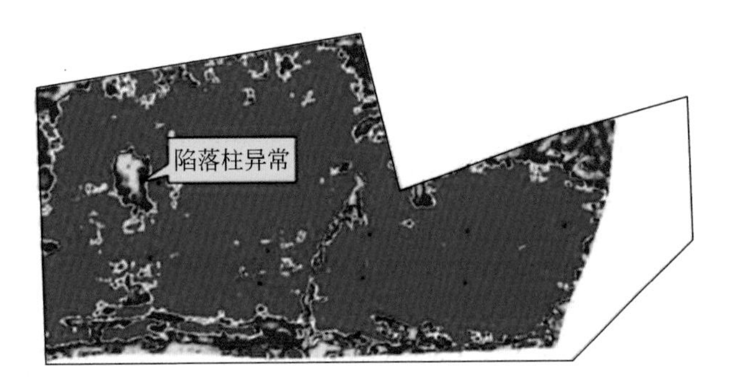

b.地震属性解释方法解释陷落柱

图4-18　陷落柱传统解释方法与地震属性解释方法分析成果对比

4.2.2　地震多属性反演预测煤层顶底板赋水性研究

在煤炭与煤层气资源的开采过程中，地下水文地质条件（地下水发育情况）是关键控制因素之一。常规的地下水文地质条件的研究是通过钻孔及其相关测试完成的，由于钻孔成本高、数量少，对地下水发育情况的预测精度有限，尤其在钻孔较少地区和横向分布规律的认识上。由于煤系地层水的发育情况对于煤炭的安全生产以及煤层气储层的评价至关重要，有限的钻孔信息已经不能满足勘探需求。所以研究煤系地层含水量的定量化计算方法，并对煤系地层的赋水性进行三维空间预测，是目前煤炭采区地球物理勘探急需解决的课题。

在石油天然气工业中利用三维地震数据进行多属性反演，对油、气、水储层进行预测，是现代油气地球物理勘探中采用并正在发展的一种重要技术手段，相关文献记载采用地震手段时岩性油气藏发现率可达30%～90%。本次根据地质研究任务及研究区的地质情况，在研究区内已有测井资料的基础上，将通过地震多属性反演技术研究、预测岩石视电阻率、视孔隙度、波阻抗等岩石物理参数方法、技术，预测煤层顶底板赋水性。

1. 地震多属性反演预测煤层顶底板赋水性机理

众所周知，煤层顶底板赋水性强、弱与岩性及其上下围岩岩性纵向的组合、横向的分布特征等关系较为密切。岩性纵向的组合、横向的分布特征及赋水性强、弱必然导致岩石的速度、密度、电阻率、孔隙度等物性特征具有较大的差异，这些差异在地质钻探测井成果上则表现为：赋水性强的岩石组合，具有密度减小、速度减小、电阻率减小、孔隙度大等特征，而赋水性较弱的岩石组合，具有密度增大、速度增大、电阻率增大、孔隙度小等特征。

因此，当存在富水性的断层构造或其他良导电地质体时（如断层破碎带富水，灰岩内的充水溶洞、裂隙、陷落柱等），该区域岩层物性特征将发生明显的改变，将打破水平方向物性的均一性，当其在三维空间上具有一定规模时可改变岩石纵、横向电性的变化规律，表现为物性异常。因此，利用岩石的物性特征研究目标区的赋水性成为可能。

另外，地层中岩石物性的变化反映在三维采区地震数据上则表现为地震波几何学、运动学、动力学或统计的变化，最为明显的就是岩石反射系数及阻抗特征等的变化（速度、密度的变化）；在目标地区地震地质情况确定的情况下，只要岩性或流体性质变化的特征参数达到某一程度，通过对目标区测井成果约束下的地震多属性反演，即速度反演、密度反演、视电阻反演、视孔隙度反演等，并研究这些成果与研究目标赋水性强、弱变化关系就可间接对目标区的赋水性进行预测，为勘探和开发提供资料。

2. 地震多属性反演预测煤层顶底板赋水性方法及流程

1）地震多属性反演预测煤层顶底板赋水性方法

a. 单一地震属性预测岩性参数方法

单一地震属性预测岩性参数，主要是利用地震信息的某种属性与岩性、流体的参数建立关系，然后由这种关系来完成二维或三维岩性参数预测。

图 4-19 及图 4-20 是研究区钻孔处视电阻率、视孔隙度与地震波阻抗属性的交会图。

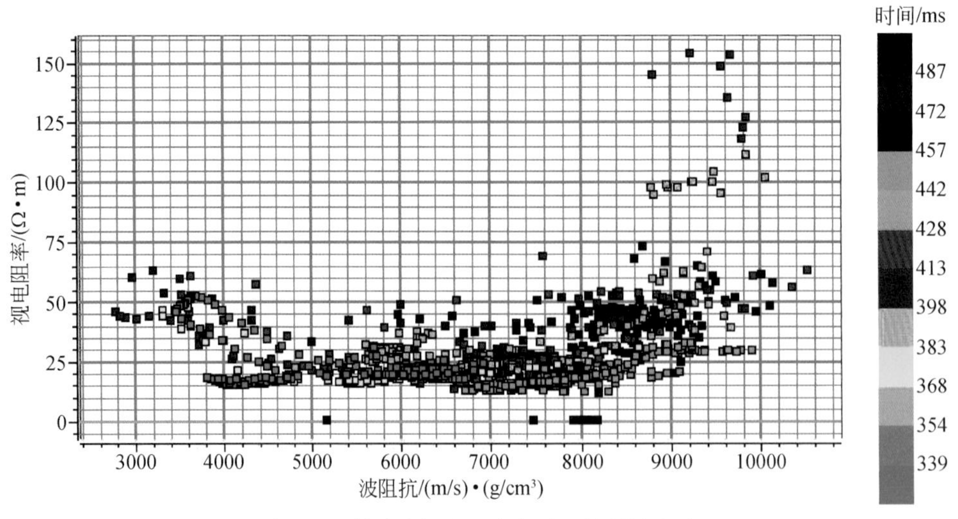

图 4-19 钻孔处视电阻率与波阻抗属性交会

从图中可分析出，钻孔处视电阻率、视孔隙度与地震波阻抗属性存在如下关系：①视电阻率与地震波阻抗属性关系，表现为一个非线性关系；②视孔隙度与地震波阻抗属性关系，可简单地表现为一个线性关系；即岩石的视孔隙度与波阻抗基本表现为一负相关关系。

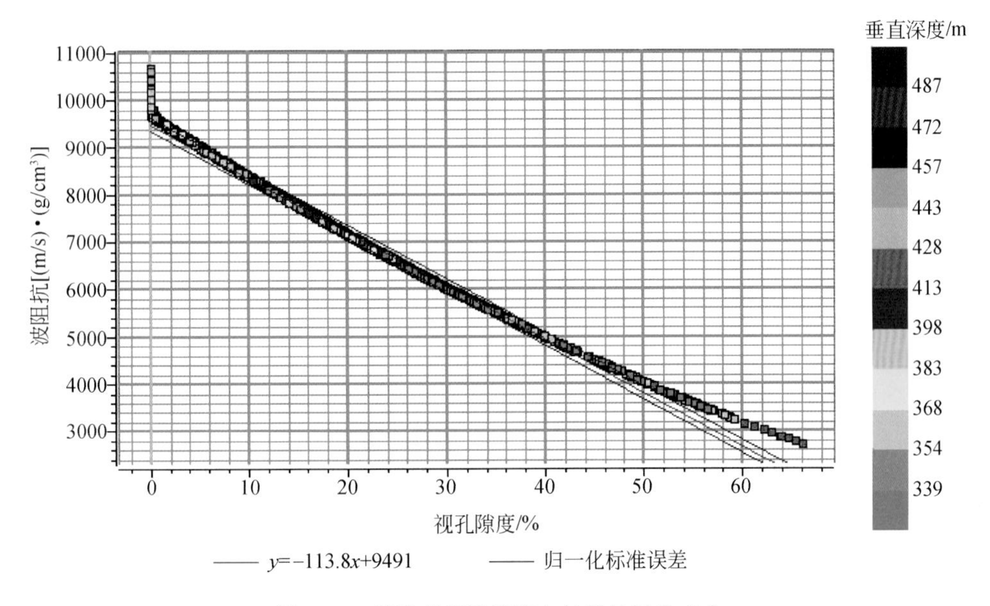

图4-20 钻孔处视孔隙度与波阻抗属性交会

上述分析可知，对研究区目的层进行测井成果约束下地震属性反演，并研究反演属性的物性变化规律及特征，即可间接预测研究目的层的赋水特征。

b. 多地震属性预测岩性参数方法

为了提高预测精度，采用测井成果约束下的地震多属性岩石物理参数反演进而对研究对象进行精细预测。利用多种地震属性预测岩性参数的概念，是1994年由Schultz、Ronen、Hattori和Corbett等提出的。该方法由以下几个部分组成：①加载地震、测井资料并进行标定；②人工校正测井曲线，保证测井资料与地震资料匹配；③在钻孔附近训练地震资料，确定预测感兴趣的岩性参数；④将训练出的关系应用于整个地震数据体，达到物性预测的目的。

前两部分显然是标准的地震处理手段，后两部分处理技术是多属性预测的核心部分。在数学上，这些技术是由多元地质统计算法实现的。具体来说，要实现训练数据并预测岩性的目的需要经过下面几个步骤：①考察、分析井点处测井及地震数据，确定一个合适的地震属性集；②利用多元线性回归技术或神经网络技术求取测井与地震属性的关系；③对地震数据进行相关运算，获得所希望的岩石物性参数数据体。

图4-21为利用三种地震属性组合预测钻孔处岩性参数的示意图，图中W1、W2、W3为各种属性权值。利用多种属性预测岩性参数的关键是选用哪些属性和每种属性权值的大小。多属性的方法又可分为多元线性回归算法和神经网络算法等。

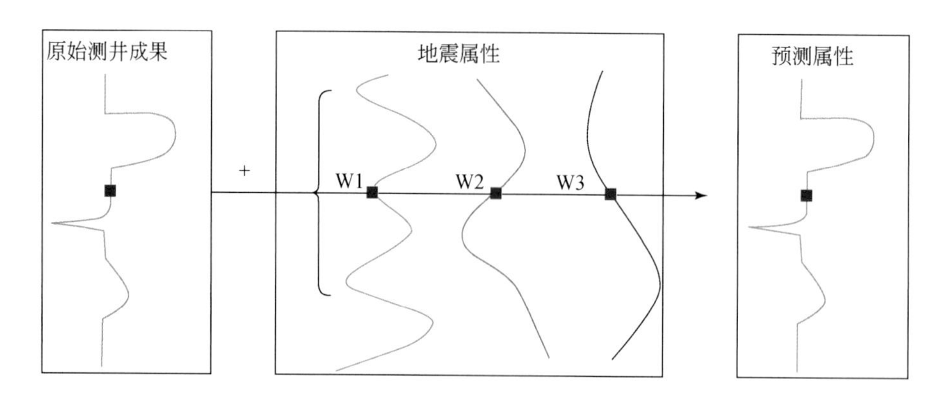

图 4-21　地震多属性组合预测井点处的岩性参数

通过这些属性反演方法就可反演出所要的属性数据体：速度体、密度体、波阻抗数据体、视电阻率数据体、视孔隙度数据体等，利用这些属性数据体进行煤层顶底板沿层属性提取、分析研究，就可间接获得煤层顶底板的赋水性。

2）地震多属性反演预测煤层顶底板赋水性流程

多属性反演以测井成果为基础，在测井成果约束下通过地震多信息的融合在三维地震体内进行岩石物性反演，如图 4-22 所示。这表明了地震多属性反演的内在实质。然而，测井成果的确定性决定了地震多属性反演的精度。因而，有必要对测井成果进行仔细分析与研究。

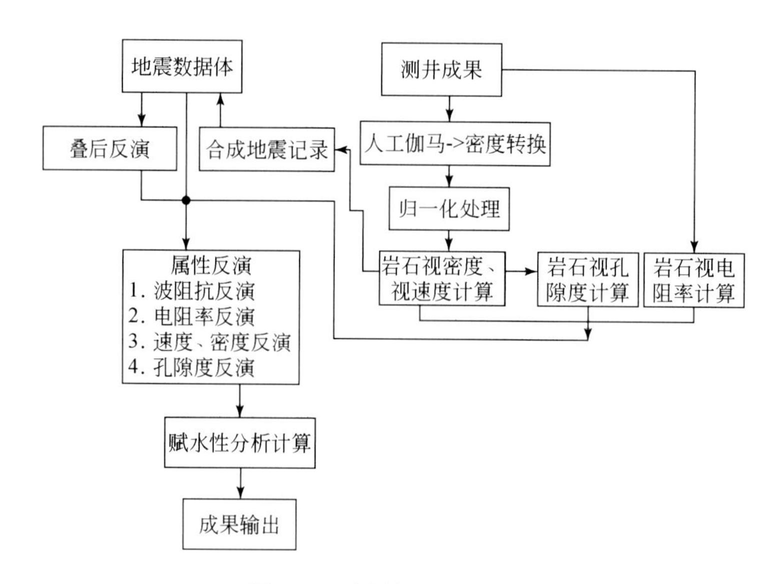

图 4-22　多属性反演流程图

3）煤系地层测井资料分析与处理

a. 煤系地层测井曲线响应分析

根据研究区现有四种测井成果——视电阻率、伽马伽马、自然伽马和自然电位测井成果分析，在研究区煤系地层中，不同岩性测井响应表现如下。

(1) 砂岩：视电阻率曲线呈中高幅值，伽马伽马和自然伽马曲线呈低幅值，自然电位曲线一般呈负异常反映。

(2) 泥岩：视电阻率曲线呈低幅值，伽马伽马和自然伽马曲线幅值较高。

(3) 粉砂岩：各参数曲线幅值反映介于砂、泥岩之间。

(4) 岩层破碎带：岩层因受到构造运动的作用而断裂；形成破碎带。岩石破碎后，结构疏松，孔隙度增大。一般地说，电阻率和密度减小，测井曲线也会发生相应的变化。结合钻探取心及上、下层位关系等地质资料，可以确定断层破碎带。

(5) 煤层：在测井曲线上，具有“二高两低”的特征。视电阻率曲线呈高幅值，伽马伽马曲线呈高幅值，自然伽马曲线呈低值，低密度。自然电位曲线多为负异常反映。

(6) 新老地层界面：从基岩进入新生界松散层，自然伽马强度值明显降低，曲线呈一台阶状，此台阶的中点即新、老地层的界面。

在研究区中，煤层的顶底板以泥岩居多，还有粉砂岩、砂泥岩互层等，通常情况下煤层较围岩的测井曲线特征明显，测井曲线在煤层上响应表现较为稳定。

b. 测井曲线预处理

(1) 测井曲线预处理重构

在研究区内煤田测井资料为 1965 年、1973 年、1978 年模拟纸质测井成果资料，仅有视电阻率测井、伽马伽马测井、天然伽马测井及自然电位测井资料，缺少岩石物性分析的密度和声波测井资料，而密度曲线和声波曲线正是叠后波阻抗反演及地震多属性反演所需要的，另外，各孔测井成果采用了不同设备、不同度量单位，因此，下一步需对测井成果进行归一化处理，消除年代、设备、测井单位不同的影响，然后利用已有的经验转换关系重构视密度测井曲线以及视声波测井曲线，以满足地震多属性反演的需要。主要包括：视密度曲线重构、视声波曲线重构、视岩石孔隙度曲线重构。通过这些测井曲线的分析与处理，就得到反映研究区每个地质孔中煤系地层视密度、视声波速度、视孔隙度单井成果，为下一步进行叠后波阻抗反演及测井成果约束下的地震多属性反演奠定了基础。

(2) 精细合成井震标定

测井成果是反映某一深度岩石特征的变化，而地震成果是反映某一时间岩石的反射系数的变化，因此，要利用测井成果约束下进行地震多属性反演，下一步要做的就是构建测井成果深度域与地震成果时间域之间的桥梁，即进行精细分析测井成果地层的地层特征与这些地层特征在地震反射特征之间的关系，这就是常说的地震地质层位标定。地震地质层位标定将深度域的测井资料和时间域的地震资料有机结合在一起，实现了测井资料的高垂向分辨率和地震资料的高横向分辨率的有机结合。

地震地质层位标定是地震构造解释和地震反演的基础，井震标定是否正确，直接影响到地质模型和波阻抗模型的建立，并最终影响波阻抗反演及多属性反演结果的好坏。地震地质层位标定是通过合成地震记录实现的。合成地震记录是借助声波测井资料、密度资料和地震子波等褶积获得的地震反射图，通过精确制作合成记录，把地层岩性界面精确标定在地震剖面上。在井震标定时，首先做好标准反射层的标定，使合成地震记录与井旁地震道保持标准反射层的反射波组相位、能量关系的一致性。然后对目的层进行精细标定，根据目的层与围岩的对比情况、实际地震资料的极性，确定目的层在实际地震资料中的反射特征和相应的位置，特别是与波峰、波谷的对应关系，在必要的时候可以对井曲线进行适当的拉伸与压缩，得到最佳的标定结果。在保证合成记录与井旁地震道良好相关的同时，确定该井合理的时深关系，从而完成该井的地震地质标定。合成地震子波的选取则采用井旁地震子波提取及研究区整个井的子波的统计子波。图 4-23 为典型钻孔地震地质层位标定成果图。

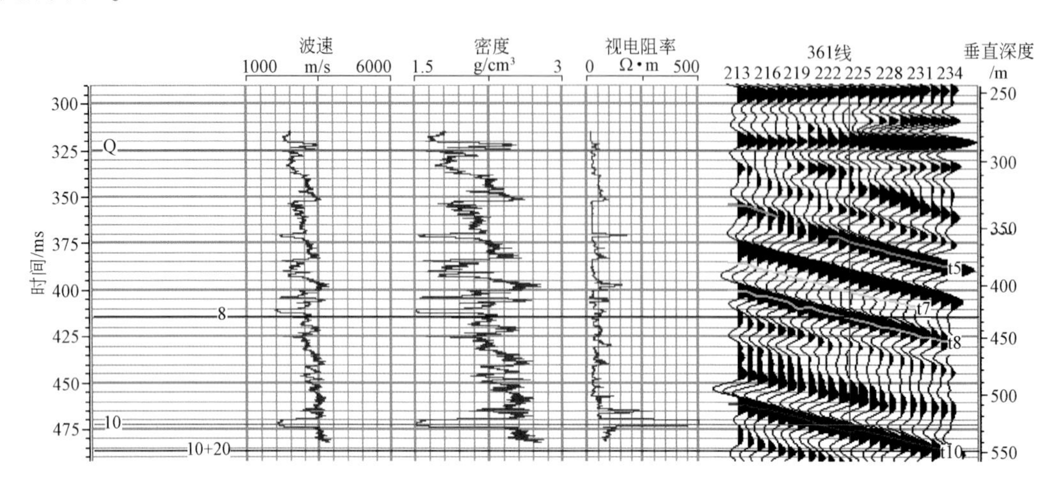

图 4-23　3-3-3 孔地震地质层位标定

3. 地震多属性反演及成果分析与评价

1）地震波阻抗反演

a. 初始模型建立

在地震反演中，初始地质模型的合理建立是很重要的，特别是对模型反演来说，反演结果的好坏很大程度上由初始模型即先验地质认识决定，因此，建立初始模型是做好基于模型反演的关键。建立尽可能接近实际地层条件的初始波阻抗模型，是减少其最终结果多解性的根本途径。测井资料在纵向上详细揭示了岩层的变化细节，地震资料则连续记录了界面的横向变化，二者的结合，为精确地建立空间波阻抗模型提供了必要的条件。

首先，从地震资料出发，以测井资料和钻井数据为基础，建立能反映本区沉积体地质特征的低频初始模型。具体做法如下：根据地震精细解释层位，建立一个地质框架结构。在这个地质框架结构的控制下，再根据一定的插值方式，对测井数据沿层进行内插和外推，产生一个平滑、闭合的实体模型（如波阻抗模型）。因此，合理地建立地质框架结构和定义内插模式是两个关键的部分。

b. 地质框架结构的建立

地下沉积体的空间接触关系是十分复杂的，计算机无法一次确定各个层位之间的拓扑关系，在建模中的地质框架结构是通过地质框架结构表按沉积体的沉积顺序，从下往上逐层定义各层与其他层的接触关系（平行于顶层、平行于底层、层间平均）。本次反演中，由于区内大断层较少，各煤层之间呈整合接触关系，在建立初始地质模型时没有考虑断层。

c. 内插模式的定义

参数内插并不是简单的数学运算，而是要根据层位的变化，对测井曲线进行拉伸和压缩，是在层位约束下的具有地质意义的内插。内插方式有反距离平方、三角形网格及克里金等内插方法，这几种插值方式都遵循一个准则：任何一口井的权值在本井处为1，在其他井处为0。其中反距离平方适用于井资料少的地区，三角网格法只适用于规则分布的开发井网间的插值，研究区工区内有14口井，分布较为均匀，因此采用了克里金插值法。它是一种较光滑内插方法，实际上是特殊的加权平均法，主要反映了岩性参数的宏观变化趋势，该方法所给出的结果是确定性的，比较接近真实的值，其误差取决于方法本身的适用性及宏观地质条件，就井间估计值来讲，该方法更能反映客观地质规律，精度相对较高，是定量描述的有力工具。

d. 反演分析

反演约束条件的选择。使用约束条件的方法有两种：第一种方法认为附加信息是一种“硬”约束。该约束条件设定了根据初始模型反演得到最终结果的绝对边界。这种约束使用初始猜测约束作为反演的起点，并用一个最大阻抗变化参数（即初始猜测平均阻抗的百分比）作为限定反演计算的阻抗偏离初始猜测的“硬”边界。在反演计算中，阻抗参数可以自由的改变，但不能超过固定的边界。当不存在约束或约束很宽时，由目标函数的最小平方解系统，可以得到与地震道最佳拟合的期望输出，且其低频趋势由初始模型来实现而不是由数据解出。反之，最大阻抗变化参数减小时，约束变紧。而当其趋于零时，则引起期望输出无限地逼近初始模型。

第二种方法认为附加信息是一种“软”约束。就是说初始猜测阻抗是一块分离的信息，通过对初始猜测阻抗与地震道加权来把它加到地震道上。虽然不像约束反演中设定一个“硬”边界来约束反演阻抗值的变化，但计算出一个随着计算阻抗偏离初始猜测而增加的补偿。

上述两种反演方法均有一共同特点，就是可以通过约束参数的选取控制反演阻抗是偏向地震道，还是偏向初始模型。具体参数的选择可根据目标勘探的要求及资料背景来确定。通常在多井且井间距离较小的反演中，为使井间阻抗曲线有较好的可比性，可适当地控制反演结果偏向初始模型。而对于单井或虽有多井但井间距离较大的情况下，可控制反演结果偏向地震道。但在地震资料分辨率较低的情况下，也可考虑加强测井曲线的约束，以期获得较高分辨率的反演结果。针对研究区煤系地层倾角较大，横向波阻抗值变化大的特点，综合分析两种约束方法，决定采用硬约束的方法进行反演。

e. 波阻抗反演结果分析及评价

利用反演分析得到的参数进行波阻抗反演，得到了波阻抗数据体，从而通过沿层分析提取得到10煤层顶底板、8煤层顶底板波阻抗异常分布范围。

2）地震多属性反演视电阻率

在测井视电阻率测井成果的约束下，通过地震原始成果及叠后反演成果自动优选26种属性进行神经网络视电阻率属性培训并联合反演，就可得到研究区视电阻率数据体，进而对视电阻率数据体沿层分析提取得到10煤层顶底板、8煤层顶底板视电阻率异常分布范围。图4-24为钻孔处视电阻率成果培训精度分析成果图，可见，地震多属性视电阻率神经网络培训精度较高，其相关系数可达0.96781，平均误差为13.0647Ω·m；图4-25展示了钻孔处视电阻率测井成果与神经网络培训地震多属性反演预测的钻孔处的视电阻率成果交会图。

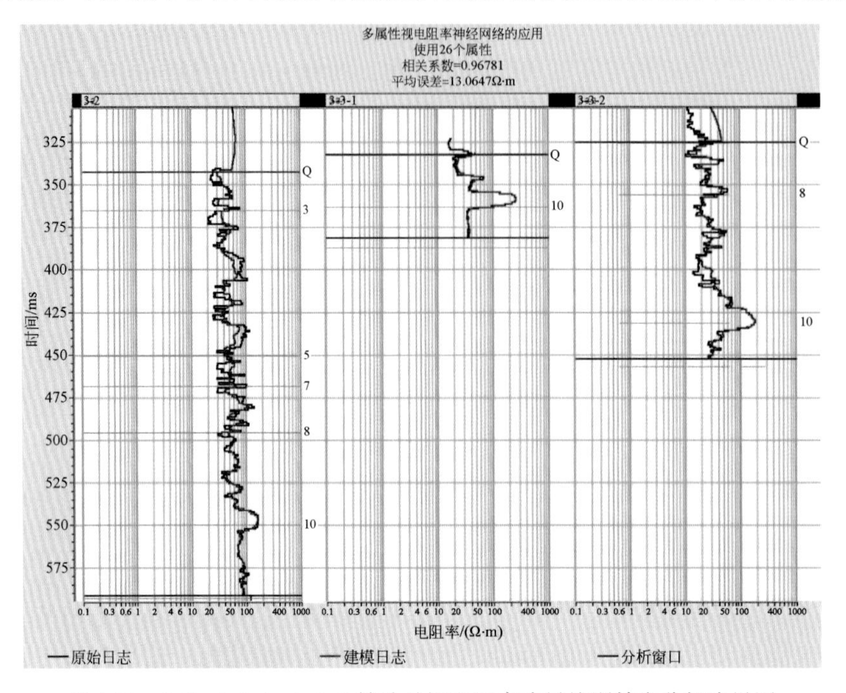

图4-24　3-2、3-3-1、3-3-2钻孔处视电阻率成果培训精度分析成果图

黑色曲线为原始测井成果、红色曲线为预测成果

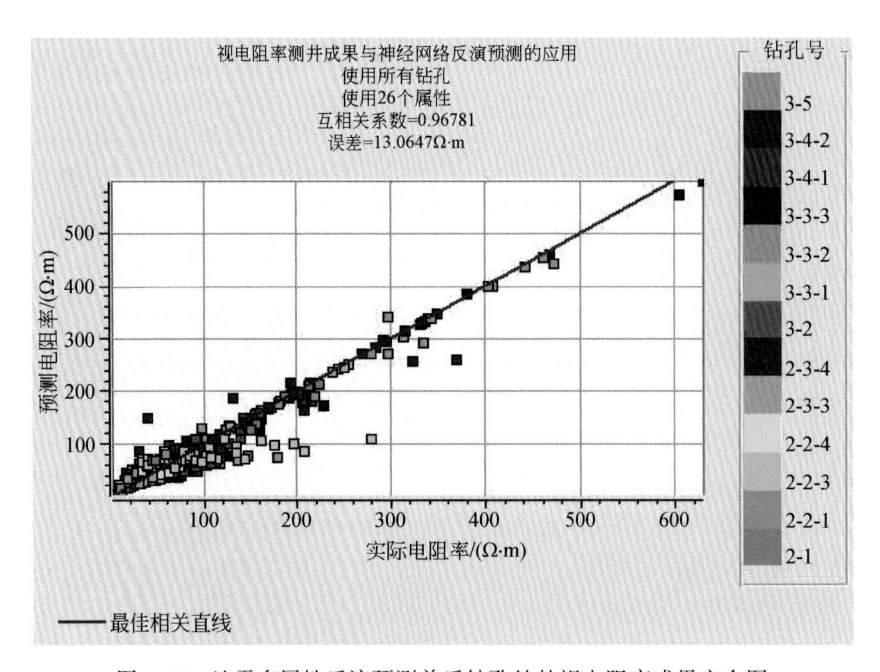

图4-25　地震多属性反演预测前后钻孔处的视电阻率成果交会图

纵坐标为预测成果、横坐标为原始成果

3）地震多属性反演视声波速度

在测井视声波重构成果的约束下，通过地震原始成果及叠后反演成果自动优选 23 种属性进行多属性线性回归算法联合反演，就可得到研究区视速度数据体，进而对视速度数据体沿层分析提取得到 10 煤层顶底板、8 煤层顶底板岩石视速度异常分布范围。

图 4-26 为钻孔处岩石视速度成果精度分析成果图，可见，地震多属性视速度反演精度较高，其相关系数可达 0.8004，平均误差为 256.73m/s；图 4-27 为钻孔处测井视速度重构成果与地震多属性反演预测的钻孔处的视速度成果交会图。

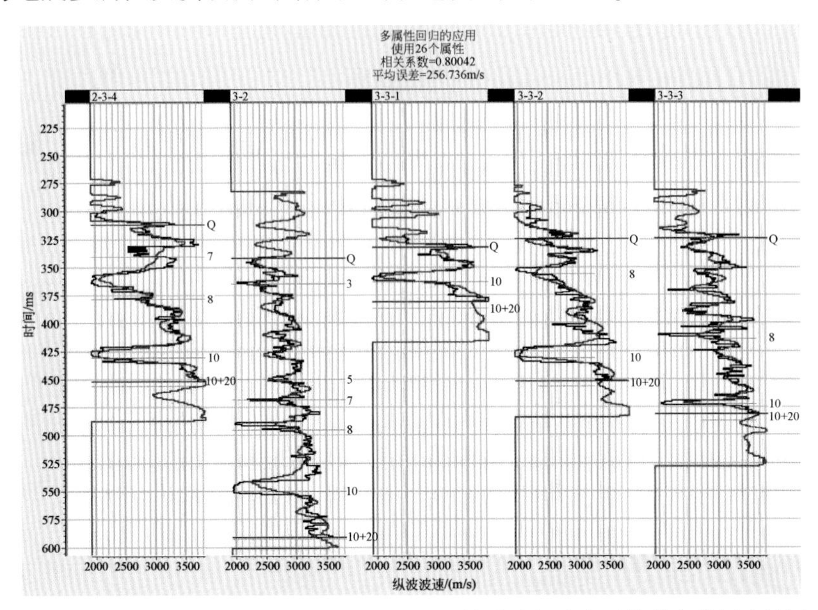

图 4-26　2-3-4、3-2、3-3-1、3-3-2、3-3-3 钻孔处视速度反演精度分析成果图

黑色曲线为原始测井成果、红色曲线为预测成果

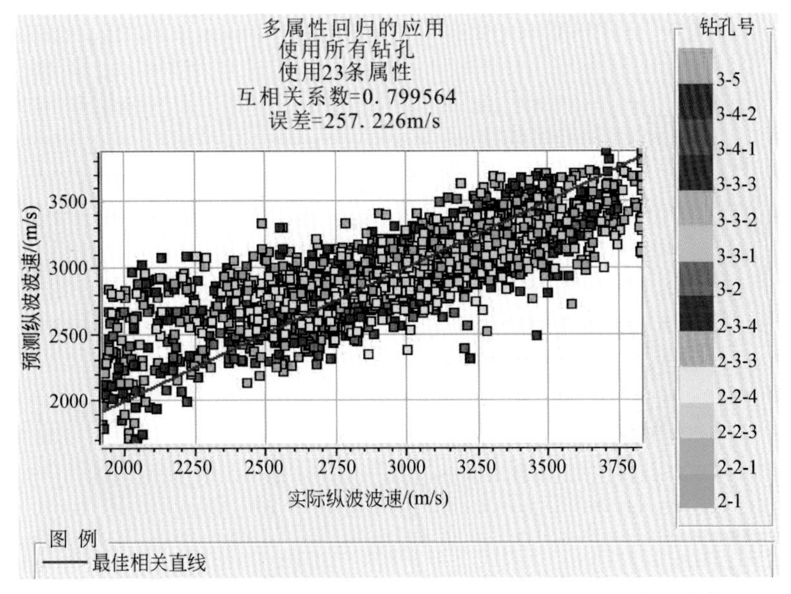

图 4-27　地震多属性反演预测前后各钻孔处的视声波速度成果交会图

纵坐标为预测成果、横坐标为原始成果

4）地震多属性反演岩石视孔隙度

利用测井视密度及视电阻率成果进行重构岩石视孔隙度成果的约束下，通过地震原始成果及叠后反演成果自动优选13种属性进行多属性线性回归算法联合反演，就可得到研究区岩石视孔隙度数据体，进而对视孔隙度数据体沿层分析提取得到10煤层顶底板、8煤层顶底板岩石视孔隙度异常分布范围。

图4-28为钻孔处岩石视孔隙度成果精度分析成果图，可见，地震多属性视孔隙度反演精度较高，其相关系数可达0.78，平均误差为9.8%；图4-29为钻孔处测井视孔隙度重构成果与地震多属性反演预测的钻孔处的视速度成果交会图。

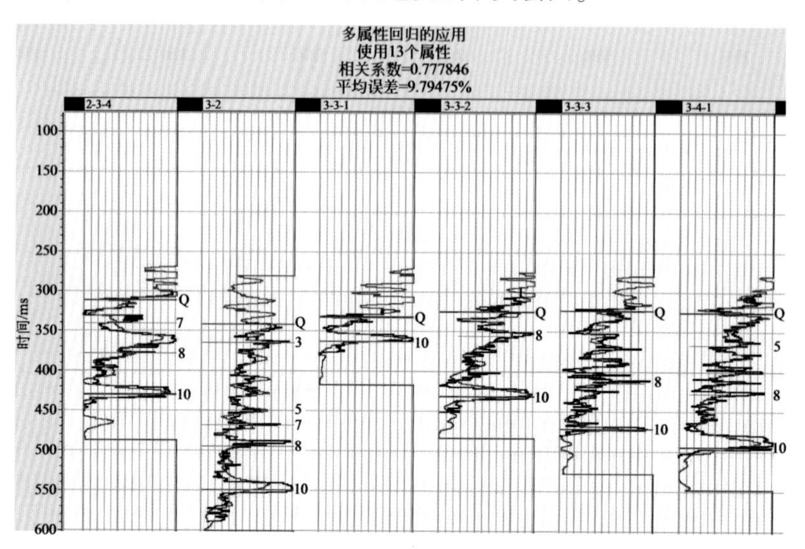

图4-28　2-3-4、3-2、3-3-1、3-3-2、3-3-3、3-4-1钻孔处视孔隙度反演精度分析成果图

黑色曲线为测井孔隙度计算成果、红色曲线为预测孔隙度反演成果

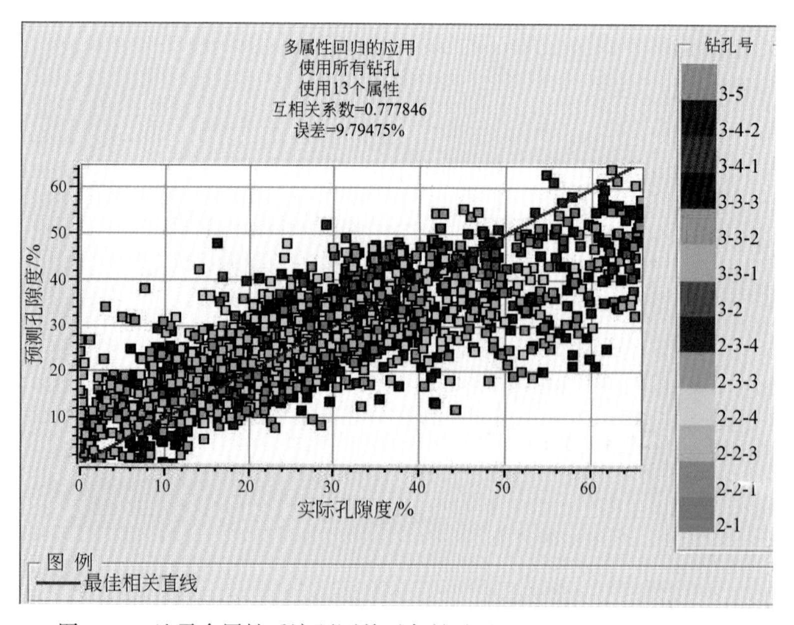

图4-29　地震多属性反演预测前后各钻孔处的视孔隙度成果交会图

纵坐标为预测成果、横坐标为原始成果

综上地震多属性反演成果（叠后波阻抗反演成果、视电阻率反演成果、视声波速度反演成果和视孔隙度反演成果）表明：10煤层顶底板及8煤层顶底板岩石的物性反应异常特征明显，表现出三低一高或三高一低，具有规律性分布的特征，即低阻抗–低视电阻率–低视速度–高孔隙度分布特征或高阻抗–高视电阻率–高速度–低孔隙度分布特征。因而，则可利用这个物性差异特征进一步进行10煤层、8煤层顶底板赋水性分析与解释。

4. 煤层顶底板及陷落柱赋水性分析方法

1）岩石波阻抗与岩石视孔隙度关系

研究成果表明：研究区内岩石波阻抗与岩石孔隙度呈负相关关系，表现出岩石的孔隙度随着波阻抗的减小而增大特征，相关关系明显，如图4-30所示。

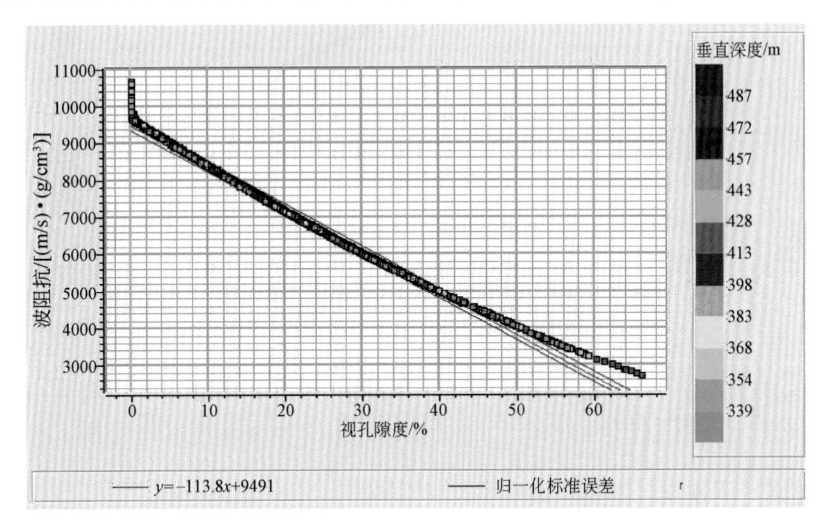

图4-30　岩石波阻抗与岩石视孔隙度关系

2）岩石视电阻率与岩石视孔隙度关系

研究成果表明：研究区内岩石视电阻率与岩石视孔隙度关系，表现出在中深部随着深度及压力的增加，视电阻率增大而岩石的视孔隙度减小特征，而浅部在视电阻率30～50Ω·m则表现为中高孔隙度的特征，如图4-31所示。

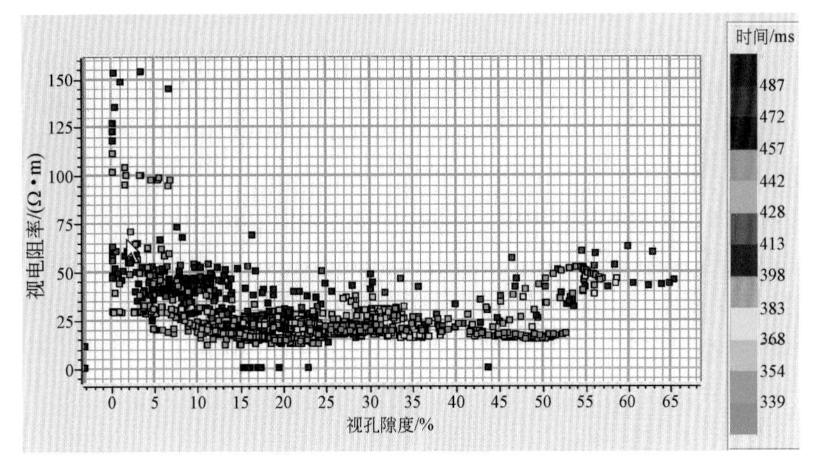

图4-31　岩石视电阻率与岩石视孔隙度关系

3）岩石视声波速度与岩石视孔隙度关系

研究成果表明：研究区内岩石视声波速度与岩石孔隙度关系呈负相关关系，表现出岩石的孔隙度随着岩石视声波速度的减小而增大特征，相关关系明显，如图4-32所示。

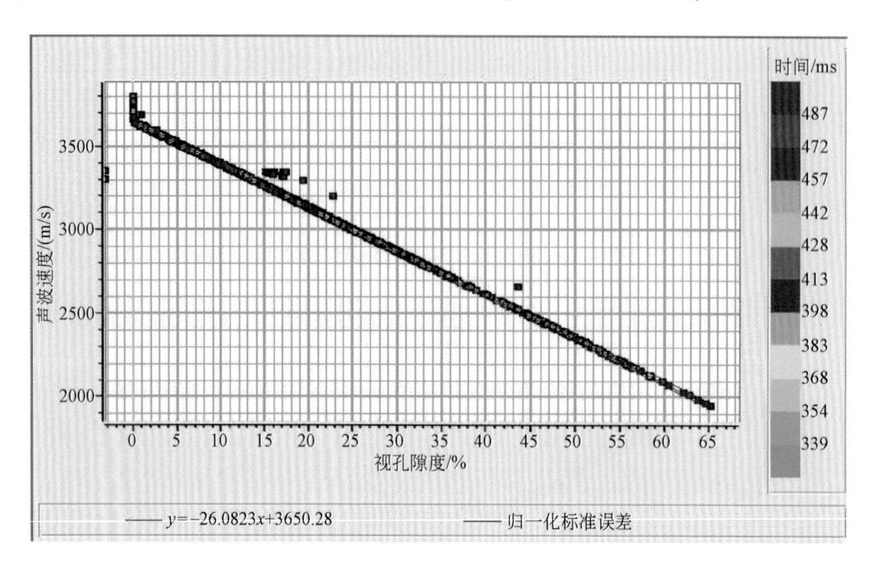

图4-32　岩石视声波速度与岩石视孔隙度关系

综合多属性反演成果及上述各岩石物性间的特征关系，仔细分析岩石赋水对岩石物性参数的改变表现出的物性特征的变化，那么就可通过这些变化描述煤层顶底板岩石及陷落柱赋水性的变化特征。

研究表明：研究区煤层顶底板各岩石物性的变化与岩石孔隙度的变化特征具有明显的关系，因而，只要重点研究岩石高孔隙度变化特征及分布范围，同时参考岩石波阻抗、视声波速度及岩石视电阻率的变化特征，在赋水强的区域遵照三低一高的解释、分析原则（岩石的波阻抗减小、视速度减小、视电阻率减小、视孔隙度增大）进行10煤层、8煤层顶底板岩石赋水性强弱的划分、解释，同时按此原则进行陷落柱赋水性分析。

4.3　三维地震资料精细解释地质成果

本次采用全三维地震属性精细构造解释技术控制了研究区内10、8_2煤层的赋存形态及发育于10、8_2煤层中落差大于5m以上的断裂构造发育情况、落差小于5m的断层的分布情况；进一步分析了测区内煤层中是否发育大于20m的陷落柱的情况；进一步精细研究了研究区发育至10、8_2煤层中的断裂构造与奥灰之间连通情况。

利用地震多属性岩石特性参数反演技术，对研究区内10、8_2煤层顶底板赋水性进行了精细反演研究，通过煤层顶底板岩石特性变化研究对其进行了赋水区强弱的划分；并对研究区内陷落柱的赋水性进行了分析研究。

4.3.1　10煤层和8_2煤层的赋存形态及断裂构造发育特征

研究区位于宿南向斜的西翼，主体为一单斜构造，在单斜基础上局部发育次一级宽缓的小褶曲，煤系地层走向北西，倾向北东，煤系地层倾角较大，一般为30°左右。构造总体格局比较简单，等高线变化不大，断层较不发育。

研究区内断裂构造发育特征表现为：NW、NNW向断裂发育，NE、NNE向断裂构造次之；断层主要以高角度正断层发育为特征。

1）10煤层赋存形态及断裂构造发育特征

10煤层全区厚且稳定，煤地层赋存形态较简单，主体为一单斜赋存形态，在一单斜基础上，局部发育次一级宽缓的小褶曲，走向北西，倾向北东，煤层倾角较大，一般为30°左右。标高变化范围为-250～-1010m。10煤层顶板标高最高处位于研究区西部边界，最低处位于东部边界。

断裂构造发育特征则表现为：NW、NNW向断裂发育，NE、NNE向断裂构造次之；断层主要以高角度正断层发育为特征，见图4-33。

通过精细解释，在对原安徽物测队解释的17条断层（黑色）进行进一步确定有基础上，利用地震属性分析技术，在10煤层上新分析解释断层16条（粉色）。

2）8_2煤层赋存形态及断裂构造发育特征

8_2煤层大部可采，与8_1煤层间距较小（4～6m）与7煤层层间距约15m，煤层赋存状态与10煤层基本一致。主体仍为一单斜赋存形态，在一单斜基础上，局部发育次一级宽缓的小褶曲，走向北西，倾向北东，煤层倾角较大，一般为30°左右。标高变化范围为-250～910m。煤层顶板标高最高处位于研究区西部边界，最低处位于东部边界。

断裂构造发育特征则表现为：NW、NNW向断裂发育，NE、NNE向断裂构造次之；断层主要以高角度正断层发育为特征，见图4-34。

通过精细解释，在对原安徽物测队解释的6条断层（黑色）进行进一步分析、解释、确定的基础上，利用地震属性分析技术，在8煤层上新分析解释断层14条（粉色）。

4.3.2　断层控制情况及赋水性预测分析

1）断层控制情况

在对研究区内通过地震属性分析对发育至10煤层的17条，以及发育至8煤层的6条共计23条原安徽物测队解释的断层进行了进一步分析、解释的基础上（编号为F2、D8F01～D8F9、D8F12～D8F13、D8F17～D8F24），新解释断层28条（断层编号D8F25～D8F53），其中5m以上断层2条，5m以下断层异常带26条，都为正断层；断层走向以NW—NNW为主。

新解释的28条断层中，落差≥5m、≤10m的断层2条（D8F33、D8F35），除此之外26条为<5m的断层或断层异常带。

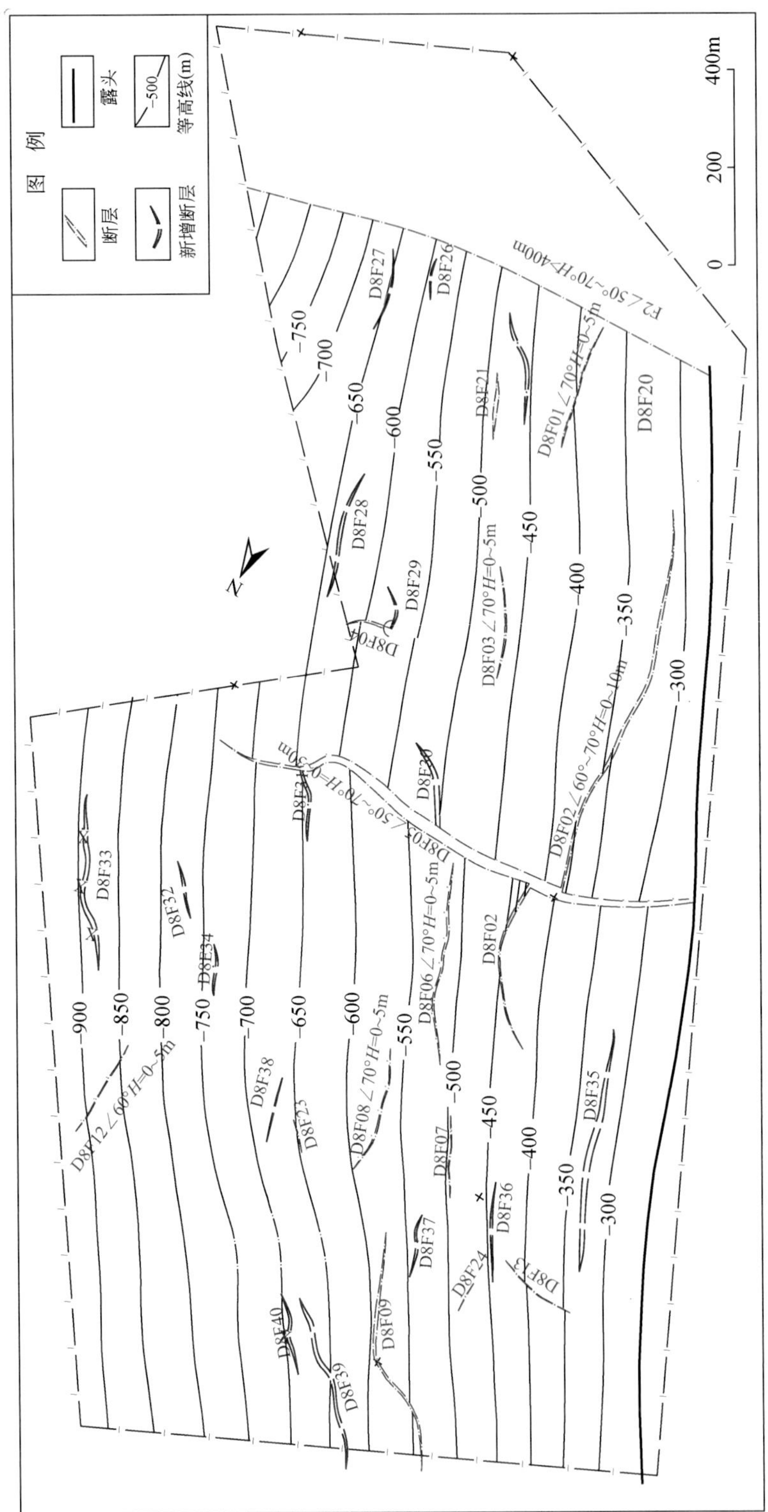

图 4-33　10煤层底板等高线图

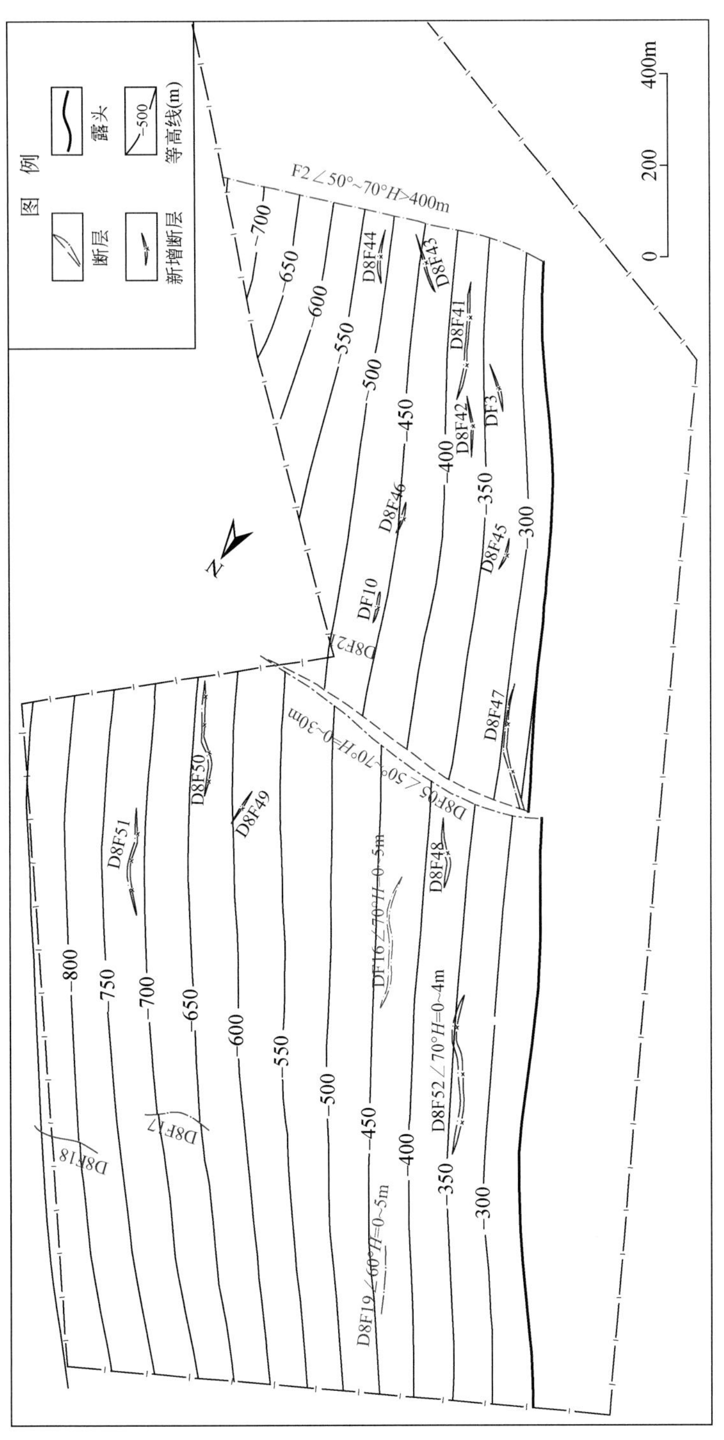

图 4-34　8_2煤层底板等高线图

在研究区发育至 8 煤层、10 煤层断层共解释 48 条，其中逆断层 4 条、正断层 44 条；其中落差≥5m 的断层 22 条，<5m 的断层或断层异常 26 条。

按照有关规范，对利用属性分析新解释的落差≥5m 断层的断点进行评级及评价，可靠断层 1 条即 D8F35，较可靠断层 1 条即 D8F33。详见表 4-2。

表 4-2　三维地震新解释断层成果一览表（错断 8-O_2层位）

序号	断层名称	性质	走向	倾向	倾角/(°)	落差/m	控制长度/m	错断层位	地震控制				可靠程度
									A	B	C	计	
1	F2	正	E—NEE	N—NNW	50-70	>10	1180	Q-O_2	18	4	0	22	可靠
2	D8F01	正	SN	E	70	0～5	263	10	2	2	2	6	较可靠
3	D8F02	逆	NW—NNW	NE—NEE	60-70	0～10	1010	10-C3	22	6	4	32	可靠
4	D8F03	正	NW	NE	70	0～5	225	10-C3	8	4	2	14	较可靠
5	D8F04	正	NE	SE	70	0～5	170	7-O_2	2	1	0	3	可靠
6	D8F05	正	NE	NW	50-70	0～30	1210	5-O_2	17	4	0	21	可靠
7	D8F06	正	NW	SW	70	0～5	445	10	4	4	4	12	较可靠
8	D8F07	正	NW	NE	70	0～5	180	10	1	2	1	4	较可靠
9	D8F08	正	NW—SN	SW—W	70	0～5	290	10-O_2	2	2	2	6	较可靠
10	D8F09	正	NW—NWW	NE—NNE	70	0～5	600	10	5	5	3	13	较可靠
11	D8F12	逆	SN	W	60	0～5	216	10-O_2	2	2	1	5	较可靠
12	D8F13	正	EW	N	70	0～5	190	10	1	2	1	4	较可靠
13	D8F17	逆	E—NE	S—SE	60	0～5	157	5-8	1	1	0	2	较可靠
14	D8F18	正	EW	N	70	0～5	156	7-8	1	1	0	2	较可靠
15	D8F19	逆	NW	SW	60	0～5	155	5-8	2	1	1	4	较可靠
16	D8F20	正	NW	NE	70	0～5	75	10	1	1	0	2	较可靠
17	D8F21	正	NW	NE	70	0～5	110	10	1	1	1	3	较可靠
18	D8F22	正	NW	SW	70	0～5	70	10	1	1	0	2	较可靠
19	D8F23	正	NW	NE	70	0～5	77	10	0	1	0	1	较可靠
20	D8F24	正	SN	E	70	0～5	68	10	1	1	0	2	较可靠
21	D8F25	正	NW—NNW	NE	70	0～4	234	8-10					
22	D8F26	正	NW	NE	70	0～2	85	10					
23	D8F27	正	NNW	NEE	70	0～4	172	10					
24	D8F28	正	NNW	NE	70	0～4	264	10-O_2					
25	D8F29	正	NW—N	NE—E	70	0～4	92	8-10					

续表

序号	断层名称	性质	走向	倾向	倾角/(°)	落差/m	控制长度/m	错断层位	地震控制				可靠程度
									A	B	C	计	
26	D8F30	正	NWW	NNE	70	0～4	177	10					
27	D8F31	正	NW	NE	70	0～4	147	10					
28	D8F32	正	NW	NE	70	0～2	119	10-O_2					
29	D8F33	正	NNW	NE	70	0～8	376	10	3	4	2	9	较可靠
30	D8F34	正	NW	NE	70	0～3	105	10-O_2					
31	D8F35	正	NNW	NEE	70	0～9	502	10	5	4	3	12	可靠
32	D8F36	正	NW	NE	70	0～4	204	10					
33	D8F37	正	NNW	E	60	0～4	132	10					
34	D8F38	正	NNW	NEE	70	0～4	134	10					
35	D8F39	正	NW—NNW	E	70	0～4	336	10					
36	D8F40	正	NW	NE	60	0～4	170	10					
37	D8F41	正	NNW	NE	60	0～4	264	7-8					
38	D8F42	正	NW	NE	60	0～4	135	7-8					
39	D8F43	正	NW	NE	70	0～4	132	7-8					
40	D8F44	正	N	NE	60	0～4	125	7-8					
41	D8F45	正	NW	NE	70	0～3	75	7-8					
42	D8F46	正	NW—N	NE	70	0～3	70	7-8					
43	D8F47	正	N—NW	NE	70	0～4	282	7-8					
44	D8F48	正	NW	NE	70	0～4	156	7-8					
45	D8F49	正	N	E	70	0～4	85	7-8					
46	D8F50	正	NW	NE	70	0～4	231	7-8					
47	D8F51	正	NNW	NE	70	0～4	241	7-8					
48	D8F52	正	N—NW	NE	70	0～4	359	7-8					

2）断层赋水性预测分析

利用地震多属性成果——10煤层顶板岩石视孔隙度异常分布特征可知：在研究区内，有15条断层发育于岩石视孔隙度较低区域，有18条断层发育于岩石视孔隙度较高区域，根据本区水文地质特征预测依据发育于岩石视孔隙度较低区域的断层的赋水性较弱、发育于岩石视孔隙度较高区域的断层的赋水性较强解释原则，预测断层赋水性如下。

（1）属赋水性较弱的15条断层：DF03、DF06、DF07、DF08、DF20、DF22、DF23、

DF24、DF29、DF30、DF31、DF34、DF36、DF37、DF38（见图4-35绿色断层线）。

（2）属赋水性较强的18条断层：F2、DF01、DF02、DF04、DF05、DF09、DF12、DF13、DF21、DF25、DF26、DF27、DF28、DF32、DF33、DF35、DF39、DF40（见图4-35粉红色断层线）。

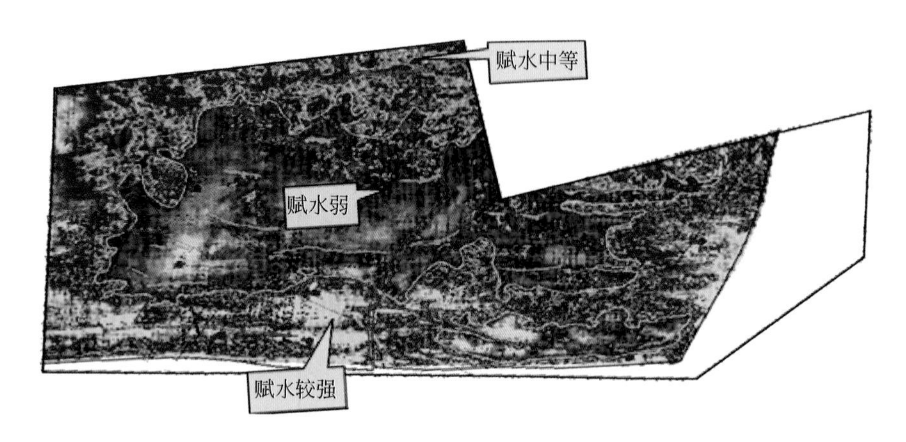

图4-35　利用岩石视孔隙度预测断层赋水性

4.3.3　陷落柱发育情况及赋水性解释

通过地震属性分析成果，结合时间剖面认真分析与研究，对发育在研究区东北部的陷落柱进行了进一步精细确认，因该陷落柱在属性平面上表现为团块状（图4-36、图4-37），在水平切片上表现为封闭的环状构造异常（图4-38），在属性剖面上表现为两侧发育边界明显、顶部冒落带异常明显，其底部也表现发育至奥灰顶界面（图4-39），因而，该异常无疑属煤矿岩溶陷落柱的地震地质反映。

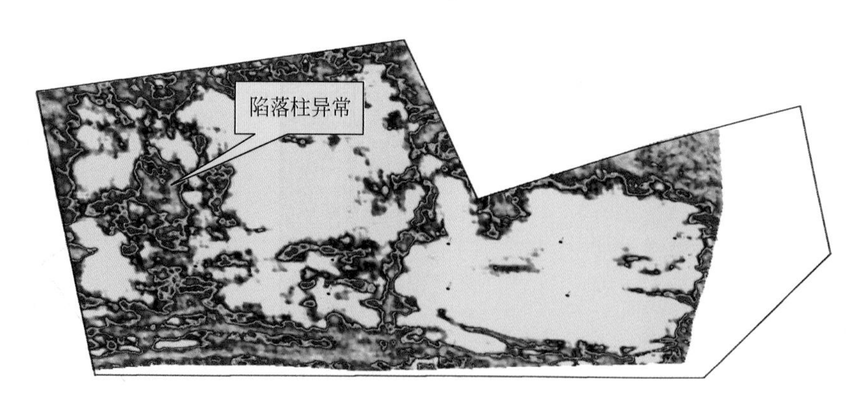

图4-36　陷落柱异常在地震振幅标准差属性体上的反映

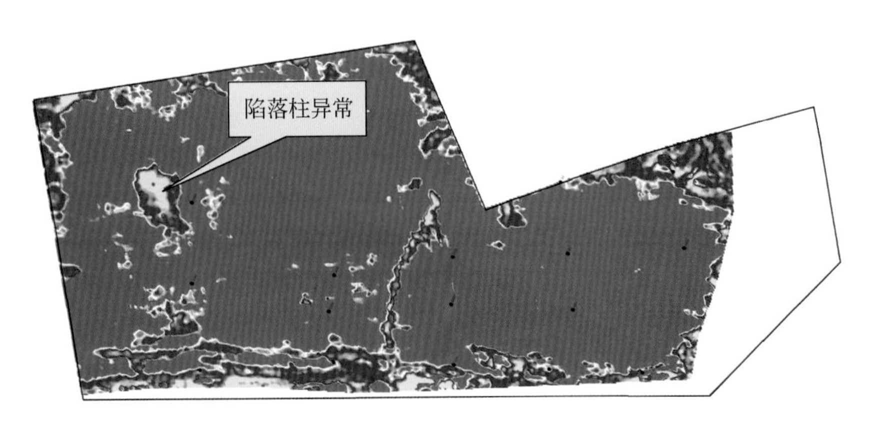

图 4-37　陷落柱异常在地震振幅斜度属性体上的反映

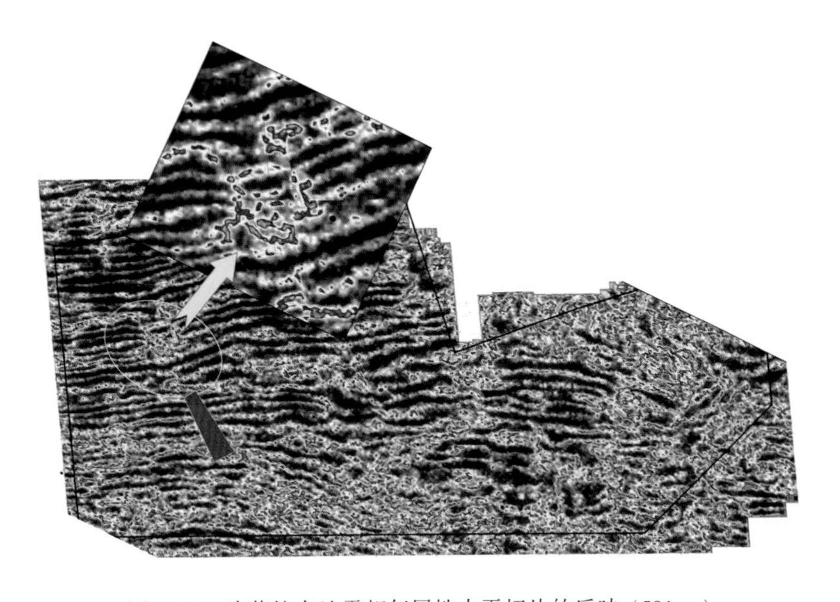

图 4-38　陷落柱在地震相似属性水平切片的反映（581ms）

1）陷落柱异常切割 10 煤层、8 煤层块段的形态解释

在煤层中陷落柱异常边界呈椭圆状，长轴发育方向基本为 NE 向（图 4-40）。在 10 煤层中，陷落柱异常长轴约 314m，短轴长约 194m，面积约 0. 044km^2；在 8 煤层中，陷落柱异常长轴约 254m，短轴长约 184m，面积约 0. 031km^2。对研究区内其他区域利用现有勘查手段尚未发现发育于煤层中直径大于 15m 的陷落柱。

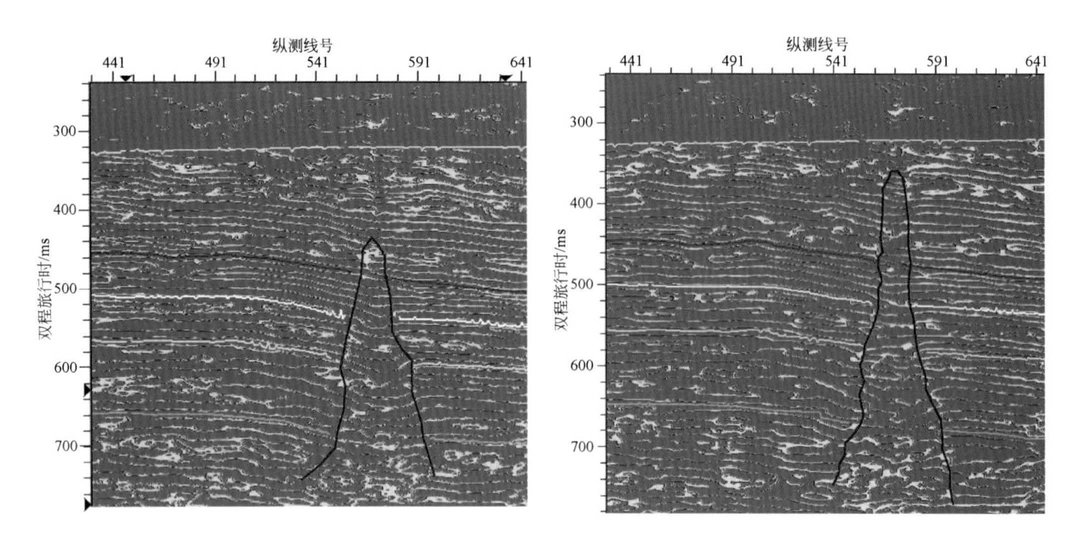

图 4-39　陷落柱异常在地震相似属性体剖面上的反映

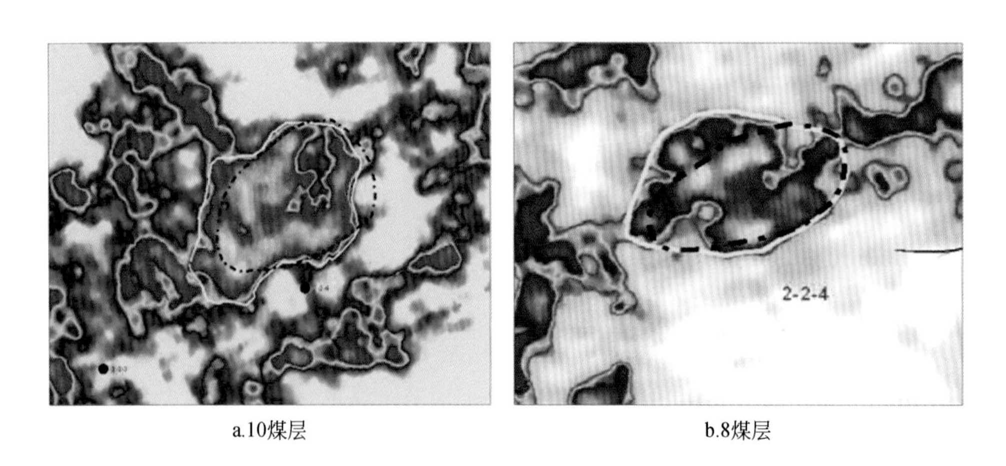

图 4-40　陷落柱异常在 10 煤层、8 煤层中平面分布形态黄色为属性分析成果，黑色为常规解释成果

2）陷落柱异常赋水性预测

通过地震多属性反演技术对其赋水性进行预测：因该陷落柱在地震波阻抗上表现为低阻抗异常、在视电阻率体上表现为低阻异常、在视速度体上表现为低速异常、在视孔隙度上表现为高视孔隙度异常（图 4-41），因而判定该陷落柱赋水性较强。需做好采前探测及防治水工作。

3）陷落柱异常发育高度解释

分析陷落柱地震相似属性剖面图可见，陷落柱异常发育特征在属性剖面上表现出：该陷落柱已发育至 5 煤层以上，并接近新生界底界。通过在 4.2 节中介绍的陷落柱识别、解释原则，就可通过陷落柱顶部发育特征确定其发育位置，同时计算其顶部在时间域的位置及时间（图 4-42），这样就可计算出陷落柱的发育高度，计算公式如下：

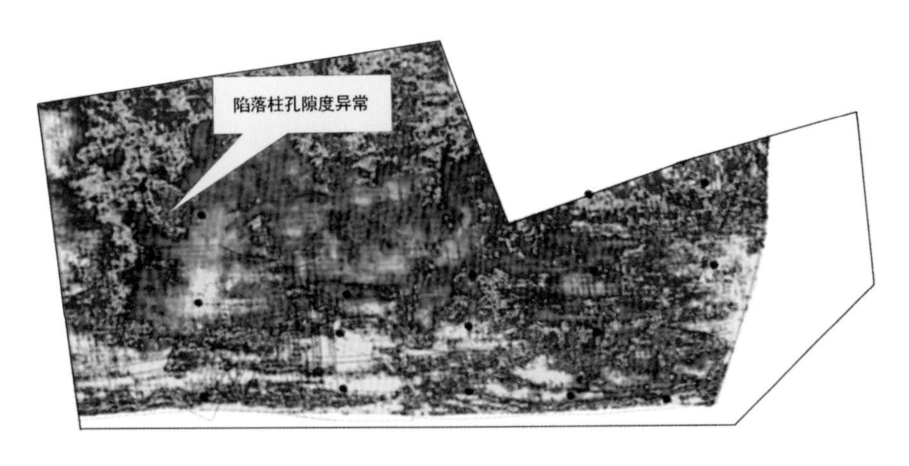

图4-41　10煤层顶板（-10ms）岩性视孔隙度异常分布图

$$H = \Delta t \times V/2 \tag{4-1}$$

式中，H 为发育高度；Δt 为时间；V 为煤系地层平均速度，变化范围为2200～2600m/s。

10煤层底板距陷落柱顶部的高度：$\Delta t = 328$ms，$H = 380 \sim 420$m。

陷落柱顶部距新生界底界距离：$\Delta t = 30$ms，$H = 35 \sim 40$m。

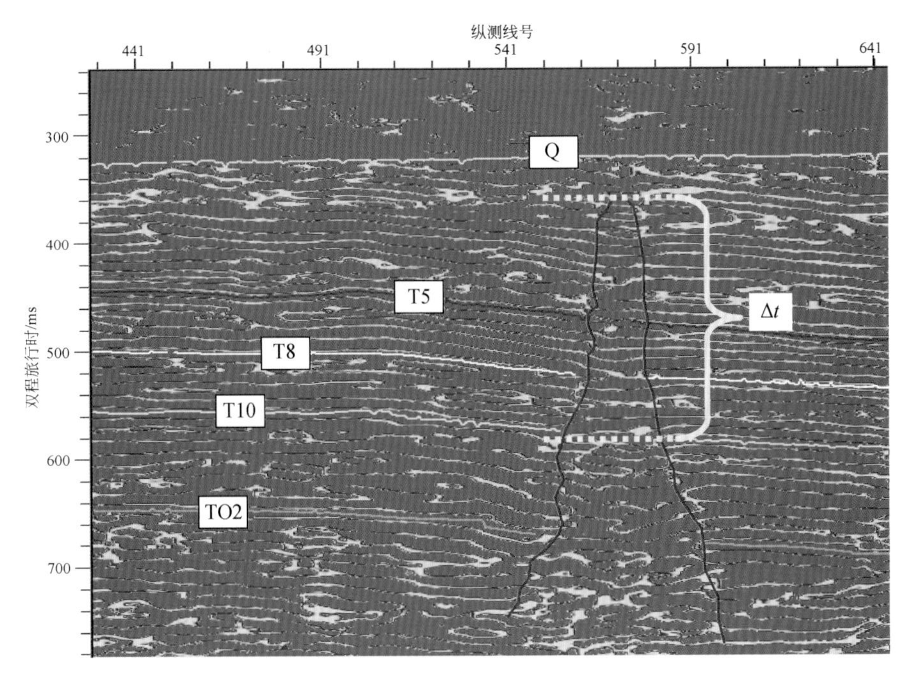

图4-42　陷落柱发育高度分析示意图

4.3.4　10 煤层和 8_2煤层顶底板赋水性分区

利用 4.2 节中地震多属性反演预测煤层顶底板赋水性机理及解释、分析、预测原则，在赋水强的区域岩石的波阻抗、视电阻率、视速度、视孔隙度表现为三低一高的异常反映，尤其参考对水极为敏感的岩石视孔隙度参数，将预测岩石视孔隙度分为三个级别：①岩石视孔隙度在 2% ~20% 划分为赋水性弱的区域；②岩石视孔隙度在 20% ~35% 划分为赋水性中等区域；③岩石视孔隙度在大于 35% 区间划分为赋水性较强区域。因而，据此预测出 10 煤层顶底板赋水性的强弱区域。

1）10 煤层顶板赋水性强弱区域分布

图 4-43 为 10 煤层顶板赋水性强弱区域预测分布图。可见在研究区 10 煤层顶板岩石的赋水性强弱区域可划分如下。

（1）南部断层 F2 断层发育的边界部位、西部边界至井底车场、北部边界属赋水性较强的区域。

（2）在陷落柱发育部位、研究区东北部边界属赋水性中等区域。

（3）研究区中部属赋水性弱的区域。

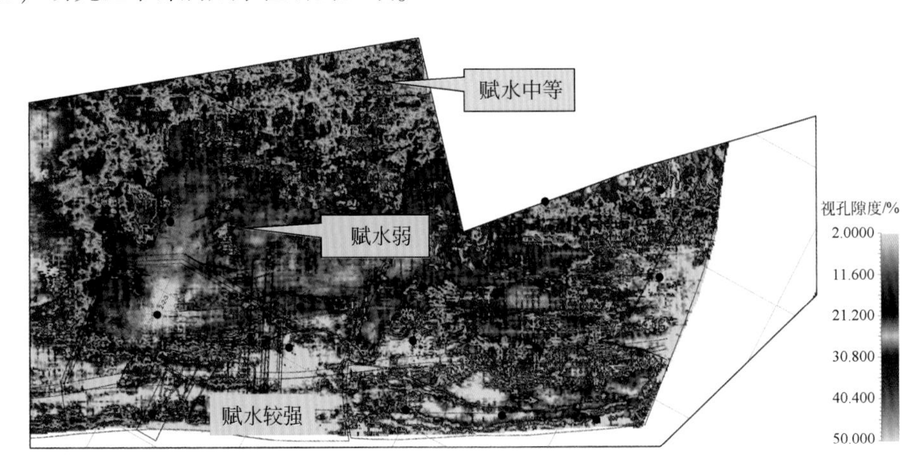

图 4-43　10 煤层顶板赋水性强弱区域预测分布图

2）10 煤层底板赋水性强弱区域分布

图 4-44 为 10 煤层底板赋水性强弱区域预测分布图。研究区 10 煤层底板岩石的赋水性强弱区域可划分如下。

（1）南部 F2 断层发育部位、西部边界中部露头区、北部边界东端属赋水性较强的区域。

（2）在陷落柱发育部位、研究区西部边界西北端属赋水性中等区域。

（3）研究区中部大部分属岩石赋水较弱的区域。

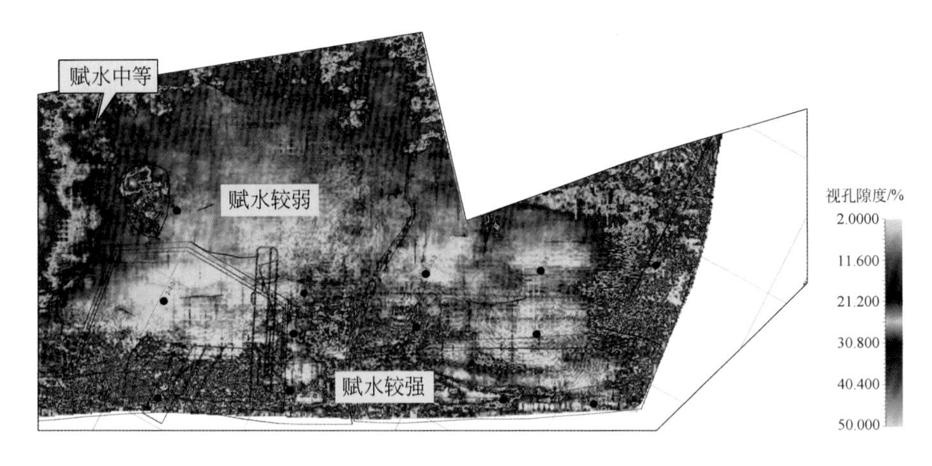

图4-44　10煤层底板赋水性强弱区域预测分布图

3）8_2煤层顶板赋水性强弱区域分布

图4-45为8_2煤层顶板赋水性强弱区域预测分布图。可见在研究区8_2煤层顶板岩石大部分区域岩石视孔隙度表现为中等偏高，预测其赋水性中等偏强，仅局部区域表现为岩石视孔隙度小，预测为弱赋水性特征。

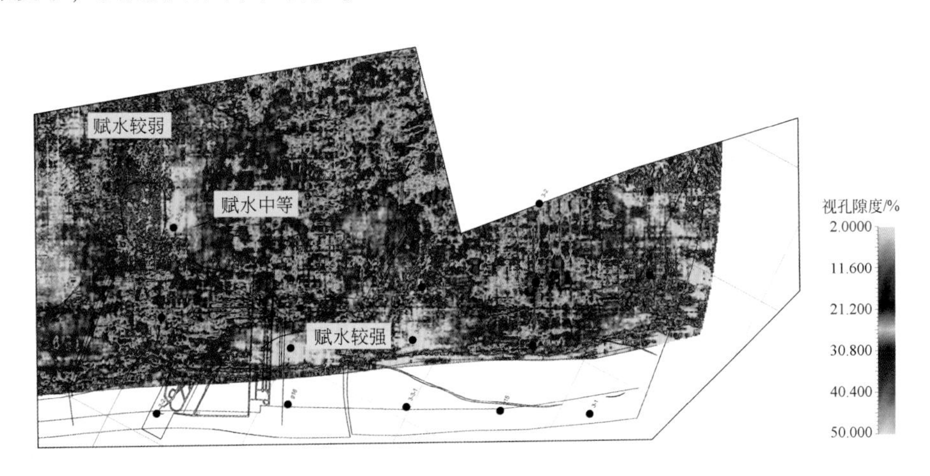

图4-45　8_2煤层顶板赋水性强弱区域预测分布图

4）8_2煤层底板赋水性强弱区域分布

图4-46为8_2煤层底板赋水性强弱区域预测分布图。可见8_2煤层底板岩石视孔隙度分布特征与顶板相比具有较大的差异性，研究8_2煤层底板岩石的赋水性强弱区域可划分如下。

（1）西部边界中部露头区、研究区东北部属赋水性较强的区域。

（2）南部F2断层发育部位、在陷落柱发育部位、研究区东部边界中部属赋水性中等区域。

（3）研究区中部大部分属岩石赋水性弱的区域。

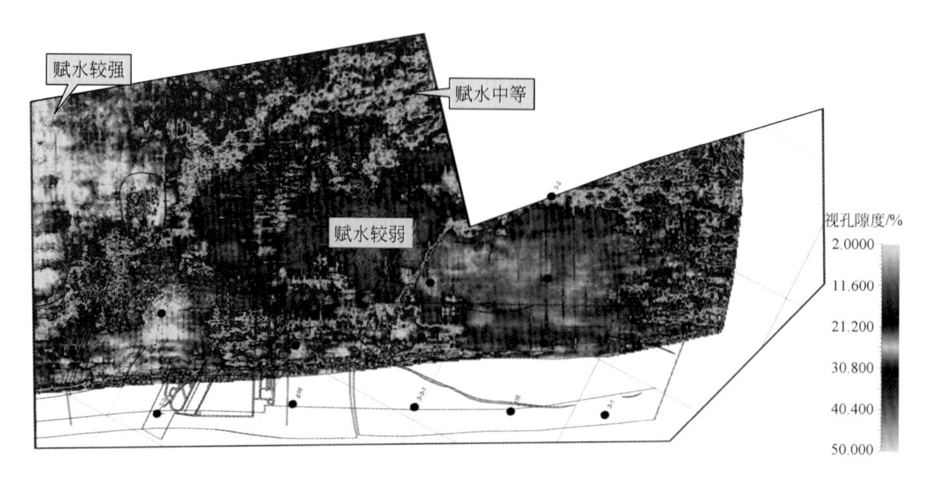

图 4-46　8_2煤层底板赋水性强弱区域预测分布图

4.3.5　10 煤层和8_2煤层中的断裂构造与奥灰之间连通性分析

通过本次精细构造解释，在研究区 10、8_2煤层中共分析、解释断层 48 条，其中原三维地震解释断层中有 3 条断层错断至奥灰岩顶界面，即 F2、D8F04、D8F05，通过本次进一步解释修正并增加了 2 条错断至奥灰顶界面的断层，即 D8F08、D8F12；在新解释 28 条断层中有 3 条错断至奥灰，即 D8F28、D8F32、D8F34。

因而，在研究区错断 10、8_2煤层中的 48 条断层中有 8 条错断至奥灰：F2、D8F04、D8F05、D8F8、D8F12、D8F28、D8F32、D8F34，其中 F2、D8F05 两个断层落差大于 5m，其他均小于 5m。详见表 4-2。

通过分析表明，在研究区内除了上述 8 条断层错断至奥灰可能沟通奥灰水之间的联系，北部陷落柱导水也是极为重要的因素，另外，在研究区西部边界煤层露头附近受第四系水的补给致使断层导水也是不可忽视的因素。

错断至奥灰顶界面断层典型时间剖面成果如图 4-47 ~ 图 4-50 所示。

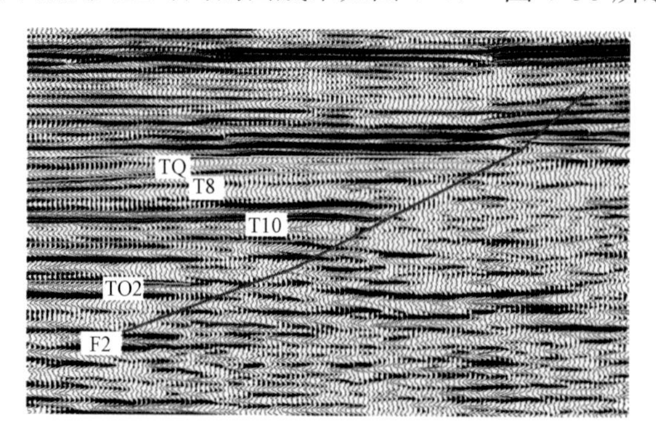

图 4-47　F2 正断层错断至奥灰时间剖面成果图

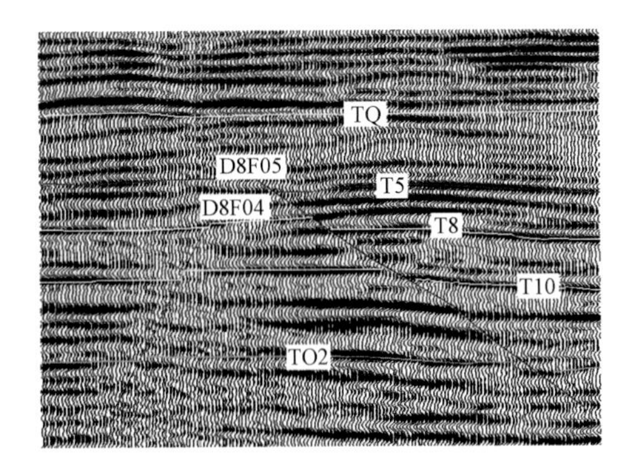

图4-48　D8F04、D8F05断层错断至奥灰时间剖面成果图

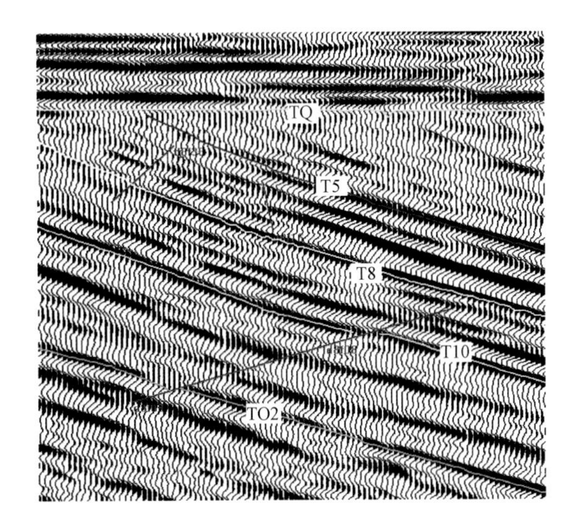

图4-49　D8F08断层时间剖面图

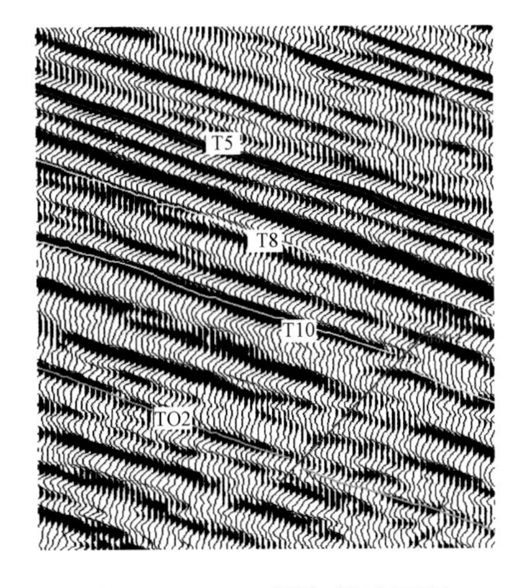

图4-50　D8F12断层时间剖面图

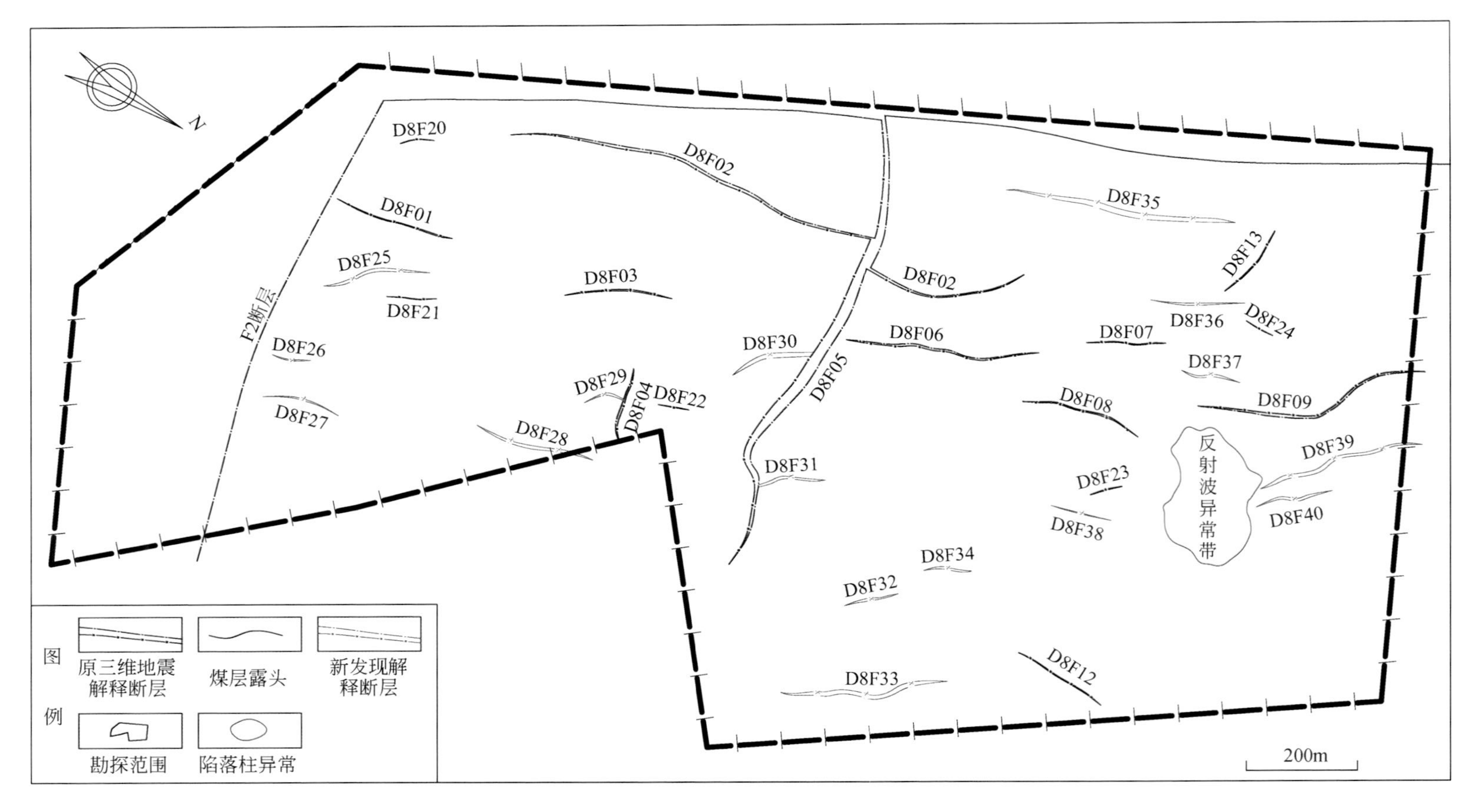

图 4-51　10煤层精细解释前后断裂构造对比图

4.3.6 地震属性精细构造解释前后成果对比

通过本次三维地震勘探精细解释，区内构造与精细解释前所了解的情况基本一致，属较复杂类型。对比精细解释前后的构造可得以下内容。

（1）整体煤层赋存形态变化不大，精细解释结果与原三维地震解释成果反映出来的煤层赋存形态及构造格局基本一致。

（2）原三维地震成果在10煤层中解释断层17条，在8煤层中解释断层6条，均为≥5m的断层，对<5m的断层未能精细识别，并在研究区北部解释了一个疑似陷落柱；通过本次精细地震属性分析，在进一步确认原解释方案的同时，在10煤层中新解释断层16条，其中2条>5m，其余断层落差均<5m，在8煤层中新解释断层12条，落差均<5m；通过地震属性分析技术进一步确认刻画了北部原解释的疑似陷落柱具备煤矿陷落柱发育特征，属陷落柱的地震响应。

（3）修正了原三维地震解释成果中2条断层D8F08、D8F12的错断层位，并认为与奥灰有关联。

图4-51为10煤层属性精细解释前后断裂构造分布图，其中黑色断层为原三维地震解释成果，粉红色断层标记为新发现解释成果。

4.4 小　　结

地震属性分析技术及测井成果约束下的地震多属性反演技术用于研究区三维地震资料精细解释研究，取得了如下研究成果。

（1）利用地震属性分析技术，在对八采区10、8_2煤层赋存情况进行精细解释的同时，精细研究了北八采区10、8_2煤层中断裂构造发育情况，控制了>5m断裂构造的发育与分布，并对落差<5m的断层的分布进行精细解释。

在研究区共解释发育至8_2煤层、10煤层断层48条，其中利用属性分析技术新解释断层或断层异常带28条，修正原三维解释断层20条。

48条断层（或断层异常带）：逆断层4条、正断层44条；其中落差≥5m的断层22条，<5m的断层或断层异常带26条。

通过对落差≥5m的22条断层评价可得：可靠断层5条，较可靠断层17条。

（2）精细研究了北八采区发育至10、8_2煤层中的断裂构造与奥灰之间连通性，进一步解释、分析了错断至奥灰顶界面的断裂构造，成果表明：在研究区内有8条断层与奥灰岩顶界面有关，有可能成为沟通奥灰水的通道。

（3）利用地震属性分析技术，精细研究分析了北八采区发育至10、8_2煤层中直径≥20m的岩溶陷落柱的发育及分布，成果表明：原三维常规解释的北部疑似陷落柱具备煤矿岩溶陷落柱地震地质响应、发育特征；并通过地震属性分析技术对该陷落柱进行了进一步的定量解释，如陷落柱在10、8_2煤层中平面分布范围、形态及发育/冒落高度。通过地震多属性反演技术对其赋水性进行了预测研究成果表明：该陷落柱属赋水性中等的含水陷落柱。

（4）利用测井成果约束下的地震多属性反演地震波阻抗数据体、视电阻率体、视速度数据体及视孔隙度数据体反演成果联合预测了北八采区10、8_2煤层顶底板岩石的赋水性及分布特征，圈闭了煤层顶底板岩石（体）赋水性的强弱区域，为该采区高产高效安全生产提供了新的资料。

（5）在利用测井地质成果约束下的三维地震多属性反演预测煤层顶底板岩石（体）赋水性技术上取得了新的突破性进展，对地质构造进一步做了精细解释，特别对人工难以发现的小型构造单元进行了显示，大大提高了解释精度，充分挖掘了三维地震资料解释的潜力，是未来三维地震资料解释技术发展的方向。

第5章　北八采区井下综合物探

5.1　探测目的与任务

针对桃园煤矿北八采区水文地质条件异常的特点，利用采区主体巷道工程，采用并行电法、矿井瞬变电磁法和二维地震等方法对该采区井下现有巷道涉及的煤层顶底板及巷道围岩进行探测，该项探测工程由安徽惠洲地质安全研究院股份有限公司承担。本次探测的主要目的和地质任务如下。

（1）通过现有巷道的综合矿井物探实施，建立本采区目前状态下物探参数与富水性的半定量关系，为后续工程超前探测提供对比依据和基础。

（2）利用电磁法探测技术进一步查明现有巷道顶板60m、底板80m范围内电性特征，并分析其含、导水构造位置及其空间分布；重点要查明灰岩溶隙水特别是奥灰水对煤系地层的导水通道。

（3）根据电磁法探测的相对低阻异常区，再利用地震探测技术针对低阻异常区内含导水构造发育情况进行物探探测和评价，为巷道或工作面过断层提供评价参数。

（4）对探查区域物探异常区及可能存在的导水通道进行定性评价，为防治水工程设计提供可靠依据。

因测区内地层沉积序列清晰，地层相对稳定，正常地层组合条件下，在横向与纵向上都有固定的变化规律等地层电性特点，使用瞬变电磁技术及并行直流电法技术能够探测工作面底板、侧帮及巷道掘进头前方在平面上的低阻含水构造分布规律，同时可以探查垂直于地层方向上不同深度的地质构造问题。

工作面内、巷道顶底板、侧帮及掘进头前方岩层内的富水区，通常表现为低电阻率区。工作面或巷道内的较大落差断层（落差>1/2煤厚），在断层两侧常存在煤层变薄现象，电阻率相对变低；而厚煤层区则表现为相对高阻。因此，富水区范围和煤层变薄区等与正常煤层间存在明显的电性差异，可以进行瞬变电磁及并行直流电法探测来查明相关地质问题。

总之，一旦存在断层等含水地质构造，都将打破地层电性在纵向和横向上的变化规律。这种变化特征的存在，为以电性差异作为应用物理基础的瞬变电磁探测技术及并行直流电法探测技术的实施提供了良好的地球物理前提。

5.2 并行电法探测

5.2.1 并行电法探测技术原理

1. 直流电法基本原理

将直流电源的两端通过埋设地下的两个电极（electrode）A、B 向大地供电，在地面以下的导电半空间建立起稳定电场（tranquilized electric fields）（图 5-1）。

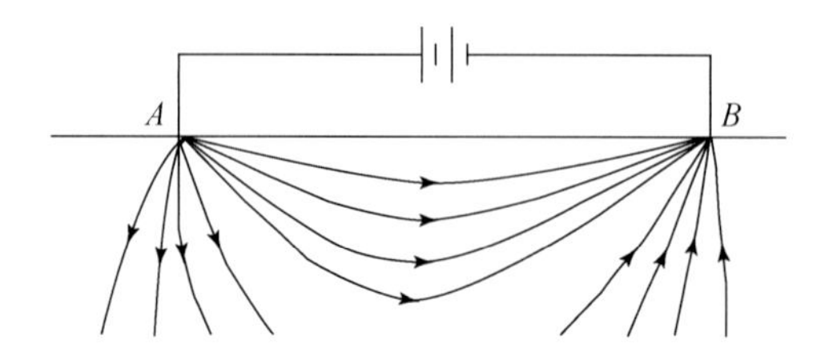

图 5-1 地下稳定电流场装置图

该稳定电场的分布状态取决于地下不同电阻率的岩层（或矿体）的赋存状态。所以，从地面观察稳定电场的变化和分布，可以了解地下的地质情况，这就是直流电阻率法勘探的基本原理（刘天放和李志聃，1993；岳建华，1999；张胜业和潘玉玲，2004）。直流电阻率法常简称为直流电法。

为测定均匀大地的电阻率，通常在大地表面布置对称四极装置，即两个供电电极 A、B，两个测量电极 M、N（图 5-2）。

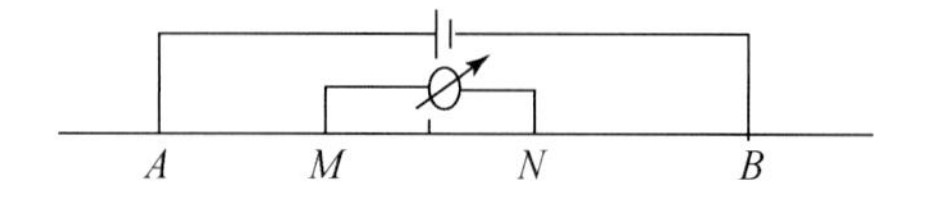

图 5-2 对称四极装置图

当通过供电电极 A、B 向地下发送电流 I 时，就在地下电阻率为 ρ 的均匀半空间建立起稳定的电场。在 MN 处观测电位差 ΔU_{MN} 大小。均匀大地电阻率计算表达式为

$$\rho=\frac{2\pi}{\frac{1}{AM}-\frac{1}{BM}-\frac{1}{AN}+\frac{1}{BN}}\frac{\Delta U_{MN}}{I}=K\frac{\Delta U_{MN}}{I} \tag{5-1}$$

式中，$K=\frac{2\pi}{\frac{1}{AM}-\frac{1}{BM}-\frac{1}{AN}+\frac{1}{BN}}$ 为装置系数，单位为 m。K 的大小仅与供电电极 A、B 及测量电极 M、N 的相互位置有关。当电极位置固定时，K 即可确定。

在均匀各向同性的介质中，不论布极形式如何，根据测量结果，计算出的电阻率始终

等于介质的真电阻率ρ。这是由于布极形式的改变，K值和I及ΔU_{MN}也做相应的改变，从而ρ保持不变。在实际工作中，常遇到的地电断面一般是不均匀和比较复杂的。当仍用四极装置进行电法勘探时，将不均匀的地电断面以等效均匀断面来替代，故仍然套用式（5-1）计算地下介质的电阻率。这样得到的电阻率不等于某一岩层的真电阻率，而是该电场分布范围内，各种岩石电阻率综合影响的结果，称为视电阻率，并用ρ_s符号表示。因此视电阻率的表达式为

$$\rho_s = K\frac{\Delta U_{MN}}{I} \tag{5-2}$$

这是视电阻率法中最基本的计算公式。更确切地说，电阻率法应称作视电阻率法，它是根据所测视电阻率的变化特点和规律去发现和了解地下的电性不均匀体，揭示不同地电断面的情况，从而达到探查导水构造的目的。

2. 并行电法原理

并行电法为直流电阻率法的一种，是在高密度电法勘探的基础之上发展起来的一种新技术（刘盛东等，2009；王桦等，2008；胡水根，2006）。它既具有集电测深和电剖面法于一体的多装置、多极距的高密度组合功能；同时，还具有多次覆盖叠加的优势，能够探测钻孔外围一定范围的能力，最大侧向探测距离为电极控制段的长度。由于采用并行技术，在数据采集时具有同时性和瞬时性，可得到供电时的测线上的全部电位曲线（图5-3），使得电法图像更加真实合理，大大提高了视电阻率的时间分辨率。

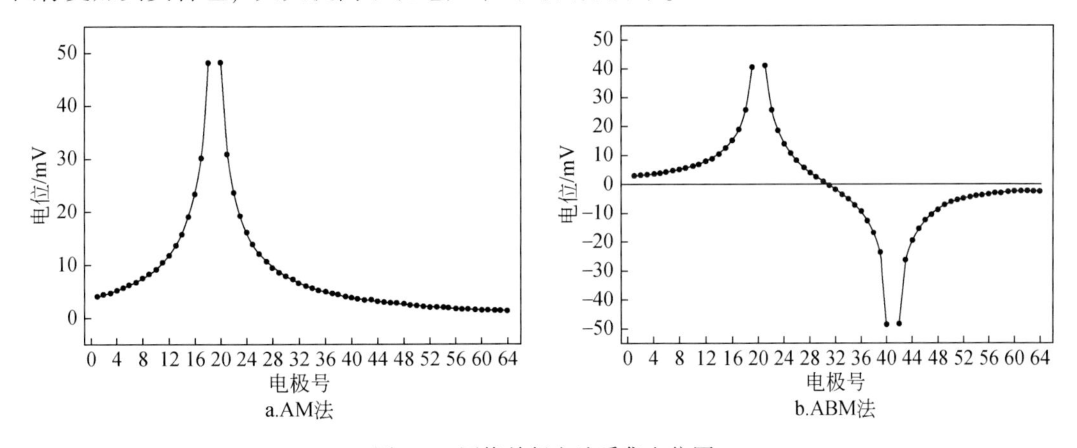

图5-3　网络并行电法采集电位图

并行电法仪的起点是高密度电法勘探。高密度电法仪是在传统电法仪的基础上加上了单片机电极转换控制系统，通过多芯电缆与电极的连接来构成，整套系统只有一个A/D转换器，导致其只能串行采样。要实行并行采样就必须使每一电极都配备A/D转换器，能自动采样的电极相当于智能电极，智能电极通过网络协议与主机保持实时联系，在接受供电状态命令时电极采样部分断开，让电极处于AB供电状态，否则一直工作在电压采样状态，并通过通信线实时地将测量数据送回主机。通过供电与测量的时序关系对自然场、一次场、二次场电压数据及电流数据自动采样，采样过程没有空闲电极出现。智能电极与网络系统结合，实现了并行电法勘探，完全类似于地震勘探的数据采集功能，从而大大降

低了电法数据的采集成本。根据电极观测装置的不同，并行电法数据采集方式分为两种：AM 法和 ABM 法。利用并行电法仪采集的数据可以进行高密度电阻率法和高分辨地电阻率法解释，也可以进行二维电阻率成像解释。

目前所说的电法 CT 成像技术，其数据采集使用传统的高密度电法仪，这类电法仪每次供电仅能得到一个电位值，为串行数据采集系统，其观测系统及数据序列及拟断面图如图 5-4 所示。高密度电阻率法是集电测深和电剖面法于一体的一种多装置、多极距的组合方法，它具有一次布极即可进行多装置数据采集，并可进行二维断面成像，因此得到了广泛应用。并行电法可直接解编获得高密度电法数据体进行地电阻率反演。

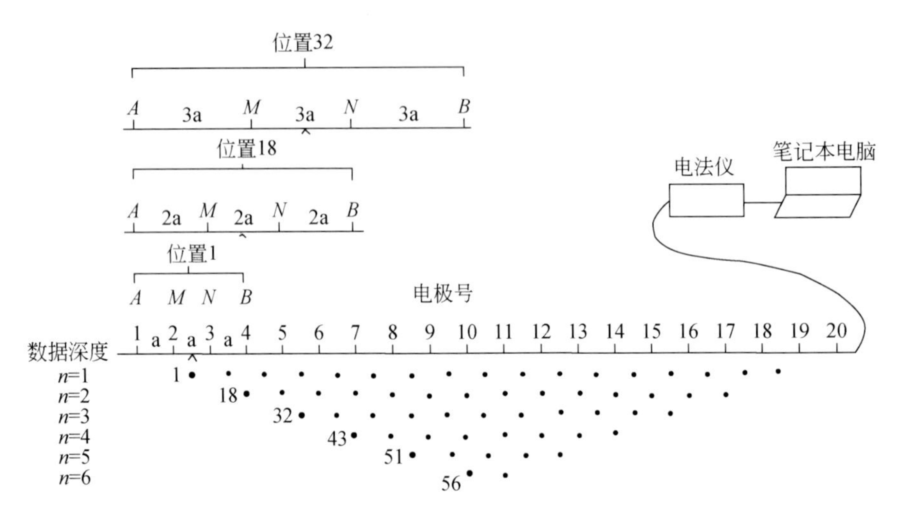

图 5-4　串行电成像系统数据序列及拟断面图

高密度电阻率法可采用的装置有：温纳二极装置（图 5-5a），温纳三极装置（w-A）（图 5-5b），温纳三极装置（w-B）（图 5-5c），温纳四极装置（w-α）（图 5-5d）；温纳偶极装置（w-β）（图 5-5e）；温纳微分装置（w-γ）（图 5-5f）等。

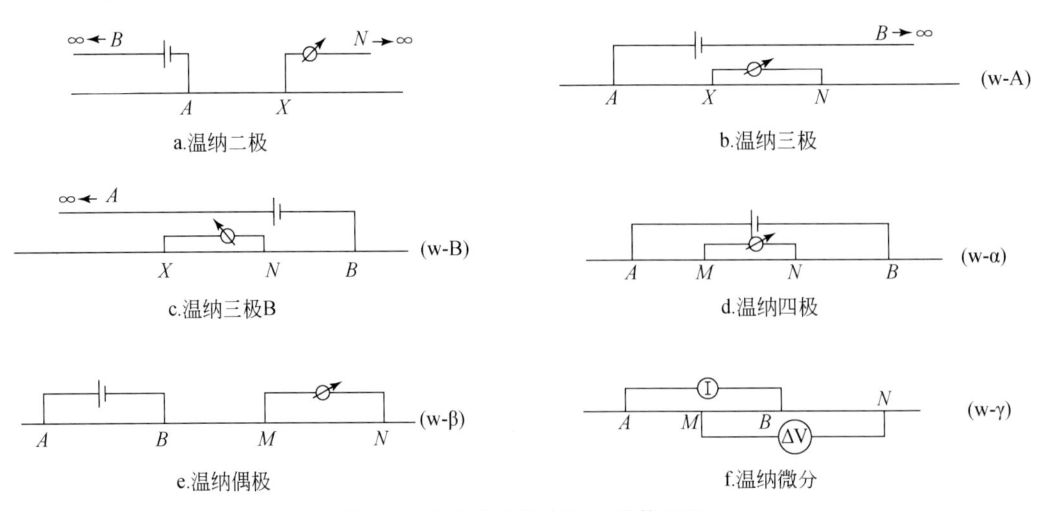

图 5-5　高密度电阻率法电极装置图

各装置视电阻公式为

$$R_s^\alpha=\frac{\Delta U_{MN}}{I},\quad R_s^\beta=\frac{\Delta U_{MN}}{I},\quad R_s^\gamma=\frac{\Delta U_{MN}}{I},\quad R_s^A=\frac{\Delta U_{MN}}{I},\quad R_s^B=\frac{\Delta U_{MN}}{I}$$

引入装置系数 k，则各装置的视电阻率公式为

$$\rho_s^\alpha=k_1\cdot 2\pi a\cdot R_s^\alpha,\quad \rho_s^\beta=k_2\cdot 6\pi a\cdot R_s^\beta,\quad \rho_s^\gamma=k_3\cdot 3\pi a\cdot R_s^\gamma$$

$$\rho_s^A=k_4\cdot 4\pi a\cdot R_s^A,\quad \rho_s^B=k_5\cdot 4\pi a\cdot R_s^B$$

式中，k_1、k_2、k_3 取值在 1～2，默认为 1；对于相同极距，$k_4=k_5$，$a=n\cdot\Delta x$（a 为电极间距，n 为隔离分数，Δx 为点距）。

各视电阻（率）间有如下关系：

$$R_s^\alpha=R_s^\beta+R_s^\gamma,\quad \rho_s^\alpha=\frac{\rho_s^A+\rho_s^B}{2}$$

高分辨地电阻率法采用的基本装置是单极–偶极装置（图 5-6）。该装置测量的特点是测量时供电电极 C 保持不变，测量电极 P_1P_2 保持相同间距（$2b$）移动，对测线进行视电阻率扫描测量，每次测量的记录点为 P_1P_2 的中点。视电阻率计算公式为

$$\rho_s=\frac{\pi(x^2-b^2)}{b}\left(\frac{\Delta V}{I}\right) \tag{5-3}$$

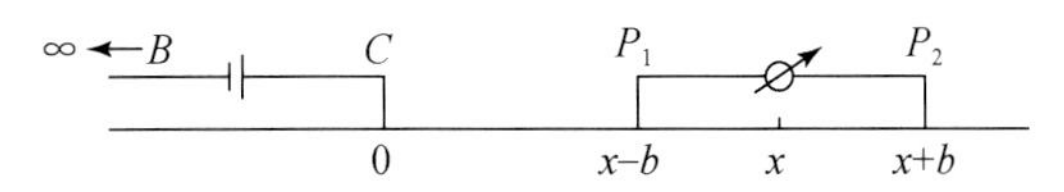

图 5-6　单极–偶极装置图

高分辨地电阻率法其实就是以某一电流电极为中心形成电位等位面。当所测的电位发生异常，正好反映地下等位面所构成的薄壳层里的异常。但是，单凭一个供电点所测的异常还不能确定异常的位置，必须依靠更多的信息。这就需要设计空间探测，由不同的电流电极供电，在相应的电位电极观测到异常，这样就可按图解法确定异常的位置和大小，同时也实现了多次覆盖测量（图 5-7）。

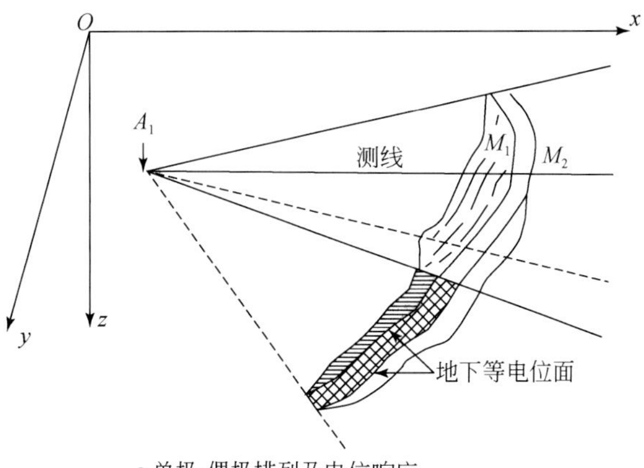

a.单极-偶极排列及电位响应

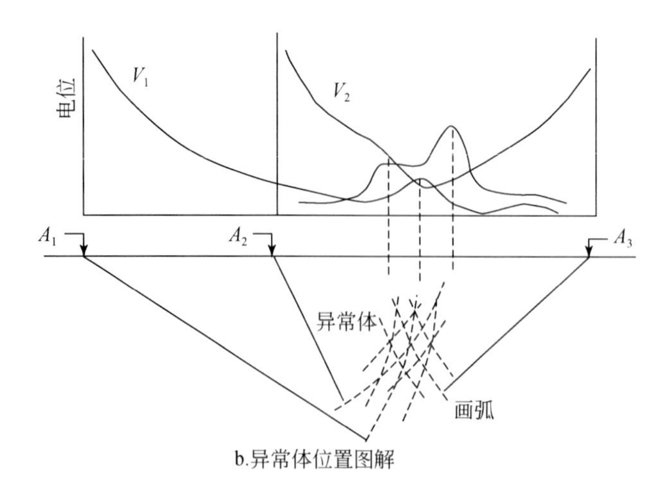

图 5-7　高分辨地电阻率法数据解析原理图

根据等位壳层反映异常的原则，以电流电极为圆心，以发生电位异常的电位电极到电流电极的距离为半径画弧，它们在地下的交会影像就是所探测的异常。

5.2.2　探测工程布置与数据采集

1）探测工程布置

在北八大巷、北八采区回风上山和轨道上山，现场直接在巷道底板依次布置电极和电法测线，开展了并行电法现场数据的采集。测站布置如图 5-8 所示。

北八大巷共布置 6 站，每站 64 个电极，电极间距为 7.5 ~ 8m，巷道长度控制 3000m。坐标系选取以北八皮带大巷和北八大巷的交口 P0 点为平面直角坐标原点（0，0），沿北八大巷指向 N45 点方向为 X 轴正向。

回风上山和轨道上山分别布置 1 站，每站布置 64 个电极，电极间距为 7.5 ~ 8m，完成测线长度达到 500m。坐标系选取以回风上山 H5 测点位置为平面直角坐标原点（0，0），沿回风上山指向 G7 点方向为 X 轴正向，则垂向轨道上山方向为 Y 轴正向。其中第 1 站为回风上山探测站，位于回风上山 H5 点与 G6 点之间；第 2 站为轨道上山探测站，位于轨道上山拐 1 点与 G5 测点之间。

2）探测设备

主要仪器设备如下。

（1）WBD-1 型网络并行电法仪 1 台。

（2）浪潮军用防爆笔记本电脑 1 台。

（3）仪器配套电缆大线 6 根 800m、无穷远电缆 1500m、铜电极 70 根、铜锤等。

3）数据采集

并行电法探测采集的是电流电压信号，探测区域内基本切断了大型电路。由于采用安徽惠洲地质安全研究院股份有限公司的专利技术——并行电法采集技术，可以一次供电，多道同时接收，压制现场随机噪声干扰，有效保证了数据采集的有效性。现场数据采集

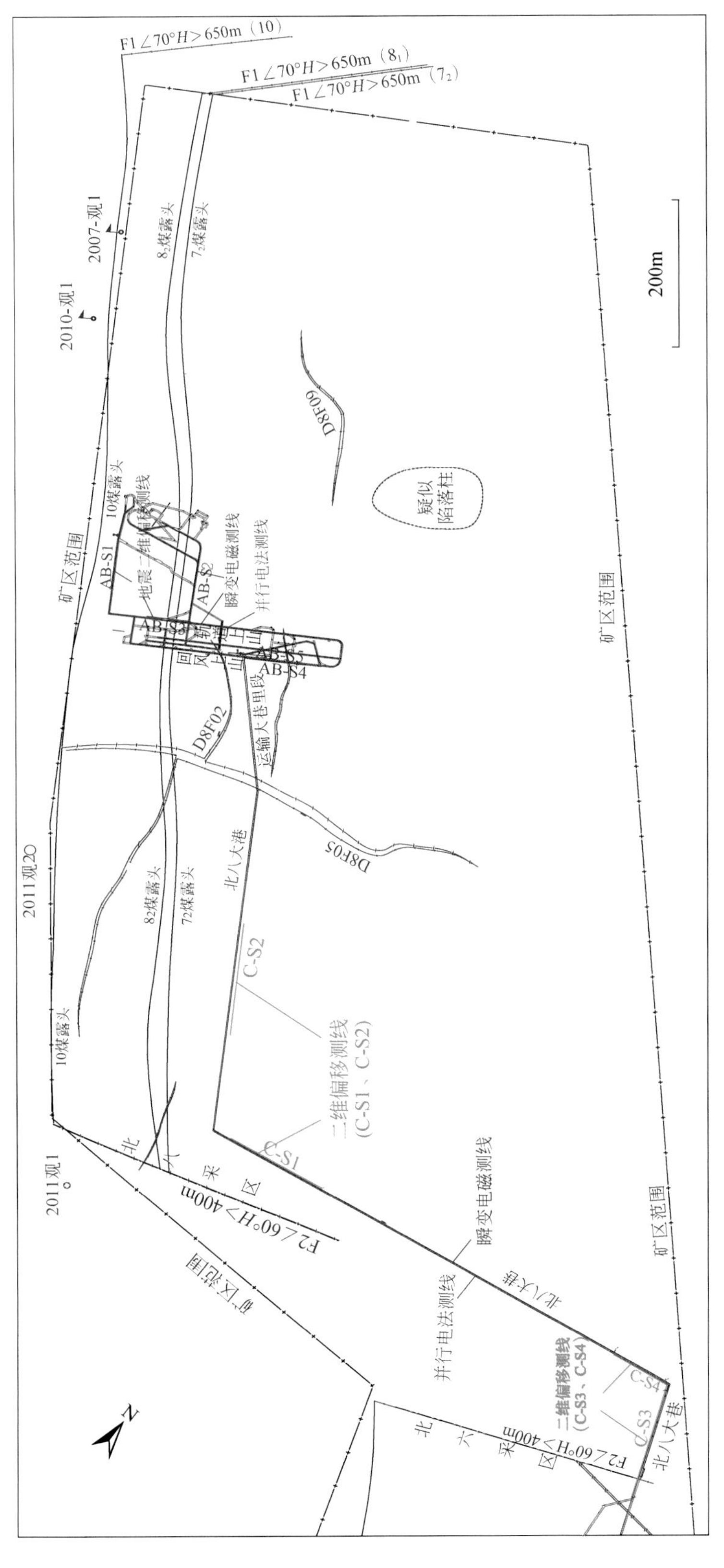

图 5-8　北八采区井下综合物探工程布置图

全部进行了复测，复测结果基本相同。每站数据采集采用 AM 法，各采用 0.5s 和 2.0s 恒流供电方波采集数据一次，以校验电阻率数据采集的可靠性。经数据解编表明，两次采集数据电阻率基本一致，符合电法数据采集行业标准，原始数据质量可靠。

5.2.3 数据处理方法及流程

由于并行电法数据采集方式和常规数据处理有一定区别，因此在数据处理技术与处理流程上有独特的特点。数据处理在自行编制“并行电法解析系统”处理平台上进行，该系统为全 Windows 界面，人机交互方便，数据可视化方便直观。本次数据处理流程如图 5-9 所示。

（1）井下数据主要采用了 AM 和 ABM 装置形式，在数据上传结束后及时存储，针对不同的装置（AM 或 ABM）选择不同的处理模块功能。AM 装置可以采用“二极法处理”和“三极法处理”；ABM 装置选用“ABM 法处理”。

（2）控制参数主要有二次场延迟范围、数据类型（半空间、全空间）、深度系数，本次处理二次场延迟范围为 100ms，数据为全空间，深度系数为 0.5。

（3）在上述参数输入后进行电流值与电位值采集，在一个采样周期内对每个智能电极所采集到的 N 个电流电位值取均值或方差值转换为二次场电位，本次参数为均值。

（4）在获得电流值 I 与电位值后进行畸变值剔除，畸变值往往是由电极耦合条件的变化或存在较大游离电场干扰时导致。将明显不吻合规律的电流值与电位值剔除。

（5）经过上述处理后进入视电阻率计算模块。和常规电法视电阻率计算公式相同，并行电法中的视电阻率计算公式为

$$\rho_s = K\frac{\Delta U}{I} \tag{5-4}$$

式中，K 为装置系数，由供电点坐标与测量坐标决定；ΔU，I 为上述模块计算出来的二次场电位和供电电流值。在计算完视电阻率后进行成图。

5.2.4 探测结果分析

1. 北八大巷探测结果

对北八大巷三极电测深反演结果分别进行拼合处理，做三极测深反演计算时选取的坐标系是以 P0 测点位置为平面直角坐标原点（0，0），沿着巷道展布为 X 正方向，结果采用 Surfer 软件进行成图处理，结果如图 5-10 所示，并对照巷道剖面图来辅助电法资料的解释。通常致密完整的灰岩地层表现为阻值在 50 ~ 200Ω · m，而高于 250Ω · m 的区域有时为干孔裂隙发育的表现，而饱含岩溶水的灰岩则为相对低阻表现。由图 5-10 可知：探测的并行电法异常区主要受较大落差的断层控制，影响深度大；巷道探测区域的底板下 100m 范围内存在 12 个低阻异常区域，电阻率值均在 30Ω · m 以下，分别定义为 C-DZ1 ~ C-DZ12 并行电法低阻异常区。各低阻异常区特征分述如下。

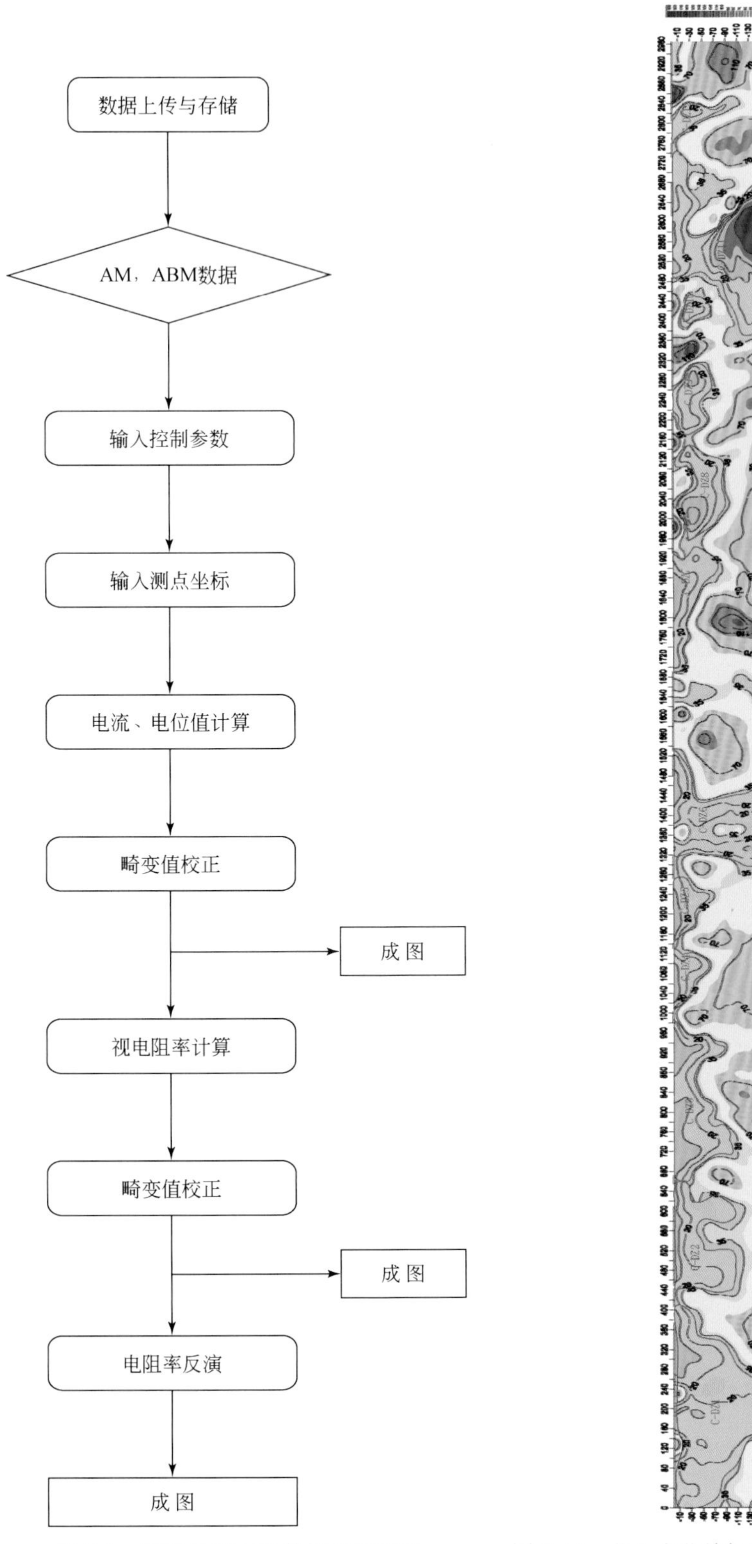

图5-9　网络并行电法数据处理流程

图5-10　北八大巷并行电法探测巷道底板三极电测深电阻率结果剖面图

（1）C-DZ1 低阻区：位于 X=0 ~ 400m，对应北八大巷位于测点 P0 ~ N50 段，朝底板下延伸超过 100m，主要受 F2（∠60°，H>400m）断层影响，为富含砂岩裂隙水，为重点防患区域之一。

（2）C-DZ2 低阻区：位于 X=440 ~ 640m，对应北八大巷位于测点 N50+42m ~ N53+55m 段，朝底板下延伸达 100m，主要为富含砂岩裂隙水，为主要防患区域之一。

（3）C-DZ3 低阻区：位于 X=680 ~ 970m，对应北八大巷位于测点 N54 ~ N57+60m 段，朝底板下延伸达 100m，主要为富含砂岩裂隙水，为主要防患区域之一。

（4）C-DZ4 低阻区：位于 X=1020 ~ 1120m，对应北八大巷位于测点 N58 ~ N59 段，朝底板下延伸至 60m，主要为砂岩裂隙水，影响相对较小。

（5）C-DZ5 低阻区：位于 X=1160 ~ 1260m，对应北八大巷位于测点 N59+48m ~ N60 段，朝底板下延伸达 60m，主要为砂岩裂隙水，影响相对较小。

（6）C-DZ6 低阻区：位于 X=1320 ~ 1480m，对应北八大巷位于 N61 测点 ~ 光 0 测点，朝底板下延伸超过 100m，部分区域进入灰岩顶界面，可能与灰岩水有一定的水力联系，为重点防患区域之一。

（7）C-DZ7 低阻区：位于 X=1720 ~ 1920m，对应北八大巷位于 N66 测点 ~ N68 测点，巷道底板位于 10 煤层顶板 20 ~ 30m，而结合本地区相关钻孔资料，正常情况下 10 煤层底板下至石炭系太原组 1 灰顶界间距为 50 ~ 65m，而异常区附近可能受 D8F03（∠70°，H=0 ~ 5m）影响，使得本异常区范围内 10 煤层与 1 灰之间间距可能进一步减小。从并行电法探测成果中可以看出，该异常区朝底板下延伸达 70m，达到 1 灰的顶界面，可能与灰岩水有较强联系，为重点防患区域之一。

（8）C-DZ8 低阻区：位于 X=1960 ~ 2140m，对应北八大巷位于 N69 测点 ~ N70 测点，同 C-DZ7 低阻区情况分析类似，朝底板下延伸达 70m，达到 1 灰的顶界面，可能与灰岩水有较强联系，为重点防患区域之一。

（9）C-DZ9 低阻区：位于 X=2180 ~ 2300m，对应北八大巷位于 N70+65m ~ N71+90m 测点，周边地层正常，朝底板下延伸 60m，主要为砂岩裂隙水，影响相对较小。

（10）C-DZ10 低阻区：位于 X=2380 ~ 2450m，对应北八大巷位于 N72+50m ~ N73+18m 测点，同 C-DZ9 低阻区情况分析类似，朝底板下延伸达 60m，主要为砂岩裂隙水，影响相对较小。

（11）C-DZ11 低阻区：位于 X=2480 ~ 2680m，对应北八大巷位于加 1 ~ 临 2 测点，主要受 D8F05（∠50° ~ 70°，H=0 ~ 30m）断层、F_{D5}（40°∠70°，H=29.4m）等多组合断层影响，进入灰岩地层，朝底板下延伸超过 100m，可能与灰岩水有较强的水力联系，为重点防患区域之一。

（12）C-DZ12 低阻区：位于 X=2760 ~ 2840m，对应北八大巷位于 G15 ~ G15+65m 测点，朝底板下延伸达 90m，进入灰岩地层顶界面，可能与灰岩水有一定的水力联系，为重点防患区域之一。

2. 北八采区回风上山和轨道上山探测结果

该区域电法探测分别采用巷道电测深法和电透视 CT 三维全空间电阻率反演来反映底板电性参数变化情况。坐标系选取以回风上山 H5 测点位置为平面直角坐标原点（0，0），沿回风上山指向G7点方向为X轴正向，垂向轨道上山方向为Y轴正向。

1）巷道三极电测深结果

对回风上山和轨道上山各站三极电测深反演结果分别进行拼合处理，做三极测深反演计算时选取的坐标系是以回风上山H5测点位置为平面直角坐标原点（0，0），沿着巷道展布为X正方向，结果采用Surfer软件进行成图处理，结果如图5-11所示，并对照巷道剖面图来辅助电法资料的解释。

由图5-11可知：轨道上山中存在4个相对低阻区域，阻值均在35Ω·m以下，分别位于X=63～123m；X=183～243m（与灰岩水有较强的水力联系，为重点防患区域之一）；X=283～443m（可能为巷道积水和电气设备的影响造成的低阻值区域）；X=423～430m。

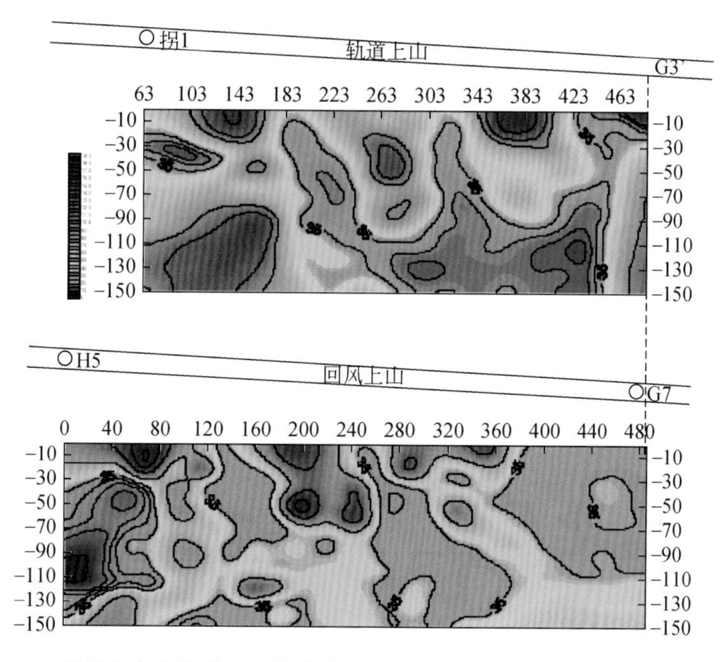

图5-11　回风上山和轨道上山巷道并行电法探测底板电测深电阻率结果剖面图

回风上山中存在4个相对低阻区域，阻值均在35Ω·m以下，分别位于X=0～80m（进入灰岩顶界面，与底板灰岩水有一定的水力联系）；X=120～180m（进入灰岩顶界面，与底板灰岩水有一定的水力联系）；X=260～360m（进入灰岩顶界面，与底板灰岩水有一定的水力联系）；X=370～485m（进入灰岩顶界面，与底板灰岩水有一定的水力联系）。

2）双巷三维电法电阻率成像

对双巷采集的数据采用全空间三维电阻率反演技术。采用全空间层状模型，坐标系选取以回风上山H5测点位置为平面直角坐标原点（0，0），沿回风上山指向G7点方向为X轴正向，则垂向轨道上山方向为Y轴正向。主要反映相对低阻区连通情况，得到探测范围内底板不同深度水平切面图如图5-12所示，其中图5-12a为巷道直接底板切面图，图5-12h为底板下110m切面图。由不同深度电阻率成像水平切面图可见，在坐标系中（X=35～85m、X=20～60m、X=125～190m、X=220～285m、X=290～330m和X=360～500m），存在6个并行电法低阻异常区。

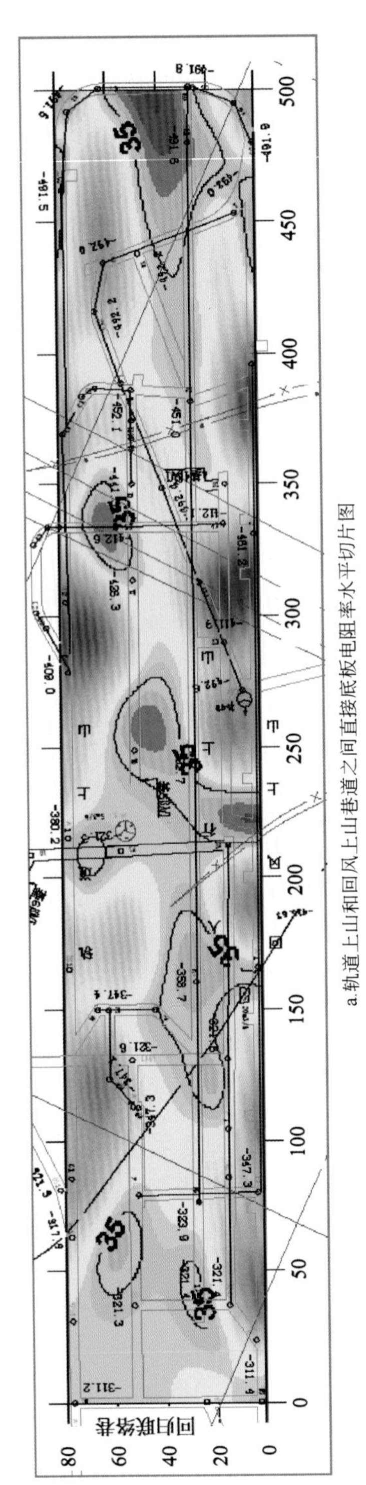

a.轨道上山和回风上山巷道之间直接底板电阻率水平切片图

b.Z=−10m底板深度电阻率水平切片图

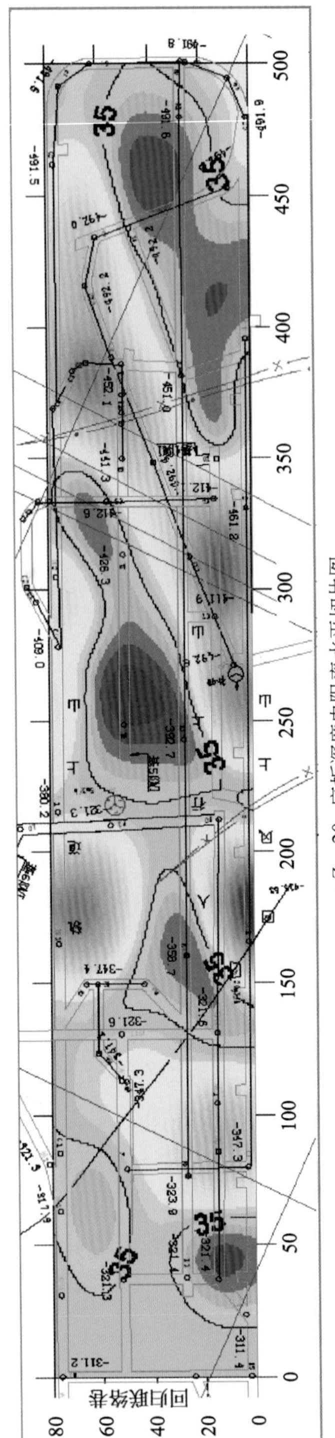

c.Z=−20m底板深度电阻率水平切片图

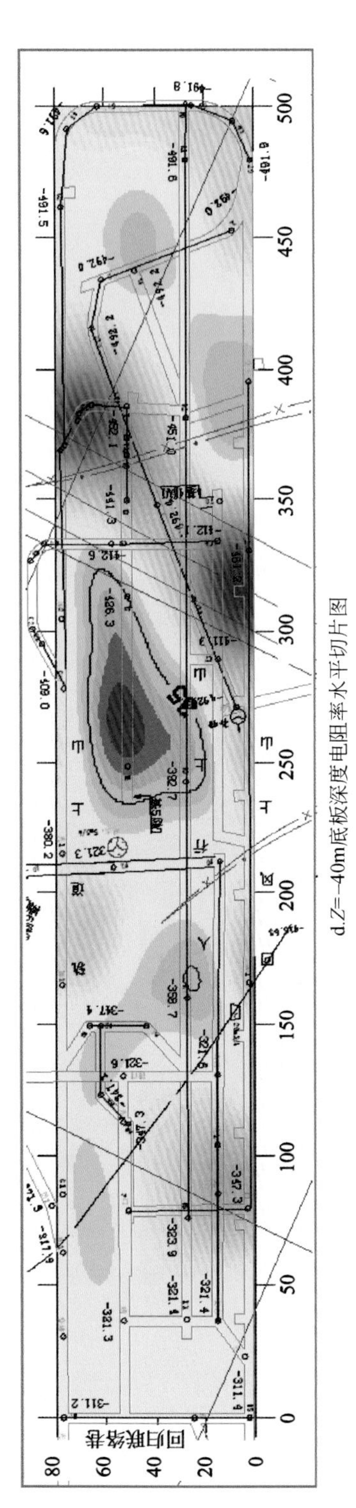

d.Z=−40m底板深度电阻率水平切片图

e.Z=−60m底板深度电阻率水平切片图

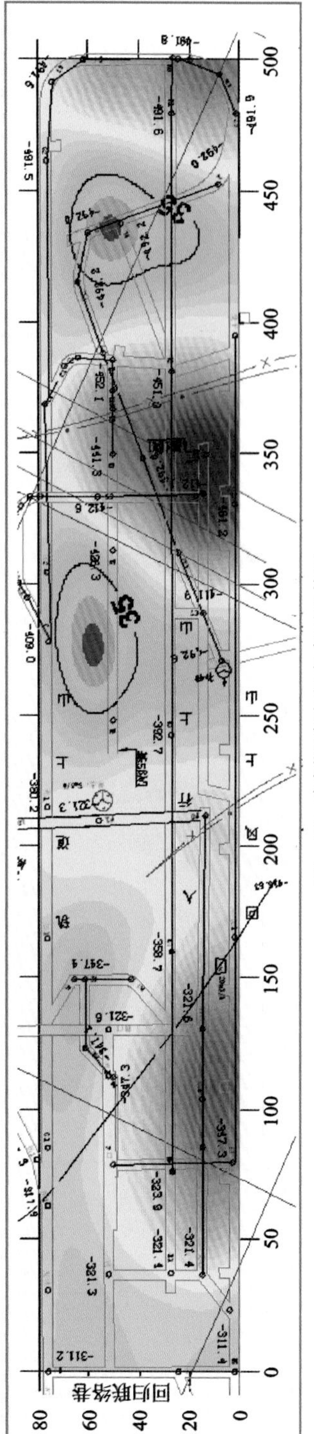

f.Z=−80m底板深度电阻率水平切片图

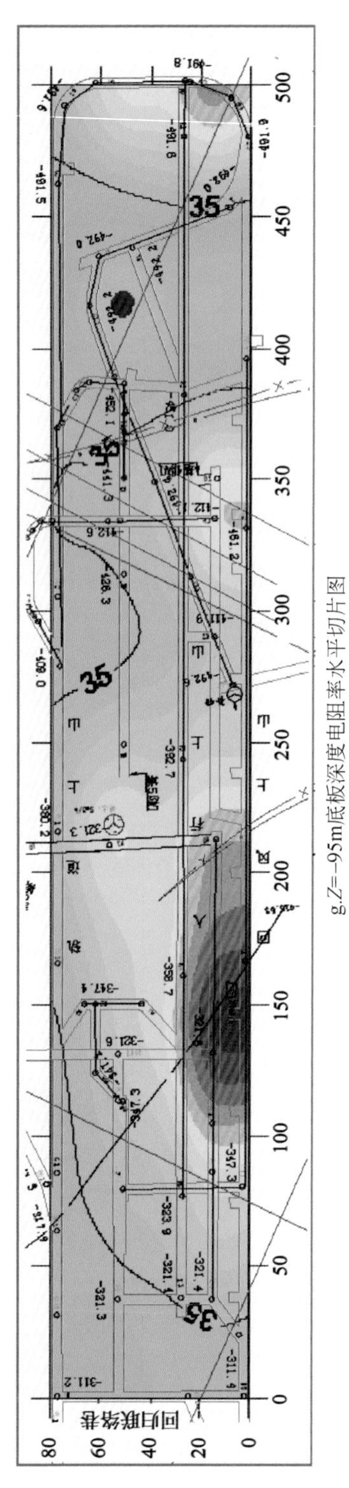

g.Z=−95m底板深度电阻率水平切片图

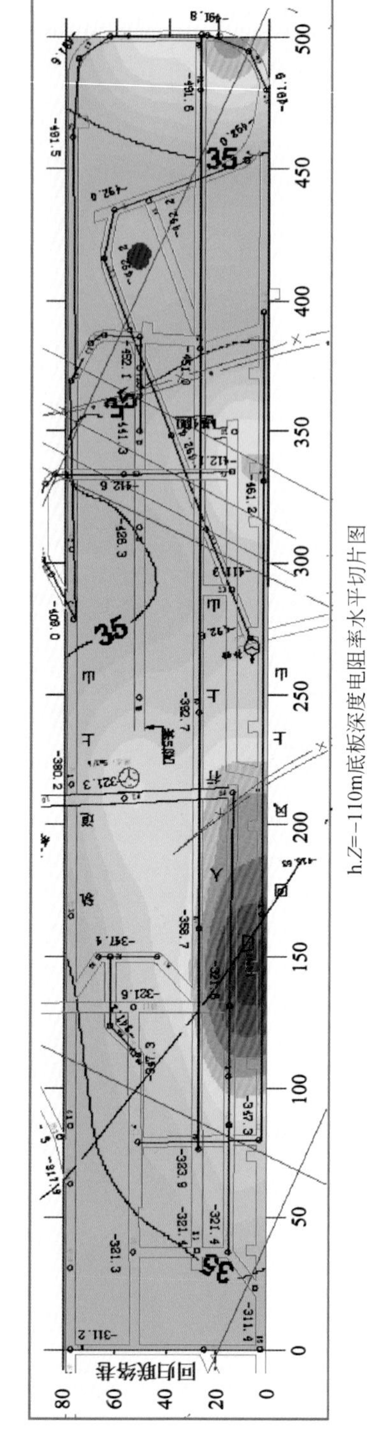

h.Z=−110m底板深度电阻率水平切片图

图5-12　回风、人行及轨道上山并行电法探测巷道底板不同深度电阻率成像水平切面图

视电阻率，色标单位为Ω·m，底板浅层深度主要受巷道现场条件影响较大

探测的并行电法异常区主要受较大落差的断层控制，影响深度大。巷道探测区域的底板下100m范围内存在6个低阻异常区域，电阻率值均在16Ω·m以下，分别定义为DZ1～DZ6并行电法低阻异常区（图5-13、图5-14），可能与灰岩水有直接联系。各低阻异常区特征分述如下。

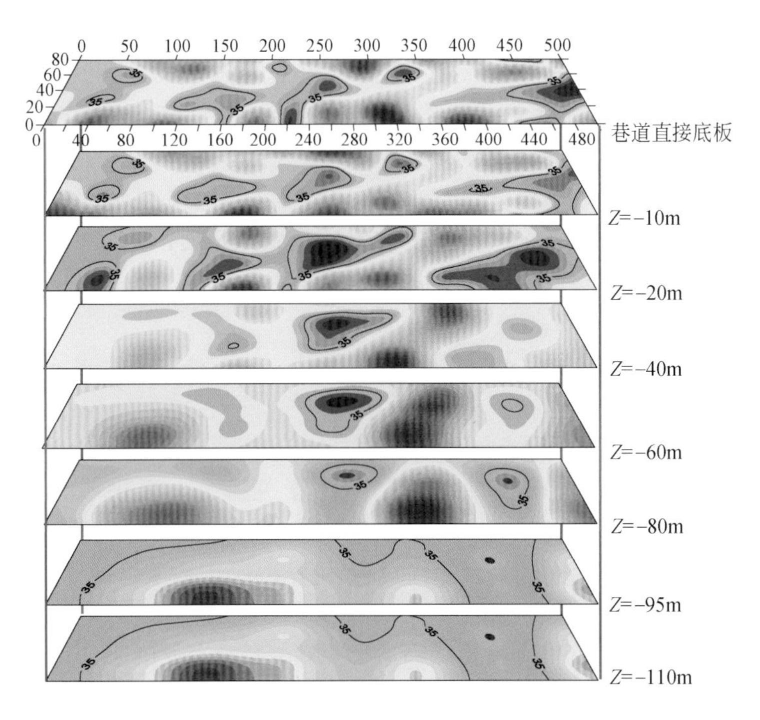

图5-13　并行电法探测底板不同深度异常区水平切片空间总体分布图

底板浅层深度主要受巷道现场条件影响较大

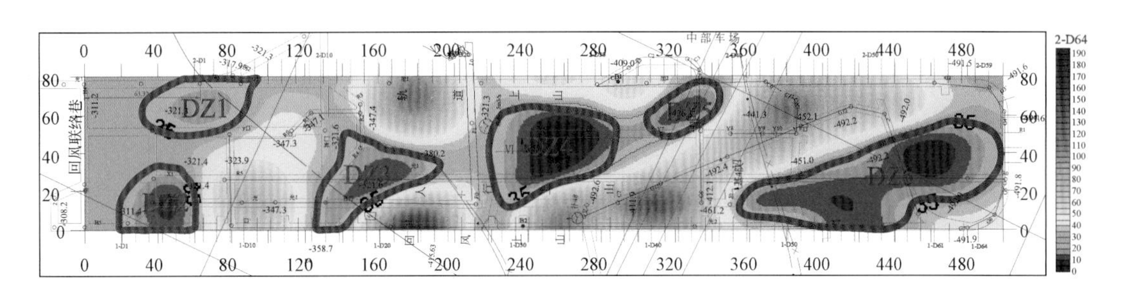

图5-14　回风、人行及轨道上山巷道底板并行电法探测成果图

（1）DZ1低阻区：靠近轨道上山，位于$X=35\sim85$m，对应轨道上山位于测点变坡～G1段，朝向回风上山方向延展30m，朝底板下延伸至20m。

（2）DZ2低阻区：靠近回风上山，位于$X=20\sim60$m，对应回风上山测点H5+18m～H5+60m测点，朝向轨道上山方向延展30m，位于底板下20m。

（3）DZ3低阻区：靠近回风上山，位于$X=125\sim190$m，对应回风上山测点H5+125m～H5+190m测点，朝向轨道上山方向延展50m，位于底板下20m。

（4）DZ4 低阻区：靠近轨道上山和回风上山之间，位于 $X=220\sim285$m，对应轨道上山光 1 测点 ~ C 口′测点、朝底板下延伸达 110m，进入灰岩顶界面，在不考虑受断层造成岩性变化的前提下，可能与灰岩水有一定的水力联系，为主要防患区域之一。

（5）DZ5 低阻区：靠近轨道上山，位于 $X=290\sim330$m，对应轨道上山巷道位于加 2 测点 ~ 加 2+40m，朝回风上山延伸 30m，朝底板下延伸达 20m。

（6）DZ6 低阻区：靠近回风上山位置，位于回风上山 $X=360\sim500$m，对应巷道位于测点光 2+23m ~ G5 测点，朝轨道上山延展 55m，朝底板下延伸达 30m，在不考虑岩性变化的前提下，可能相对富水。

5.3　矿井瞬变电磁法探测

5.3.1　瞬变电磁法探测原理

瞬变电磁法（MTEM）属时间域电磁感应方法（杨海燕和岳建华，2015；静恩杰和李志聃，1995；牛之琏，2007）。其探测原理是：在发送回线上提供一个电流脉冲方波（TX），在方波后沿下降的瞬间，产生一个向发射回线法线方向传播的一次磁场，在一次磁场的激励下，地质体将产生涡流（图 5-15），其大小取决于地质体的导电程度，在一次磁场消失后，该涡流不会立即消失，它将有一个过渡（衰减）过程（图 5-16、图 5-17）。该过渡过程又产生一个衰减的二次磁场向地质体内传播，由接收回线接收二次磁场，该二次磁场的变化将反映地质体的电性分布情况。如按不同的延迟时间测量二次感生电动势 $V(t)$，就得到了二次磁场随时间衰减的特性曲线。如果没有良导体存在时，将观测到快速衰减的过渡过程（图 5-18）；当存在良导体时，由于电源切断的一瞬间，在导体内部将产生涡流以维持一次磁场的切断，所观测到的过渡过程衰变速度将变慢，从而发现导体的存在。

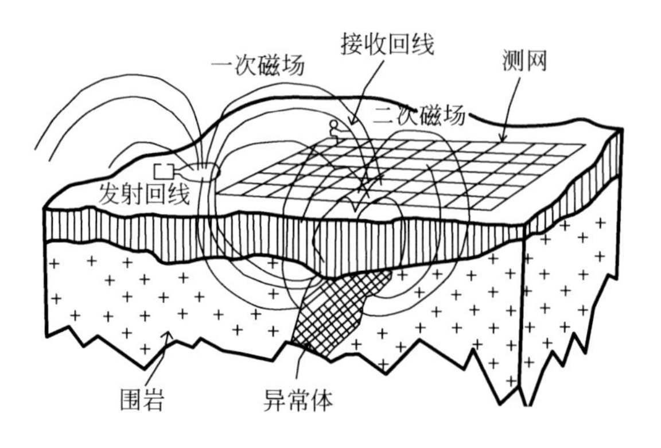

图 5-15　TEM 探测原理（静恩杰和李志聃，1995）

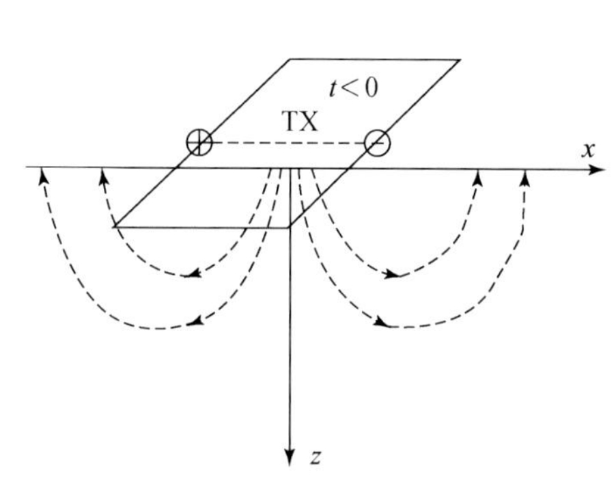

图 5-16　矩形回线中输入阶跃电流产生的磁力线图

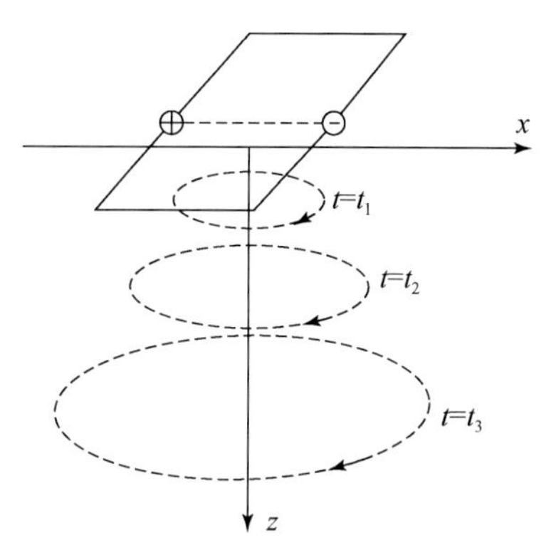

图 5-17　半空间中的等效电流环

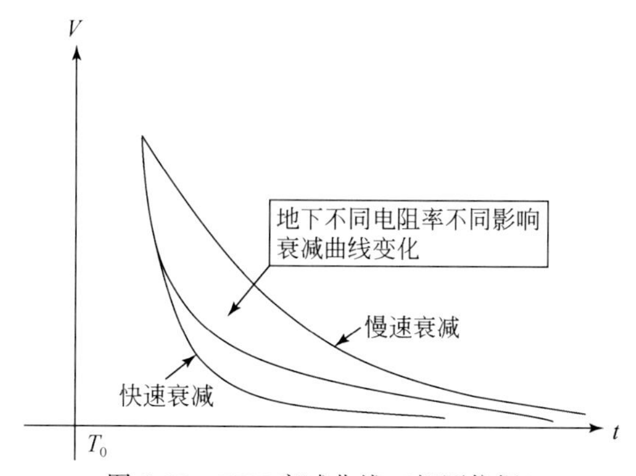

图 5-18　TEM 衰减曲线（探测依据）

瞬变电磁场在大地中主要以扩散形式传播，在这一过程中，电磁能量直接在导电介质中传播而消耗，由于趋肤效应，高频部分主要集中在地表附近，且其分布范围是源下面的局部，较低频部分传播到深处，且分布范围逐渐扩大。

传播深度：$d=\frac{4}{\sqrt{\pi}}\sqrt{t/\sigma\mu_0}$　(5-5)

传播速度：$v_z=\frac{\partial d}{\partial t}=\frac{2}{\sqrt{\pi\sigma\mu_0 t}}$　(5-6)

式中，t 为传播时间；σ 为介质电导率；μ_0 为真空中的磁导率。

瞬变电磁的探测度与发送磁矩覆盖层电阻率及最小可分辨电压有关。

由式（5-6）得

$$t=2\pi\times10^{-7}h^2/\rho \tag{5-7}$$

时间与表层电阻率，发送磁矩之间的关系为

$$t=\mu_0\left[\frac{(M/\eta)^2}{400\ (\pi\rho_1)^3}\right]^{1/5} \tag{5-8}$$

式中，M 为发送磁矩；ρ_1 为表层电阻率；η 为最小可分辨电压，它的大小与目标层几何参数和物理参数，以及观测时间段有关。联立式（5-7）、式（5-8），可得

$$H=0.55\left(\frac{M\rho_1}{\eta}\right)^{1/5} \tag{5-9}$$

式（5-9）为野外工程中常用来计算最大探测深度的公式。瞬变电磁的探测度与发送磁矩、覆盖层电阻率及最小可分辨电压有关。

采用晚期公式计算视电阻率：

$$\rho_{\tau}(t)=\frac{\mu_0}{4\pi t}\left(\frac{2\mu_0 M}{5t\dfrac{\mathrm{d}B_z(t)}{\mathrm{d}t}}\right) \tag{5-10}$$

式中，$\dfrac{\mathrm{d}B_z(t)}{\mathrm{d}t}=\dfrac{V/I \cdot I \cdot 10^3}{S_N R}$。

5.3.2 矿井瞬变电磁法特点

矿井瞬变电磁和地面瞬变电磁法的基本原理是一样的，理论上也完全可以使用地面电磁法的一切装置及采集参数，但受井下环境的影响，矿井瞬变电磁法于地面的 TEM 的数据采集与处理相比又有很大的区别（于景邨，2001）。由于矿井轨道、高压环境及小规模线框装置的影响，在井下的探测深度受到限制，一般可以有效解释 100m 左右。另外地面瞬变法为半空间瞬变响应，这种瞬变响应来自于地表以下半空间层，而矿井瞬变电磁法为全空间瞬变响应，这种响应来自回线平面上下（或两侧）地层，这对确定异常体的位置带来很大的困难。实际资料解释中，必须结合具体地质和水文地质情况综合分析。具体来说，矿井瞬变电磁法具有以下特点。

（1）受矿井巷道的影响矿井瞬变电磁法只能采用边长小于 3m 的多匝回线装置，这与地面瞬变电磁法相比数据采集劳动强度小，测量设备轻便，工作效率高，成本低。

（2）采用小规模回线装置系统，因此为了保证数据的质量、降低体积效应的影响、提高勘探分辨率（特别是横向分辨率），在布设测点时一定要控制点距，在考虑工作强度的情况时尽可能地使测点密集。

（3）井下测量装置距离异常体更近，大大地提高测量信号的信噪比，经验表明，井下测量的信号强度比地面同样装置及参数设置的信号强 10～100 倍。井下的干扰信号相对于有用信号近似等于零，而地面测量信号在衰减到一定时间段就被干扰信号覆盖，无法识别有用的异常信号。

（4）地面瞬变电磁法勘探一般只能将线框平置于地面测量，而井下瞬变电磁法可以将线圈放置于巷道底板测量，探测底板一定深度内含水性异常体垂向和横向发育规律，也可以将线圈直立于巷道内，当线框面平行巷道掘进前方，可进行超前探测；当线圈平行于巷道侧面煤层，可探测侧帮和顶底板一定范围内含水低阻异常体的发育规律。

另外矿井瞬变电磁法对高阻层的穿透能力强，对低阻层有较高的分辨能力。在高阻地区由于高阻屏蔽作用，如果用直流电法勘探要达到较大的探测深度，须有较大的极距，故其体积效应就大，而在高阻地区用较小的回线可达到较大的探测深度，故在同样的条件下 TEM 较直流电法的体积效应小得多。

工作中根据实际情况采取不同的回线装置，图 5-19 为几种中心装置类型图，一类为重叠中心装置，一类为分离中心装置，在本次探测过程中根据现场的施工条件，选取重叠中心线装置。

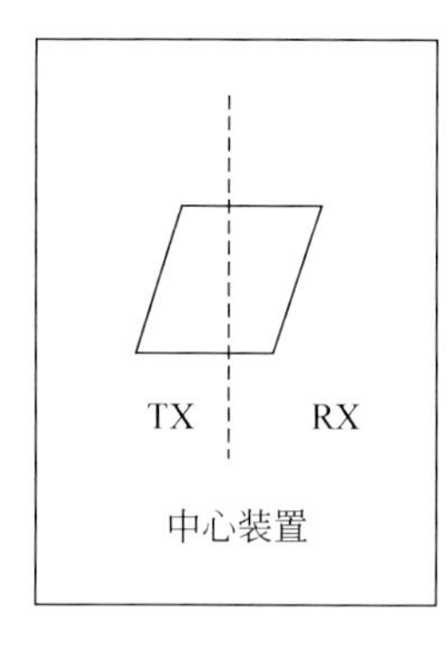

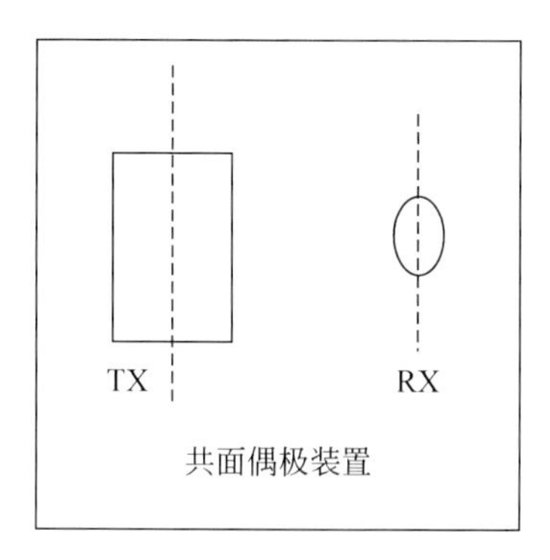

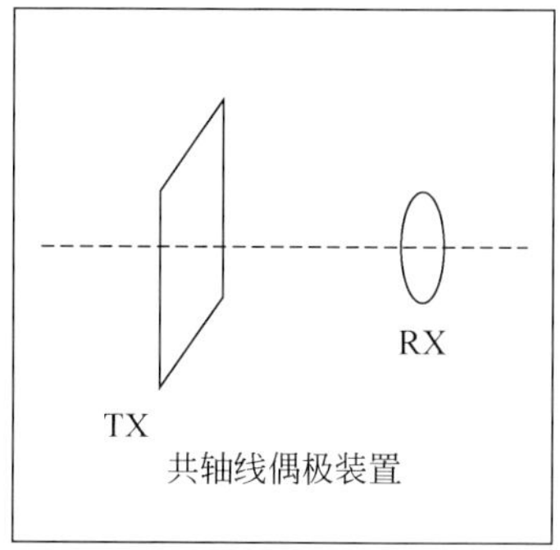

图5-19　几种不同的野外工作装置

5.3.3　探测工程布置与数据采集

1）工程布置

本次矿井瞬变电磁法主要探测巷道的顶板（5个方向：左帮顶板45°、左帮顶板60°、平行于顶板、右帮顶板60°、右帮顶板45°），见图5-20；对于巷道底板电法条件不具备的巷道同样进行底板瞬变电磁探测（底板5个方向：左帮底板45°、左帮底板60°、平行于底板、右帮底板45°、右帮底板60°），测点间距为10m。主要探测巷道见表5-1。

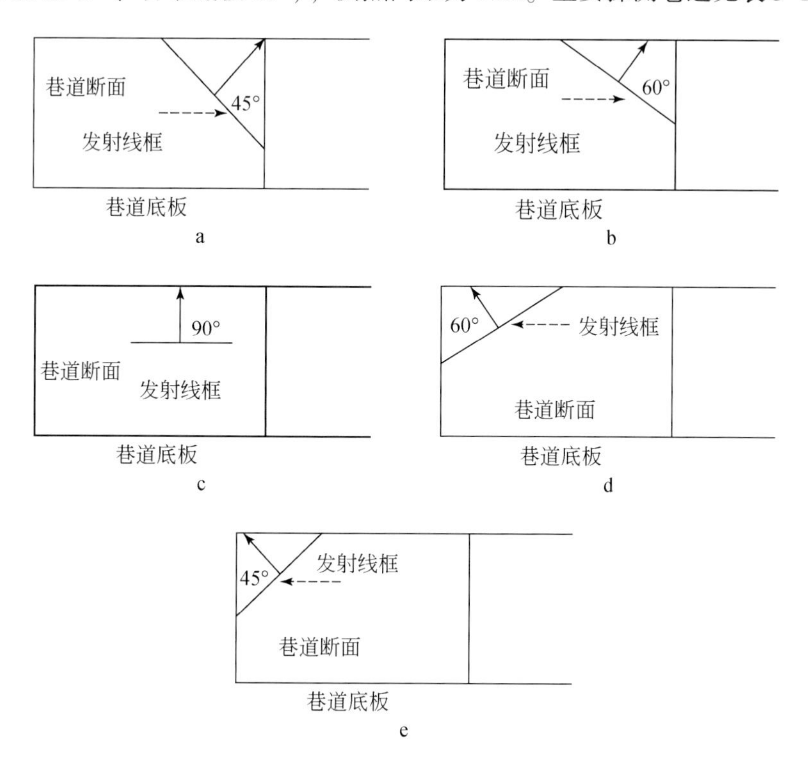

图5-20　瞬变电磁探测方向示意图

表 5-1　桃园煤矿北八采区巷道 A、B、C 区矿井瞬变电磁测线一览表

测线编号	测线起始位置	长度/m	顶板	底板	备注
探测 A 区					
测线布置			探测方位		备注
测线编号	测线起始位置	长度/m	顶板	底板	
A1	H4～拐 2～拐 1～H2～H1～GS	340	√	√	北副井附近干扰较大无法施工，部分巷道不可进
A2	光 1～R8～Y13～弯起	110	√	√	
A3	弯终～2～3～拨门～J3	300	√	√	
A4	R4～Q1～加 2～1～2	220	√	√	
A5	R8～R7	65	√	√	
A6	炸药库回风通道 H1～B1～B2～弯起～1	220	√	√	
探测 B 区					
B1	回风上山：H5～光 2～G7	530	√		
B2	人行上山：X1～R5～R1～R0	470	√		
B3	轨道上山：拐 2～加 1～G4′～G5′	620	√		
B4	J3～叉心～H5～H4	210	√		
B5	运输大巷里段：叉心～G13～G12	233	√		
探测 C 区					
C1	北八大巷：N42～N45～N48	434	√		探测起始点为北八大巷的 N44 测点前 22m 处
C2	北八大巷：N44～N50～N63～N64	1305	√		
C3	北八大巷：N64～N65～临 4～G16	950	√		
C4	北八大巷：G16～临 2～G15～叉心	380	√		

北八大巷现场布置以 N44 点前 22m 处为起始点，每 10m 布置一个测点，共布置 311 个测点，测线长度 3100m，有效数据 309 组。现场布置顶板 311×5＝1555 个测点，每个测点对应 40 道数据，故数据量为 1685×40＝62200 道。

北八采区回风上山和轨道上山现场布置顶板 337×5＝1685 个测点，每个测点对应 40 道数据，故数据量为 1685×40＝67400 道，底板板 121×5＝605 个测点，每个测点对应 40 道数据，故数据量为 605×40＝24200 道。

2）仪器设备

本次探测工作主要使用的仪器设备有：①接发一体的 YCS40-1 型矿井瞬变电磁仪各一台；②发射线框及接收线框组成的重叠回线工作装置；③发射机电源内置；④配套连接线若干。

YCS40-1 型瞬变电磁测深仪具有对低阻充水破碎带反应特别灵敏、体积效应小、纵横向分辨率高，且施工方便、快捷、效率高等优点，既可以用于煤矿掘进头前方，也可以用于巷道侧帮、煤层顶、底板等探测，为煤矿企业在生产过程中水患和导水构造的超前预测预报提供技术手段。

在软件设计上，集成了经典的和专家的时间域瞬变电磁法勘探理论、技术与方法，其一次磁场波形发射和二次磁场接收技术和方法，可以进行复杂的地质构造勘探。

3）数据采集质量评述

由于桃园煤矿的合理安排，井下探测施工时，探测施工比较顺利，为了保证数据的采集质量，现场施工时严格按照矿井瞬变电磁行业标准进行操作。

瞬变电磁探测依据本次地质任务以及现场条件，拟采用偶极方式或中心方式进行探测。为了减小巷道探测盲区，同一测点对五个不同探测方向进行探测。探测装置为2m×2m多匝重叠回线装置，发射线框和接收线框分别为匝数不等的两个独立线框，以便与迎头前方异常体产生最佳耦合响应。符合矿井瞬变电磁探测行业标准要求。

4）瞬变电磁数据处理

本次瞬变电磁探测数据处理采用YCS40（A）型矿井瞬变电磁仪配套的MTem2.0处理系统，其处理主要流程为：数据上传—格式转换—数据滤波处理—计算晚期视电阻率—正反演计算—结果成图。

5.3.4　探测结果分析

瞬变电磁在矿井探水和探测采空区中的解释原则：主要从电性上分析不同地层的电性分布规律。煤层电阻率值相对较高，砂岩次之，黏土岩类最低。由于煤系地层的沉积序列比较清晰，在原生地层状态下，其导电性特征在纵向上具有固定的变化规律，而在横向上相对比较均一。当断层、裂隙和陷落柱等地质构造发育时，无论其含水与否，都将打破地层电性在纵向和横向上的变化规律。这种变化规律的存在，表现出岩石导电性的变化。当存在构造破碎带时，如果构造不含水，则其导电性较差，局部电阻率值增高；如果构造含水，由于其导电性好，相当于存在局部低电阻率值地质体，解释为相对富水。

1. 北八大巷探测结果

根据MTEM视电阻率分布图，综合地质和水文地质资料，可确定横向、水平深度和垂向深度电性变化情况，得出桃园煤矿北八采区北八大巷瞬变电磁探测巷道顶板结果剖面图（图5-21）、桃园煤矿北八采区北八大巷瞬变电磁探测巷道顶板45°结果剖面图（图5-22）和桃园煤矿北八采区北八大巷瞬变电磁探测巷道顶板60°结果剖面图（图5-23），结果及解释如下。

1）北八大巷顶板富水性

由图5-21可知，北八大巷顶板整体视电阻率值较大，表明顶板相对稳定，电性差异不大，其中在横向坐标$X=0\sim320$m、$X=1580\sim1830$m、$X=2050\sim2120$m、$X=2440\sim2520$m、$X=2680\sim2720$m、$X=2850\sim2870$m范围存在相对低阻异常区，其视电阻率值在10Ω·m以内，在不考虑岩性变化的影响条件下，解释为顶板砂岩裂隙水。

2）北八大巷外帮45°顶板富水性

a. 左帮45°顶板富水性

图5-22上面为左帮视电阻率分布图，由图可知，北八大巷顶板整体视电阻率值较大，表明顶板相对稳定，电性差异不大，其中在横向坐标$X=0\sim80$m、$X=200\sim390$m、$X=770\sim820$m、$X=965\sim1035$m、$X=1080\sim1140$m、$X=1235\sim1285$m、$X=1540\sim1820$m、$X=1880\sim1980$m、$X=2345\sim2585$m、$X=2680\sim2740$m、$X=2800\sim2870$m范围存在相对低阻异常区，其视电阻率值在10Ω·m以内，在不考虑岩性变化的影响条件下，解释为顶板砂岩裂隙水。

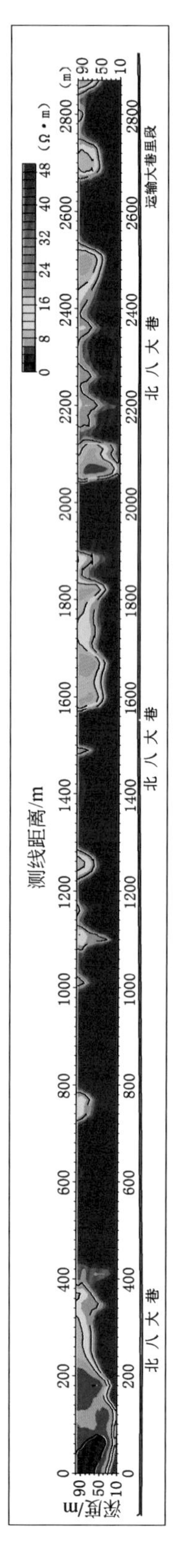

图5-21　北八大巷瞬变电磁探测巷道顶板结果剖面图

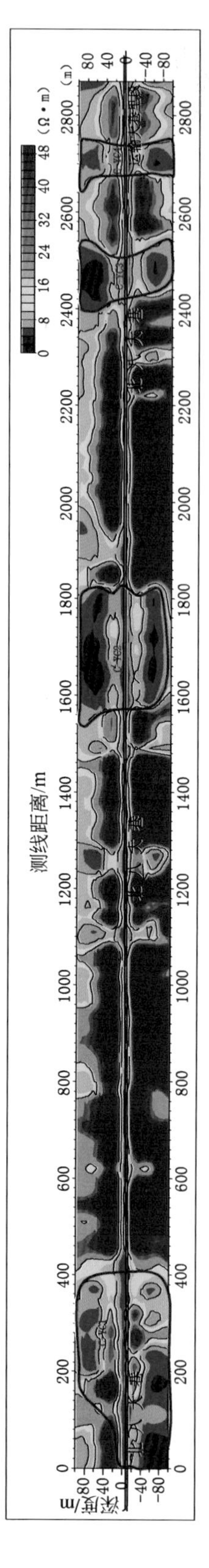

图5-22　北八大巷瞬变电磁探测巷道顶板45°结果剖面图

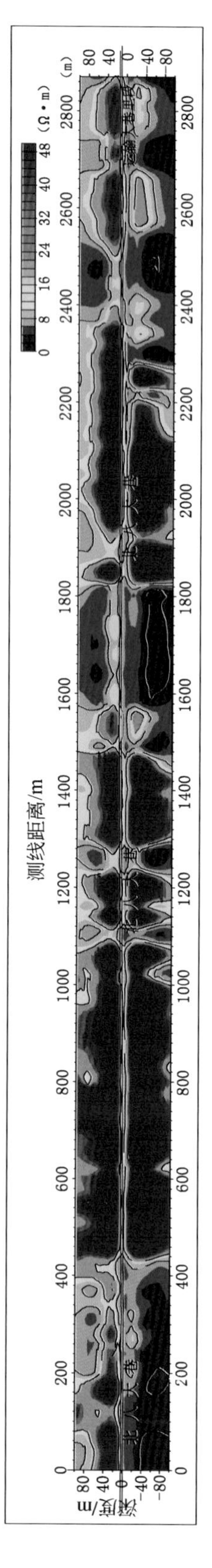

图5-23　北八大巷瞬变电磁探测巷道顶板60°结果剖面图

b. 右帮45°顶板富水性

图5-22下面为右帮视电阻率分布图，由图可知，北八大巷顶板整体视电阻率值较大，表明顶板相对稳定，电性差异不大，其中在横向坐标 $X=0\sim240$m、$X=300\sim380$m、$X=1080\sim1130$m、$X=1235\sim1280$m、$X=1480\sim1540$m、$X=1580\sim1830$m、$X=2440\sim2540$m、$X=2680\sim2750$m、$X=2840\sim2870$m 范围存在相对低阻异常区，其视电阻率值在10Ω·m以内，在不考虑岩性变化的影响条件下，解释为顶板砂岩裂隙水。

3）北八大巷外帮60°顶板富水性

a. 左帮60°顶板富水性

图5-23上面为左帮视电阻率分布图，由图可知，北八大巷顶板整体视电阻率值较大，表明顶板相对稳定，电性差异不大，其中在横向坐标 $X=0\sim55$m、$X=200\sim320$m、$X=1080\sim1120$m、$X=1240\sim1280$m、$X=1560\sim1800$m、$X=1885\sim1980$m、$X=2365\sim2560$m、$X=2680\sim2740$m、$X=2840\sim2870$m 范围存在相对低阻异常区，其视电阻率值在10Ω·m以内，在不考虑岩性变化的影响条件下，解释为顶板砂岩裂隙水。

b. 右帮60°顶板富水性

图5-23下面为右帮视电阻率分布图，由图可知，北八大巷顶板整体视电阻率值较大，表明顶板相对稳定，电性差异不大，其中在横向坐标 $X=0\sim430$m、$X=1050\sim1045$m、$X=1080\sim1120$m、$X=1220\sim1300$m、$X=1450\sim1820$m、$X=2260\sim2870$m 范围存在相对低阻异常区，其视电阻率值在10Ω·m以内，在不考虑岩性变化的影响条件下，解释为顶板砂岩裂隙水。

2. 北八采区回风上山和轨道上山探测结果

根据MTEM视电阻率拟断面图，综合地质和水文地质资料，可确定横向、水平深度和垂向深度电性变化情况。通过以往富水性探测经验对比分析得出异常区综合信息表（表5-2）。

表5-2　桃园煤矿北八采区巷道A区、B区矿井瞬变电磁探测异常区综合信息表

异常位置	异常编号	异常范围	异常特征分析
回风、人行、轨道上山顶板	YC1	轨道上山顶板及外帮顶板测点边坡～测点C口，主要低阻异常区存在的高度为顶板上方50m外，阻值在2～8Ω·m（图5-24）	分析在该层位局部范围具有一定的富水性，可能与顶板砂岩裂隙水有一定联系
	YC2	位于在G3测点至G6测点处，阻值在2～6Ω·m，部分地区阻值在2Ω·m，影响深度在顶板50m以上（图5-24）	

续表

异常位置	异常编号	异常范围	异常特征分析
八采区上部车场顶板	YC3	炸药库附近顶板，阻值在 2 ~ 6Ω · m，部分地区阻值在 2Ω · m，影响深度在顶板 10m 左右（图 5-25）	巷道无法进入，可能为现场干扰条件造成的假异常
	YC4	弯起测点 ~ 3#测点顶板，阻值在 2 ~ 6Ω · m，部分地区阻值在 2Ω · m，影响深度在顶板 40m（图 5-25）	分析在该层位局部范围具有一定的富水性，可能与顶板砂岩裂隙水有一定联系
	YC5	轨道上山弯起测点 ~ 边坡测点顶板，阻值在 6 ~ 10Ω · m，影响深度在顶板 40m（图 5-25）	富水性较弱，分析为岩性变化
八采区上部车场底板	YC6	炸药库 1#测点 ~ 弯起 ~ Y10，巷道底板及侧帮底板，阻值在 0 ~ 6Ω · m，主要异常区深度分布在 30 ~ 70m（图 5-26）	分析为底板含水层局部范围具有一定的富水性
	YC7	轨道上山变坡点 ~ 加 1 测点，巷道底板及侧帮底板，阻值在 0 ~ 6Ω · m，主要异常区深度分布在 30 ~ 70m（图 5-26）	分析为底板含水层局部范围具有一定的富水性
	YC8	轨道上山光 1 ~ 拐 2 测点，巷道底板及侧帮底板，阻值在 0 ~ 6Ω · m，主要异常区深度分布在 40 ~ 70m（图 5-26）	分析为底板含水层局部范围具有一定的富水性
	YC9	回风通道 H1 ~ 拨门测点，巷道底板及侧帮底板，阻值在 0 ~ 6Ω · m，主要异常区深度分布在 30 ~ 70m（图 5-26）	分析为底板含水层局部范围具有一定的富水性

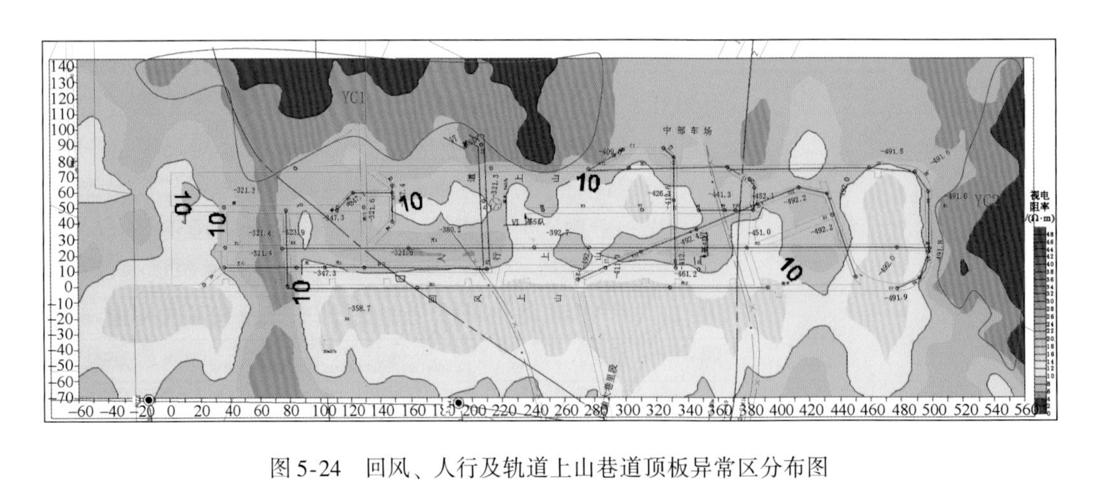

图 5-24　回风、人行及轨道上山巷道顶板异常区分布图

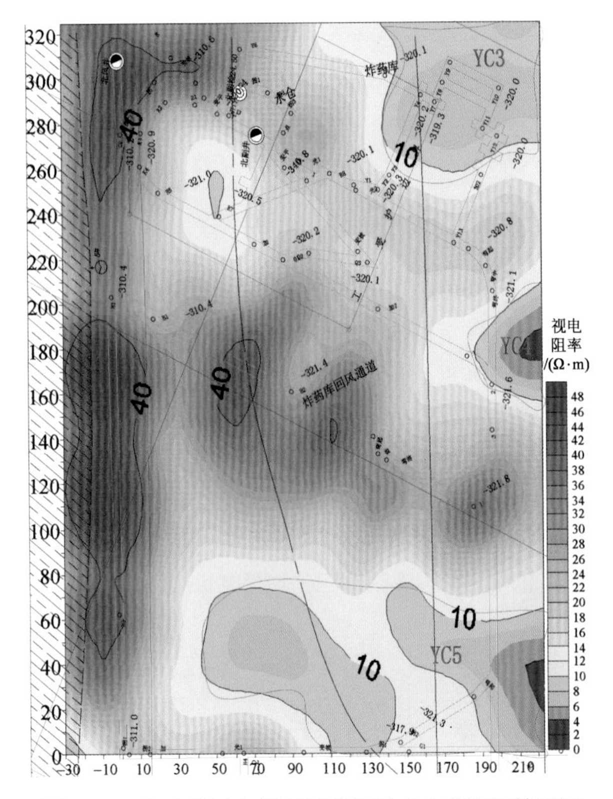

图5-25　北八采区上部车场顶板瞬变电磁探测结果图

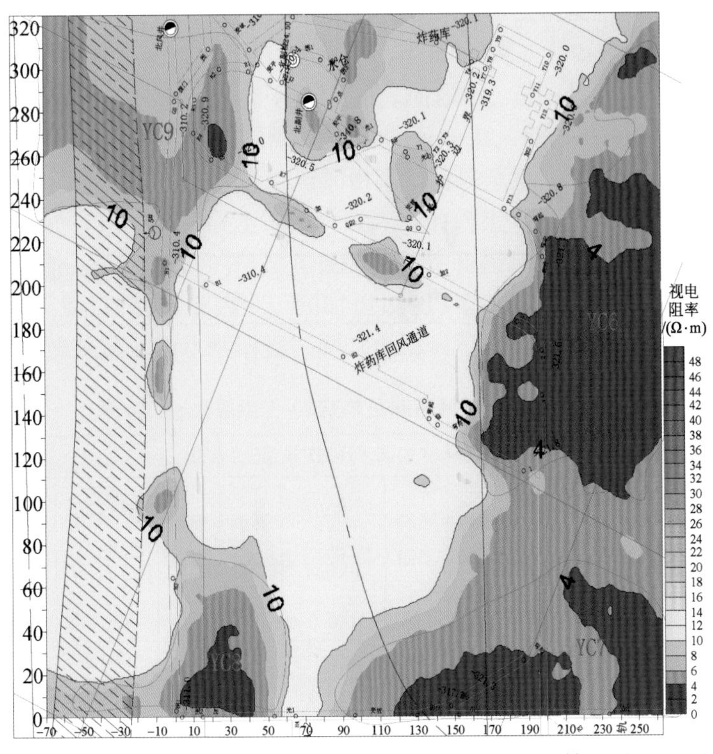

图5-26　北八采区上部车场底板瞬变电磁探测结果图

5.4 二维地震偏移成像技术探测

5.4.1 探测原理

鉴于矿井巷道的特点，采用专门的矿井地质探测仪进行底板二维地震偏移探查工作，进一步分析解释电磁法探测的异常区所发育的含导水构造情况。该方法进行有效的相位对比与追踪，可获得反射界面的位置，现对其方法原理进行简单介绍。

二维地震偏移技术依据反射波勘探原理，在单边排列的基础上选定最佳偏移距，即最佳反射窗口，采用单道或多道叠加小步长顺移前进观测系统（李振春，2014）。本次采用小道间距的偏移成像技术，通过多道接收，在给定速度等参数后将地震时间剖面转换成空间剖面，可达到增强有效波、压制干扰波，类似陆地声呐。该方法对于构造等界面的探测最为有效，本次探测的目的主要是从整理上分析电磁法探测的异常区横向分布情况与定位。

现场一般采用单边排列观测系统（图 5-27），即仅在接收点排列一侧激发的观测形式。设某一单边排列接收道数为 R、道间距为 I、偏移距为 O、移动步距为 P，由几何地震学可知当界面水平时其反射段长度为 $L=\frac{I(R-1)}{2}$。

当整个排列移动步距 P 小于反射段 L 时出现反射段重复，即多次覆盖。针对煤矿特殊环境，震源一般采用锤击或放炮方式。数据处理中的关键技术主要有 τ–P 变换、速度分析和深度偏移技术。

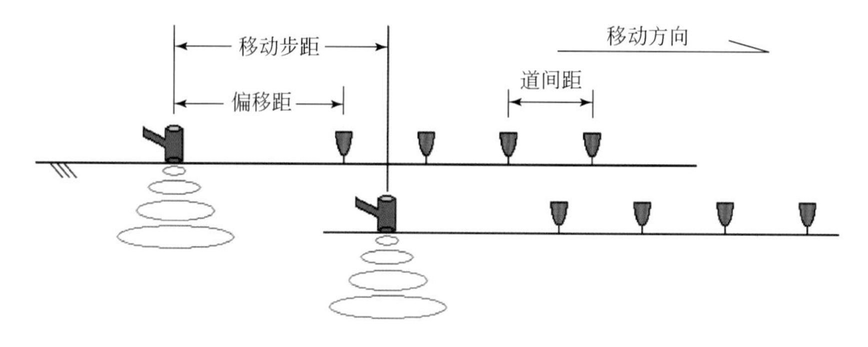

图 5-27 单边排列多次覆盖示意图

5.4.2 探测工程布置

1）工程布置

本次测试结合井下实际工作条件，在实测过程中采用 12 道共偏移连续追踪方式采集数据，该方法在单边排列调查的基础上，选择出信号最佳窗口。在探测巷道底板中，采用锤击的方式激发，其中每站激发间距为2m，道间距为1m，偏移距（第1道检波点与炮点之间的距离）6m，步长2m顺移前进式观测方式。本次探测现场一共布置9条测线（C-S1测线、C-S2测线、C-S3测线、C-S4测线、AB-S1测线、AB-S2测线、AB-S3测线、AB-S4测线和AB-S5测线），有效激发次数为881次，具体情况及布置说明如表5-3所示；探测测线布置见图5-8。为保证精度，实际计算时以实测点距代入运算。

表5-3　现场工作量

对应巷道测点位置	测线编号	测线长度/m	激发点数/次	接收点数/道	总道数/道
N61 ~ N63	C-S1	255	120	10	120×10 = 1200
N67 ~ N72	C-S2	335	159	10	159×10 = 1590
P0 ~ N48′	C-S3	330	155	12	155×12 = 1860
N48′ ~ N51	C-S4	160	71	12	71×12 = 852
GS ~ 拐1	AB-S1	240	112	12	112×12 = 1344
弯终 ~ 拨门	AB-S2	190	88	10	88×10 = 880
H4 ~ 加1	AB-S3	110	47	10	47×10 = 470
加1 ~ G7	AB-S4	175	82	10	82×10 = 820
巷道起始点 ~ C6	AB-S5	110	47	10	47×10 = 470
合计		1905	881		9486

2）仪器设备与数据采集

本次反射共偏移探测采用KDZ1114型便携式矿井地震仪和TZBS系列（主频为100Hz）传感器进行数据采集。探测工作主要使用的仪器设备如下。

（1）KDZ1114型便携式矿井地震仪一台。

（2）TZBS系列（主频为100Hz）高阻尼传感器15组。

（3）数据传送电缆100m、配套电缆大线40m。

（4）启动、通信电缆100m。

（5）锤击开关一个，启动芯片若干。

现场采集所设置的参数如下。

通道数：10 ~ 12道。采样间隔：200us。采样频带：2500Hz低通。固定增益：−24 ~ −48dB。采样长度：2048点。采样延迟：0. 0ms。

5. 4. 3　二维地震偏移成像数据处理

二维地震偏移探测数据在KDZ2. 8软件平台上进行，其中时间域里主要处理过程包括：信号录入、格式转换、预处理、数字滤波、修饰处理和偏移剖面形成与显示等内容，其中预处理包括文件拼接、道集重排、振幅平衡、静校正、二次采样等，修饰处理包括空间混波、三瞬处理、平滑处理等。并通过KDZ2. 8软件求取直达纵波的平均速度。偏移成像处理的数据对象可以是单点共偏移数据或单边排列多次覆盖数据，现场采集数据时尽量以同样的参数（偏移距、道间距和移动步距）来采集数据，通过计算机自动计算出总炮数、总道数和炮检对应关系。数据预处理做好之后，最关键的一步就是做出每个检波点和激发的相对坐标。

因为本次二维地震偏移探测测线布置较为分散，所以坐标原点的选取按照单条测线分别选取。其中 AB-S1 测线坐标原点为 GS，沿巷道指向拐 1 方向为 X 正方向；AB-S2 测线坐标原点为弯终，沿巷道指向拨门测点方向为 X 正方向；AB-S3 测线坐标原点为 H4，沿巷道指向加 1 测点为 X 正方向；AB-S4 测线坐标原点为加 1，沿巷道指向 G7 测点为 X 正方向；AB-S5 测线坐标原点设在巷道开始点，沿巷道指向 C6 测点为 X 正方向；C-S1 测线坐标原点为 N61，沿巷道指向 N62 方向为 X 正方向；C-S2 测线坐标原点为 N67，沿巷道指向 N70 测点方向为 X 正方向；C-S3 测线坐标原点为 P0，沿巷道指向 N45 测点为 X 正方向；C-S4 测线坐标原点为 N48′，沿巷道指向 N51 测点为 X 正方向，建立空间笛卡儿坐标系，求取每一个激发点和接收点的相对坐标。为了获得较好的成像效果，应选择合适偏移参数。

5.4.4 探测结果分析

地震波在遇到断裂破碎界面以及其他含导水构造等不良界面时，将产生反射波，同时能量被强吸收。而正常区域范围内为能量低吸收，偏移成像处理的结果是获得偏移时间剖面，因此本次探测从地震剖面上在不考虑巷道实揭的断层影响下，识别其他含导水构造时应着重分析剖面中所表现出的低速、能量被强吸收（成果图中蓝色相位）等典型波形特征。

1. 北八大巷探测结果

根据二维能量偏移获取探测区域内的反射吸收能量的分布情况，结合已知地质资料及地质体的各种特征进行解释，最终形成地质剖面，如图 5-28 所示。可以清楚看出每条测线在巷道底板下 80m 范围内含导水构造的发育情况。分别简述如下。

1）C-S1 测线

根据 10 煤层底板等高线，该条测线布置在 10 煤底板上，测线范围内存在一个构造异常区 C-GY1，位于坐标系中 $X=42\sim162$m，对应巷道位于 N61 测点+42.5m 与光 0 测点+12m，垂直深度位于−38 ~ −75m，在不考虑受无水断层影响下，该异常区为含导水构造，与电法探测的 C-DZ6 低阻异常区相对应，部分区域进入灰岩顶界面，可能与灰岩水有一定的水力联系，为重点防患区域之一。

2）C-S2 测线

根据 10 煤层底板等高线，该条测线布置 10 煤层底板下，测线范围内存在三个构造异常区分别定义为 C-GY2、C-GY3 和 C-GY4。

构造异常区 C-GY2：位于坐标系中 $X=32\sim80$m，对应巷道位于 N67 测点+32.5m 与 N69-8.6m 测点之间，垂直深度位于−11 ~ −78m，在不考虑受无水断层影响下，该异常区为含导水构造，与电法探测的 C-DZ7 低阻异常区相对应，可能受 D8F03（∠70°，$H=0\sim5$m）影响，达到 1 灰的顶界面，可能与灰岩水有较强联系，为重点防患区域之一。

构造异常区C-GY3：位于坐标系中$X=131\sim151$m，对应巷道位于光2测点+19.2m与光2+39.3m测点之间，垂直深度位于-9～-50m，可能为D8F03（∠70°，$H=0\sim5$m）断层带的反应。

构造异常区C-GY4：位于坐标系中$X=215\sim263$m，对应巷道位于光3测点+12.3m与N70+34.3m测点之间，垂直深度位于-19～-53m，在不考虑受无水断层影响下，该异常区为含导水构造，与电法探测的C-DZ8低阻异常区相对应，达到1灰的顶界面，可能与灰岩水有较强联系，为重点防患区域之一。

3）C-S3测线

测线范围内存在三个构造异常区分别定义为C-GY5、C-GY6和C-GY7。

构造异常区C-GY5：位于坐标系中$X=0\sim60$m，对应巷道位于P0测点与N44测点之间，垂直深度位于-30～-80m，在不考虑受F2（∠60°，$H>400$m）无水断层影响下，该异常区为含导水构造，与电法探测的C-DZ1部分低阻异常区相对应，可能富含砂岩裂隙水，为重点防患区域之一。

构造异常区C-GY6：位于坐标系中$X=70\sim169$m，对应巷道位于N44测点+6.7m与N5测点之间，垂直深度位于-21～-80m，在不考虑受F2（∠60°，$H>400$m）无水断层影响下，该异常区为含导水构造，与电法探测的C-DZ1部分低阻异常区相对应，可能富含砂岩裂隙水，为重点防患区域之一。

构造异常区C-GY7：位于坐标系中$X=218\sim258$m，对应巷道位于N46测点与N46+38.5m测点之间，垂直深度位于-28～-63m，与电法探测的C-DZ1部分低阻异常区相对应，可能与砂岩裂隙水的发育有关。

4）C-S4测线

根据10煤层底板等高线，该条测线布置10煤层底板下，测线范围内存在两个构造异常区分别定义为C-GY8和C-GY9。

构造异常区C-GY8：位于坐标系中$X=21\sim51$m，对应巷道位于N48+21.2m测点与N50-13m测点之间，垂直深度位于-39～-72m，在不考虑受无水断层影响下，该异常区为含导水构造，与电法探测的C-DZ1部分低阻异常区相对应，可能与砂岩裂隙水的发育有关。

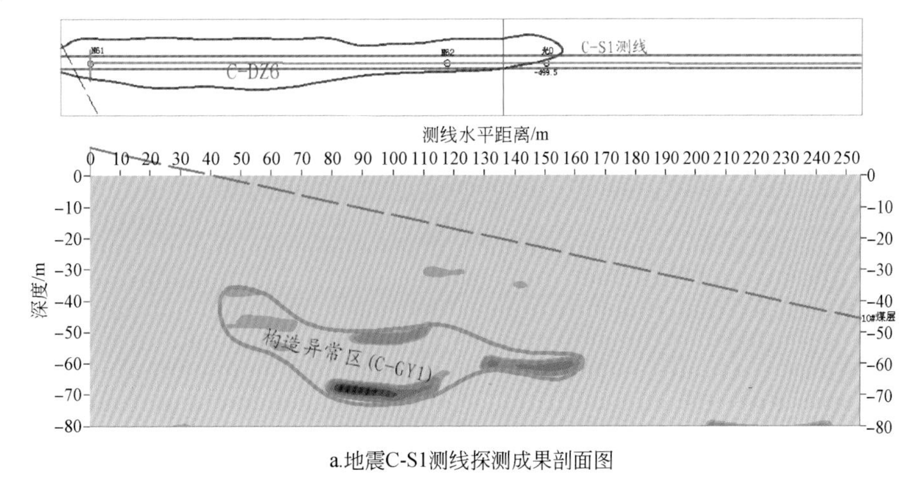

a.地震C-S1测线探测成果剖面图

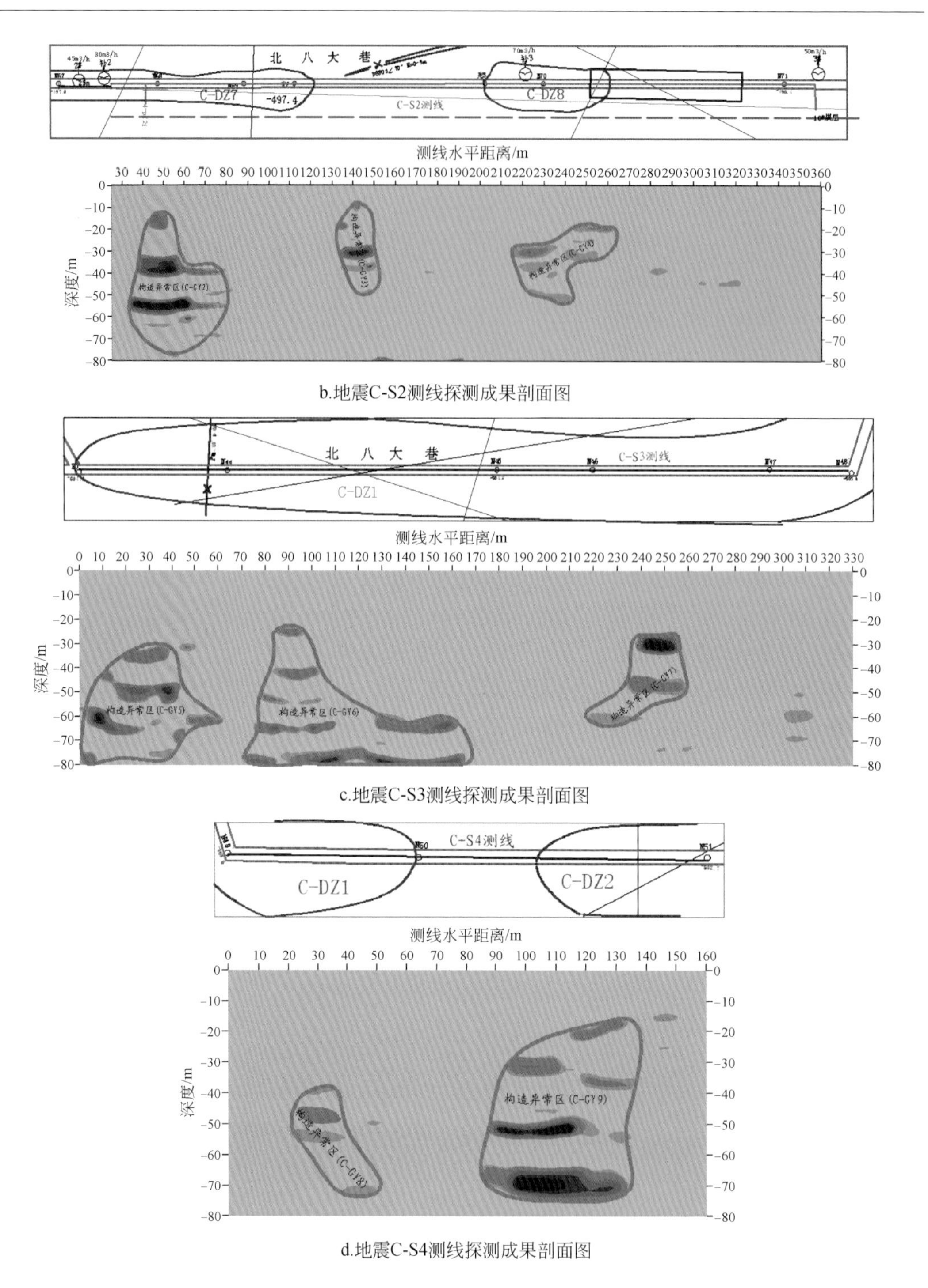

b.地震C-S2测线探测成果剖面图

c.地震C-S3测线探测成果剖面图

d.地震C-S4测线探测成果剖面图

图 5-28　二维地震偏移成像探测结果图

构造异常区 C-GY9：位于坐标系中 $X=83\sim138\text{m}$，对应巷道位于 N50+20.3m 测点与 N50+74.4m 测点之间，垂直深度位于-15 ~ -75m，在不考虑受无水断层影响下，该异常区为含导水构造，与电法探测的 C-DZ2 低阻异常区相对应，可能与砂岩裂隙水的发育有关，为主要防患区域之一。

2. 北八采区回风上山和轨道上山探测结果

北八采区回风上山和轨道上山探测结果如图5-29所示，简述如下。

1） AB-S1 测线

根据10煤层底板等高线，该条测线布置在10煤底板下，测线范围内存在一个构造异常区 AB-GY1，位于坐标系中 $X=0\sim100$m，对应巷道位于 GS 测点与 H1 测点之间，垂直深度位于$-25\sim-75$m，进入灰岩地层，在不考虑受无水断层影响下，该异常区为含导水构造，与电磁法探测的 YC9 低阻异常区相对应，可能与岩溶水的发育有关，为重点防患区域之一。

2） AB-S2 测线

根据8_2煤层以及10煤层底板等高线，该条测线布置在8_2煤层与10煤层之间，测线范围内存在两个构造异常区分别定义为 AB-GY2、AB-GY3。

构造异常区 AB-GY2：位于坐标系中 $X=0\sim50$m，对应巷道位于弯终测点与2#测点之间，垂直深度位于$-10\sim-40$m，在不考虑受无水断层影响下，该异常区为含导水构造，与电磁法探测的 YC6 低阻异常区相对应，可能与砂岩裂隙水的发育有关，为主要防患区域之一。

构造异常区 AB-GY3：位于坐标系中 $X=120\sim190$m，垂直深度位于$-5\sim-65$m，在不考虑受无水断层影响下，该异常区为含导水构造，与电磁法探测的 YC7 低阻异常区相对应，可能与砂岩裂隙水的发育有关，为重点防患区域之一。

3） AB-S3 测线

根据8_2煤层以及10煤层底板等高线，该条测线布置在8_2煤层与10煤层之间，测线范围内存在一个构造异常区定义为 AB-GY4，位于坐标系中 $X=60\sim90$m，垂直深度位于$-23\sim-60$m，在不考虑受无水断层影响下，该异常区为含导水构造，与电磁法探测的 YC6 和 DZ1 低阻异常区相对应，可能与砂岩裂隙水的发育有关，为主要防患区域之一。

4） AB-S4 测线

根据8_2煤层以及10煤层底板等高线，该条测线大部分区域布置在8_2煤层与10煤层之间，测线范围内存在一个构造异常区定义为 AB-GY5，位于坐标系中 $X=212\sim245$m，垂直深度位于$0\sim-52$m，可能为受断层影响造成的构造异常区，与电磁法探测 DZ6 低阻异常区相对应。

5） AB-S5 测线

根据8_2煤层以及10煤层底板等高线，该条测线布置在8_2煤层与10煤层之间，测线范围内存在一个构造异常区定义为 AB-GY6，位于坐标系中 $X=5\sim55$m，垂直深度位于$-22\sim-78$m，在不考虑受 D8F02（$\angle60°\sim70°$，$H=0\sim10$m）断层影响下，该异常区为含导水构造，与电磁法探测的 DZ4 低阻异常区相对应，可能与砂岩裂隙水的发育有关，为重点防患区域之一。

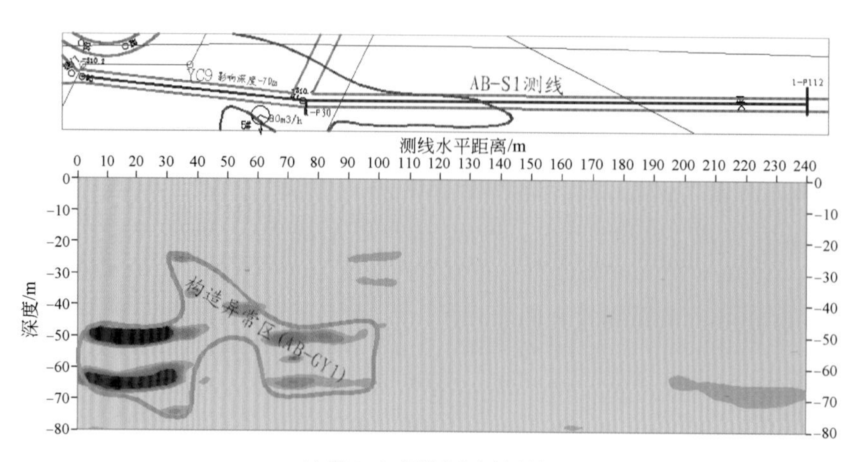

a.地震AB-S1测线探测成果剖面图

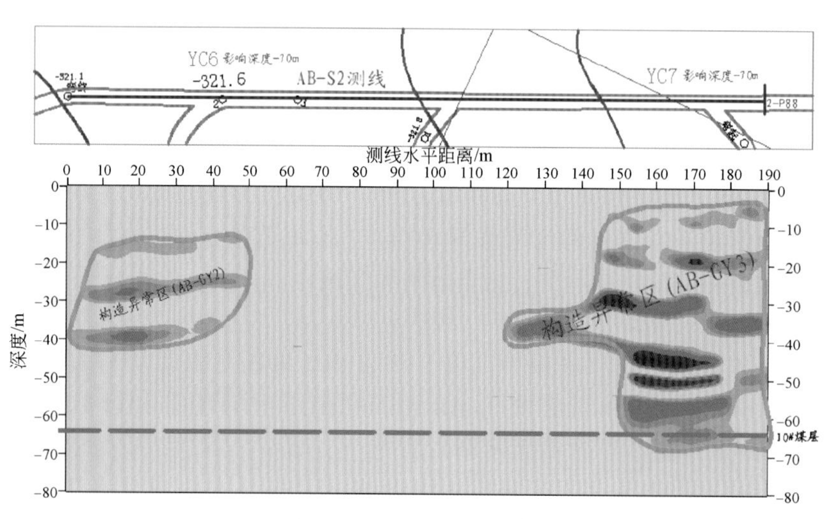

b.地震AB-S2测线探测成果剖面图

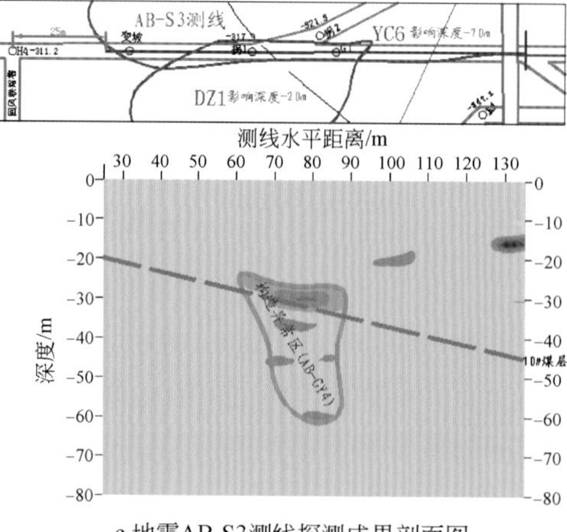

c.地震AB-S3测线探测成果剖面图

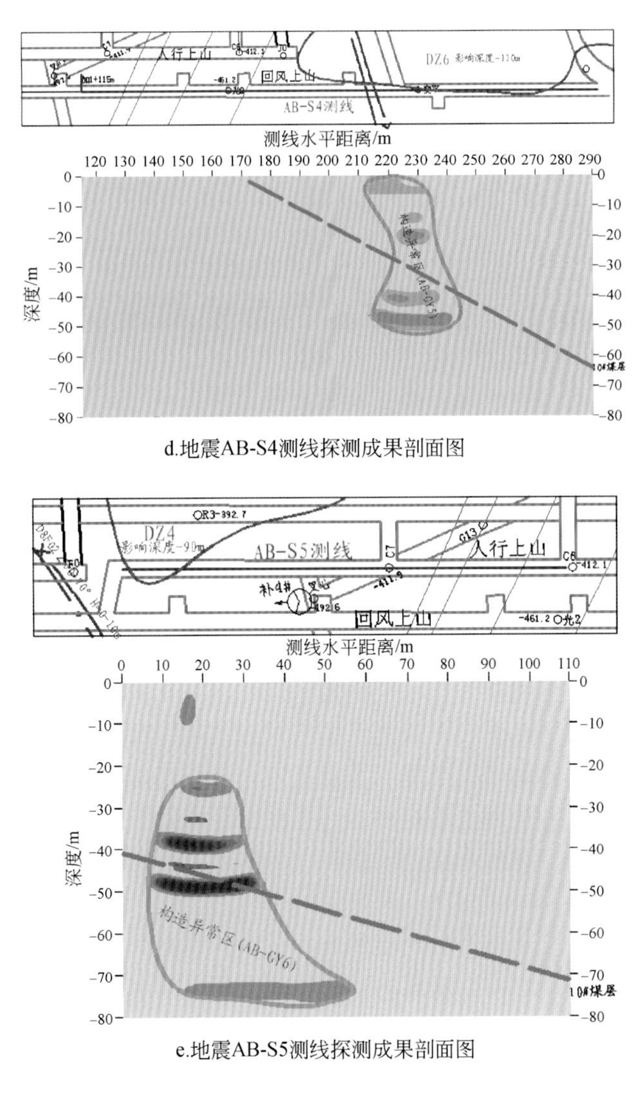

d.地震AB-S4测线探测成果剖面图

e.地震AB-S5测线探测成果剖面图

图5-29 二维地震偏移成像探测结果图

5.5 小 结

根据巷道电测深电阻率成像结果、瞬变电磁结果、二维地震偏移成像结果，结合巷道地质构造变化情况，以及巷道的积水情况，对该工作面含水、导水构造的分布及连通性综合探测成果进行了综合分析，获得了各种方法的探测成果图。对于C-GY1、C-GY2、C-GY4、C-GY5、C-GY6、C-DZ11、C-DZ12、DZ4（AB-GY6）、DZ6（AB-GY5）、YC7（AB-GY3）和YC9（AB-GY1）等低阻异常区，由于其延伸深度大，可能与岩溶水的发育或与导水断层有关，为重点防患区域。建议在采掘过程中要加强超前探查，并采取相应的防治措施。

第6章　北八采区放水试验与水文地质参数求解

6.1　放水试验的目的和任务

北八采区在开拓掘进过程中地温高，钻孔揭露太原组灰岩含水层水温高、水压高、水质异常，显示出复杂的水文地质条件。但该采区水文地质勘查程度不足，水文地质条件不清，开采过程中将受到底板高承压和强富水太原组灰岩含水层的威胁。《煤矿防治水规定》中明确指出：遇有复杂或极复杂型矿井，采用地面水文地质勘探难以查清问题时，需在井下进行放水试验或连通试验（国家安全生产监督管理总局，2009）。水文地质试验是对地下水进行定量研究的重要手段（王广才等，2000；许光泉和桂和荣，2002），其中井下放水试验是矿区水文地质工作中应用最多的方法（张承斌等，2012；李忠建等，2010）。鉴于此，为了查明该采区太原组灰岩含水层的富水性及其与其他含水层的水力联系，开展了放水试验研究工作。布置了井上、下观测系统，对放水量、水位进行了实时监测，为采区水文地质条件评价提供可靠的基础数据，为煤矿安全高效开采提供水文地质保障。

放水试验是以地下水井流理论为基础，通过在实际井孔中放水时，水量和水位变化的观测来获取水文地质参数，评价水文地质条件，为预计矿井涌水量、疏干降压和评价安全性等方面提供依据。

本次主要开展以太灰含水层为目的层的放水试验，观测奥灰、太灰、四含等含水层水位变化，确定地下水流场、水质、水温的动态特征，研究放水对煤系地层砂岩含水层涌水量的影响，确定奥灰含水层的补给量、补给地点，为该采区煤层开采的防治水工作提供水文地质资料。主要任务如下。

（1）探查太灰及底板隔水岩层的赋存情况：通过井下太灰水文地质勘探钻孔，探查10煤至太灰间岩性组合特征，含、隔水岩层的赋存特征，底板岩石物理力学性质与岩体结构特征等。

（2）探查太灰含水层水文地质特征：通过井上、井下太灰水文地质勘探钻孔，探查太灰的岩溶发育特征、水位或水压、水化学特征等。

（3）对太灰水储存量进行评价：通过井下放水试验，获取太灰水单孔涌水量、渗透系数、导水系数、储水系数等水文地质参数，评价太灰富水性，计算太灰疏降量，并且尽可能地了解越流层的情况，探查太灰与其他含水层的水力联系，特别是下部奥陶系灰岩水与太灰水的连通情况。

（4）掌握和预测北八采区开采过程中的矿井涌水量及其与水位降深之间的关系。

（5）研究放水过程中降落漏斗的形状、大小及扩展过程。

（6）研究太原组灰岩与上部煤层上下砂岩裂隙含水层、下部奥陶系灰岩含水层之间的水力联系，以及与第四系四含之间的关系。

（7）确定太原组灰岩含水层的边界位置及性质（补给边界或隔水边界），F2 断层的富水性和导水性。

（8）评价太灰可疏放性：在放水试验资料的基础上，进一步分析本采区太灰水文地质条件，研究疏水降压的可行性，建立太原组灰岩含水层疏干模型，为 10 煤层开采防治水方案制订提供科学依据。

6.2　放水试验工程布置与实施过程

6.2.1　放水试验工程布置

布置放水试验的场地，主要是放水孔与观测孔的配置。根据放水试验的任务和矿区的水文地质条件，首先选定放水孔的位置，然后进行观测孔的布置。

1）放水孔位置的确定

考虑到矿井水文地质条件、本次放水试验的目的以及矿井现有排水能力等多方面因素，放水孔位置定在北八大巷。同时，为了确保放水孔能够揭露到目的含水层，孔位确定前进行了井下物探工作，采用电测深探测手段，为合理布置放水孔位置提供有效的依据。另外，为了充分揭露目标含水层的水文地质条件，要求放水形成水位降深要足够大，因此，放水孔布置相对集中，以构成放水“大井”。本次共施工井下放水孔 4 个，其参数见表 6-1，位置见图 6-1。

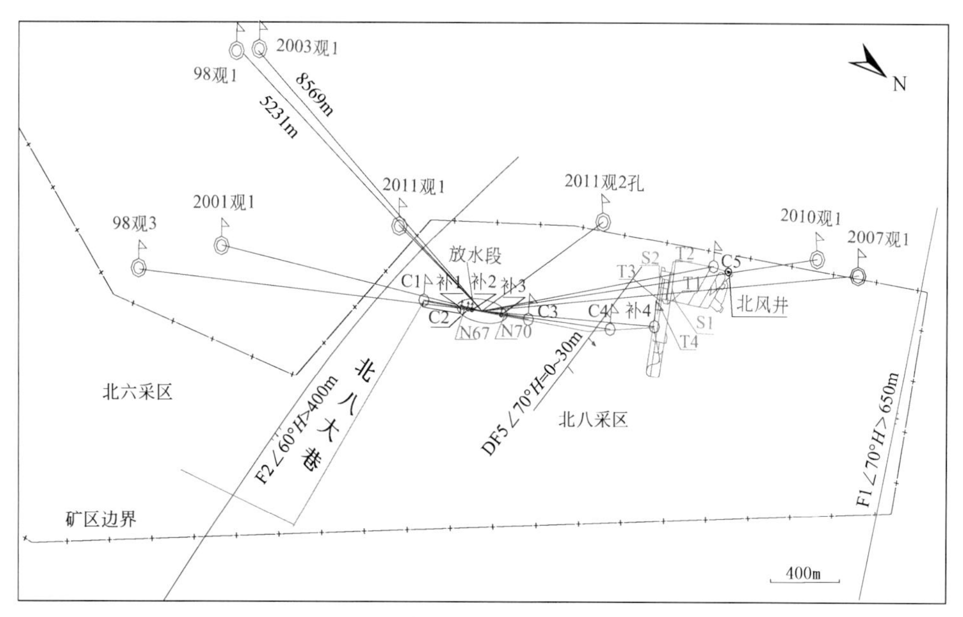

图 6-1　北八采区放水试验工程布置示意图

表 6-1　桃园煤矿北八采区放水试验钻孔信息一览表

钻孔用途	钻孔编号	含水层	观测方式	观测内容	距放水孔距离/m	位置
观测孔	C1	1～4 灰	井下自记仪	水压	350.21	北八井下
	C3	1～4 灰	井下自记仪	水压	254.43	北八井下
	C4	1～4 灰	井下自记仪	水压	723.13	北八井下
	C5	1～4 灰	井下自记仪	水压	1344.57	北八井下
	补 4	1～4 灰	井下自记仪	水压	979.62	北八井下
	2010 观 1	1～4 灰	地面遥测仪	水位	1938.47	北八地面
	2011 观 2	1～4 灰	地面遥测仪	水位	803.19	北八地面
	98 观 3	5～11 灰	地面遥测仪	水位	1983.50	南部地面
	98 观 1	奥灰	地面遥测仪	水位	5231.65	南部地面
	2001 观 1	奥灰	地面遥测仪	水位	1534.77	南部地面
	2003 观 1	四含	地面遥测仪	水位	8569.63	南部地面
	2007 观 1	四含	地面遥测仪	水位	2174.03	北八地面
	2011 观 1	奥灰	地面遥测仪	水位	625.90	南部地面
放水孔	补 1	1～4 灰	井下自记仪	水量/水温	N67 点处	北八井下
	补 2	1～4 灰	井下自记仪	水量/水温	N67 点向北 28m	北八井下
	补 3	1～4 灰	井下自记仪	水量/水温	N70 点向南 8m	北八井下
	C2	1～4 灰	井下自记仪	水量/水温	N67 点向北 10m	北八井下

2）观测孔位置的确定

观测孔采用井上与井下相结合。地面观测孔的布置首先用于控制整个井田试验过程中渗流场的形态变化，并考虑各含水层之间的水力联系情况。另外，为了查明 F2 断层的富水性和导水性，在断层的上下盘分别施工观测孔。井下观测孔的布置主要由现场条件确定。共施工观测孔 13 个（其中井下 5 个，地面 8 个），其参数见表 6-1，位置见图 6-1。

为配合本次放水试验，新施工钻孔 12 个，其中地面 3 个，井下 9 个，各钻孔参数特征如表 6-2 所示。

表 6-2　新施工钻孔结构与成孔情况一览表

孔号	方位角/(°)	俯角/(°)	孔深/m	开孔孔径/长度	孔口管径/长度	一路套管管径/长度	二路套管管径/长度	终孔层位	成孔出水情况
C1	243	60	108	127mm/5.4m	127mm/5.4m	108mm/13.5m	89mm/25.5m	3 灰	$10m^3/h$ 4.7MPa
C2	243	65	70.7	127mm/1.8m	127mm/1.8m	108mm/13.5m	89mm/28.5m	2 灰	$45m^3/h$ 4.0MPa

续表

孔号	方位角/(°)	俯角/(°)	孔深/m	开孔孔径/长度	孔口管径/长度	一路套管管径/长度	二路套管管径/长度	终孔层位	成孔出水情况
C3	243	40	55.9	127mm/ 0.9m	127mm/ 0.9m	108mm/ 10.5m	89mm/ 30.0m	2灰	50～60m^3/h
C4	233	65	52.7	127mm/ 3.6m	127mm/ 3.6m	108mm/ 13.5m	89mm/ 22.5m	2灰	50m^3/h 4.3MPa 37℃
C5	243	90	21.8	127mm/ 7.2m	127mm/ 7.2m	108mm/ 15.0m		1灰	70m^3/h 4.3MPa
补1	243	65	70.4	127mm/ 0.9m	127mm/ 0.9m	108mm/ 13.5m	89mm/ 26.0m	3灰	40m^3/h 4.2MPa
补2	243	65	70.5	127mm/ 0.9m	127mm/ 0.9m	108mm/ 12.0m	89mm/ 22.0m	3灰	30m^3/h 4.5MPa
补3	243	45	44.1	127mm/ 0.9m	127mm/ 0.9m	108mm/ 13.5m	89mm/ 31.5m	3灰	80m^3/h 4.4MPa
补4	0	90	75.1	127mm/ 0.6m	127mm/ 0.9m	108mm/ 11.5m	89mm/ 22.5m	4灰	50m^3/h 4.7MPa
2010观1	0	0	360.26					4灰	q=0.422L/(s·m) 水位-6.57m
2011观1	0	0	332.46					奥灰	q=0.723L/(s·m) 水位-6.05m
2011观2	0	0	336.81					4灰	q=0.663L/(s·m) 水位-6.30m

3）上部车场水量测站、水温测点设定

为了监测放水期间砂岩出水量及水温变化情况，在北八采区上部车场一带布置了2个测水站，4个测温点，其参数见表6-3，位置见图6-1。

表6-3　上部车场测水站和测温点信息表

用途	编号	位置
测水站	S1	距拨门向外48m
	S2	距拨门向里32m

续表

用途	编号	位置
测温点	T1	距拨门向外 39m
	T2	距拨门向外 6.2m
	T3	距石口向里 6.7m
	T4	距拨门向里 15m

综上所述，根据已有水文孔布局以及各孔信息，参与本次放水试验的水文孔共计 17 个，其中太灰井下放水孔 4 个，太灰观测孔井下 5 个、地面 3 个，奥灰观测孔 3 个（实际利用 2 个），四含观测孔 2 个。同时布设了 2 个测水站和 4 个测温点。

6.2.2　放水试验实施过程

本次放水试验数据采集采用井下放水，井上、下同步观测的方法。其中 5 个井下水压观测孔和 4 个放水孔采用西安欣源测控技术有限公司生产的 KJ402-F 矿用本安型水文分站，水压、水温采用 GPW10/100 矿用本安型压力温度传感器自动测量和记录监测设备，采集频率设为 5min/次；放水孔采用矿用磁旋涡流量传感器（GLC30/50）水量自记仪监测放水孔的出水量，同时采用井下流速仪法（YSD5 本安型流速测量仪）及浮标法对各阶段的放水量进行实测验证；地面监测孔采用 KJ402-FA 水文分站，进行水位、水温自动记录。井下监测数据通过井下通信系统实时传入监控中心，地面数据通过无线遥测系统实时传入监控中心，进行数据的实时采集。同时，井下观测系统安排 24h 值班制度，并每隔 2～4h 测读一次数据，与仪器采集数据比对，同时并用温度计测量各放水孔出水水温。上部车场测水站和测温点实行人工测量，按放水试验过程设计要求进行测量记录，并与放水试验阶段同步。

根据现场条件，本次放水试验采用定流量非稳定流方式进行（薛禹群，1997），由小到大三次定流量放水，于 2011 年 9 月 16 日～2011 年 10 月 5 日进行了井下放水试验工作。总历时 450 余小时，共取得各类试验观测数据约 50000 个，累计放水量约 64000m^3。第一阶段，C2、补 1 孔放水，放水量平均为 95m^3/h，放水历时 118h，总放水量约 11218m^3；第二阶段，打开补 2 孔和补 3 孔，控制放水量平均为 203m^3/h，历时 95.83h，总放水量约 20125m^3；第三阶段，打开补 3 孔，控制放水量平均为 313m^3/h，历时 102.16h，总放水量约 32693m^3。至 2011 年 9 月 29 日关阀，观测水位恢复情况，至 2011 年 10 月 5 日结束，水位恢复历时 137.25h。具体放水流程时序如图 6-2 所示。各阶段放水历时及放水量见表 6-4，放水量历时曲线如图 6-3 所示。不同阶段各观测孔水位观测数据汇总见表 6-5、表 6-6。各放水孔出水温度测量结果见表 6-7。

在上部车场设置的 2 个测水站和 4 个测温点，采用人工测量方式，并与放水试验阶段同步进行，每 4h 测量 1 次，并按设计要求进行测量记录，结果见表 6-8、表 6-9。

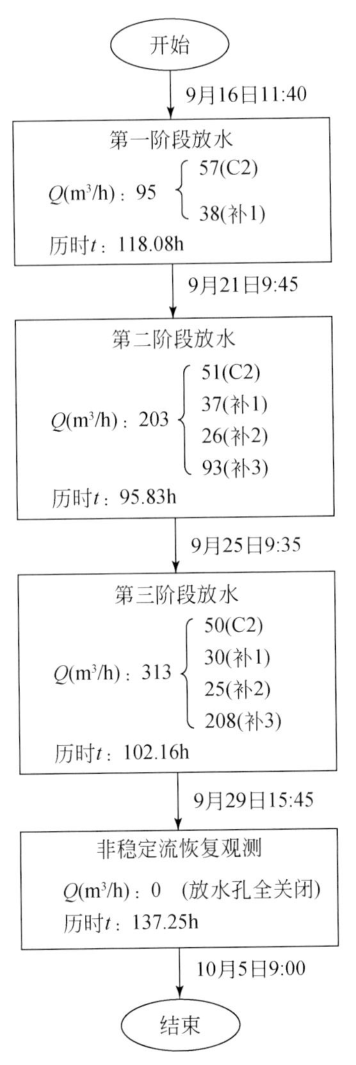

图 6-2　放水试验流程时序图

表 6-4　各阶段放水时间及放水量统计表

阶段	放水孔	放水时间	单孔放水量/(m^3/h)	单孔放水总量/m^3	总放水量/m^3
第一阶段	C2	2011 年 9 月 16 日 11:40 ~ 2011 年 9 月 21 日 9:45	57	6849	11218
	补 1		38	4369	
第二阶段	C2	2011 年 9 月 21 日 9:45 ~ 2011 年 9 月 25 日 9:35	51	4456	20125
	补 1		37	3402	
	补 2		26	2444	
	补 3		93	9823	

续表

阶段	放水孔	放水时间	单孔放水量/(m^3/h)	单孔放水总量/m^3	总放水量/m^3
第三阶段	C2	2011 年 9 月 25 日 9:35 ~ 2011 年 9 月 29 日 15:45	50	4700	32693
	补 1		30	2452	
	补 2		25	2605	
	补 3		208	22936	
合计					64036

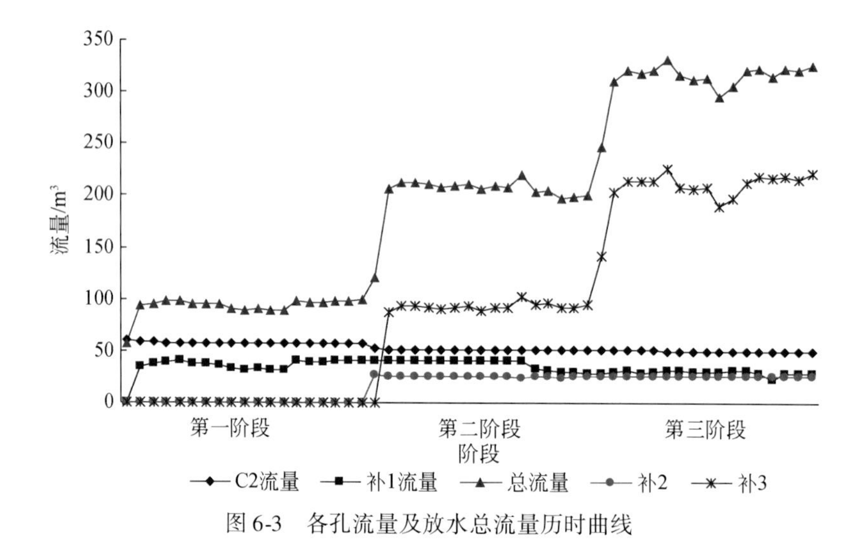

图 6-3　各孔流量及放水总流量历时曲线

表 6-5　放水阶段观测孔水位动态变化情况

阶段	钻孔编号	初始水位/m	初期水位变化（6h）		最终水位变化	
			初期水位/m	初期降深/m	最终水位/m	最终降深/m
第一阶段	C1	-16. 54	-18. 54	2. 00	-19. 54	3. 00
	C3	-18. 93	-20. 93	2. 00	-20. 93	2. 00
	C4	-13. 09	-15. 09	2. 00	-15. 09	2. 00
	补 4	-17. 08	-19. 08	2. 00	-20. 08	3. 00
	C5	-20. 83	-21. 83	1. 00	-22. 83	2. 00
	2010 观 1	-9. 24	-10. 96	1. 72	-11. 96	2. 72
	2011 观 2	-8. 48	-10. 75	2. 27	-12. 14	3. 66
	2007 观 1	-6. 26	-6. 32	0. 06	-6. 65	0. 39
	2003 观 1	-82. 28	-82. 27	-0. 01	-82. 29	0. 01
	2001 观 1	-6. 50	-6. 56	0. 06	-7. 46	0. 96
	98 观 1	-8. 26	-8. 22	-0. 04	-8. 47	0. 21
	98 观 3	-167. 75	-167. 74	-0. 01	-167. 71	-0. 04

续表

阶段	钻孔编号	初始水位/m	初期水位变化（6h）		最终水位变化	
			初期水位/m	初期降深/m	最终水位/m	最终降深/m
第二阶段	C1	-19.54	-22.54	3.00	-25.54	6.00
	C3	-20.93	-30.93	10.00	-31.93	11.00
	C4	-15.09	-23.09	8.00	-25.09	10.00
	补 4	-20.08	-27.08	7.00	-29.08	9.00
	C5	-22.83	-27.83	5.00	-30.83	8.00
	2010 观 1	-11.96	-18.90	6.94	-21.76	9.8
	2011 观 2	-12.14	-20.50	8.36	-22.36	10.22
	2007 观 1	-6.65	-6.89	0.24	-8.06	1.41
	2003 观 1	-82.29	-82.27	-0.02	-82.33	0.04
	2001 观 1	-7.46	-7.56	0.10	-8.51	1.05
	98 观 1	-8.47	-8.44	-0.03	-9.01	0.54
	98 观 3	-167.71	-167.64	-0.07	-167.71	0
第三阶段	C1	-25.54	-28.54	28.50	-30.54	5.00
	C3	-31.93	-39.93	8.00	-41.93	10.00
	C4	-25.09	-30.09	5.00	-32.09	7.00
	补 4	-29.08	-35.08	6.00	-37.08	8.00
	C5	-30.83	-37.83	7.00	-38.83	8.00
	2010 观 1	-21.76	-26.58	4.82	-29.57	7.81
	2011 观 2	-22.36	-28.07	5.71	-30.60	8.24
	2007 观 1	-8.06	-8.22	0.16	-9.18	1.12
	2003 观 1	-82.33	-82.37	0.04	-82.37	0.04
	2001 观 1	-8.51	-8.51	8.55	-9.25	0.74
	98 观 1	-9.01	-8.94	-0.07	-9.49	0.48
	98 观 3	-167.71	-167.64	-0.07	-167.69	-0.02

表 6-6　水位恢复阶段观测孔水位动态变化情况

钻孔编号	放水初始水位/m	恢复初始水位/m	累计降深/m	初期恢复水位（6h）		最终恢复水位（137.25h）	
				初期水位/m	初期恢复降深/m	最终水位/m	最终恢复降深/m
C1	-16.54	-30.54	14	-20.54	4	-15.54	-1
C3	-18.93	-41.93	23	-21.93	3	-16.93	-2
C4	-13.09	-32.09	19	-16.09	3	-12.09	-1
补 4	-17.08	-37.08	20	-21.08	4	-16.08	-1
C5	-20.83	-38.83	18	-24.83	4	-14.83	-6
2010 观 1	-9.24	-29.57	20.33	-14.36	5.12	-9.01	-0.23

续表

钻孔编号	放水初始水位/m	恢复初始水位/m	累计降深/m	初期恢复水位（6h）		最终恢复水位（137.25h）	
				初期水位/m	初期恢复降深/m	最终水位/m	最终恢复降深/m
2011 观 2	-8.48	-30.6	22.12	-12.22	3.74	-8.21	-0.27
2007 观 1	-6.26	-9.18	2.92	-8.65	2.39	-6.67	0.41
2003 观 1	-82.28	-82.37	0.09	-82.41	0.13	-82.54	0.26
2001 观 1	-6.5	-9.25	2.75	-9.18	2.68	-6.91	0.41
98 观 1	-8.26	-9.49	1.23	-9.51	1.25	-8.78	0.52
98 观 3	-167.75	-167.69	-0.06	-167.69	-0.06	-167.57	-0.18

表 6-7　放水试验期间放水孔水温监测结果

时间	补 1		C2		补 2		补 3	
	水温/℃	气温/℃	水温/℃	气温/℃	水温/℃	气温/℃	水温/℃	气温/℃
9 月 16 日 14:35	36.0	26	36.0	26				
9 月 16 日 20:16	36.0	26	36.0	26				
9 月 16 日 23:08	36.0	28	37.0	28				
9 月 17 日 04:20	36.0	28	37.0	28				
9 月 17 日 07:15	37.0	28	37.0	28				
9 月 17 日 12:25	37.0	28	37.0	28				
9 月 17 日 14:47	35.0	25	36.0	26.5				
9 月 17 日 20:10	35.5	27	36.5	29				
9 月 17 日 23:05	37.5	29	36.5	29				
9 月 18 日 03:20	37.0	29.5	37.0	29.5				
9 月 18 日 08:08	36.0	26	37.4	26				
9 月 18 日 11:43	36.0	26	37.4	26				
9 月 18 日 14:34	36.0	26	36.0	27				
9 月 18 日 19:40	36.0	27	36.0	24				
9 月 18 日 23:25	36.0	29	35.0	29				
9 月 19 日 03:30	37.0	30	36.5	30				
9 月 19 日 14:35	36.0	27	36.0	25				
9 月 19 日 19:35	36.0	25	36.0	26				
9 月 19 日 22:50	36.0	30	37.0	31				
9 月 20 日 03:10	35.0	30	36.0	29				
9 月 20 日 08:00	35.0	25	36.0	25				
9 月 20 日 11:45	35.0	25	36.0	25				
9 月 20 日 14:49	35.0	28	35.0	28				
9 月 20 日 20:00	34.5	28.3	35.0	27.5				

续表

时间	补1		C2		补2		补3	
	水温/℃	气温/℃	水温/℃	气温/℃	水温/℃	气温/℃	水温/℃	气温/℃
9月20日23:25	37.5	29	37.0	29				
9月21日03:50	38.0	29.5	37.5	29				
9月21日7:54	36.0	25	36.0	25	36.0	25	36.0	25
9月21日11:36	36.0	25	36.0	25	36.0	25	36.0	25
9月21日14:57	35.5	27.5	35.0	27.8	35.5	28	35.0	29
9月21日19:46	36.0	27	35.0	28	35.0	27.3	35.5	28
9月22日9:10	35.5	37	35.0	37	35.0	37	35.0	37
9月22日12:10	35.0	37	35.0	37	35.0	37	35.0	37
9月22日14:36	37.5	27	37.2	26	37.0	27	37.5	26
9月22日19:45	37.0	28	37.0	27	37.6	28	37.0	27
9月22日23:00	37.8	30	38.0	30	37.0	30	37.5	30
9月22日03:00	37.5	28	37.8	28	37.0	28	37.3	27
9月23日9:35	35.0	37	35.0	37	35.0	37	35.0	37
9月23日12:10	35.0	37	35.0	37	35.0	37	35.0	37
9月23日14:29	37.5	28	37.0	27	37.2	26.3	37.0	24
9月23日19:15	36.8	28.3	37.3	27.3	37.4	26.5	37.5	24.5
9月23日22:58	37.8	29	38.0	29	37.5	29	37.5	28.5
9月23日2:30	37.4	29	37.5	29	37.5	29	37.5	28.5
9月24日9:20	37.0	25	37.0	25	37.0	25	37.0	25
9月24日12:10	37.0	25	37.0	25	37.0	25	37.0	25
9月24日14:59	36.5	27.3	36.0	27	36.4	26.5	36.0	28
9月24日19:39	36.8	28	36.0	28	37.0	27	35.0	27.5
9月24日23:38	37.0	28	36.0	29	35.0	29	35.0	29
9月25日4:05	36.5	27.5	37.0	28	36.0	28	35.5	28.5
9月25日15:00	36.0	27	35.0	28.5	35.0	28.3	36.0	28
9月25日19:28	36.0	28	36.0	28	36.0	28.9	35.0	28.3
9月25日23:12	37.0	29	36.0	29	35.0	28.5	36.0	29
9月26日3:43	36.0	28.5	35.0	29	36.0	27	37.0	28
9月26日3:44	36.0	28	35.0	27.3	35.0	28.5	35.0	27
9月26日3:45	35.0	27.8	35.5	27.8	36.0	29	36.5	27.5
9月26日3:46	37.8	29	37.5	27.8	38.0	28	38.0	26.5
9月26日3:47	37.3	28.3	37.0	28	37.5	27.6	37.5	26.3
9月26日23:42	37.5	27.5	37.0	28	36.0	27	36.5	28
9月27日3:50	37.0	28	36.0	29	35.0	28.5	35.0	29

续表

时间	补 1		C2		补 2		补 3	
	水温/℃	气温/℃	水温/℃	气温/℃	水温/℃	气温/℃	水温/℃	气温/℃
9 月 27 日 8:15	35.0	27	35.0	27	35.0	27	35.0	28
9 月 27 日 11:30	35.0	27	35.0	27	35.0	27	35.0	28
9 月 27 日 14:36	37.4	29	37.0	27	37.8	27.8	37.5	28
9 月 27 日 19:07	37.0	28.8	37.5	27.4	37.3	27	37.3	27
9 月 28 日 23:40	37.3	28	38.0	28	37.5	28	38.0	29
9 月 29 日 3:07	37.3	28	37.5	28	37.5	28	38.0	28.5
9 月 29 日 8:00	37.0	26	37.0	26	37.0	25	37.0	25
9 月 29 日 12:00	37.0	26	37.0	26	37.0	25	37.0	25
9 月 29 日 14:53	37.2	28	37.7	27.8	37.8	28	37.3	26.5
9 月 29 日 19:11	37.0	28.1	36.9	27.6	37.5	27.4	37.0	26
9 月 30 日 8:15	37.0	25	37.0	26	37.0	26	37.0	27
9 月 30 日 12:10	37.0	25	37.0	26	37.0	26	37.0	27
平均	36.4		36.4		35.6		35.6	

表 6-8　上部车场测水站水量监测结果

1#测水站		2#测水站		1#测水站		2#测水站	
观测时刻	流量/(m^3/h)	观测时刻	流量/(m^3/h)	观测时刻	流量/(m^3/h)	观测时刻	流量/(m^3/h)
第一阶段				9 月 18 日 17:25	28.62	9 月 18 日 17:27	23.33
9 月 16 日 12:20	43.65	9 月 16 日 12:20	34.56	9 月 18 日 22:50	26.21	9 月 18 日 23:05	22.81
9 月 16 日 16:20	43.13	9 月 16 日 15:45	32.40	9 月 19 日 4:55	26.21	9 月 19 日 5:06	22.81
9 月 16 日 20:40	41.18	9 月 16 日 20:30	29.40	9 月 19 日 15:50	26.29	9 月 19 日 15:50	22.10
9 月 16 日 22:20	41.18	9 月 16 日 22:30	28.93	9 月 19 日 18:40	24.61	9 月 19 日 18:40	20.64
9 月 17 日 3:30	40.30	9 月 17 日 3:40	27.99	9 月 19 日 23:20	26.54	9 月 19 日 23:30	21.77
9 月 17 日 5:10	38.33	9 月 17 日 5:13	27.62	9 月 20 日 4:40	27.23	9 月 20 日 4:57	21.54
9 月 17 日 5:55	35.58	9 月 17 日 6:10	25.98	9 月 20 日 8:40	26.21	9 月 20 日 8:58	21.54
9 月 17 日 9:35	30.86	9 月 17 日 9:50	25.85	9 月 20 日 11:10	25.92	9 月 20 日 11:59	20.84
9 月 17 日 11:05	31.25	9 月 17 日 11:10	25.58	9 月 20 日 15:40	24.38	9 月 20 日 15:55	20.84
9 月 17 日 14:45	29.94	9 月 17 日 14:34	23.06	9 月 20 日 15:49	25.24	9 月 20 日 15:30	22.62
9 月 17 日 19:39	28.77	9 月 17 日 19:30	24.65	9 月 20 日 17:08	26.04	9 月 20 日 17:00	23.33
9 月 17 日 22:30	27.61	9 月 17 日 22:40	23.52	9 月 20 日 23:30	24.84	9 月 20 日 23:50	22.56
9 月 18 日 4:05	29.86	9 月 18 日 4:10	24.19	9 月 21 日 4:30	24.98	9 月 21 日 4:43	22.43
9 月 18 日 8:40	28.90	9 月 18 日 8:50	23.20	第二阶段			
9 月 18 日 13:25	28.52	9 月 18 日 13:30	23.11	9 月 21 日 13:38	23.36	9 月 21 日 13:42	20.67

续表

1#测水站		2#测水站		1#测水站		2#测水站	
观测时刻	流量/(m^3/h)	观测时刻	流量/(m^3/h)	观测时刻	流量/(m^3/h)	观测时刻	流量/(m^3/h)
9 月 21 日 17:05	25.38	9 月 21 日 17:10	21.12	9 月 25 日 00:34	24.49	9 月 25 日 00:39	20.63
9 月 21 日 23:43	25.52	9 月 21 日 23:47	22.68	9 月 25 日 4:10	24.24	9 月 25 日 4:19	21.98
9 月 22 日 3:52	26.93	9 月 22 日 3:58	20.97	第三阶段			
9 月 22 日 14:00	25.25	9 月 22 日 14:10	20.39	9 月 25 日 14:52	26.21	9 月 25 日 14:45	22.57
9 月 22 日 16:25	26.19	9 月 22 日 16:30	20.05	9 月 25 日 16:42	25.38	9 月 25 日 16:35	22.57
9 月 22 日 23:30	24.24	9 月 22 日 23:35	21.92	9 月 27 日 00:17	25.82	9 月 27 日 00:25	20.15
9 月 23 日 4:05	24.98	9 月 23 日 4:13	19.58	9 月 27 日 03:43	25.29	9 月 27 日 03:55	19.90
9 月 23 日 7:20	24.98	9 月 23 日 7:40	22.03	9 月 27 日 15:30	23.17	9 月 27 日 15:30	19.41
9 月 23 日 11:07	24.98	9 月 23 日 11:05	22.03	9 月 27 日 23:07	23.46	9 月 27 日 23:07	19.89
9 月 23 日 23:40	25.52	9 月 23 日 23:47	22.69	9 月 28 日 3:27	23.85	9 月 28 日 3:27	19.72
9 月 24 日 04:10	25.25	9 月 24 日 04:18	20.76	9 月 28 日 23:43	23.46	9 月 28 日 23:43	19.84
9 月 24 日 15:05	25.27	9 月 24 日 14:50	20.52	9 月 29 日 4:49	23.85	9 月 29 日 4:49	19.48
9 月 24 日 16:36	25.86	9 月 24 日 16:25	21.60				

表 6-9　上部车场各测温点水温测试结果

T1			T2		
观测时刻	水温/℃	气温/℃	观测时刻	水温/℃	气温/℃
9 月 16 日 12:10	30.0	25.5	9 月 16 日 12:10	31.0	25.8
9 月 16 日 16:07	29.6	25.5	9 月 16 日 16:03	29.6	25.8
9 月 17 日 11:00	29.5	24.5	9 月 17 日 11:00	30.0	24.5
9 月 18 日 13:20	30.0	23.0	9 月 18 日 13:23	31.0	24.0
9 月 19 日 16:02	29.5	19.5	9 月 19 日 16:07	29.0	20.0
9 月 20 日 14:00	29.2	20.0	9 月 20 日 14:06	29.5	20.0
9 月 21 日 13:45	30.0	21.0	9 月 21 日 13:50	30.0	21.0
9 月 22 日 13:40	29.4	19.5	9 月 22 日 13:45	29.0	19.5
9 月 23 日 15:10	28.5	20.0	9 月 23 日 15:15	28.9	21.0
9 月 24 日 13:48	29.0	20.5	9 月 24 日 13:57	28.5	20.5
9 月 25 日 14:36	28.6	20.3	9 月 25 日 14:30	28.7	20.3
9 月 26 日 23:07	29.0	22.0	9 月 26 日 23:15	30.0	21.0
9 月 27 日 15:40	28.5	22.0	9 月 27 日 15:30	29.0	22.5
9 月 28 日 3:27	28.0	22.0	9 月 28 日 3:32	28.5	22.5
9 月 29 日 4:13	28.5	22.0	9 月 29 日 4:19	29.0	22.5
平均	29.2	22.2	平均	29.6	22.6

续表

T3			T4		
观测时刻	水温/℃	气温/℃	观测时刻	水温/℃	气温/℃
9月16日12:10	31.5	26.0	9月16日12:10	31.0	26.0
9月16日15:32	30.5	26.0	9月16日15:25	30.4	26.0
9月17日11:10	31.0	26.5	9月17日11:10	31.0	26.5
9月18日13:32	30.5	25.0	9月18日13:35	31.0	25.0
9月19日16:10	30.0	20.0	9月19日16:14	29.5	22.0
9月20日14:15	30.3	22.2	9月20日14:25	30.2	22.2
9月21日13:55	31.0	23.0	9月21日14:02	30.5	22.0
9月22日13:50	30.0	22.0	9月22日13:55	30.0	23.0
9月23日15:20	29.5	22.5	9月23日15:25	30.0	22.0
9月24日14:05	30.0	22.5	9月24日14:12	30.0	22.5
9月25日14:58	30.0	21.8	9月25日15:04	29.9	21.8
9月26日23:23	30.0	24.0	9月26日23:31	29.0	23.0
9月27日15:50	29.0	23.0	9月27日16:00	29.5	22.5
9月28日3:39	29.5	23.0	9月28日3:43	29.0	22.5
9月29日4:22	29.0	23.0	9月29日4:25	29.5	22.5
平均	30.1	23.4	平均	30.0	23.3

6.3 放水试验观测结果分析与评价

6.3.1 放水前地下水水位动态特征

放水前对各含水层地下水位进行了观测，其观测结果见表6-5，基本了解地下水流场及其地下水位自然变幅。据此编制了试验区太灰初始等水位线图（图6-4）。

由于C2放水孔井下用水，用水量约为28m^3/h，从而使太灰水初始流场形成了以该孔为中心的分布较广的稳定降落漏斗（图6-4）。但在C5观测孔位置形成一个低水位区，说明太灰岩溶发育不均匀；C4孔位置可能由于DF5断层影响，水位相对较高；区域内井下观测孔太灰平均水位为-15m，地面观测孔水位为-9m左右。2001观1、98观1两孔奥灰水位分别为-7.91m、-8.26m，与区内太灰水位相差不大，初步确定两含水层之间可能存在水力联系，亦初步说明F2断层存在导水性。98观3孔水位为-167.75m，两者水位相差较大，说明断层两侧的太灰1～4灰与5～11灰之间水力联系程度较弱。本采区四含孔2007观1孔水位为-6.26m，与奥灰水位相近，南区四含孔2003观1孔水位为-82.27m，与北八采区相差较大。

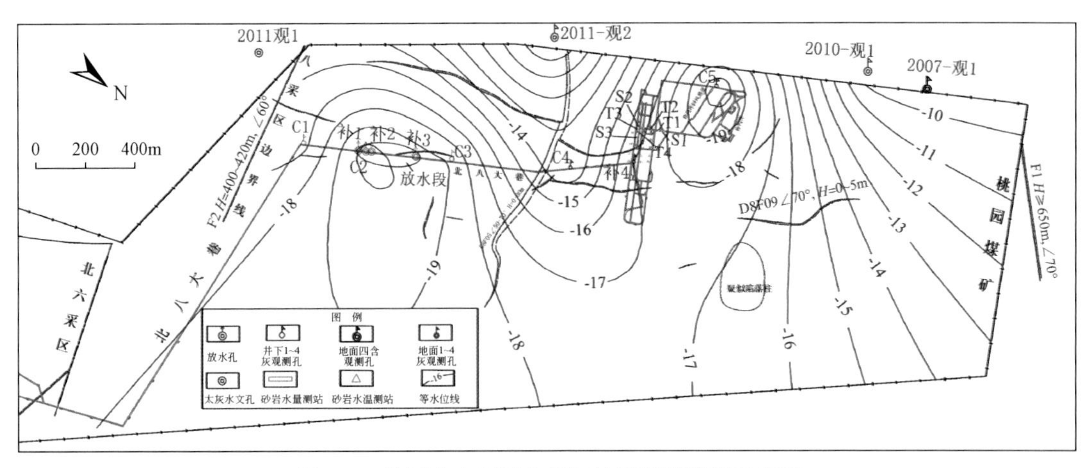

图6-4　桃园北八采区太灰初始流场等值线示意图

6.3.2　放水阶段太原组灰岩含水层水位变化特征

对整个放水试验观测成果进行了统计，计算了各阶段各观测孔水位变化值，结果见表6-10。太原组灰岩含水层各观测孔的水位动态变化具有如下特征。

（1）根据水位观测成果，在放水初期太原组灰岩含水层观测孔水位下降速度较快，后期下降速度趋缓并很快趋于稳定（图6-5），其降深变化规律符合距放水中心越近水位反应越快降深越大的规律，放水中心降深达27.3m（图6-6）。

表6-10　放水阶段各观测孔水位下降值统计表

孔号	观测层位	观测孔水位下降值/m			
		第一阶段	第二阶段	第三阶段	总下降值
98观1	奥灰	0.21	0.54	0.48	1.23
2001观1	奥灰	0.97	1.05	0.74	2.75
2010观1	1~4灰	2.72	9.80	7.81	20.33
2011观2	1~4灰	3.66	10.22	8.24	22.12
2007观1	四含	0.39	1.41	1.12	2.92
2003观1	四含	0.01	0.04	0.04	0.09
98观3	5~11灰	上升0.04	不变	不变	/
C1	1~4灰	3	6	5	14
C3	1~4灰	2	11	10	23
C4	1~4灰	2	10	7	19
补4	1~4灰	3	9	8	20
C5	1~4灰	2	8	8	18

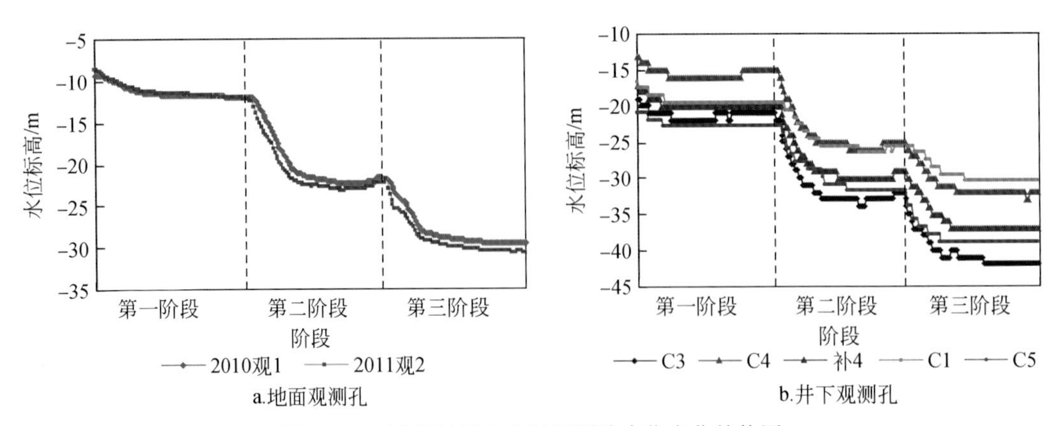

图 6-5　太原组灰岩含水层观测孔水位变化趋势图

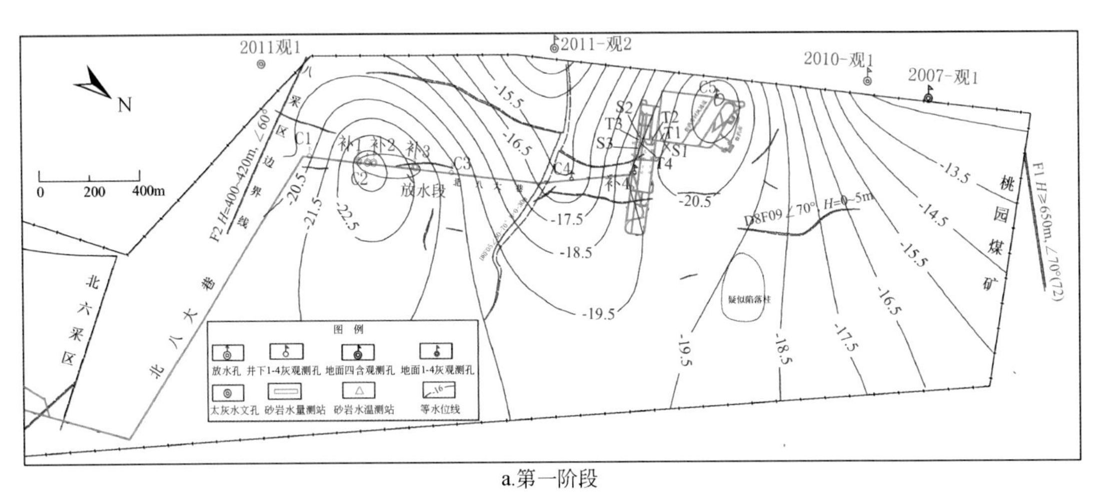

a.第一阶段

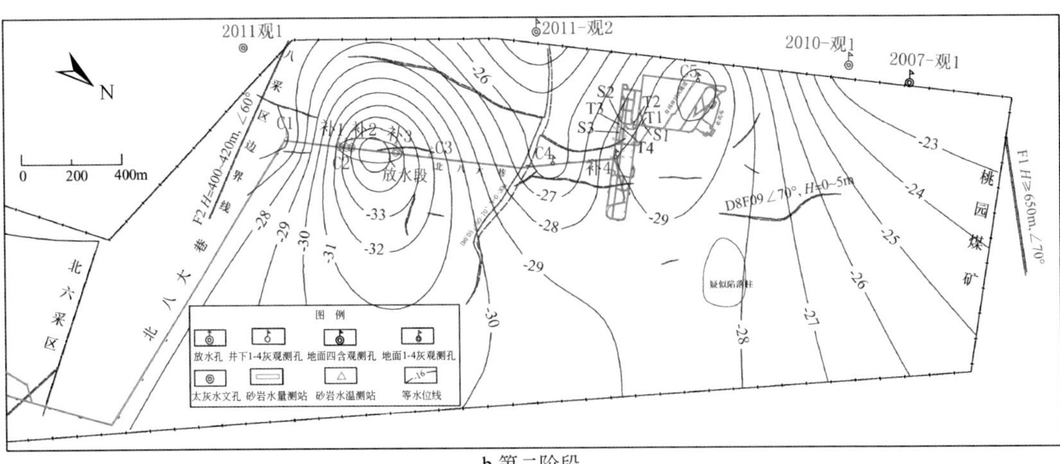

b.第二阶段

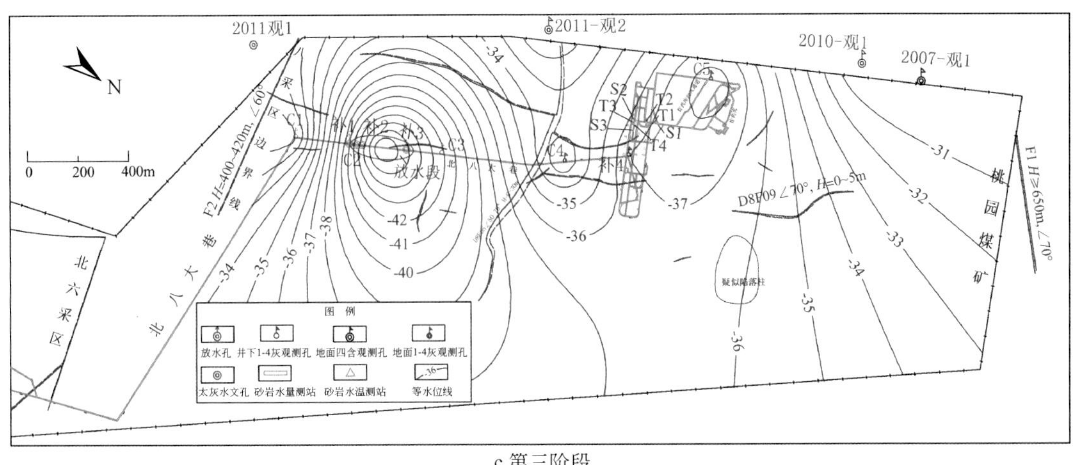

c.第三阶段

图6-6　放水各阶段太灰水位最大降深等值线示意图

（2）井下各观测孔降深最大为C3孔，为23m，最小为C1孔，为14m。从井下各观测孔离放水孔距离来看，离放水孔越远降深越小，放水区往北，C3最近，离补3放水孔约142m，往后依次是C4、补4、C5。放水孔水位迅速下降说明太灰水静储量小，降落漏斗扩展迅速，径流条件较好，太灰1~4灰渗透系数较大；水位稳定时间短，能达到似稳定状态或保持缓慢的发展趋势，说明补给丰富。另外从位于断层DF5两侧的C3孔和C4孔水位同步变化的情况来看，DF5断层隔水性差，存在一定的导水性。

（3）从2010观1和2011观2两个1-4灰观测孔来看，三阶段总水位下降值都在20m以上，且相差不大，距离放水段较近的2011观2孔比2010观1大2m，说明1~4灰区域连通性好。第三阶段放水量增加，但水位下降值比第二阶段小，进一步说明区域补给较强。

（4）定流量放水，太灰水位降深随时间延长而增大，且由表6-11可知，太灰的单位降深（单位放水量的降深）随放水量的增加由第一阶段至第二阶段明显变大，而由第二阶段至第三阶段又变小；由第一阶段至第二阶段降深的倍比大于流量的倍比，而第二阶段至第三阶段降深的倍比又小于流量的倍比，说明区域钻孔控制范围内太灰动储量（外来补给量）与静储量并存，且以动储量为主。同时也说明，随放水量的增大，放水时间的延长，岩溶裂隙通道进一步疏通，导水性增强，同时也增强了补给通道的畅通性。

表6-11　太原组1~4灰单位降深和降深倍比对比表

放水流量/(m³/h)	流量倍比	C1孔			C3孔			C4孔			2010观1孔		
		降深/m	单位降深/$\left(\frac{m}{m^3/h}\right)$	降深倍比	降深/m	单位降深/$\left(\frac{m}{m^3/h}\right)$	降深倍比	降深/m	单位降深/$\left(\frac{m}{m^3/h}\right)$	降深倍比	降深/m	单位降深/$\left(\frac{m}{m^3/h}\right)$	降深倍比
95	1	3	0.032	1	2	0.021	1	2	0.021	1	2.72	0.029	1
203	2.14	6	0.030	2	11	0.054	5.5	10	0.032	5	9.80	0.048	3.60
313	3.29	5	0.016	1.67	10	0.032	5	7	0.022	3.5	7.81	0.025	2.87

6.3.3　含水层之间的水力联系程度分析

1）与奥陶系灰岩含水层的水力联系

本次放水试验所用的奥陶系灰岩含水层观测孔有2个（98观1、2001观1），均位于北八采区之南部，两者相隔F2断层（图6-1）。放水期间，两孔水位均呈现均匀下降趋势（图6-7），分别下降了1.23m和2.75m（表6-10）。分析认为，由于F2断层的影响，南区奥陶系灰岩与北八采区太原组灰岩对接，导致两含水层相通，北八采区太原组灰岩含水层接受了奥陶系灰岩水的补给，两者存在密切的水力联系，同时也说明F2断层在此段具有导水性。

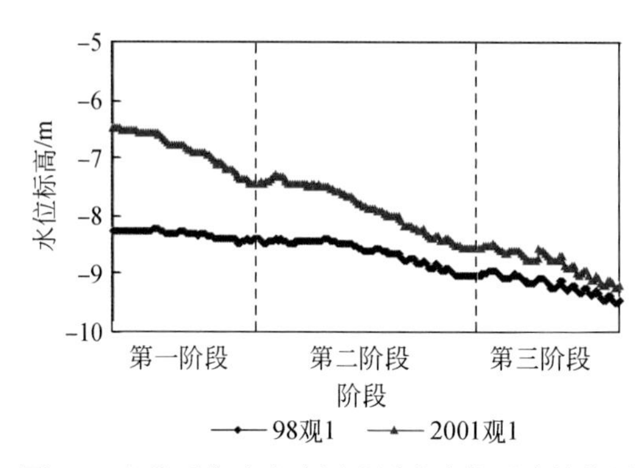

图6-7　奥陶系灰岩含水层观测孔水位下降趋势图

2）与四含的水力联系

放水初期，北八采区四含观测孔2007观1水位变化很小，从第二阶段加大放水量后，水位下降速度加大（图6-8a），下降值与奥陶系灰岩含水层水位下降值基本一致；并且在该区，奥陶系灰岩水、太原组灰岩水和四含水的初始水位基本一致，说明该区域四含与1～4灰存在水力联系，这是因为2007观1孔正好位于太原组灰岩露头区；而位于南区的四含观测孔2003观1孔水位基本不变（图6-8b），水位变化不受放水试验影响。

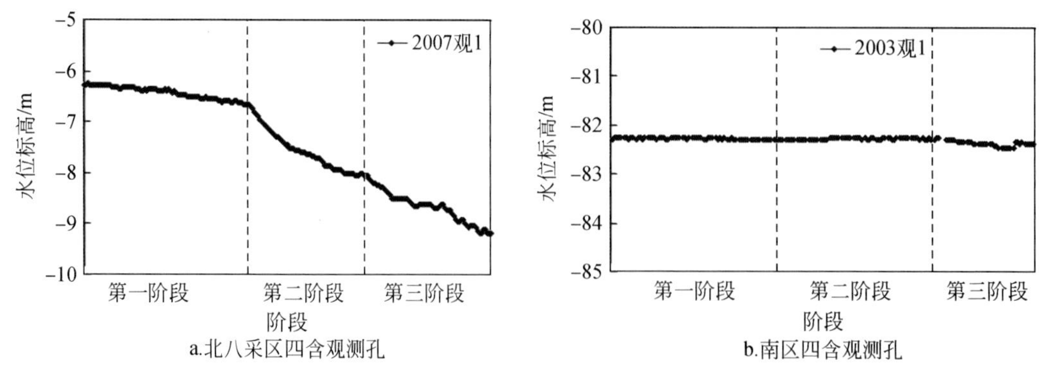

图6-8　北八采区四含观测孔水位下降趋势图

3）与太灰下部含水层的水力联系

位于南区的98观3孔观测的5～11灰，水位基本保持不变（图6-9），甚至在第一阶段还略有上升（0.06m），水位变化不受放水试验影响。由此说明南区的5～11灰与北八采区的1～4灰没有沟通，表明F2断层在此段具有阻水性。

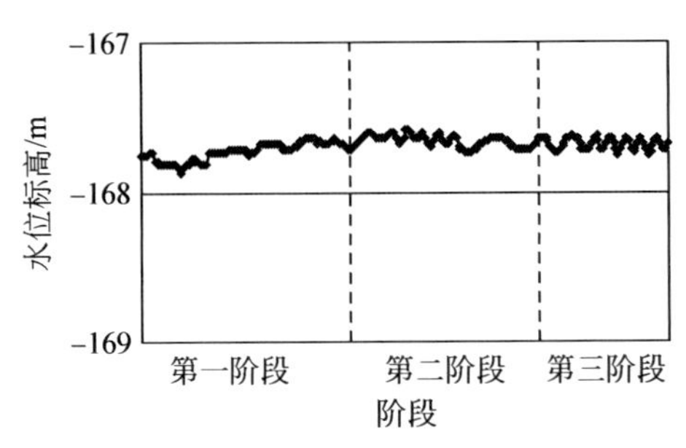

图6-9　放水阶段地面5-11灰观测孔（98观3）水位变化趋势图

6.3.4　水位恢复阶段水位观测成果分析

放水孔关闭后进行了水位恢复观测工作，观测结果见表6-6。各观测孔的水位恢复历时曲线如图6-10～图6-13所示，最终水位恢复流场图如图6-14所示。

从表6-6和图6-10～图6-14可以看出，放水孔关阀以后多数观测孔水位恢复现象明显，1～4灰观测孔能较快恢复到初始水位，奥灰及四含水位恢复相对缓慢。井下和地面太灰孔（1～4灰）均出现了负降深，主要是因为C2孔用水后产生了一定的降落漏斗，正式放水时水位没有完全恢复，因此放水孔附近观测孔的初始水位低于天然流场下的原始水位，水位恢复后出现了负降深。

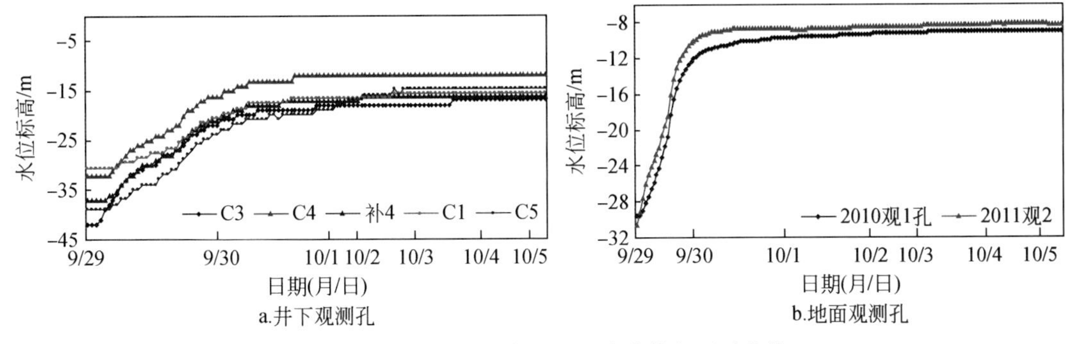

图6-10　恢复阶段太灰观测孔水位恢复历时曲线

位于南区的98观1和2001观1两个奥灰观测孔仍分别有0.52m和0.41m的剩余降深，水位恢复缓慢，并有一定的滞后性。

北八采区四含观测孔2007观1仍有0.33m的剩余降深，水位恢复缓慢，并有一定的滞后性。2003观1孔水位变化不受放水试验恢复阶段影响。

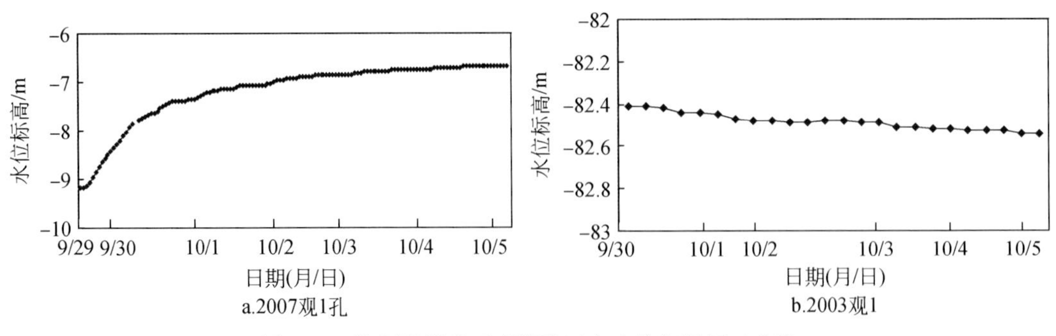

图 6-11　恢复阶段地面观测孔四含水位恢复历时曲线

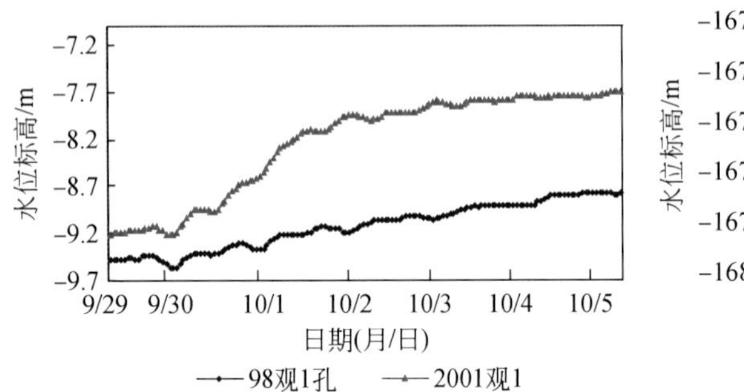

图 6-12　恢复阶段地面观测孔奥灰水位恢复历时曲线

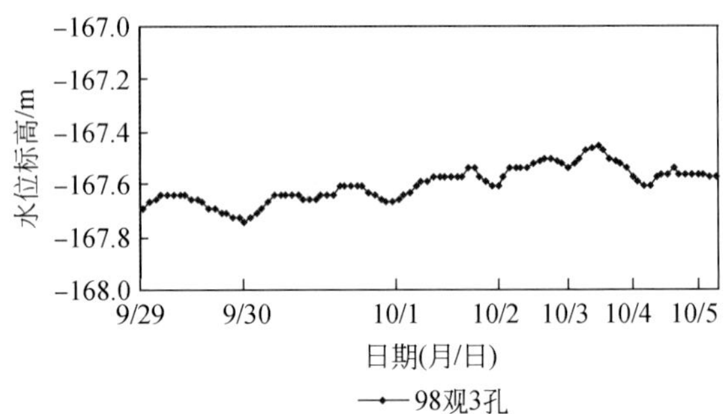

图 6-13　恢复阶段地面观测孔太原组 5-11 灰水位恢复历时曲线

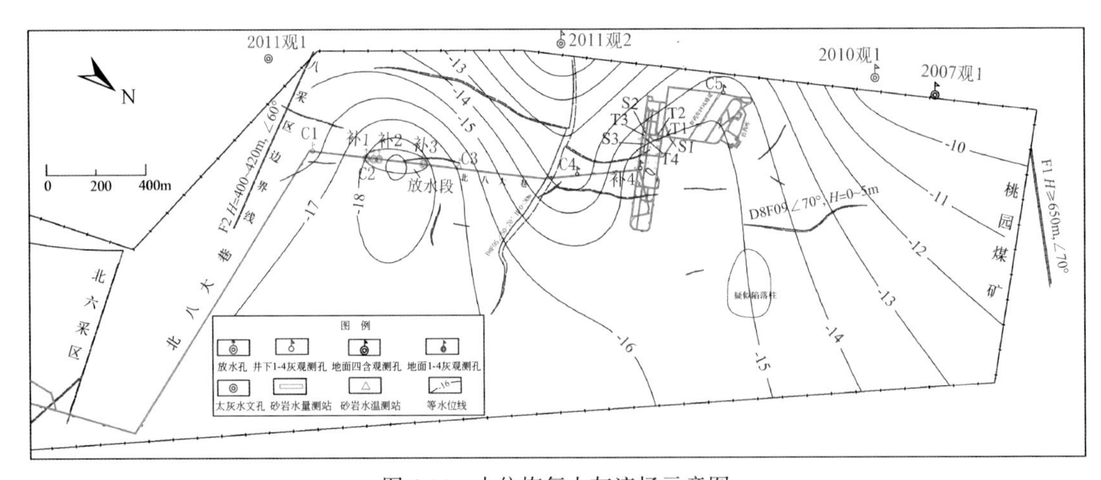

图 6-14　水位恢复太灰流场示意图

南区 5-11 灰 98 观 3 孔水位基本保持不变，水位变化未受水位恢复影响，说明南区 5-11 灰与北八采区的 1～4 灰无直接水力联系。

综上可知，北八采区太灰含水层受南区奥灰含水层的侧向补给，在北八露头区与四含存在水力联系，与放水阶段所揭示的现象基本一致。

6.3.5　上部车场测水站水量观测成果分析

为了查明上部车场砂岩涌水水源，设置了2个测水站，于放水试验期间同步进行了水量监测，观测结果见表6-8，其变化趋势如图6-15所示。从表中监测数据可以看出，井下太灰放水对上部车场砂岩涌水量有一定影响，总体趋势为，随放水持续进行，砂岩涌水逐渐减小。放水试验初期，水量基本不变，1#测水站水量平均为40m³/h左右，2#测水站水量平均为30m³/h左右，之后快速下降，且有滞后性，第一阶段后水量降低速度减缓。不同阶段各测水站涌水量统计结果为：第一阶段，1#站平均为30.51m³/h，2#站平均为25.33m³/h；第二阶段，1#站平均为25.15m³/h，2#站平均为21.23m³/h；第三阶段，1#站平均为24.50m³/h，2#站平均为20.39m³/h。说明因井下太灰放水，导致奥灰补给，降低了奥灰水头，使其补给砂岩裂隙的水量减少，这与该区域水温、水质监测结果是一致的。

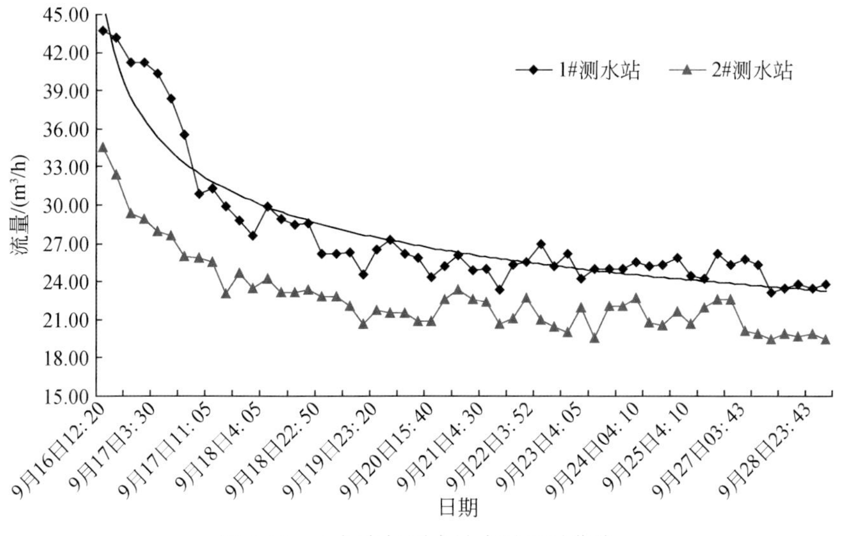

图6-15　上部车场测水站水量历时曲线

6.3.6　放水试验中各含水层水温变化特征

放水试验期间，对四个放水孔的水温变化进行了监测，同时在上部车场设置了四个测温点，对砂岩水的水温变化也进行了监测，用于分析太灰及砂岩水与外界补给源和其他含水层的水力联系情况。

1）上部车场砂岩水水温变化特征

上部车场各测温点水温测试结果见表6-9，其变化趋势见图6-16。从表中可以看出，该区域砂岩水水温较高，平均为29.2～30.1℃（气温达22.2～23.6℃），且由外向内，温度逐渐升高。并且随放水时间的增加，水温有减小的趋势（图6-16），这与该处出水量减小趋势是一致的。

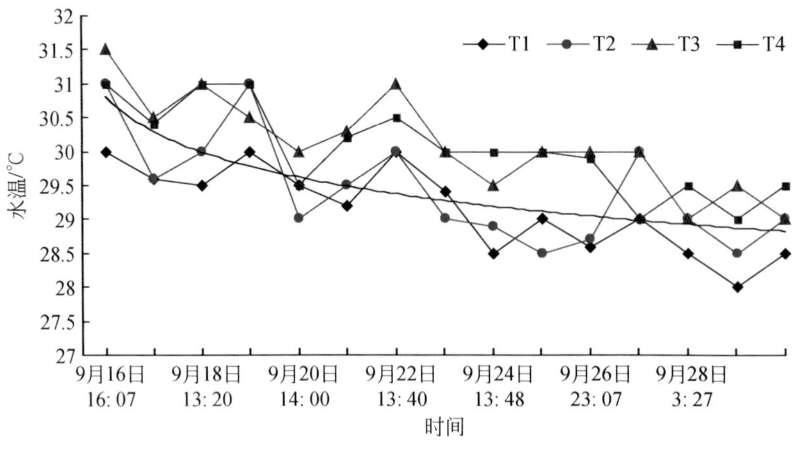

图 6-16　北八采区上部车场砂岩水测温点水温变化历时曲线图

2）太灰放水孔水温变化特征

各放水孔水温测试结果见表 6-7，其变化趋势见图 6-17。从表中可以看出，该区域太灰水水温较高，平均为 35.6℃（气温达 27℃以上），大部分测试水温数据在 37℃以上，高于正常太灰水温度；但随放水时间的增加，水温略有上升，但变化幅度不大（图 6-17）。

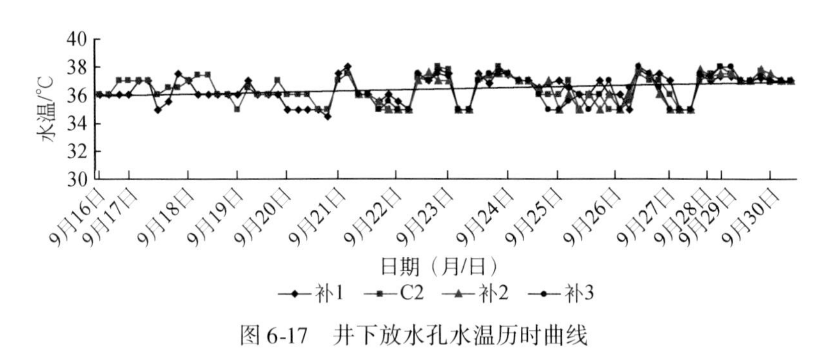

图 6-17　井下放水孔水温历时曲线

6.4　太灰含水层水文地质参数求解

水文地质参数是水文地质条件中反映含水层或透水层水文地质性能的指标，是进行地下水资源评价、含水层污染风险评价以及地下水数值模拟和溶质运移模拟的前提条件（李培月，2011），其精确度直接影响后期水文工作。

基于放水试验的含水层参数计算，尤其是渗透系数 k 这一参数的求解，是了解含水层富水性强弱、地下水渗流场特点及含水层可疏放性的重要方法（房佩贤等，1996；曹剑锋等，2006；王大纯和张人权，1995；潘国营和王佩璐，2011；陈丽红等，2004），为矿井防治水方法的选择提供依据，对保证煤矿安全开采有重要的意义。

通常采用稳定流“大井法”或采用 Theis 图解法、Jacob 直线图解法、拐点法、水位恢复法等方法来求取承压含水层水文地质参数（Haeth，1987；肖长来等，2005；刘元会和常安定，2009；张全兴和常安定，2008；李涛等，2011）。

但目前我国大多数矿井利用放水试验所得数据进行渗透系数求解时，未考虑边界条件、放水孔水量变化及放水孔之间的相互干扰等因素，而 Theis 公式是在无外界补给的无限承压含水层单井定流量放水条件下推导出的（薛禹群，1986），但是对于实际工程，单孔定流量放水很难得到理想的效果，通常采用群孔分阶段阶梯流量的方式进行放水，在以往矿井放水试验中，也大都是在群孔变流量的条件下进行（许光泉和桂和荣，2002）。有学者利用阶梯流量的水位恢复法求取含水层渗透系数（韩东亚和葛晓光，2008），但对于考虑放水边界条件性质、流量变化及放水孔相互影响等因素的含水层渗透系数求解方法还研究较少。因此，为了使计算结果更符合实际，全面考虑影响放水试验的各种因素，本书提出了补给边界条件下，群孔阶梯流量放水试验的含水层渗透系数计算公式，并结合实际工程对公式进行了验证。

6.4.1　解析法计算

1. 利用稳定流理论计算水文地质参数

1）理论依据

放水孔自南向北依次为补1、C2、补2和补3四孔，呈“一”字形排列，最外侧两孔之间的距离为220m，可概化为一个井点，中心坐标为 $X=3717278$，$Y=39501070$。井点南侧494m为F2断层，属补给边界，由于放水阶段奥灰最大水位降深仅2.69m，基本属于定水头补给边界。因此，北八采区太灰含水层为一个半无限含水层，参数计算时应采用边界井流公式（薛禹群，1986）。

为方便计算，把放水试验现场概化为以F2断层为对称轴，北侧494m处的实井和南侧494m的虚井（坐标 $X=3716292$，$Y=39501200$）同时工作，实井为放水井，虚井为注水井，注水流量与放水流量相同。这样，就把放水试验的半无限含水层简化为两井同时工作的无限含水层，见图6-18。

（1）依据稳定流理论，按承压含水层两个观测孔计算水文地质参数公式推导如下：

设边界距实井距离为 a。平面上任取一点 A，A 到实井的距离为 $r_{实}$，到虚井的距离为 $r_{虚}$。则 A 点的势为

$$\varphi_A=\frac{Q}{2\pi}\ln r_{实}+c_1+\frac{-Q}{2\pi}\ln r_{虚}+c_2=\frac{Q}{2\pi}\ln\frac{r_{实}}{r_{虚}}+C \tag{6-1}$$

式中，$\varphi=KMH=TH$，称为承压水井流势函数。

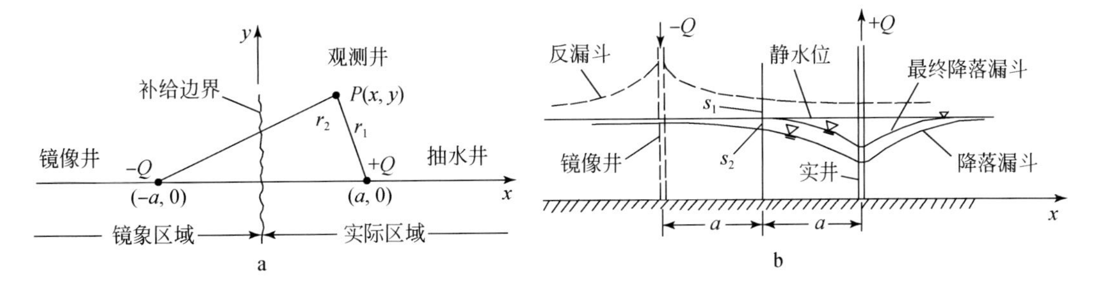

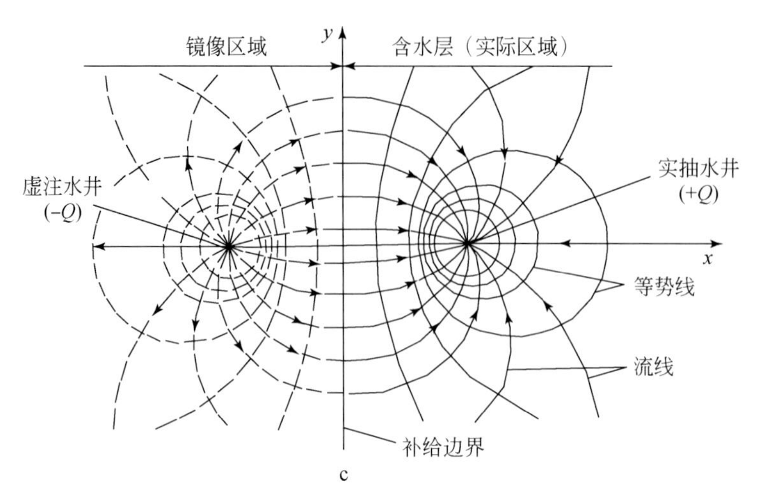

图 6-18　直线补给边界附近的稳定井流示意图（薛禹群，1986）

把 A 点移到观测孔 1 上，有

$$\varphi_1 = \frac{Q}{2\pi}\ln\frac{r_{实1}}{r_{虚1}} + C \tag{6-2}$$

把 A 点移到观测孔 2 上，有

$$\varphi_2 = \frac{Q}{2\pi}\ln\frac{r_{实2}}{r_{虚2}} + C \tag{6-3}$$

由式（6-3）和式（6-2）得

$$\varphi_2 - \varphi_1 = \frac{Q}{2\pi}\ln\frac{r_{实2}r_{虚1}}{r_{虚2}r_{实1}} \tag{6-4}$$

将 $\varphi = KMH = TH$ 代入式（6-4），则

$$T(H_2 - H_1) = \frac{Q}{2\pi}\ln\frac{r_{实2}r_{虚1}}{r_{虚2}r_{实1}}$$

$$T = \frac{Q}{2\pi(H_2 - H_1)}\ln\frac{r_{实2}r_{虚1}}{r_{虚2}r_{实1}} \tag{6-5}$$

式中，T 为导水系数（$T=KM$，m^2/d）；Q 为放水流量，m^3/d；H 为不同观测孔水位，m；r 为不同观测孔分别至实井、虚井的距离，m。

（2）依据稳定流理论，按承压含水层 1 个观测孔计算水文地质参数公式推导如下：

设抽水井的流量为 Q，井中心至边界的垂直距离为 a，则在边界的另一侧 $-a$ 的位置上映出一口流量为 $-Q$ 的注水井。因为承压水的降深 s 为线性函数，故可进行叠加。

$$s = s_1 + (-s_2) = \frac{Q}{2\pi T}\ln\frac{R}{r_1} + \frac{-Q}{2\pi T}\ln\frac{R}{r_2} = \frac{Q}{2\pi T}\ln\frac{r_2}{r_1} \tag{6-6}$$

则

$$T = \frac{Q}{2\pi s}\ln\frac{r_2}{r_1} \tag{6-7}$$

式中，s 为边界附近任一观测孔的降深值，m；s_1 为由实井引起的降深，m；s_2 为由虚井引起的降深，m；r_1为观测孔距实井的距离，m；r_2为观测孔距虚井的距离，m。

2）参数计算

（1）根据式（6-5），利用两两观测孔资料，对各孔不同阶段的水文地质参数进行了计算，结果见表 6-12。

表 6-12a　利用地面观测孔 2010 观 1 孔、2011 观 2 孔资料计算结果

阶段	稳定流量 /(m^3/d)	2010 观 1 孔			2011 观 2 孔			导水系数 T/(m^2/d)
		稳定水位 /m	距实井距离/m	距虚井距离/m	稳定水位 /m	距实井距离/m	距虚井距离/m	
第一阶段	1692.00	-11.91	1921	2785.7	-12.05	794.5	1550	570.8843
第二阶段	4123.68	-21.63	1921	2785.7	-22.27	794.5	1550	304.3552
第三阶段	7051.68	-29.45	1921	2785.7	-30.46	794.5	1550	329.7972

表 6-12b　利用井下观测孔 C1 孔、C3 孔资料计算结果

阶段	稳定流量 /(m^3/d)	C1 孔			C3 孔			导水系数 T/(m^2/d)
		稳定水位 /m	距实井距离/m	距虚井距离/m	稳定水位 /m	距实井距离/m	距虚井距离/m	
第一阶段	1692.00	-19.54	362.7	662.8	-20.93	241.9	1225.5	197.6473
第二阶段	4123.68	-25.54	362.7	662.8	-31.93	241.9	1225.5	104.7827
第三阶段	7051.68	-30.54	362.7	662.8	-41.93	241.9	1225.5	100.5250

表 6-12c　利用井下观测孔 C1 孔、C4 孔资料计算结果

阶段	稳定流量 /(m^3/d)	C1 孔			C4 孔			导水系数 T/(m^2/d)
		稳定水位 /m	距实井距离/m	距虚井距离/m	稳定水位 /m	距实井距离/m	距虚井距离 m	
第一阶段	1692.00	-19.54	362.7	662.8	-15.09	710.6	1677.2	-15.4920
第二阶段	4123.68	-25.54	362.7	662.8	-25.08	710.6	1677.2	-365.2530
第三阶段	7051.68	-30.54	362.7	662.8	-32.09	710.6	1677.2	185.3649

表 6-12d　利用井下观测孔 C1 孔、补 4 孔资料计算结果

阶段	稳定流量 /(m^3/d)	C1 孔			补 4 孔			导水系数 T/(m^2/d)
		稳定水位 /m	距实井距离/m	距虚井距离/m	稳定水位 /m	距实井距离/m	距虚井距离/m	
第一阶段	1692.00	-19.54	362.7	662.8	-20.08	967.1	1920.6	41.5086
第二阶段	4123.68	-25.54	362.7	662.8	-29.08	967.1	1920.6	15.4317
第三阶段	7051.68	-30.54	362.7	662.8	-37.08	967.1	1920.6	14.2839

表 6-12e　利用井下观测孔 C1 孔、C5 孔资料计算结果

阶段	稳定流量 /(m^3/d)	C1 孔			C5 孔			导水系数 T/(m^2/d)
		稳定水位/m	距实井距离/m	距虚井距离/m	稳定水位/m	距实井距离/m	距虚井距离/m	
第一阶段	1692.00	-19.54	362.7	662.8	-22.83	1332.3	2210.7	-7.9022
第二阶段	4123.68	-25.54	362.7	662.8	-31.83	1332.3	2210.7	-10.0735
第三阶段	7051.68	-30.54	362.7	662.8	-38.83	1332.3	2210.7	-13.0702

表 6-12f　利用井下观测孔 C3 孔、C4 孔资料计算结果

阶段	稳定流量 /(m^3/d)	C3 孔			C4 孔			导水系数 T/(m^2/d)
		稳定水位/m	距实井距离/m	距虚井距离/m	稳定水位/m	距实井距离/m	距虚井距离/m	
第一阶段	1692.00	-20.93	241.9	1225.5	-15.09	710.6	1677.2	35.2381
第二阶段	4123.68	-31.93	241.9	1225.5	-25.08	710.6	1677.2	73.2182
第三阶段	7051.68	-41.93	241.9	1225.5	-32.09	710.6	1677.2	87.1610

表 6-12g　利用井下观测孔 C3 孔、补 4 孔资料计算结果

阶段	稳定流量 /(m^3/d)	C3 孔			补 4 孔			导水系数 T/(m^2/d)
		稳定水位/m	距实井距离/m	距虚井距离/m	稳定水位/m	距实井距离/m	距虚井距离/m	
第一阶段	1692.00	-20.93	241.9	1225.5	-20.08	967.1	1920.6	296.8413
第二阶段	4123.68	-31.93	241.9	1225.5	-29.08	967.1	1920.6	215.7660
第三阶段	7051.68	-41.93	241.9	1225.5	-37.08	967.1	1920.6	216.8172

表 6-12h　利用井下观测孔 C3 孔、C5 孔资料计算结果

阶段	稳定流量 /(m^3/d)	C3 孔			C5 孔			导水系数 T/(m^2/d)
		稳定水位/m	距实井距离/m	距虚井距离/m	稳定水位/m	距实井距离/m	距虚井距离/m	
第一阶段	1692.00	-20.93	241.9	1225.5	-22.83	1332.3	2210.7	-158.2780
第二阶段	4123.68	-31.93	241.9	1225.5	-31.83	1332.3	2210.7	7329.2330
第三阶段	7051.68	-41.93	241.9	1225.5	-38.83	1332.3	2210.7	404.3007

（2）根据式（6-7），利用单一观测孔资料，对各孔不同阶段的水文地质参数进行了计算，计算结果见表 6-13。

表 6-13a　利用井下观测孔 C1 孔资料计算结果

阶段	稳定流量 /(m/d)	C1 孔				导水系数 $T/(m^2/d)$	渗透系数 $k/(m/d)$	
		稳定水位 /m	距实井距离 /m	距虚井距离 /m	降深 /m		单值	平均值
初始值		-16.54	362.7	662.8				
第一阶段	1692.00	-19.54	362.7	662.8	3	54.1456	1.6408	1.4797
第二阶段	4123.68	-25.54	362.7	662.8	9	43.9872	1.3329	
第三阶段	7051.68	-30.54	362.7	662.8	14	48.3558	1.4653	

表 6-13b　利用井下观测孔 C3 孔资料计算结果

阶段	稳定流量 /(m/d)	C3 孔				导水系数 $T/(m^2/d)$	渗透系数 $k/(m/d)$	
		稳定水位 /m	距实井距离 /m	距虚井距离 /m	降深 /m		单值	平均值
初始值		-18.93	241.9	1225.5				
第一阶段	1692.00	-20.93	241.9	1225.5	2	218.5832	6.6237	3.8359
第二阶段	4123.68	-31.93	241.9	1225.5	13	81.9574	2.48356	
第三阶段	7051.68	-41.93	241.9	1225.5	23	79.2157	2.4005	

表 6-13c　利用井下观测孔 C4 孔资料计算结果

阶段	稳定流量 /(m/d)	C4 孔				导水系数 $T/(m^2/d)$	渗透系数 $k/(m/d)$	
		稳定水位 /m	距实井距离 /m	距虚井距离 /m	降深 /m		单值	平均值
初始值		-13.085	710.6	1677.2				
第一阶段	1692.00	-15.085	710.6	1677.2	2	115.6880	3.5057	2.1559
第二阶段	4123.68	-25.085	710.6	1677.2	12	46.9918	1.4240	
第三阶段	7051.68	-32.085	710.6	1677.2	19	50.7524	1.5379	

表 6-13d　利用井下观测孔补 4 孔资料计算结果

阶段	稳定流量 /(m/d)	补 4 孔				导水系数 $T/(m^2/d)$	渗透系数 $k/(m/d)$	
		稳定水位 /m	距实井距离 /m	距虚井距离 /m	降深 /m		单值	平均值
初始		-17.08	967.1	1920.6				
第一阶段	1692.00	-20.08	967.1	1920.6	3	61.6171	1.8672	1.3907
第二阶段	4123.68	-29.08	967.1	1920.6	12	37.5427	1.1377	
第三阶段	7051.68	-37.08	967.1	1920.6	20	38.5199	1.1673	

表 6-13e 利用井下观测孔 C5 孔资料计算结果

阶段	稳定流量/(m/d)	C5 孔				导水系数 $T/(m^2/d)$	渗透系数 $k/(m/d)$	
		稳定水位/m	距实井距离/m	距虚井距离/m	降深/m		单值	平均值
初始		-20.83	1332.3	2210.7				
第一阶段	1692.00	-22.83	1332.3	2210.7	2	68.2192	2.0673	1.3135
第二阶段	4123.68	-31.83	1332.3	2210.7	11	30.2293	0.9160	
第三阶段	7051.68	-38.83	1332.3	2210.7	18	31.5905	0.9573	

表 6-13f 利用地面观测孔 2010 观 1 孔资料计算结果

阶段	稳定流量/(m/d)	2010 观 1 孔				导水系数 $T/(m^2/d)$	渗透系数 $k/(m/d)$	
		稳定水位/m	距实井距离/m	距虚井距离/m	降深/m		单值	平均值
初始		-9.24	1921	2785.7				
第一阶段	1692.00	-11.91	1921	2785.7	2.67	37.5031	1.1365	0.7864
第二阶段	4123.68	-21.63	1921	2785.7	12.39	19.6966	0.5969	
第三阶段	7051.68	-29.45	1921	2785.7	20.21	20.6493	0.6257	

表 6-13g 利用地面观测孔 2011 观 2 孔资料计算结果

阶段	稳定流量/(m/d)	2011 观 2 孔				导水系数 $T/(m^2/d)$	渗透系数 $k/(m/d)$	
		稳定水位/m	距实井距离/m	距虚井距离/m	降深/m		单值	平均值
初始		-8.48	794.5	1550				
第一阶段	1692.00	-12.05	794.5	1550	3.57	50.4362	1.5284	1.1758
第二阶段	4123.68	-22.27	794.5	1550	13.79	31.8222	0.9643	
第三阶段	7051.68	-30.46	794.5	1550	21.98	34.1409	1.0346	

2. 利用非稳定流理论计算水文地质参数

1）公式推导

此次放水试验现场条件极其复杂，既涉及补给边界虚、实两井的势叠加，又涉及阶梯流量的势叠加，还涉及干扰井势叠加。因此，本书在 Theis 公式和非稳定流承压含水层阶梯流量井流公式的基础上，利用叠加原理和镜像原理提出了补给边界条件下群孔阶梯流量放水的承压含水层渗透系数求解公式（翟晓荣等，2014）。

Theis 公式表达式如下（薛禹群，1997）：

$$\begin{cases} s = \dfrac{Q}{4\pi T}W(u) \\ W(u) = \displaystyle\int_u^{\infty} \dfrac{e^{-u}}{u}du \\ u = \dfrac{r^2 u^*}{4Tt} \end{cases} \tag{6-8}$$

式中，s 为降深，m；Q 为流量，m^3/h；T 为导水系数，m^2/d；$W(u)$ 为井函数；r 为观测孔距放水孔（虚、实井）的距离，m；u^* 为储水系数；t 为试验延续时间，d。

阶梯流量井流基本公式为

$$s=\frac{1}{4\pi T}\sum_{i=1}^{n}(Q_i-Q_{i-1})W\left(\frac{r^2\mu^*}{4T(t-t_{i-1})}\right),\quad t_{i-1}<t<t_i,\ t=t_0=0\ 相应的\ Q_0=0 \tag{6-9}$$

对于直线补给边界条件下的放水井，根据镜像原理，可看作在补给边界两侧对称位置，实井放水井和虚井注水井同时工作的无限含水层中的放（注）水问题（薛禹群，1997）。这样，利用虚井把有界含水层的求解转化为无限含水层问题，可基于 Theis 公式进行求解。则任一观测孔的水位降深为

$$s=s_{实}+s_{虚}=\frac{Q}{4\pi T}W\left(\frac{r_{实}^2\mu^*}{4Tt}\right)+\frac{-Q}{4\pi T}W\left(\frac{r_{虚}^2\mu^*}{4Tt}\right)=\frac{Q}{4\pi T}\left(W\left(\frac{r_{实}^2\mu^*}{4Tt}\right)-W\left(\frac{r_{虚}^2\mu^*}{4Tt}\right)\right) \tag{6-10}$$

对于有 n 个放水孔的干扰井，流量呈 m 个阶梯变化，第一个阶梯开始时间为 t_0，结束时间为 t_1，第二阶梯结束时间为 t_2，依次类推。设 $Q_{i,j}$ 表示第 i 个放水孔第 j 阶梯的放水量。根据势叠加原理，任一观测孔在试验时间为 t 时刻的水位降为

$$s=\frac{1}{4\pi T}\sum_{i=1}^{n}\sum_{j=1}^{m}\left((Q_{i,j}-Q_{i,j-1})W\left(\frac{r_i^2\mu^*}{4T(t-t_{j-1})}\right)\right),\ t_{j-1}<t<t_j,\ t=t_0=0\ 相应的\ Q_{i,t_0}=0 \tag{6-11}$$

对于干扰井、阶梯流量的补给边界井，则有

$$s=\frac{1}{4\pi T}\sum_{i=1}^{n}\sum_{j=1}^{m}\left((Q_{i,j}-Q_{i,j-1})\left(W\left(\frac{r_{i实}^2\mu^*}{4T(t-t_{j-1})}\right)-W\left(\frac{r_{i虚}^2\mu^*}{4T(t-t_{j-1})}\right)\right)\right) \tag{6-12}$$

预先给定含水层导水系数 T 和储水系数 μ^*，用式（6-12）计算某一观测孔水位降，并与实际观测值相比较，不断调整给定的参数，直到计算结果与观测值最为接近，这时给定的参数就是需要计算的参数。

为方便计算，把式（6-12）进行适当变形。

令：$\dfrac{r_{i实}^2\mu^*}{4T(t-t_{j-1})}=u_1$、$\dfrac{r_{i虚}^2\mu^*}{4T(t-t_{j-1})}=u_2$

根据井函数展开式

$$W(u_1)=-0.577216-\ln u_1+\sum_{k=1}^{x}(-1)^{k+1}\frac{u_1^k}{k\times k!}$$

$$W(u_2)=-0.577216-\ln u_2+\sum_{k=1}^{x}(-1)^{k+1}\frac{u_2^k}{k\times k!}$$

则：$W(u_1)-W(u_2)=\ln\dfrac{u_2}{u_1}+\sum\limits_{k=1}^{x}(-1)^{k+1}\dfrac{u_1^k-u_2^k}{k\times k!}$

代入式（6-12）并使用 u 的参数：

$$s=\frac{1}{4\pi T}\sum_{i=1}^{n}\sum_{j=1}^{m}\left((Q_{i,j}-Q_{i,j-1})\left(2\ln\frac{r_{实}}{r_{虚}}-\sum_{k=1}^{x}(-1)^{k+1}\left(\frac{\mu^*}{4T(t-t_{j-1})}\right)^k\frac{r_{实}^{2k}-r_{虚}^{2k}}{k\times k!}\right)\right) \tag{6-13}$$

当试验时间 t 足够大，并满足 $u<0.01$ 时，则式（6-13）中交错级数部分可以舍掉，公式转化为

$$s=\frac{1}{2\pi T}\sum_{i=1}^{n}\sum_{j=1}^{m}\left((Q_{i,j}-Q_{i,j-1})\ln\frac{r_{i虚}}{r_{i实}}\right) \tag{6-14}$$

式（6-14）中没有包含时间因素 t，表示存在补给边界时，放水一定时间以后，水位降深能够达到稳定。在单对数坐标纸上作 $s-t$ 曲线，早期（漏斗未扩展到补给边界）的曲线为一斜率为 k 的直线，后期（漏斗已扩展到补给边界）的曲线为一水平直线。

利用后期资料求参相当于稳定流放水试验，由式（6-14）可得导水系数 T 的计算公式为

$$T=\frac{1}{2\pi s}\sum_{i=1}^{n}\sum_{j=1}^{m}\left((Q_{i,j}-Q_{i,j-1})\ln\frac{r_{i虚}}{r_{i实}}\right) \tag{6-15}$$

渗透系数与导水系数关系为

$$k=T/M \tag{6-16}$$

式中，k 为含水层渗透系数，m/d；T 为含水层导水系数，m^2/d；M 为含水层厚度，m。

根据式（6-15）、式（6-16）即可得含水层渗透系数的计算公式：

$$k=\frac{1}{2\pi sM}\sum_{i=1}^{n}\sum_{j=1}^{m}\left((Q_{i,j}-Q_{i,j-1})\ln\frac{r_{i虚}}{r_{i实}}\right) \tag{6-17}$$

2）参数计算

根据式（6-13），用最小二乘法编程计算，即可得到 T，u^*。不同观测孔与各放水孔实井和虚井距离如表 6-14 所示。

表 6-14　利用不同观测孔计算时实井和虚井半径一览表　（单位：m）

放水孔	观测孔													
	C1 孔		C3 孔		C4 孔		补 4 孔		C5 孔		10 观 1 孔		11 观 2 孔	
C2	$r_{1实}$	238.23	$r_{1实}$	349.09	$r_{1实}$	824.25	$r_{1实}$	1072.40	$r_{1实}$	1423.02	$r_{1实}$	2028.10	$r_{1实}$	875.30
	$r_{1虚}$	563.35	$r_{1虚}$	1119.00	$r_{1虚}$	1580.81	$r_{1虚}$	1818.60	$r_{1虚}$	2109.45	$r_{1虚}$	2711.62	$r_{1虚}$	1467.50
补 1	$r_{2实}$	214.45	$r_{2实}$	3728.84	$r_{2实}$	847.98	$r_{2实}$	1096.11	$r_{2实}$	1445.79	$r_{2实}$	2051.00	$r_{2实}$	894.50
	$r_{2虚}$	540.21	$r_{2虚}$	1097.55	$r_{2虚}$	1560.20	$r_{2虚}$	1798.65	$r_{2虚}$	2091.79	$r_{2虚}$	2694.40	$r_{2虚}$	1451.70
补 2	$r_{3实}$	339.96	$r_{3实}$	333.73	$r_{3实}$	722.55	$r_{3实}$	970.90	$r_{3实}$	1325.50	$r_{3实}$	2013.50	$r_{3实}$	863.60
	$r_{3虚}$	578.66	$r_{3虚}$	1133.36	$r_{3虚}$	1594.60	$r_{3虚}$	1832.13	$r_{3虚}$	2121.42	$r_{3虚}$	2723.30	$r_{3虚}$	1478.30
补 3	$r_{4实}$	445.00	$r_{4实}$	142.43	$r_{4实}$	617.77	$r_{4实}$	866.50	$r_{4实}$	1226.58	$r_{4实}$	1829.60	$r_{4实}$	720.00
	$r_{4虚}$	767.30	$r_{4虚}$	1309.62	$r_{4虚}$	1763.50	$r_{4虚}$	1996.00	$r_{4虚}$	2267.25	$r_{4虚}$	2864.40	$r_{4虚}$	1612.00

根据式（6-13），利用单一观测孔和不同放水孔资料，对不同阶段的水文地质参数进行了计算，计算结果见表 6-15。

表 6-15　Theis 公式试算法水文地质参数求解结果

阶段	$T/(m^2/d)$						
	C1	C3	C4	补4	C5	2010 观1孔	2011 观2孔
第一阶段	189. 38	285. 36	263. 04	137. 28	145. 2	68. 40	116. 64
第二阶段	149. 28	178. 10	95. 52	72. 024	47. 71	24. 22	67. 20
第三阶段	105. 12	125. 04	73. 20	52. 08	36. 22	13. 87	49. 92
平均	147. 93	196. 17	143. 92	87. 13	76. 38	35. 50	77. 92
$K/(m/d)$	4. 4827	5. 9445	4. 3612	2. 6402	2. 3144	1. 0756	2. 3612

根据式（6-15），利用单一观测孔和不同放水孔资料，对不同阶段的水文地质参数进行了计算，计算结果见表6-16。

表 6-16　Jacob 通用直线法水文地质参数求解结果

阶段	$T/(m^2/d)$						
	C1	C3	C4	补4	C5	2010 观1孔	2011 观2孔
第一阶段	77. 30	150. 89	81. 42	44. 60	49. 27	26. 55	36. 01
第二阶段	61. 03	99. 70	48. 01	44. 61	36. 00	22. 59	38. 68
第三阶段	53. 90	96. 81	58. 10	44. 09	36. 17	23. 23	38. 56
平均	64. 08	115. 80	62. 51	44. 43	40. 48	24. 12	37. 75
$K/(m/d)$	1. 9417	3. 5091	1. 8942	1. 3465	1. 2267	0. 7310	1. 1439

6. 4. 2　图解法求解

1. 基本原理和方法

此次放水试验是以太原组灰岩（1～4灰）含水层作为主要目标层，结合该含水层的水文地质特征和放水试验类型，符合承压水完整井定流量非稳定流特征。因此，该含水层的参数求取可通过承压水完整井定流量非稳定流的相关理论计算公式来进行，即著名的Theis公式（薛禹群，1997），其表达式如下：

$$\begin{cases} s = \dfrac{Q}{4\pi T}W(u) \\ u = \dfrac{r^2}{4at} = \dfrac{r^2 u^*}{4Tt} \end{cases} \tag{6-18}$$

式中，s 为降深，m；Q 为流量，m^3/h；T 为导水系数，m^2/d；$W(u)$ 为井函数；

r 为观测孔距放水孔的距离，m；a 为压力传导系数，m^2/d；u^* 为储水系数。

t 为试验延续时间，d。

1）配线法

对式（6-18）中的两式两端取对数有：

$$\lg s = \lg W(u) + \lg \frac{Q}{4\pi T}$$
$$\lg \frac{t}{r^2} = \lg \frac{1}{u} + \lg \frac{u^*}{4T} \tag{6-19}$$

两式右端的第二项在同一次放水试验中都是常数。因此，在双对数坐标系内，对于定流量放水 $s-\frac{t}{r^2}$ 曲线和 $W(u)-\frac{1}{u}$ 标准曲线在形态上是相同的，只是在横坐标平移了 $\frac{Q}{4\pi T}$ 和 $\frac{u^*}{4T}$ 的距离而已。只要将两曲线重合，任选一匹配点，记下对应的坐标值，代入式（6-1）中即可确定有关参数，此法称为降深–时间距离配线法。

同理，由实际资料绘制的 s–t 曲线和 s–r^2 曲线，分别与 $W(u)-\frac{1}{u}$ 和 $W(u)-u$ 标准曲线有相同的形状。因此，可以利用一个观测孔不同时刻的降深值，在双对数纸上绘出 s–t曲线和 $W(u)-\frac{1}{u}$ 标准曲线，进行拟合，此法称为降深–时间配线法，本次配线法参数求取即采用这种方法进行参数求解。

2）Jacob 直线图解法

对于 Theis 公式中的井函数 $W(u)$，当 $u\leqslant 0.01$ 或 $u\leqslant 0.05$ 时，井函数有其近似表示式为

$$W(u) \approx -0.577216 - \ln u = \ln \frac{2.25Tt}{r^2 u^*} \tag{6-20}$$

于是，Theis 公式可以近似地表示为

$$s = \frac{Q}{4\pi T}\frac{\ln 2.25Tt}{r^2 u^*} = \frac{0.183Q}{T}\lg \frac{2.25Tt}{r^2 u^*} \tag{6-21}$$

式（6-21）称为 Jacob 公式，因此，当 $u\leqslant 0.01$ 或 $u\leqslant 0.05$ 时，可以用 Jacob 公式计算参数。首先把它改写成下列形式：

$$s = \frac{2.3Q}{4\pi T}\lg \frac{2.25T}{u^*} + \frac{2.3Q}{4\pi T}\lg \frac{t}{r^2} \tag{6-22}$$

式（6-22）表明，s 与 $\lg \frac{t}{r^2}$呈线性关系，斜率为$\frac{2.3Q}{4\pi T}$。利用斜率可求出导水系数 T：

$$T = \frac{2.3Q}{4\pi i} \tag{6-23}$$

式中，i 为直线的斜率，此直线在零降深线上的截距为$\frac{t}{r^2}$。把它代入式（6-22）有

$$0 = \frac{2.3Q}{4\pi T}\lg \frac{2.25T}{u^*}\left(\frac{t}{r^2}\right) \tag{6-24}$$

因此，

$$\lg \frac{2.25T}{u^*}\left(\frac{t}{r^2}\right) = 0, \quad \frac{2.25T}{u^*}\left(\frac{t}{r^2}\right)_0 = 1 \tag{6-25}$$

于是得

$$u^{*} = 2.25T\left(\frac{t}{r^{2}}\right) \tag{6-26}$$

以上即利用综合资料（多孔长时间观测资料）求参数，称为 $s-\lg \frac{t}{r^{2}}$ 直线图解法，本次 Jacob 直线图解法参数求取即采用这种方法进行参数求解。

3）水位恢复试验

如不考虑水头惯性滞后动态，水井以流量 Q 持续放水 t_{p} 时间后停抽恢复水位，那么在时刻（$t>t_{p}$）的剩余降深 s'（原始水位与停抽后某一时刻水位之差），可理解为流量 Q 继续放水一直延续到 t 时刻的降深和停抽时刻起以流量 Q 注水 $t-t_{p}$ 时间的水位抬升的叠加。两者均可用式（6-18）计算。故有

$$s' = \frac{Q}{4\pi T}\left[W\left(\frac{r^{2}u^{*}}{4Tt}\right) - W\left(\frac{r^{2}u^{*}}{4Tt'}\right)\right] \tag{6-27}$$

式中，$t' = t - t_{p}$。当 $\frac{r^{2}u^{*}}{4Tt'} \leqslant 0.01$ 时，式（6-23）可简化为

$$s' = \frac{2.3Q}{4\pi T}\left(\lg \frac{2.25Tt}{r^{2}u^{*}} - \lg \frac{2.25Tt'}{r^{2}u^{*}}\right) = \frac{2.3Q}{4\pi T}\lg \frac{t}{t'} \tag{6-28}$$

式（6-28）表明，s'与 $\lg \frac{t}{t'}$ 呈线性关系，$i = \frac{2.3Q}{4\pi T}$，为直线斜率。利用水位恢复资料绘出 $s' - \lg \frac{t}{t'}$ 曲线，求得其直线斜率 i，由此可以计算出参数：

$$T = 0.183\frac{Q}{i} \tag{6-29}$$

由于停止放水后，如果没有其他外界的放水影响，放水孔水位恢复不受流量波动的干扰，地下水水位会自然回升，所以用测得的水位恢复资料进行含水层水文地质参数求取更为准确。

4）考虑边界条件时求参方法

在自然界中，任何含水层的分布都是有限的。当边界距放水井较远，且放水时间较短，在放水过程中边界对放水井不发生明显影响时，就可当做无限含水层来处理。但是，当放水井在边界附近时，或在长期抽水的情况下，边界对水流有明显影响时，就必须考虑边界的存在。

本次放水井位于桃园煤矿北八大巷，距离对盘奥灰强补给源较近，北部还存在 F1 隔水断层，为隔水边界。依据地下水动力学中镜像法原理，应当考虑边界的影响。

（1）直线补给边界附近的非稳定井流情况。对承压水井：

$$s = \frac{Q}{4\pi T}[W(u_{1}) - W(u_{2})] \tag{6-30}$$

式中，

$$u = \frac{r^{2}}{4at} = \frac{r^{2}u^{*}}{4Tt}$$

当放水时间 t 延长到一定程度，使 u 小于 0.01 时，则可利用 Jacob 近似公式，于是式（6-30）变为

$$s=\frac{Q}{4\pi T}\left[\ln\frac{2.25Tt}{r1^{2}u^{*}}-\ln\frac{2.25Tt}{r2^{2}u^{*}}\right]=\frac{Q}{2\pi T}\ln\frac{r_{2}}{r_{1}} \quad (6\text{-}31)$$

可以看出式中没有包含时间因素 t，表示在存在补给边界时，抽水一定时间以后降深能达到稳定。

（2）直线隔水边界附近的非稳定井流情况。对承压水井：

$$s=\frac{Q}{4\pi T}[W(u_{1})+W(u_{2})] \quad (6\text{-}32)$$

当放水时间 t 延长到一定程度，使 u 小于 0.01 时，则可利用 Jacob 近似公式，于是式（6-32）变为

$$s=\frac{Q}{4\pi T}\left[\ln\frac{2.25Tt}{r_{1}^{2}u^{*}}+\ln\frac{2.25Tt}{r_{2}^{2}u^{*}}\right]=\frac{0.366Q}{T}\lg\frac{2.25Tt}{r_{1}r_{2}u^{*}} \quad (6\text{-}33)$$

式中，r_1，r_2分别为观测孔距实井和虚井的距离。

在抽水初期，当边界尚未发生影响时，其情况和无限含水层相同，则有

$$s=\frac{Q}{4\pi T}\frac{\ln 2.25Tt}{r^{2}u^{*}}=\frac{0.183Q}{T}\lg\frac{2.25Tt}{r^{2}u^{*}}$$

单对数纸上的 s–t 曲线为直线，斜率为 $0.183\frac{Q}{T}$。而在隔水边界影响的情况下，由式（6-22）可知，s–t 曲线斜率为 $0.366\frac{Q}{T}$，增加了一倍，单对数纸上的 s–t 曲线出现两个斜率相差一倍的直线段（图 6-19）。如利用早期的直线段求导水系数，则公式为

$$T=0.183\frac{Q}{i}$$

如利用晚期的直线段求导水系数，则有

$$T=0.366\frac{Q}{i}$$

式中，i 为直线斜率。

在有补给边界影响的情况下，放水一定时间后达到稳定，在单对数纸上出现水平线段。

从本次放水实验资料来看，在单对数纸上，s–t 曲线与考虑直线补给边界条件下的 Jacob 标准曲线相近，这与放水井离补给边界近而离隔水边界远的实际条件相吻合，所以本次主要考虑直线补给边界的非稳定流。

考虑到补给边界条件的影响情况下，此时的 Theis 标准曲线是特定的标准曲线，与无限含水层中的标准曲线有所不同，同时还受观测孔位置的影响（图 6-20）。此时的标准曲线是观测井位于抽水井到边界的垂向上，但是不管观测孔位置如何只要时间够长都可以用 Jacob 直线图解法，而且在前期在放水未影响边界的时候，观测直线和在无限含水层中雅各布标准直线相同，只是在放水影响波及边界条件后，标准直线出现了一段直线段（图 6-19）。所以，我们可以利用前期观测数据使曲线与标准曲线的前段进行拟合，而不是按一般最小二乘法原理，将观测点均布在标准直线的两侧。这样就可以利用无限含水层中的雅各布标准直线来拟合考虑到边界条件影响情况下的实测数据，而不必绘制特定情况下的标准曲

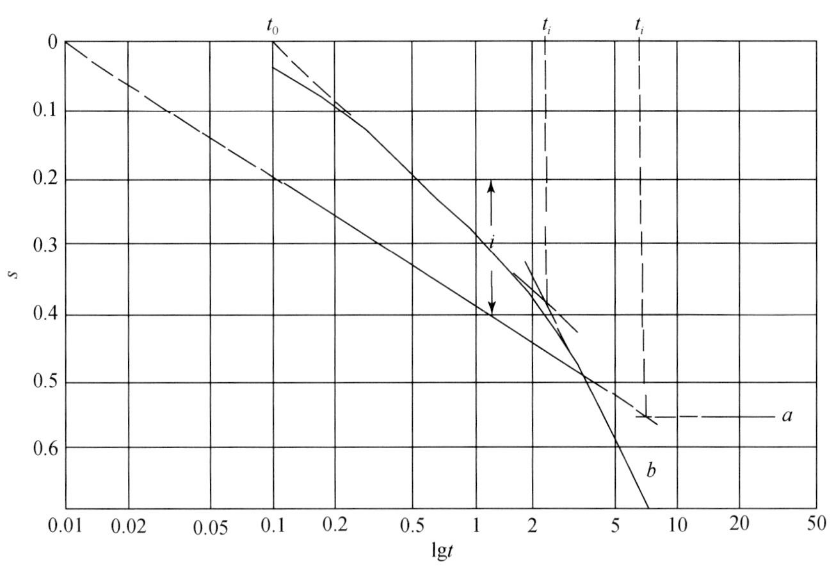

图6-19　直线边界附近的 s-lg$t$ 曲线（薛禹群，1986）

a. 补给边界附近的曲线；*b*. 隔水边界附近的曲线

线。因此，采用雅各布直线图解法得到的参数更接近实际的水文地质参数。

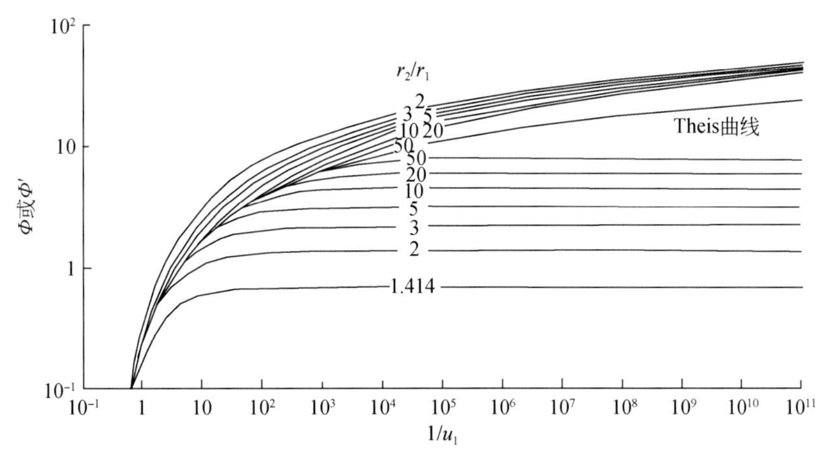

图6-20　边界附近水井非稳定流放水的标准曲线（薛禹群，1986）

2. 参数求取

1）根据放水阶段观测数据求参

先将C2、补1、补2、补3四个放水孔概化为一个大井，再利用观测资料，使用参数计算软件Aquifer Test求解水文地质参数。

目前，用计算机进行抽水试验参数计算的Aquifer Test（含水层试验）软件，以加拿大滑铁卢水文地质公司（Waterloo Hydrogeologic Inc.）开发研制的专门用于抽水试验资料分析、数据处理及求参的图形化分析和研究的软件为代表。该软件可对抽水试验数据进行计算，并可完成对求参过程及结果的报表显示及打印。该软件计算抽水试验参数，具有规范性、可比性好的特点（任改娟等，2015；Samuel and Jha，2003；师永丽等，2015；任柳妹等，2017；薛晓飞和张永波，2015）。

a. 配线法

计算步骤如下。

（1）在双对数坐标纸上绘制 $W(u)-\frac{1}{u}$ 标准曲线。

（2）在另一张模数相同的透明双对数纸上绘制实测的 $s-t$ 曲线。

将实际曲线置于标准曲线上，在保持对应坐标轴彼此平行的条件下相对平移，直至两曲线重合为止。

（3）取一匹配点（在曲线上或曲线外均可），记下匹配点的对应坐标值：$W(u)$、$\frac{1}{u}$、s 和 t，代入式（6-14）中计算参数。

该过程使用 Aquifer Test 实现，结果见图 6-21，参数计算结果见表 6-17。

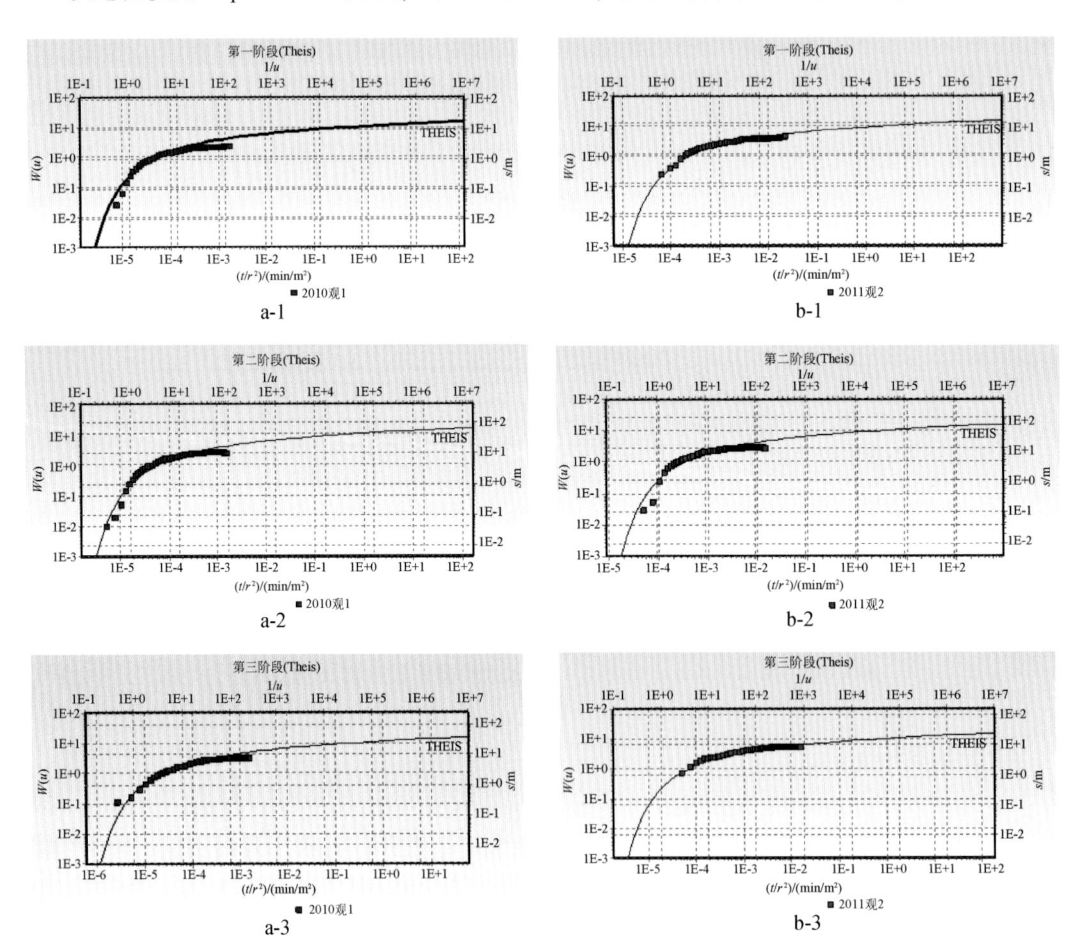

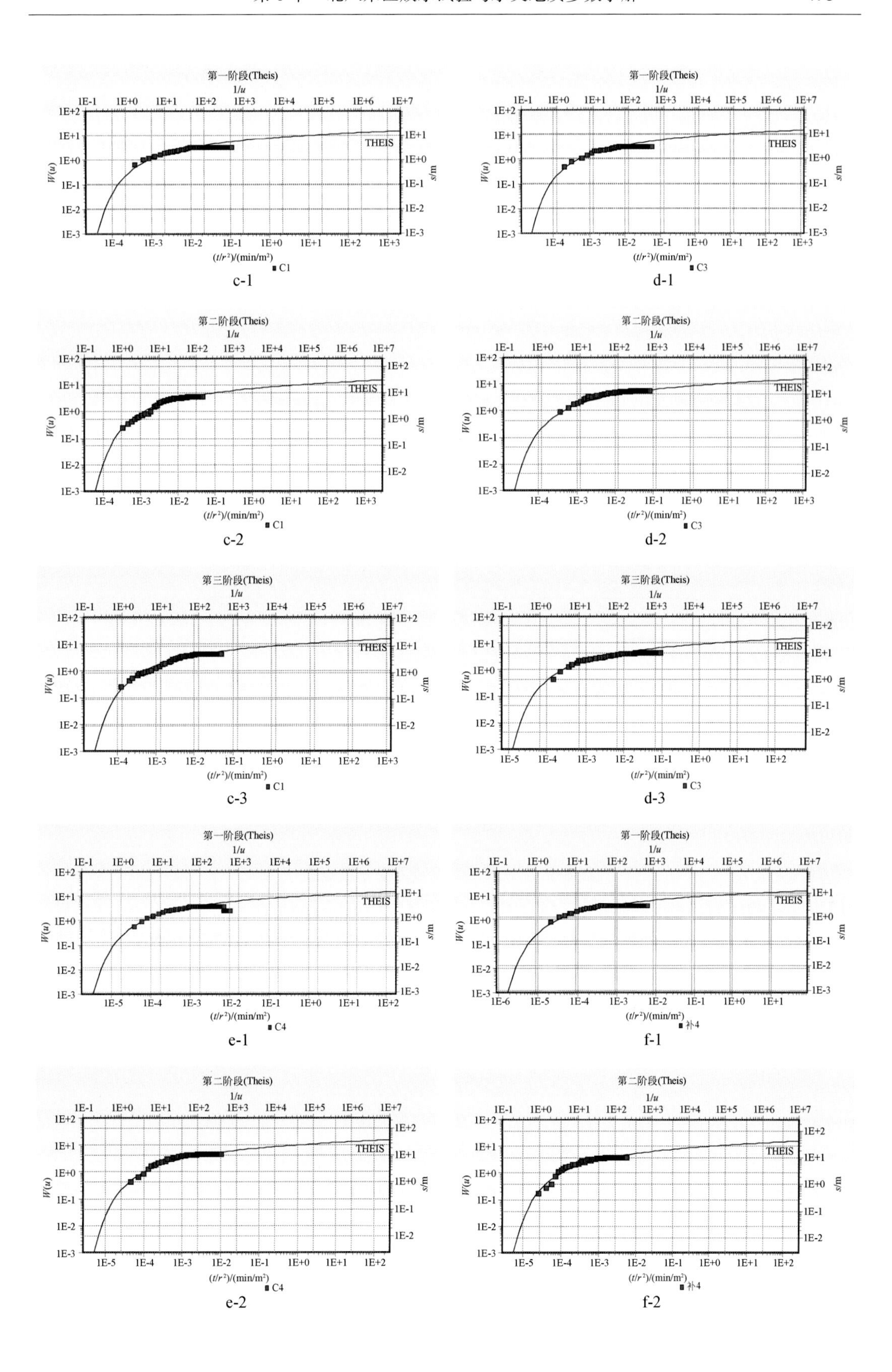

c-1　d-1

c-2　d-2

c-3　d-3

e-1　f-1

e-2　f-2

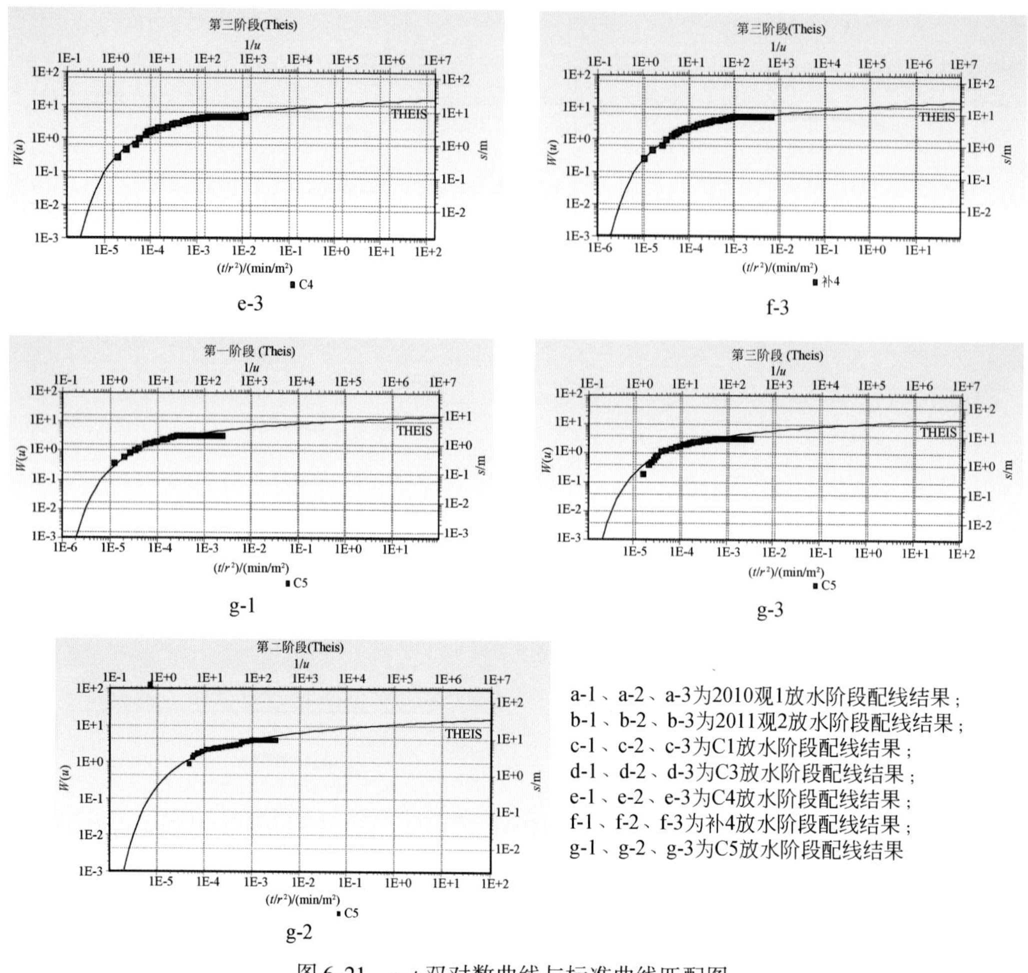

图 6-21 s–t 双对数曲线与标准曲线匹配图

表 6-17 放水资料配线法求参成果表

阶段	孔号	配线结果		
		导水系数 $T/(\mathrm{m^2/d})$	渗透系数 $k/(\mathrm{m/d})$	储水系数 $\mu^*/10^{-6}$
第一阶段	2010 观 1	171.00	5.19	4.29
	2011 观 2	161.00	4.87	28.90
	C1	139.00	4.22	79.50
	C3	142.00	4.32	45.70
	C4	115.00	3.48	9.01
	补 4	169.00	5.12	4.13
	C5	221.00	6.70	6.05

续表

阶段	孔号	配线结果		
		导水系数 $T/(m^2/d)$	渗透系数 $k/(m/d)$	储水系数 $\mu^*/10^{-6}$
第二阶段	2010 观 1	121.00	3.67	4.66
	2011 观 2	132.00	3.99	25.40
	C1	215.00	6.53	189.00
	C3	179.00	5.44	60.60
	C4	175.00	5.31	13.00
	补 4	153.00	4.63	11.80
	C5	188.00	5.69	7.63
第三阶段	2010 观 1	200.00	6.05	3.64
	2011 观 2	255.00	7.73	16.50
	C1	338.00	10.20	142.00
	C3	231.00	6.99	43.00
	C4	252.00	7.63	15.20
	补 4	241.00	7.31	8.34
	C5	246.00	7.45	6.94

b. Jacob 直线图解法

计算步骤如下。

（1）根据观测孔的资料，绘制 s-lg $\frac{t}{r^2}$曲线。

（2）将 s-lg $\frac{t}{r^2}$曲线的直线部分延长，在零降深线上的截距为$\left(\frac{t}{r^2}\right)_0$。

（3）求直线斜率 i，最好取和一个周期相对应的降深 Δs，这就是斜率 i，由此得$i=\Delta s$。

（4）代入公式 $T=\frac{2.3Q}{4\pi\Delta s}$、$u^*=2.25T\left(\frac{t}{r^2}\right)$计算。

使用软件 Aquifer Test 选择 Cooper Jacob Time-Distance-Drawdown（库珀、雅各布时间-距离-降深）法实现结果见图 6-22。参数计算结果见表 6-18。

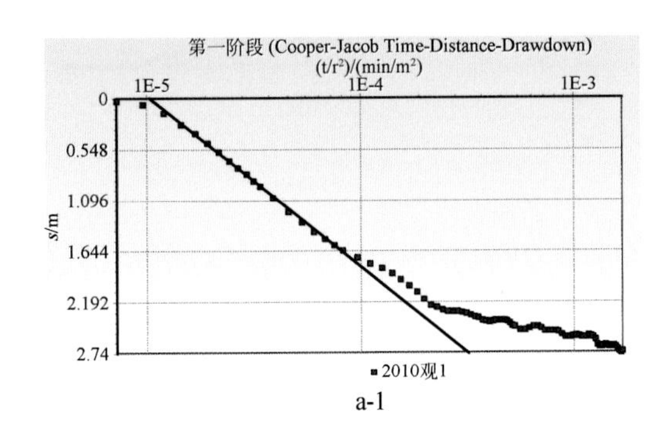

a-1

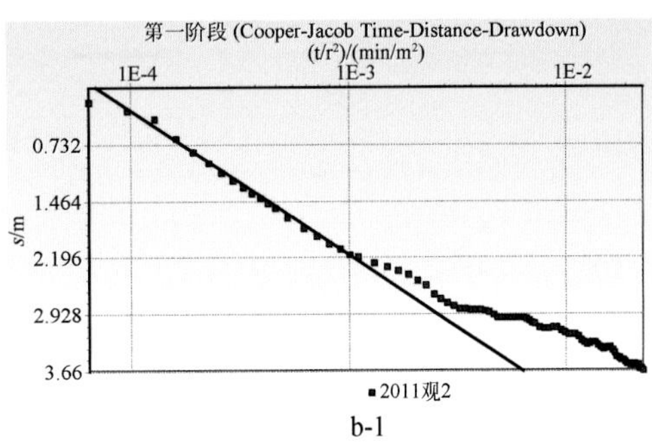

b-1

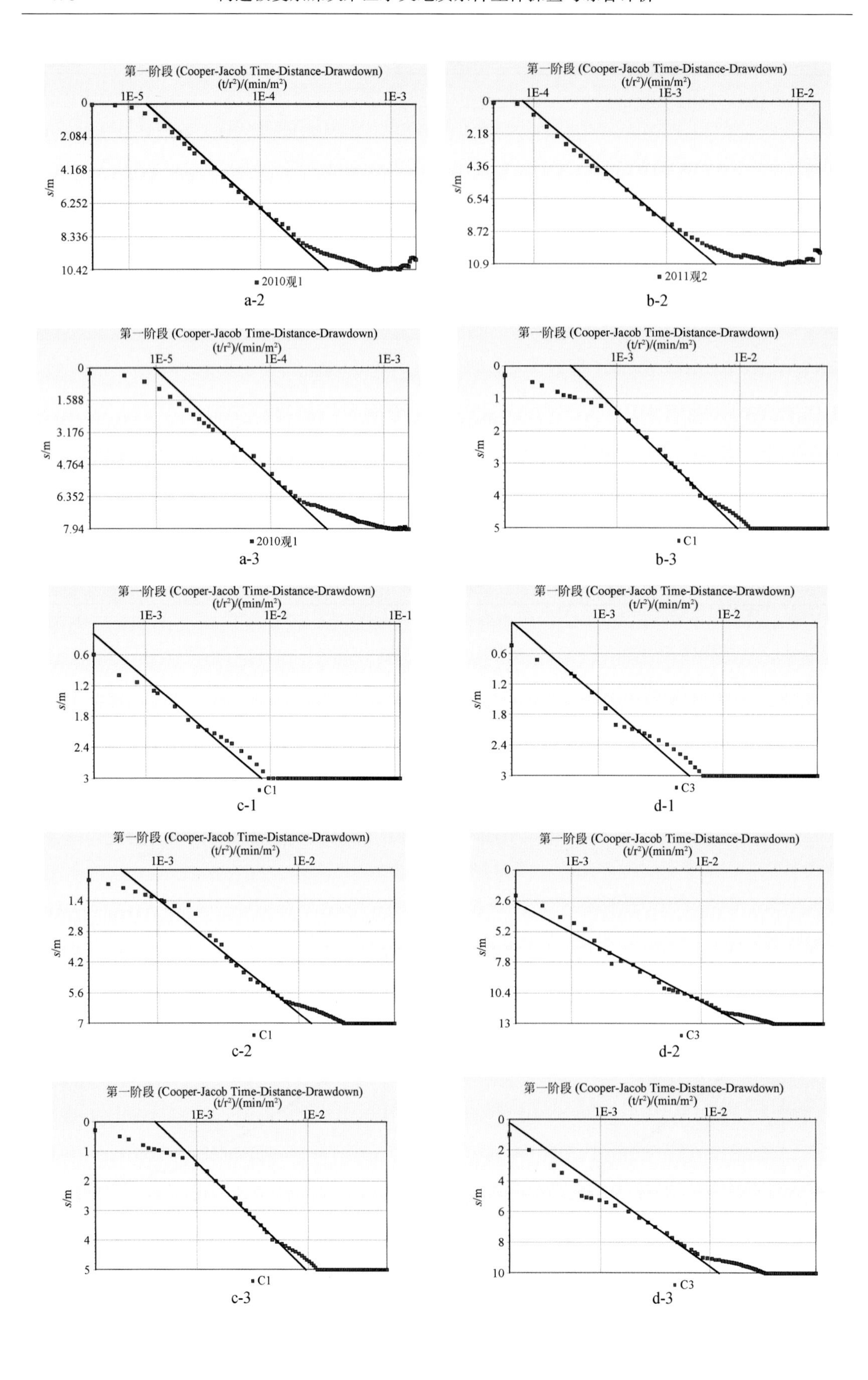

第一阶段 (Cooper-Jacob Time-Distance-Drawdown)
(t/r²)/(min/m²)
1E-5
1E-4
1E-3
0
2.084
4.168
6.252
8.336
10.42
s/m
2010观1
a-2
第一阶段 (Cooper-Jacob Time-Distance-Drawdown)
(t/r²)/(min/m²)
1E-4
1E-3
1E-2
0
2.18
4.36
6.54
8.72
10.9
s/m
2011观2
b-2
第一阶段 (Cooper-Jacob Time-Distance-Drawdown)
(t/r²)/(min/m²)
1E-5
1E-4
1E-3
0
1.588
3.176
4.764
6.352
7.94
s/m
2010观1
a-3
第一阶段 (Cooper-Jacob Time-Distance-Drawdown)
(t/r²)/(min/m²)
1E-3
1E-2
0
1
2
3
4
5
s/m
C1
b-3
第一阶段 (Cooper-Jacob Time-Distance-Drawdown)
(t/r²)/(min/m²)
1E-3
1E-2
1E-1
0.6
1.2
1.8
2.4
3
s/m
C1
c-1
第一阶段 (Cooper-Jacob Time-Distance-Drawdown)
(t/r²)/(min/m²)
1E-3
1E-2
0.6
1.2
1.8
2.4
3
s/m
C3
d-1
第一阶段 (Cooper-Jacob Time-Distance-Drawdown)
(t/r²)/(min/m²)
1E-3
1E-2
1.4
2.8
4.2
5.6
7
s/m
C1
c-2
第一阶段 (Cooper-Jacob Time-Distance-Drawdown)
(t/r²)/(min/m²)
1E-3
1E-2
0
2.6
5.2
7.8
10.4
13
s/m
C3
d-2
第一阶段 (Cooper-Jacob Time-Distance-Drawdown)
(t/r²)/(min/m²)
1E-3
1E-2
0
1
2
3
4
5
s/m
C1
c-3
第一阶段 (Cooper-Jacob Time-Distance-Drawdown)
(t/r²)/(min/m²)
1E-3
1E-2
0
2
4
6
8
10
s/m
C3
d-3

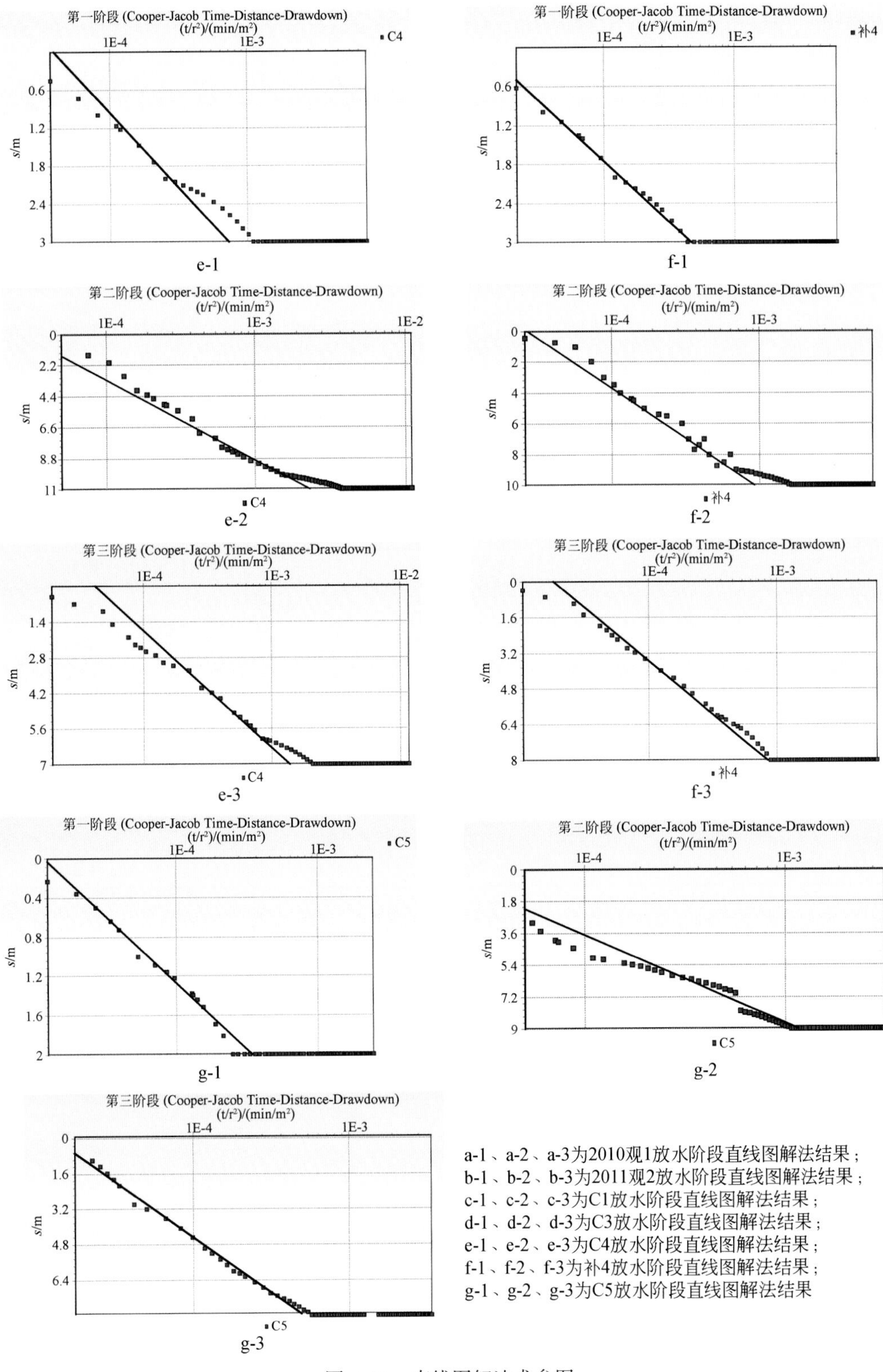

图6-22　直线图解法求参图

表 6-18　放水资料直线法求参成果表

阶段	孔号	直线法结果		
		导水系数 $T/(m^2/d)$	渗透系数 $k/(m/d)$	储水系数 $\mu^*/10^{-6}$
第一阶段	2010 观 1	166.00	5.04	2.94
	2011 观 2	164.00	4.98	20.50
	C1	147.00	4.44	71.70
	C3	145.00	4.41	46.80
	C4	129.00	3.92	8.25
	补 4	163.00	4.95	2.99
	C5	227.00	6.87	4.08
第二阶段	2010 观 1	128.00	3.88	2.74
	2011 观 2	129.00	3.90	16.70
	C1	185.00	5.60	163.00
	C3	166.00	5.02	32.50
	C4	170.00	5.15	7.15
	补 4	148.00	4.49	6.28
	C5	194.00	5.86	5.55
第三阶段	2010 观 1	236.00	7.14	3.52
	2011 观 2	271.00	8.21	16.70
	C1	333.00	10.10	221.00
	C3	241.00	7.29	50.40
	C4	268.00	8.12	17.30
	补 4	258.00	7.81	7.24
	C5	249.00	7.54	4.82

2）利用水位恢复资料进行参数求取

计算步骤如下。

（1）根据观测孔的资料，绘制 $s'-\lg\frac{t}{t'}$曲线。

（2）将 $s'-\lg\frac{t}{t'}$曲线的直线段延长，求得其直线段的斜率 i。

（3）代入公式 $T=0.183\frac{Q}{i}$计算。

使用软件 Aquifer Test 选择 Theis Recovery（泰斯水位恢复）实现结果见图 6-23。参数计算结果见表 6-19。

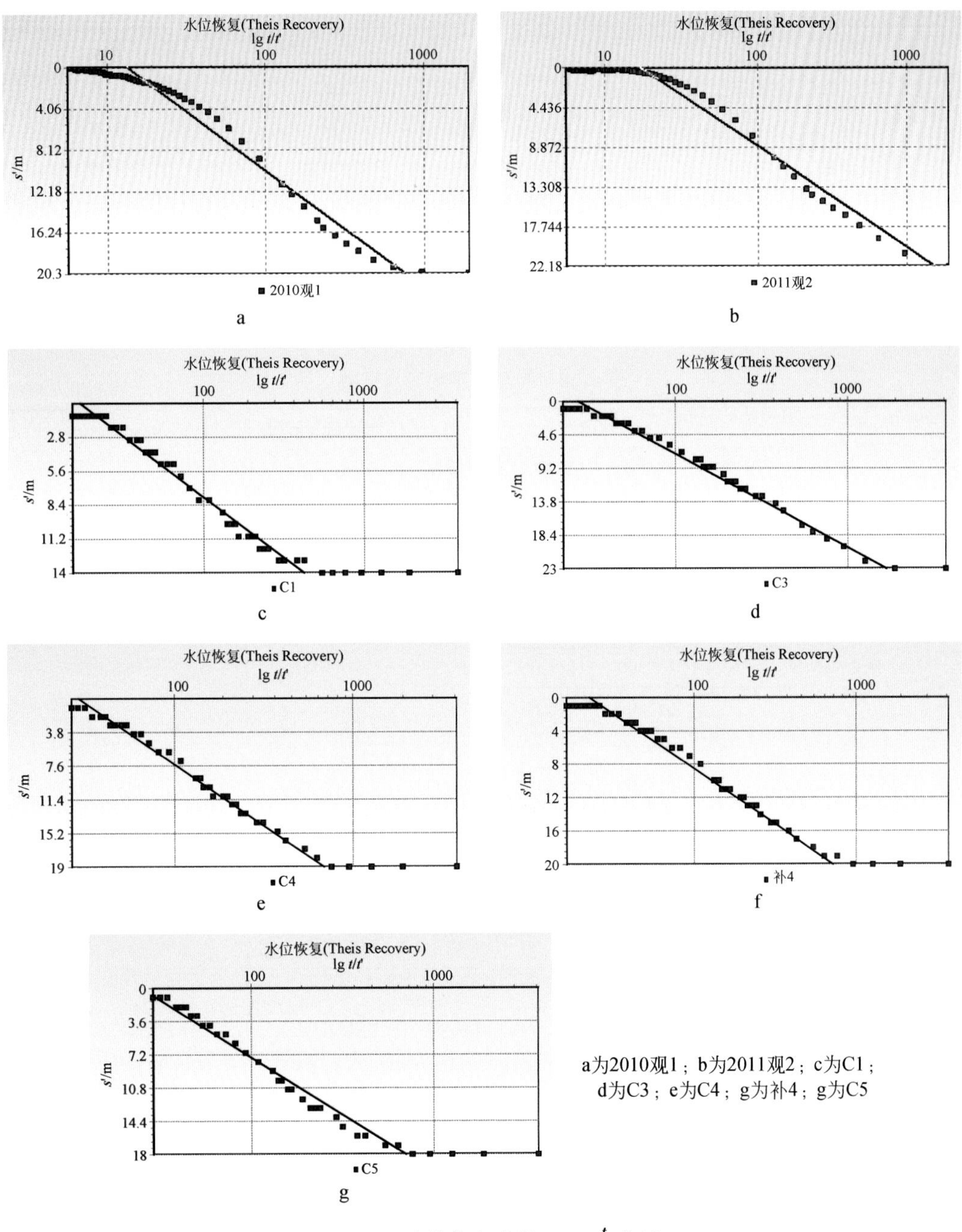

图6-23　水位恢复阶段 $s'-\lg\frac{t}{t'}$ 曲线

表6-19　水位恢复资料直线法求参成果表

阶段	孔号	导水系数 $T/(m^2/d)$	渗透系数 $k/(m/d)$
水位恢复	2010观1	149.00	4.52
	2011观2	143.00	4.34

续表

阶段	孔号	导水系数 $T/(m^2/d)$	渗透系数 $k/(m/d)$
水位恢复	C1	151.00	4.57
	C3	128.00	3.87
	C4	132.00	4.01
	补4	131.00	3.97
	C5	124.00	3.76

综合放水三阶段及水位恢复数据求解的太灰水文地质参数汇总见表6-20。

表6-20 观测孔平均导水系数 （单位：m^2/d）

观测孔	放水阶段				水位恢复阶段	观测孔平均导水系数
	阶段	配线法	直线法	平均	直线法	
2010观1	一	171.00	166.00	170.33	149.00	159.67
	二	121.00	128.00			
	三	200.00	236.00			
2011观2	一	161.00	164.00	185.33	143.00	164.17
	二	132.00	129.00			
	三	255.00	271.00			
C1	一	139.00	147.00	226.17	151.00	188.58
	二	215.00	185.00			
	三	338.00	333.00			
C3	一	142.00	145.00	184.00	128.00	156.00
	二	179.00	166.00			
	三	231.00	241.00			
C4	一	115.00	129.00	184.83	132.00	158.42
	二	175.00	170.00			
	三	252.00	268.00			
补4	一	169.00	163.00	188.67	131.00	159.83
	二	153.00	148.00			
	三	241.00	258.00			
C5	一	221.00	227.00	220.83	124.00	172.42
	二	188.00	194.00			
	三	246.00	249.00			
采区平均导水系数		192.57	196.05	194.31	136.86	165.58

由表 6-20 可以看出，各观测孔不同阶段的导水系数存在差异，在 115. 00 ~ 338. 00m^2/d 变化，平均为 165. 58m^2/d，属中等至强透水含水层，反映矿区内太灰岩溶较发育，并且存在一定的非均一性，各观测孔导水系数都较大，表明区域透水性较好。各观测孔不同阶段的渗透系数存在差异，在 3. 48 ~ 10. 20m/d 变化，平均为 5. 01m/d。储水系数为 2. 94×10^{-6} ~ 221. 00×10^{-6}，平均为 34. 23×10^{-6}。

6. 4. 3　太灰含水层水文地质参数计算结果分析与评述

（1）由稳定流的裘布依公式［式（6-5）］两两观测孔的参数计算结果（表 6-12），可以看出：①地面两两观测孔之间的导水系数较大，平均为 402m^2/d，说明露头区附近太灰岩溶较发育。②C1 与 C4、C1 与 C5、C3 与 C5 之间导水系数出现小于 0，说明此间存在水位异常现象，对比各观测孔水位资料，C4 孔存在高水位区，由此导致导水系数异常，同时也说明 C4 孔区域存在奥灰垂向补给通道。③C1 与 C3 之间的导水系数平均为 134m^2/d，C1 与补 4 之间的导水系数平均为 24m^2/d，C3 与 C4 之间的导水系数平均为 65m^2/d，C3 与补 4 之间的导水系数平均为 243m^2/d。④综上分析取其平均值，该区域导水系数 T= 116. 6018m^2/d，k=3. 5334m/d。

（2）由稳定流的裘布依公式［式（6-7）］单一观测孔参数计算结果（表 6-13），可以看出：除 C3 较大外，其余各孔基本相近，故取其平均值，T = 57. 2211m^2/d，k = 1. 7340m/d。

（3）由本次推导公式［式（6-13）］的水文地质参数计算结果（表 6-15），可以看出，导水系数为 35. 50 ~ 196. 17m^2/d，各孔之间存在一定的差异性，但总体相差不大，故取其平均值 T=109. 2786m^2/d，k=3. 3114m/d。

（4）由非稳定流理论雅各布通用直线法公式［式（6-15）］的水文地质参数计算结果（表 6-16），可以看出，导水系数为 24. 12 ~ 115. 80 m^2/d，各孔之间也存在一定的差异性，但总体相差较小，故取其平均值 T=55. 5957m^2/d，k=1. 6847m/d。

（5）采用配线法和直线图解法，利用 Aquifer Test 软件求解了水文地质参数（表 6-20），可以看出，各观测孔不同阶段的导水系数存在差异，在 115. 00 ~ 338. 00m^2/d 变化，各孔之间存在一定的差异性，但总体相差不太大，故取其平均值为 165. 58m^2/d，K 平均为 5. 01m/d。

（6）综上所述，北八采区太灰含水层导水系数较大，反映采区内太灰岩溶较发育，并且存在一定的非均一性，表明区域透水性较好，同时也反映出采区内存在高水位异常区。对比各种方法计算结果可见，总体上差别不是太大。由于式（6-11）和式（6-13），考虑了非稳定流、直线补给边界以及群井干扰等条件，比较接近实际情况，其计算结果应较符合实际，故取该方法计算结果的平均值 T=82. 43m^2/d，k=2. 50m/d。

6. 5　太灰含水层渗流场数值模拟

评价地下水流场变化的方法很多，解析法可以用函数表达式得到所求未知量（如水头、浓度等）在含水层内任意时刻、任意点上的值。但它有很大的局限性，实际问题要复杂得多，如边界形状不规则，含水层是非均质甚至是非均质各向异性的，含水层厚度变化等（陈崇希和林敏，1996；薛禹群，1986）。对于一个描述实际地下水系统的数学模型来说，一般都难以找到它的解析解，只能求得用数值表示的在有限个离散点（称为结点或节点）和离散时段上的近似解，称为数值解。数值法能灵活地适应各种非均质地质结构和复杂边界条件下的水量计算，由于采用了与空间状态有关的分布参数数学模型，数值法能较真实地描述地质模型的各种特征，较好地解决实际生产问题中出现的复杂水文地质条件下的地下水定量问题（王庆永等，2007；McDonald and Harbaugh，2003；McDonald and Harbaugh，1998；许光泉等，2006；胡轶等，2006；葛伟亚，2004）。本节通过有限差分数值法，采用 MODFLOW 软件对本采区的放水试验过程中的太灰渗流场进行了演化模拟。

6.5.1　地下水三维有限差分数值模拟基本原理及方法

1. Visual MODFLOW 三维有限差分地下水流模型简介

本次在模拟计算时采用地下水计算软件 Visual MODFLOW4.0。Visual MODFLOW 是由加拿大 Waterloo 水文地质公司在原 MODFLOW 软件基础上，应用现代可视化技术开发研制成功的，并于 1994 年 8 月首次在国际上公开发行，专门用作孔隙介质中地下水三维有限差分数值模拟软件。这个软件包由 MODFLOW（水流评价）、Modpath（平面和剖面流线示踪分析）和 MT3D（溶质运移评价）3 部分组成，并且具有强大的图形可视界面功能。而且具有水的质点向前、向后示踪流线模拟，任意区域的水均衡，简化数值模拟数据前处理和后处理，将模拟的复杂性降到最小等特点。而 MODFLOW 是由美国地质调查局于 20 世纪 80 年代开发出的一套专门用于孔隙介质中地下水流动数值模拟的软件。自问世以来，MODFLOW 已经在全世界范围内，在科研、生产、环境保护、城乡发展规划、水资源利用等许多行业和部门得到了广泛的应用，已经成为最为普及的地下水运动数值模拟的计算机程序。

系统化和可视化是 Visual MODFLOW 的一个重要特点（武强和董东林，1999），将数值模拟评价过程中的各个步骤很好地连接起来，从建模、输入或修改各类水文地质参数和几何参数、运行模型、反演校正参数，一直到显示输出结果，整个过程从头至尾系统化、规范化。另外，Visual MODFLOW 还直接允许用户接受地理信息系统（GIS）的输出数据文件和各种图形文件，这个功能对于充分发挥具有强大空间信息处理与分析功能的 GIS 技术在数值模拟评价中的作用意义重大。

虽然 Visual Modflow 本身仅限于模拟地下水在孔隙介质中的流动，但大量实践工作经验表明，只要合理使用，它也可以用于解决许多地下水在裂隙介质中的流动问题。基于上述的功能和特点，本书应用 Visual MODFLOW 4.0 软件计算灰岩含水层在矿井井下疏放水过程中的水位变化及求解其水文地质参数。

2. 数学模型

数学模型是建立在对天然地质体概念模型高度认识的基础之上，是反映实际地下水流在时空变化上的一组数学表达式，它具有复制和再现实际地下水流运动状态的能力。数学模型一般由能描述这类地下水运动规律的偏微分方程和相应的定解条件（初始条件和边界条件）组成。

通过对桃园矿北八采区10煤底板灰岩水文地质条件的分析，建立研究目的层太灰L1～L4层灰岩地下水系统的水文地质概念模型；在水文地质概念模型基础上，利用水均衡原理及达西定律，建立了与水文地质概念模型相对应的三维非稳定流数学模型（武强等，2000）：

$$\left.\begin{array}{l}\dfrac{\partial}{\partial x}\left(k_{xx}\dfrac{\partial H}{\partial x}\right)+\dfrac{\partial}{\partial y}\left(k_{yy}\dfrac{\partial H}{\partial y}\right)+\dfrac{\partial}{\partial z}\left(k_{zz}\dfrac{\partial H}{\partial z}\right)-w=\mathrm{Ss}\dfrac{\partial H}{\partial t}\\(x,\ y,\ z)\in\Omega\\H(x,\ y,\ z,\ 0)=H_0(x,\ y,\ z)\quad(x,\ y,\ z)\in\Omega\\H(x,\ y,\ z,\ t)\mid_{\Gamma 1}=H(x,\ y,\ z)\quad(x,\ y,\ z)\in\Gamma_1\end{array}\right\}$$

式中，k_{xx}、k_{yy}、k_{zz}分别为x，y，z轴上的渗透系数，m/d；H、H_0分别为地下水水头标高和初始水头标高，m；w为源汇项，1/d；Ss为多孔介质的弹性释水率，1/m；t为时间，d；Γ_1为一类边界；Ω为计算区域。

3. 数学模型求解

1）三维含水层系统的离散

三维含水层划分为k层，每一层又分为i行和j列，这样，含水层就由许多剖分成的小长方体所表示。这些小长方体称为格点，它的位置用所在的行号（i）、列号（j）和层号（k）表示。其中，$i=1$，2，…，n；$j=1$，2，…，n；$k=1$，2，…，n。在MODFLOW中，第一层（$k=1$）规定为顶层，k值随高程的降低而增加；还规定行与x轴平行，列与y轴平行，而且行与列正交。某列j中一个格点沿行方向上的宽度为Δr_j，某行i中一格点沿列方向上的宽度为Δc_i，层k中格点的厚度为Δv_k，格点（i，j，k）的体积即为$\Delta c_i\Delta r_j\Delta v_k$。格点的中心位置称为节点，节点的水头代表该格点的水头。MODFLOW采用格点中心法，即渗透边界总是位于计算单元的边线上。由于所计算的水头值是空间和时间的函数，故将含水层进行空间离散的同时（图6-24），计算非稳定流时对时间也要进行离散。

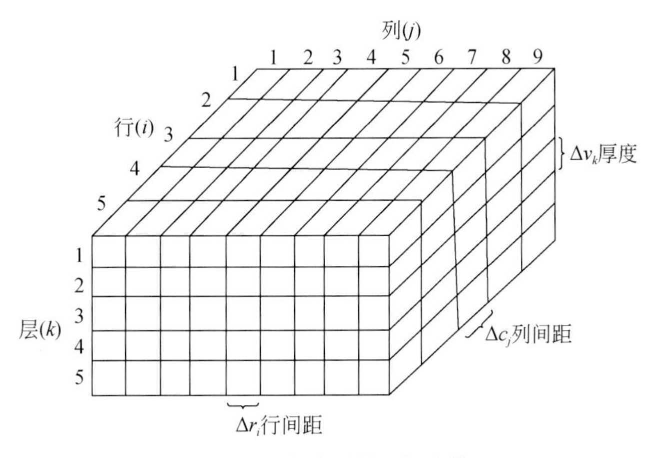

图6-24　含水层的空间离散

2）建立有限差分方程

由地下水连续性原理可知，流入与流出某个计算单元的水流之差应等于该单元水体积的变化量，当地下水密度不变时，方程可表示为

$$\sum Q_i = SS\frac{\Delta h}{\Delta t}\cdot\Delta v \tag{6-34}$$

式中，Q_i 为单位时间内流进或流出该计算单元的水量，L^3/T；SS 为储水或释水系数，L^{-1}；Δv 为单元体积，L^3；Δh 为 Δt 时间内水体积的变化量，L。

式（6-34）反映了单位时间内，水头变化为 Δh 时含水层水体积的变化量。流入量大于流出量时引起水量的储存而增加；反之，引起水量的释放而减少。

如图 6-25、图 6-26 所示，依据达西定律，沿行方向上计算单元（i，$j-1$，k）到单元（i，j，k）的流量为

$$q_{i,\ j-\frac{1}{2},\ k} = kR_{i,\ j-\frac{1}{2},\ k}\Delta c_i\Delta v_k\,\frac{(h_{i,\ j-1,\ k}-h_{i,\ j,\ k})}{\Delta r_{j-\frac{1}{2}}} \tag{6-35}$$

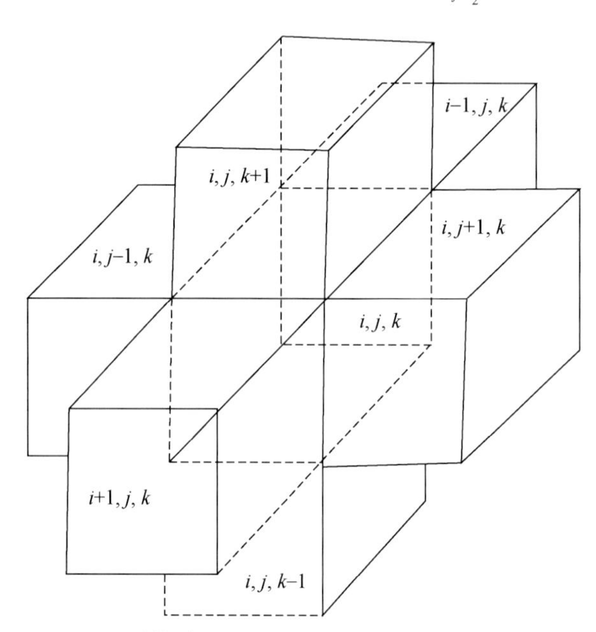

图 6-25　计算单元（i，j，k）和其相邻六个计算单元

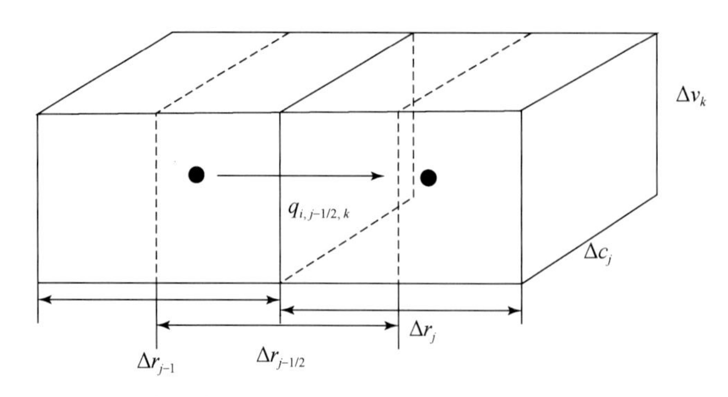

图 6-26　从计算单元（i，$j-1$，k）到计算单元（i，j，k）的流量

同理，其他五个面上的地下水流量也可以按照推导为

$$q_{i+\frac{1}{2},\ j,\ k}=kC_{i+\frac{1}{2},\ j,\ k}\Delta r_j\Delta v_k\frac{(h_{i+1,\ j,\ k}-h_{i,\ j,\ k})}{\Delta c_{i+\frac{1}{2}}} \tag{6-36}$$

$$q_{i-\frac{1}{2},\ j,\ k}=kC_{i-\frac{1}{2},\ j,\ k}\Delta r_j\Delta v_k\frac{(h_{i-1,\ j,\ k}-h_{i,\ j,\ k})}{\Delta c_{i-\frac{1}{2}}} \tag{6-37}$$

$$q_{i,\ j+\frac{1}{2},\ k}=kR_{i,\ j+\frac{1}{2},\ k}\Delta c_i\Delta v_k\frac{(h_{i,\ j+1,\ k}-h_{i,\ j,\ k})}{\Delta r_{j+\frac{1}{2}}} \tag{6-38}$$

$$q_{i,\ j,\ k+\frac{1}{2}}=kV_{i,\ j,\ k+\frac{1}{2}}\Delta r_j\Delta c_k\frac{(h_{i,\ j,\ k+1}-h_{i,\ j,\ k})}{\Delta v_{k+\frac{1}{2}}} \tag{6-39}$$

$$q_{i,\ j,\ k-\frac{1}{2}}=kV_{i,\ j,\ k-\frac{1}{2}}\Delta r_j\Delta c_k\frac{(h_{i,\ j,\ k-1}-h_{i,\ j,\ k})}{\Delta v_{k-\frac{1}{2}}} \tag{6-40}$$

方程（6-35）~（6-40）分别表示以水头、网格长度、渗透系数为表达形式的从单元（i，j，k）六个面上进入的水量。将网格长度、渗透系数的乘积合并为一个变量，称为水力传导系数，则有

$$q_{i,\ j-1/2,\ k}=CR_{i,\ j-1/2,\ k}(h_{i,\ j-1,\ k}-h_{i,\ j,\ k}) \tag{6-41}$$

$$q_{i,\ j+1/2,\ k}=CR_{i,\ j+1/2,\ k}(h_{i,\ j-1,\ k}-h_{i,\ j,\ k}) \tag{6-42}$$

$$q_{i-1/2,\ j,\ k}=CC_{i-1/2,\ j,\ k}(h_{i-1,\ j,\ k}-h_{i,\ j,\ k}) \tag{6-43}$$

$$q_{i+1/2,\ j,\ k}=CC_{i+1/2,\ j,\ k}(h_{i-1,\ j,\ k}-h_{i,\ j,\ k}) \tag{6-44}$$

$$q_{i,\ j,\ k-1/2}=CV_{i,\ j,\ k-1/2}(h_{i,\ j,\ k-1}-h_{i,\ j,\ k}) \tag{6-45}$$

$$q_{i,\ j,\ k+1/2}=CV_{i,\ j,\ k+1/2}(h_{i,\ j,\ k+1}-h_{i,\ j,\ k}) \tag{6-46}$$

$$a_{i,\ j,\ k,\ n}=p_{i,\ j,\ k,\ n}h_{i,\ j,\ k}+q_{i,\ j,\ k,\ n} \tag{6-47}$$

式中，$a_{i,j,k,n}$为第n个外部水源流向单元（i，j，k）的水量；$p_{i,j,k,n}$、$q_{i,j,k,n}$为常量。

为了计算外部与含水层的交换量，如井下疏放水、河流、面状补给、抽水等，需要不同的形式表示，如果有n个外部水源，总补给量方程为

$$QS_{i,\ j,\ k}=\sum_{n=1}^{N}p_{i,\ j,\ k,\ n}h_{i,\ j,\ k}+\sum_{n=1}^{K}q_{i,\ j,\ k} \tag{6-48}$$

将水均衡原理运用于单元（i，j，k），计算从单元相邻六个面进入的水量及外部水源补给量，则有

$$\begin{aligned}&q_{i,\ j-1/2,\ k}+q_{i,\ j+1/2,\ k}+q_{i-1/2,\ j,\ k}+q_{i+1/2,\ j,\ k}+q_{i,\ j,\ k-1/2}+q_{i,\ j,\ k+1/2}+QS_{i,\ j,\ k}\\&=SS_{i,\ j,\ k}\frac{\Delta h_{i,\ j,\ k}}{\Delta t}\Delta r_j\Delta c_i\Delta v_k\end{aligned} \tag{6-49}$$

式中，$\frac{\Delta h_{i,j,k}}{\Delta t}$为水头对于时间的偏导数之差分近似表达式（$LT^{-1}$）；$SS_{i,j,k}$为该计算单元的储水率（$L^{-1}$）；$\Delta r_j\Delta c_i\Delta v_k$为计算单元的体积（$L^3$）。

将式（6-41）~式（6-48）代入式（6-49）得计算单元（i，j，k）的地下水渗流计算的有限差分计算公式：

$$\begin{aligned}&CR_{i,\ j-1/2,\ k}(h_{i,\ j-1,\ k}-h_{i,\ j,\ k})+CR_{i,\ j+1/2,\ k}(h_{i,\ j+1,\ k}-h_{i,\ j,\ k})+CC_{i-\frac{1}{2},\ j,\ k}(h_{i-1,\ j,\ k}-h_{i,\ j,\ k})+\\&\quad CC_{i+\frac{1}{2},\ j,\ k}(h_{i+1,\ j,\ k}-h_{i,\ j,\ k})+CV_{i,\ j,\ k-\frac{1}{2}}(h_{i,\ j,\ k-1}-h_{i,\ j,\ k})+CV_{i,\ j,\ k+\frac{1}{2}}(h_{i,\ j,\ k+1}-h_{i,\ j,\ k})\end{aligned}$$

$$+ P_{i,j,k}h_{i,j,k} + Q_{i,j,k} = SS_{i,j,k}(\Delta r_i \Delta c_j \Delta v_k)\frac{\Delta h_{i,j,k}}{\Delta t} \tag{6-50}$$

式中，t_m 为时间段 m 结束时间；$h^m_{i,j,k}$为时间 t_m 时计算单元（i，j，k）的水头。

图 6-27 表示计算单元水头值 $h_{i,j,k}$随时间的变化曲线，任选两时刻点 t_{m-1}、t_m，对应的水头值为 $h^{m-1}_{i,j,k}$和 $h^m_{i,j,k}$，依照有限差分计算方法，得到水头对时间的偏导数用差商（后差方法）近似表示为

$$\left(\frac{\Delta h_{i,j,k}}{\Delta t}\right)_m \approx \frac{h^m_{i,j,k} - h^{m-1}_{i,j,k}}{t_m - t_{m-1}}$$

利用后差方法，式（6-46）表示为

$$CR_{i,j-1/2,k}(h^m_{i,j-1,k} - h^m_{i,j,k}) + CR_{i,j+1/2,k}(h^m_{i,j+1,k} - h^m_{i,j,k}) + CC_{i-\frac{1}{2},j,k}(h^m_{i-1,j,k} - h^m_{i,j,k}) +$$
$$CC_{i+\frac{1}{2},j,k}(h^m_{i+1,j,k} - h^m_{i,j,k}) + CV_{i,j,k-\frac{1}{2}}(h^m_{i,j,k-1} - h^m_{i,j,k}) + CV_{i,j,k+\frac{1}{2}}(h^m_{i,j,k+1} - h^m_{i,j,k})$$
$$+ P_{i,j,k}h^m_{i,j,k} + Q_{i,j,k} = SS_{i,j,k}(\Delta r_i \Delta c_j \Delta v_k)\frac{h^m_{i,j,k} - h^{m-1}_{i,j,k}}{t_m - t_{m-1}} \tag{6-51}$$

式（6-51）可以用来对描述地下水三维空间流动的偏微分方程进行数值求解。

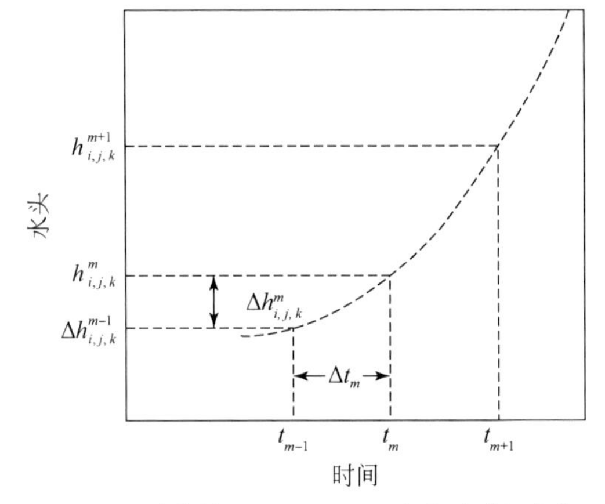

图 6-27 计算单元（i，j，k）水头随时间变化

3）差分方程的求解方法

方程（6-38）不能独立求解，因为它不仅含有计算单元（i，j，k）的水头值，还包含了与其相邻的六个计算单元的水头值。网格中每个单元都可以写出这种形式的方程，因而每个单元只有一个未知水头，假如有 n 个单元，就可以得到对应的含 n 个未知数方程的方程组。加上初始水头、边界条件、源汇项条件以及水文地质参数，就可以得到方程组的解。

将方程（6-38）简化后得如方程（6-39）的形式：

$$CV_{i,j,k-1/2}h^m_{i,j,k-1} + CC_{i-1/2,j,k}h^m_{i-1,j,k} + CR_{i,j-1/2,k}h^m_{i,j-1,k} - (CV_{i,j,k-1/2} + CC_{i-1/2,j,k}$$
$$+ CR_{i,j-1/2,k} + CR_{i,j+1/2,k} + CC_{i+1/2,k} - CV_{i,j,k+1/2} - \mathrm{HCOF}_{i,j,k})h^m_{i,j,k} + CR_{i,j+1/2,k}h^m_{i,j+1,k}$$
$$+ CC_{i+1/2,j,k}h^m_{i+1,j,k} + CV_{i,j,k+1/2}h^m_{i,j,k+1} = \mathrm{RHS}_{i,j,k} \tag{6-52}$$

式中，$\mathrm{HCOF}_{i,j,k} = P_{i,j,k} - \mathrm{SCI}/(t_m - t_{m-1})$；$\mathrm{RHS}_{i,j,k} =- Q_{i,j,k} - \mathrm{SCI}_{i,j,k}h^{m-1}_{i,j,k}/(t_m -$

t_{m-1}）；$\mathrm{SCI}_{i,j,k} = SS_{i,j,k}\Delta r_j \Delta c_i \Delta v_k$；$P_{i,j,k} = \sum_{n=1}^{N} p_{i,j,k,n}$，$Q_{i,j,k} = \sum_{n=1}^{N} q_{i,j,k,n}$。

对于方程（6-52），将模拟时段末的水头项移到方程的左边，与之无关的项放在方程的右边，最终形成的变水头的单元方程可用矩阵形式表示：

$$[A]\{h\} = \{q\} \tag{6-53}$$

式中，$[A]$ 为网格所有节点的水头系数矩阵；$\{h\}$ 为网格所有节点在第 m 时段的水头向量；$\{q\}$ 为网格所有节点常量 RHS 向量。

通过对 n 元线性方程组联立求解，得出第 m 时段的任意单元的水头值，计算流程如图 6-28 所示。

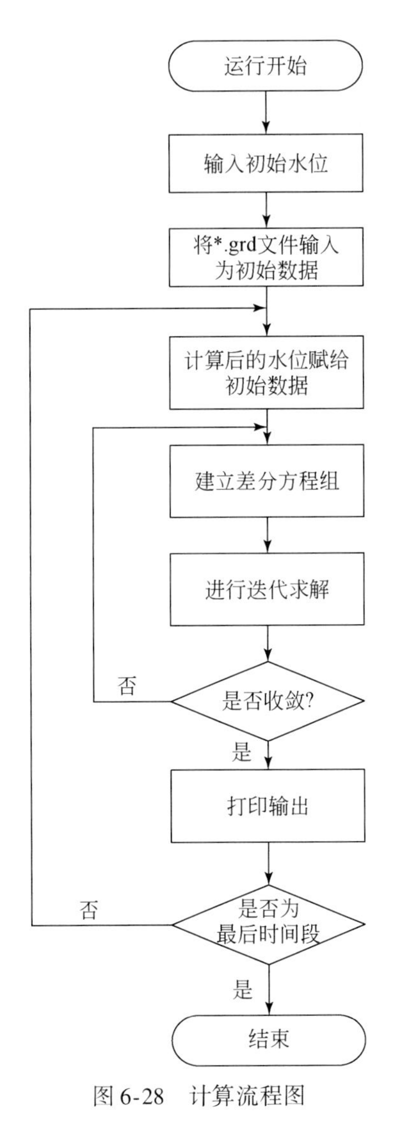

图 6-28　计算流程图

6.5.2　水文地质概念模型

水文地质概念模型是地下水系统（地质实体）的综合反映，更是建立地下水系统数学模型的基础和依据（王瑞久，1985；高云伟，2007）。数学模型是水文地质概念模型的逼真数学形式，其成败的关键在于水文地质概念模型概化地质实体的准确程度和精确程度，而概化不仅需要有正确的勘探方法，并且要求有一定的勘探工程控制。数学模型、水文地质概念模型与水文地质勘探三者相互制约，并应统一在最佳的经济技术条件前提下。水文地质概念模型主要是通过分析区域水文地质条件对地下水流系统进行概化，主要包括模拟区域、含水层结构、边界条件和补排泄项等。本次放水试验为水文地质概念模型、数学模型的建立以及矿井涌水量预测预报奠定了基础。

1）模拟区域

为了全面了解北八采区的水文地质条件和放水过程中地下水流场的变化过程，充分利用各观测孔的水位资料，本次模拟区域为北八采区的全部区域，南部以 F2 正断层为界，北部以 F1 正断层为界，西部以灰岩隐伏露头为界，东部边界为 10 煤层底板-1000m 等值线，延伸至-1000m 深处。北八采区南北长约 6.2km，东西宽 2.6km。

2）含水系统结构概化

本次放水试验的目的层是太原组上段灰岩含水层，主要包括 4 个薄层灰岩，厚度约 30m，其中 1、2 灰厚度小，3、4 灰厚度较大，岩溶裂隙发育，含水丰富，各灰岩层间无稳定隔水层，水力联系密切，将其视为一个统一含水体。该含水层在不同的区域其渗透系数 k 值是不同的，属于非均质含水层，但在同一区域，其各个方向上的渗透系数差别不大，可看作各向同性含水层。

本次研究将从以下几个方面进行研究区目的含水层地下水流系统概化。

（1）含水层水文地质参数随空间的不同而异，方向上存在差异性，所以将含水系统概化为具有单层结构的非均质各向异性。

（2）地下水系统输入、输出随时间变化，故为非稳定流。

（3）本次模拟将 1 ~4 灰作为一个整体不考虑上下砂岩，因而将整个含水系统的地下水流概化为二维地下水流模型。

（4）研究区内含水层分布广、厚度较大，将整个含水系统近似看作符合达西定律。

3）补排项概化

排泄项为矿井疏放水和含水层侧向径流排泄等。由于本次模拟不考虑煤系砂岩裂隙水，仅考虑 1 ~4 灰含水层本身及对盘奥灰水，因此所有补给项来源于含水层上方基岩隐伏露头的四含入渗补给、F2 断层下盘奥灰水的侧向补给，以及东部边界的侧向径流补给。

4）边界条件概化

根据研究区 1 ~4 灰含水层结构特点，上部与煤系砂岩裂隙含水层距离较大，与其不发生垂向上的水力联系，下部不考虑与 5 ~11 灰含水层发生水力联系。计算区范围内北部为 F1 断层可看作隔水边界；东南部为 F2 正断层落差为 420m 左右，使得北八采区整个煤系地层与 F2 下盘的奥灰对接，受到奥灰水的侧向补给，因此可看作流量补给边界；西南部为灰岩的隐伏露头区受到四含的垂向补给，也可看做流量补给边界；东部设为排泄区，同样作为流量边界。

通过分析，可以将研究目的含水层概化为上、下部隔水和四周为GHB流量边界及隔水边界的非均质、各向异性具有统一水动力场的二维承压非稳定流模型。

研究区水文地质概念模型见图6-29。

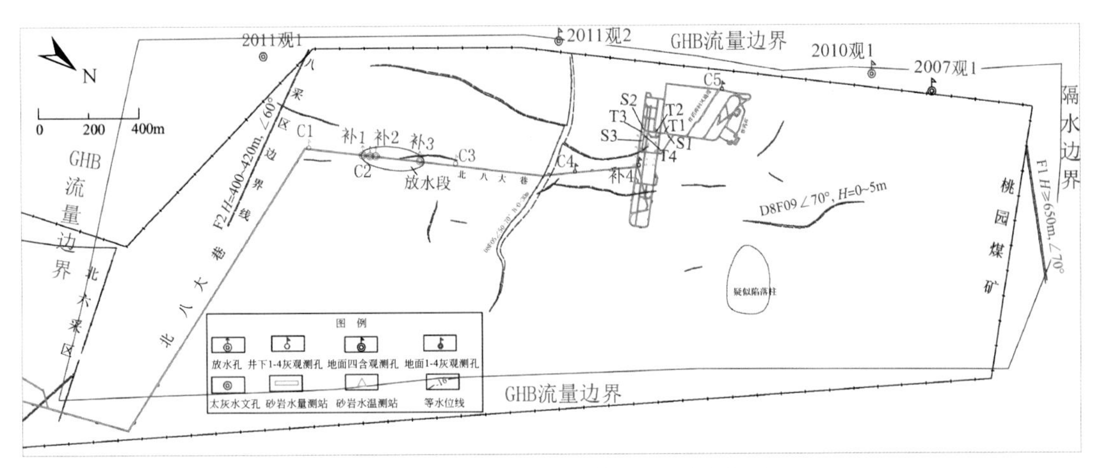

图6-29　研究区水文地质概念模型示意图

6.5.3　数值模型的建立、识别与验证

1. 数学模型的建立

数学模型是水文地质概念模型的逼真数学形式。

1）模型剖分与范围

依据1~4灰含水层的厚度变化特征以及含水层内部结构特点，并考虑其水位动态变化情况，对研究区域进行了三维剖分。研究区南北长4200m，东西宽2000m，本次用软件先进行自动剖分，然后在放水段进行人为细分将其剖分为60行、90列，共5400个计算单元，如图6-30所示。

2）模型参数分区

通过对研究区内所有的水文地质资料进行整理，根据太灰含水层的分布规律（埋深、厚度、组合特征）、岩溶水的天然流场、构造条件以及岩溶发育规律，并参考放水试验资料的解析法求参结果，将研究区进行参数分区。参数分区图如图6-31所示。

3）初始条件

采用放水开始前，即2011年9月16日11时40分的时各观测孔的初始水位，利用MODFLOW提供的插值功能绘出区域地下水的初始流场，流场的形态如图6-32所示。

从图6-32中可见，地下水基本向北八大巷放水段流。这是由于在正式放水实验之前C2孔已经放水一段时间，正式放水之前没有水位恢复阶段，直接进行正式放水，故在放水孔附近形成了小范围的降落漏斗。

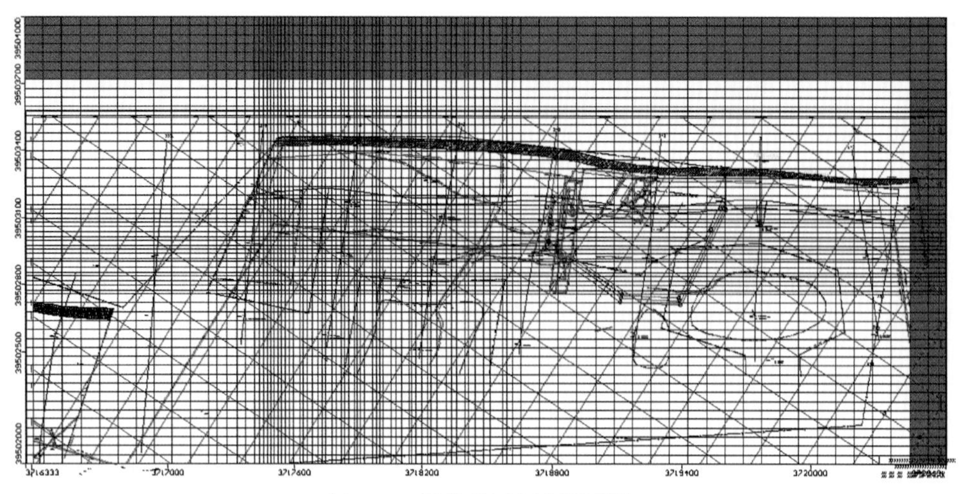

图 6-30　网格单元剖分平面图

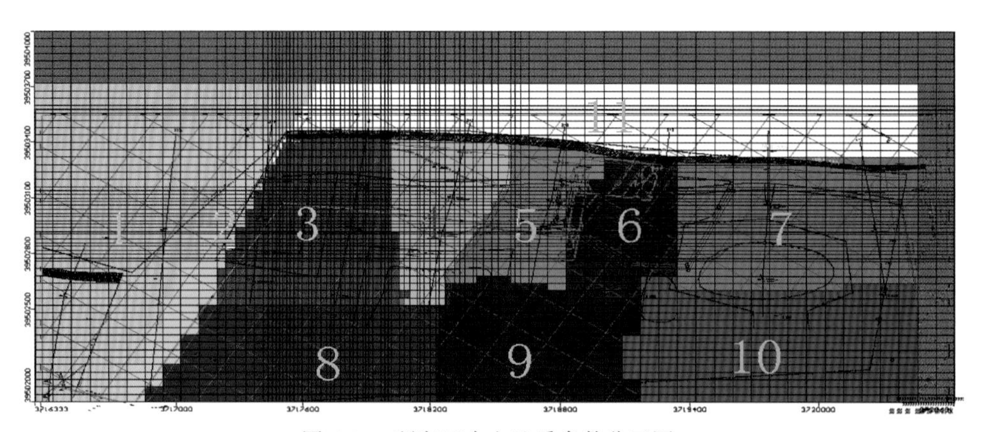

图 6-31　研究区水文地质参数分区图

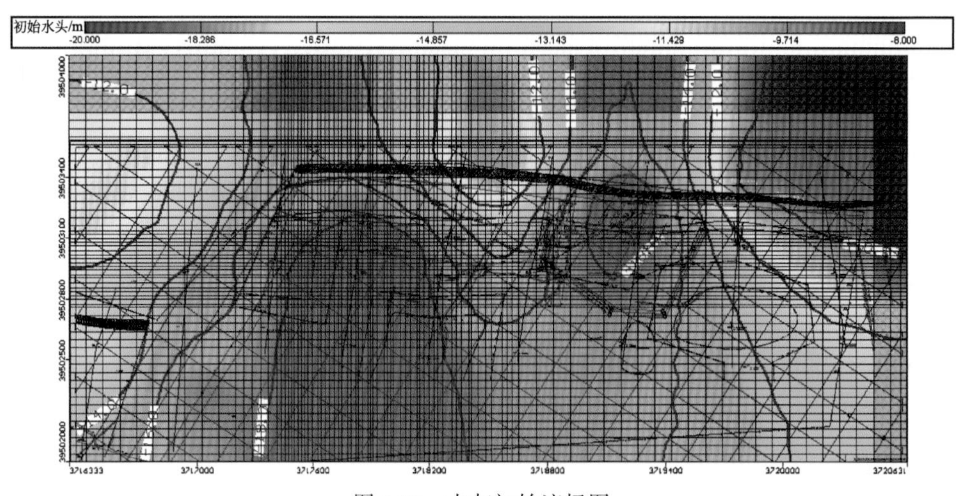

图 6-32　太灰初始流场图

4）模拟时间设定

模拟时间取放水持续时间，分为三个阶段即第一阶段2011年9月16日11时40分～21日9时45分，持续时间5天，第二阶段2011年9月21日9时45分～25日9时35分时，持续时间4天，第三阶段2011年9月25日9时35分～29日15时45分，持续时间4天。对应三个放水阶段模型分为3个地下水应力期，每应力期时间步长设为10，递增因子设为1.2；选取放水实验的前两个阶段作为模型的识别阶段，即2011年9月16日11时40分～25日9时35分共9天，放水实验的第三阶段作为模型的验证阶段共4天。

2. 数学模型的识别与验证

模型识别的地质含义可理解为对研究区水文地质条件的一次全面分析判断。为使建立的数值模型能准确地刻画客观水文地质原型，需对模型进行调试和识别。模型的识别与检验过程采用的方法称为"试估-校正法"，属于反求参数的间接方法之一。根据已掌握的矿井水文地质条件，将模型所需全部数据输入模拟计算程序，通过不断调整模型参数，修正模型的各部分，完成数值模型对客观水文地质原型较为逼真的拟合。拟合过程采用人工试算法与机器调试法相结合的办法。即先人为给定未知量（参数或水量）进行正向计算，求得目标函数，并不断地修改未知量，重复进行正演计算，直至求得的目标函数满足误差要求为止，此时的未知量即所要求的参数或水量。再给定未知量的约束条件，让机器自动寻优，不断解正问题。求得目标函数达极小值的未知量，即得到所求的参数。然后结合矿井的水文地质条件，进行综合分析，确定较合理的一组。

在模型的识别与验证过程中主要遵循以下原则：①模拟地下水的动态过程与实测的动态过程基本相似，要求模拟的与实测的地下水过程线形状相似；②模拟的地下水流场与实测的地下水流场基本一致，计算所得流场可客观反映地下水流动的趋势；③识别的水文地质参数应符合实际的水文地质条件。

通过对水文长观孔地下水位曲线的拟合，识别含水层给水度及弹性释水系数的空间分布。对模型的初始流场进行拟合，识别所建立的数学模型结构的合理性和水文地质参数空间分布的合理性。

在模型的识别过程中为保证模型求解的唯一性，在模型调试过程中，充分利用各种实测资料如水量等来约束模型对原型的拟合。另外充分使用水文地质勘探资料中所获得的信息及研究人员对水文地质条件的认识，对模型进行调试和识别。以上措施切实可行地保证识别后的模型参数、地下水流场及水位变化之间到达最佳匹配，使识别的结果唯一、正确与可靠。

6.5.4　太灰地下水流场数值模拟结果分析

1）数值模拟水文地质参数优选

在参数优选的过程中，通过不断调整边界单宽流量、水头以及经过多次运算最终确定模型的优选参数。水文地质参数优选结果见表6-21。

表 6-21　模型水文地质参数优选成果表

分区编号	导水系数/(m^2/d)	渗透系数/(m/d)	储水系数
1	570.24	17.28	6.0×10^{-5}
2	427.68	12.96	3.5×10^{-5}
3	171.07	5.184	3.5×10^{-5}
4	114.05	3.456	3.3×10^{-6}
5	42.77	1.296	8.5×10^{-7}
6	118.07	3.578	1.8×10^{-7}
7	94.55	2.865	2.1×10^{-7}
8	142.56	4.320	1.8×10^{-7}
9	71.28	2.160	2.4×10^{-7}
10	57.02	1.728	3.5×10^{-7}
11	151.14	4.580	5.0×10^{-7}

2）数值模拟流场

模拟期典型时刻的流场见图 6-33。

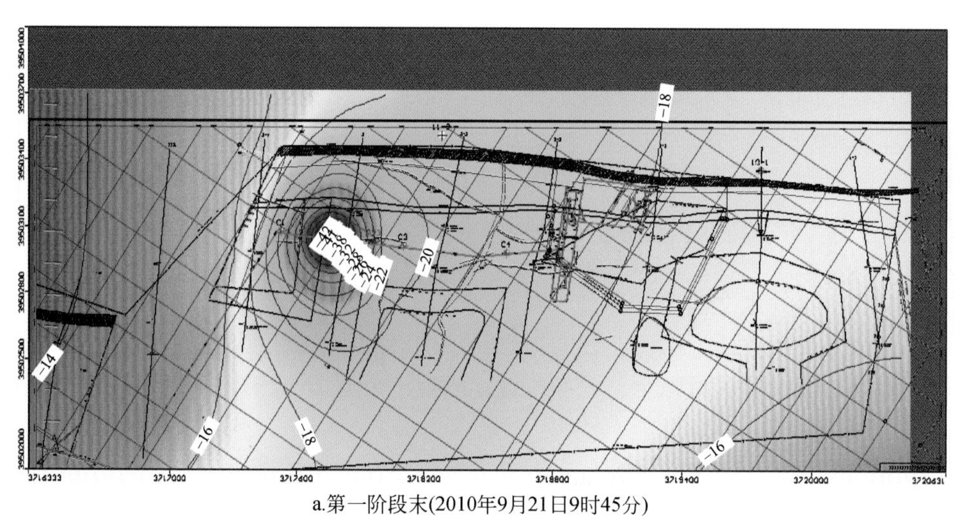

a.第一阶段末(2010年9月21日9时45分)

b.第二阶段末(2010年9月25日9时35分)

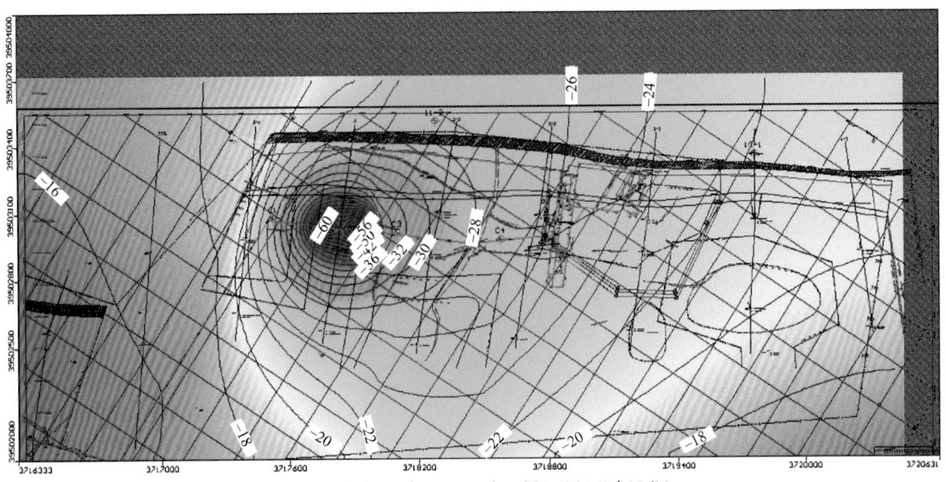
c.第三阶段开始6h(2010年9月25日14时45分)

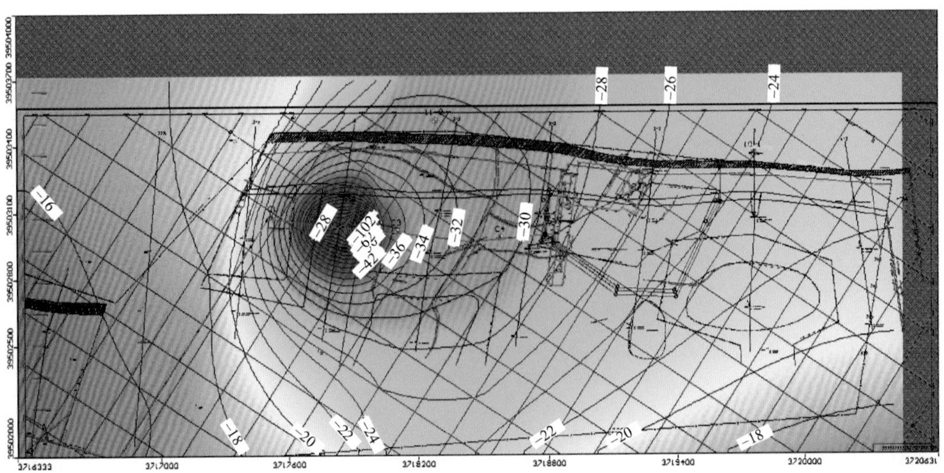
d.第三阶段开始24h(2010年9月26日9时35分)

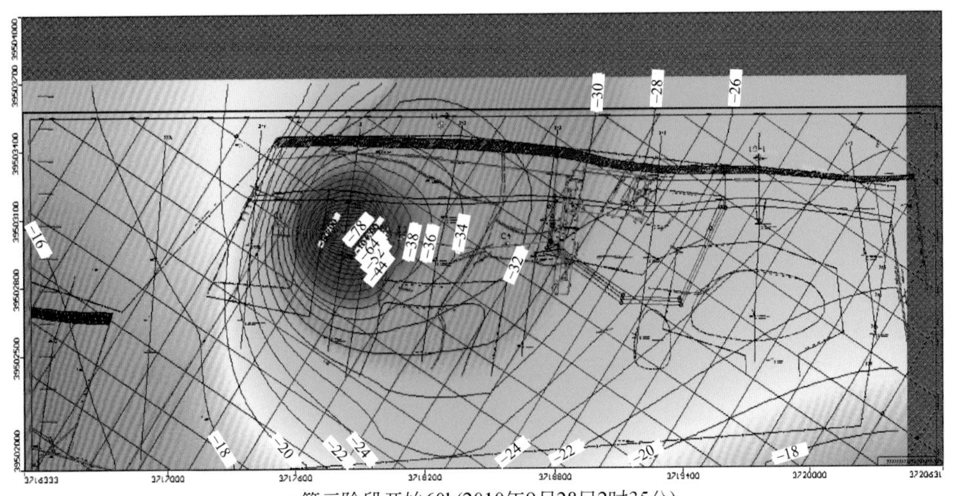
e.第三阶段开始60h(2010年9月28日2时35分)

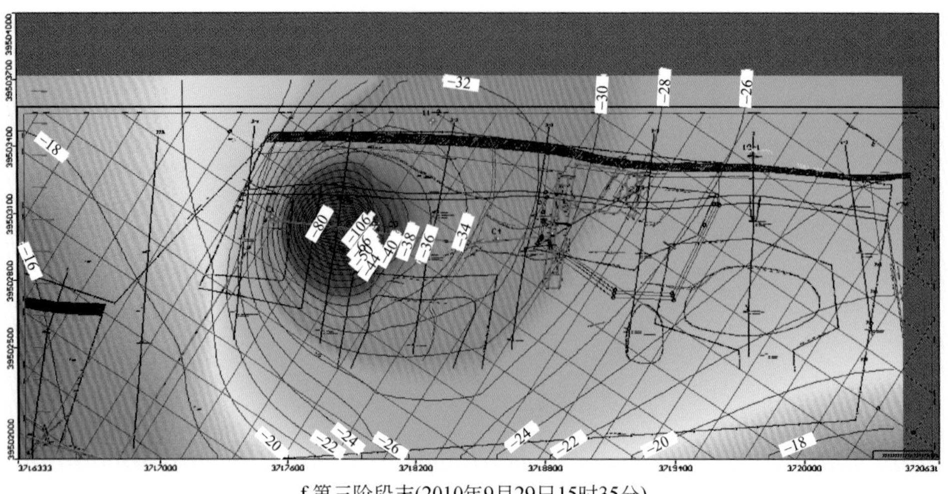

f.第三阶段末(2010年9月29日15时35分)

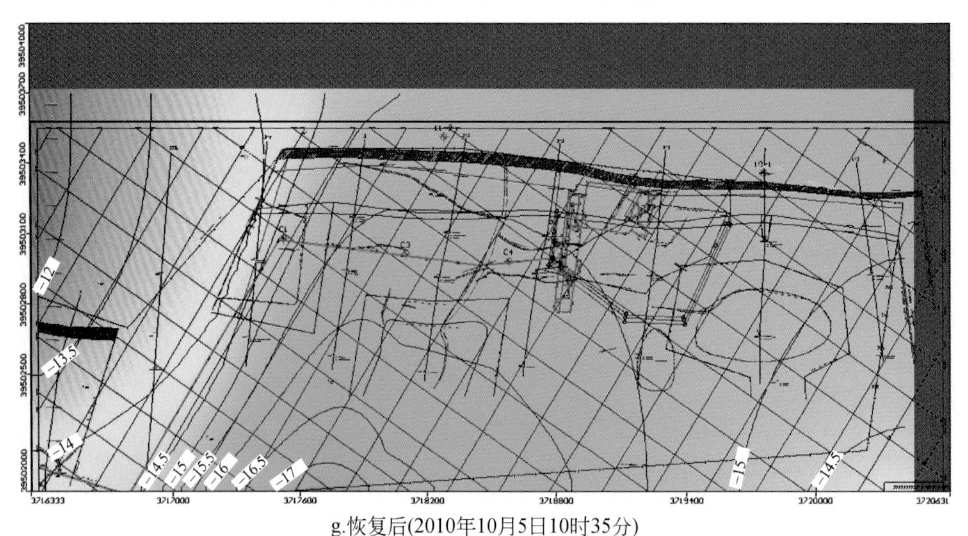

g.恢复后(2010年10月5日10时35分)

图 6-33　模拟期各典型时刻流场数值反演成果示意图

由图6-32可见，由于正式放水前没有水位恢复阶段，在放水孔中心形成小范围的降落漏斗；由图6-33a、b和f可见，模拟流场与放水流场趋势基本一致，拟合精度较高。从图6-33c～e可以看出，第三阶段放水开始后各观测孔水位迅速下降，放水1d后在放水孔中心已形成明显的降落漏斗；放水第2～4d，地下水位下降缓慢，地下水流场与放水1d后基本相似，但仍然有缓慢的变化趋势；放水初期水位下降迅速，随后下降缓慢然后很快稳定，只有放水中心降幅较大，远离放水中心降幅较小，说明太灰受到补给较强。图6-33g表明关闭放水闸门停止放水后的地下水流场，地下水流场形态基本恢复至放水试验前的地下水流场形态。以上充分说明，该矿区太原组灰岩水受到补给较强，结合实际条件，应该主要受到F2断层对盘奥灰水的补给以及隐伏露头区四含的补给，径流条件较好，渗透系数较大。

3）太灰观测孔拟合曲线

模拟期各观测孔数据拟合曲线见图6-34。

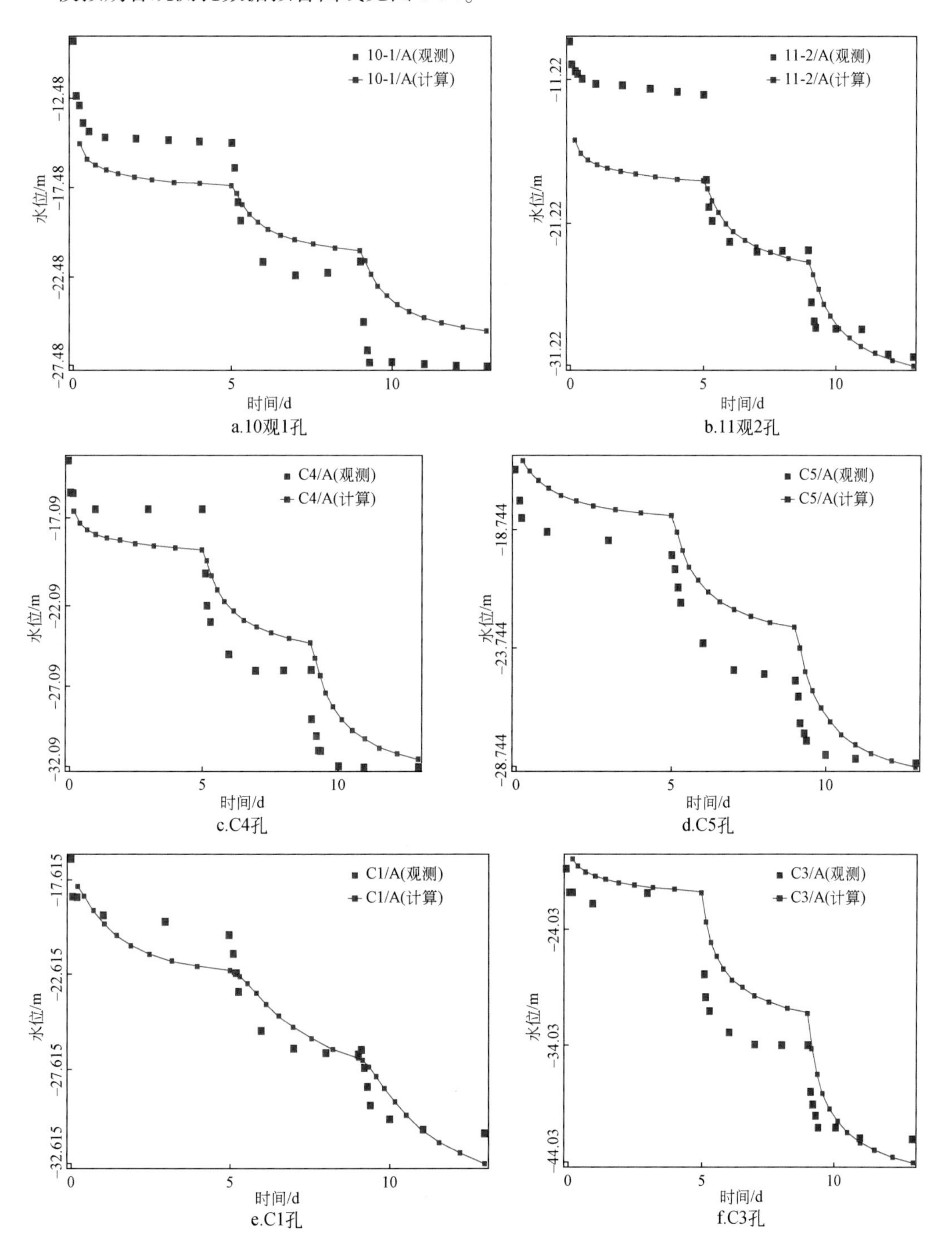

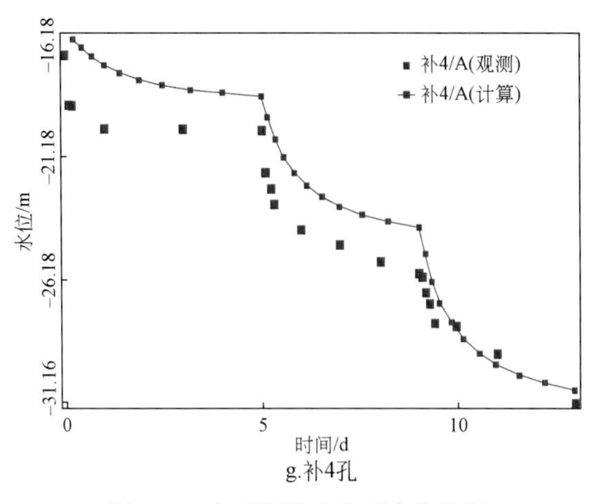

g.补4孔

图 6-34　各观测孔水位拟合曲线图

从图 6-34 中可以看出，模拟水位与观测水位按近一致，拟合精度较高，由于模拟区域范围广，边界条件类型不确定并且区域水文地质参数不均一，调参难度大，个别观测孔的水位值拟合产生一定误差，但水位变化趋势是一定的，多数拟合点相对误差较小，表明观测孔水位拟合良好，对整体地下水流场影响不大。

4）模拟结果分析

通过对比分析模拟结果与观测成果发现，模拟的水位变化过程与实测的水位变化趋势基本一致，流场形态反映了放水试验过程的流场变化规律。

放水试验开始后，地下水流场形态迅速发生变化，在放水孔群中心形成明显的降落漏斗，并快速扩展到四周边界，随后地下水流场形态缓慢发展至放水结束；关闸后地下水流场恢复较快，地下水流场形态与试验前的地下水流场形态基本相似，说明地下水径流条件较好，接受的补给较强。

在模拟期间，由于模拟范围太大，边界条件难以控制，侧向补给赋值往往造成边界附近观测孔水位上升，远离边界处的观测孔反而存在补给不充分的缺点，因此造成部分观测孔水位拟合值不太精确。此外，随着放水孔不断排水，其周围地下水径流速度加快，受水压等多方面原因影响，导水裂隙迅速张开或闭合，从而含水层的导水能力发生变化，通常来讲，随着时间的延长，导水系数会逐渐增大。模型没有考虑这种参数的变化也是水位拟合产生误差的原因之一。

另外，研究区内太灰含水层放水，会导致外围矿区太灰水的源源补给以及 F2 断层对盘奥灰及露头区四含的多方补给，且没有考虑太灰水的正常涌水。由于地下水数学模型的可靠性必须具有大量的长期观测资料，本次放水试验的资料所限，没有对补给、排泄的年均衡量做分析，在一定程度上影响了模型的精确性。

通过数值模型可以得出以下结论。

（1）模拟出的地下水流场与实际情况基本相符，观测孔地下水位过程线与实测值拟合精度较好，水文地质参数与实际条件基本相符，说明模型是正确的。水文地质概念模型和数值模型概化中的不确定性因素过多，致使模拟的结果有一定的误差，但并不影响对区域太灰水地下水流场的分析。

（2）模拟试验结果进一步说明了太灰岩溶含水系统地下水径流条件较好，降落漏斗迅速扩展后，保持缓慢的发展趋势，说明 L_1 ~ L_4 灰接受补给强，渗透系数较大。

（3）区域内地质构造条件较复杂，产状较大，断层较多，使该采区太灰水的水文地质参数产生了明显的不均一性。尤其是其南部的 F2 大断层落差 450m 左右，使北八采区与断层下盘的奥灰对接，北八采区灰岩水水温高，水压大，水质与奥灰相近，奥灰水与太灰水之间的水力联系较明显，应是太灰含水层的强补给源。

（4）由 F2 断层的对接和越流补给区，太灰水接受奥灰水的补给或四含水的补给随太灰放水量的增加，以及太灰水位降深的增大不断增多，经过试值-校正调参，模拟的在本次放水试验过程中的 F2 断层对接奥灰补给量和露头区四含（实际也为奥灰）的补给量如表 6-22 所示。

表 6-22　放水各阶段不同方向补给量模拟成果表

阶段	奥灰侧向补给/(m^3/h)	四含露头补给/(m^3/h)
第一阶段	64.07	18.54
第二阶段	71.94	37.65
第三阶段	110.27	61.79

6.6　太灰含水层补给量分析

6.6.1　理论依据

放水试验的主要任务是确定含水层的补给量，为含水层的“可疏性”评价提供依据。在水文地质条件复杂地区，一时难以查明补给条件而又需要评价补给量时，可以借鉴“开采试验确定水资源量”的计算方法，估算含水层的补给量。

在放水试验过程中，可能出现两种情况。

第一种情况是当放水量达到设计水量后，含水层水位降深很快达到最大降深并趋于稳定，停止放水后，水位能较快恢复到原始水位。这种情况说明放水量小于或等于补给量，含水层的静储量没有得到消耗。这时，实际放水量就是该降深情况下的补给量。

第二种情况是当放水量达到设计水量后，含水层水位降深并不稳定，且呈持续下降趋势，停止放水后，水位恢复较为缓慢或始终达不到原始水位。这种情况说明放水量大于补给量，含水层的静储量不断消耗。这时，可按下列方法计算补给量。

在水位持续下降过程中，当出现降落漏斗等幅下降的现象，降速大小与放水量成正比，则任一时段的水均衡满足：

$$\mu F \Delta S = (Q_{放} - Q_{补})\Delta t$$

式中，μF 为水位下降 1m 减少的静储量，称为单位静储量，m^2；ΔS 为 Δt 时间段的水位

降，m；$Q_{放}$为平均放水量；$Q_{补}$为补给量。即

$$Q_{放} = Q_{补} + \mu F \frac{\Delta S}{\Delta t}$$

放水量由两部分组成，一是试验条件下补给量，二是含水层中消耗的静储量。

求解补给量的方法是把放水量比较稳定、水位下降比较均匀的几个时段资料代入上式，再用消元法解出 $Q_{补}$ 和 μF。

为核对 $Q_{补}$的可靠性，再用水位恢复资料进行检查。

$$Q_{补} = \mu F \frac{\Delta S}{\Delta t}$$

6.6.2 太灰含水层补给量分析

通过对本次放水试验过程中各孔水位历时曲线分析可以看出，桃园煤矿北八采区太灰含水层各观测孔水位变化符合第一种情况，即含水层水位降深很快达到最大降深并趋于稳定，停止放水后，水位能较快恢复到原始水位，由此可以认为，北八采区太灰含水层的补给量与放水量接近。

由地下水流场模拟结果可知，由于 F2 断层的对接和越流补给，太灰水接受奥灰水的补给或四含水的补给，并随太灰放水量的增加，以及太灰水位降深的增大不断增多，经过试值-校正调参，模拟得出本次放水试验过程中各阶段的总补给量，以及各补给边界的补给量，如表 6-23 所示。从表中可以看出，北八采区补给量主要为奥灰水，且以 F2 断层的侧向补给占优势，亦说明该采区煤层开采将受到奥灰水的严重威胁。

表 6-23 放水各阶段不同方向补给量模拟成果表

阶段	奥灰侧向补给/(m^3/h)	四含露头补给/(m^3/h)	远程太灰补给/(m^3/h)	总计/(m^3/h)
第一阶段	64.07	18.54	15.09	97.70
第二阶段	71.94	37.65	45.11	154.70
第三阶段	110.27	61.79	95.48	267.54

第7章　北八采区地下水水文地球化学探查与评价

7.1　引　　言

矿井水害是我国煤矿开采中经常遇到的主要地质灾害之一，也是制约许多矿区生产活动和可持续发展的重要因素，多年来对矿井水害的预防和治理一直是相关领域科学、工程和生产工作者关注和实施的重要课题。经验和教训表明，防治水工作必须贯穿于勘探、建井和生产等各个阶段，是集多学科、多方法于一体的系统工程。水文地球化学（水化学）探查即其中一种行之有效的方法（王广才等，2000；刘峰，2007；陈兆炎等，1989；郑世书等，1999）。

水文地球化学探查方法一般可分为两大类，即天然方法和人工方法。前者是指对地下水中分布的天然要素（化学成分及同位素成分等）进行研究；后者则是指通过人工投放示踪剂（化学和同位素示踪剂），并观察和分析示踪剂在地下水中的运动、变化特征来达到探查的目的。在具体探查要素上，包括地下水化学宏量组分、微量组分和气体成分（CO_2、H_2S、Rn及溶解氧等）、同位素成分（T、^{18}O、D、^{14}C和^{131}I）及某些物理性质等（王广才等，2000）。

水化学探查技术依据地下水系统中天然（或人工示踪剂）的化学、物理及同位素成分的分布及变化规律，分析和了解地下水的输入、疏通及输出（即补给、径流、赋存及排泄）特征，以及含水介质本身的结构特征，从而达到对地下水探查的目的。“水流经怎样的岩石，水也就怎样”“地下水的化学成分反映了地区的地质发展历史和人类活动的影响”（沈照理等，1993）。也就是说，赋存于含水介质（如含水层）中的地下水，其化学、同位素成分与其成因有关，与岩石类型有关，与地下水的滞留时间、运动特征、动态变化及不同水体之间的混合作用有关，与人类的生产和生活活动等有关。地下水的化学成分是地质历史过程中水-岩相互作用的产物，因而地下水的化学成分代表了一定的地质环境特征。一般水化学特征与地质环境条件的关系见表7-1（杨成田，1981；陈兆炎等，1989；桂和荣和陈陆望，2007）。

表7-1　常见水化学类型的形成条件

水化学类型	形成条件
HCO_3-Ca型水	①灰岩、砂岩中钙质胶结物、钙质土壤等经溶滤形成；②侵入岩，当钙长石在有CO_2存在的情况下受到风化
HCO_3-Mg型水	①在白云岩或白云质灰岩地区溶解作用形成；②基性侵入岩，在大量内生CO_2参与下的风化作用形成，一般呈碱性

续表

水化学类型	形成条件
HCO_3-Na 型水 γ（HCO_3^-）>γ（Ca^{2+}+Mg^{2+}）	①含钠晶质岩及沉积岩经受风化作用（水解）形成；②自流盆地中，当碱土金属含量少时，并存在天然水软化剂海绿石时；③阳离子交替吸附作用形成；④厌氧条件下，在有机物和脱硫菌和亚硫酸酰基菌作用下形成
SO_4-Ca 型水	①含石膏的沉积岩地区，一般为淡水或微咸水，由溶滤作用形成；②硫化矿床地区，围岩为石灰岩；③侵入岩（含钙长石）经硫酸风化作用形成；④地下水通过含吸附状离子的黏土或黑土时形成
SO_4-Na 型水	①含钠长石的侵入岩在风化壳形成；②含石膏及芒硝的岩盐矿区溶滤形成；③与沉积有关的，为交代作用、混合作用、交替作用形成；④在硫化物金属矿床及煤矿区
Cl-Na 型水	①干旱气候条件下，天然水经蒸发浓缩形成；②含盐沉积物及盐矿床溶滤形成；③Na_2SO_4 水、$NaHCO_3$ 水与 $CaCl_2$ 水混合形成；④阳离子交替吸附作用形成
Cl-Ca 型水 γ（Cl^-）>γ（Ca^{2+}+Mg^{2+}）	在上部水化学带中以及在地表水和大气降水中为稀有组分：①自流盆地下部水，围岩为白云岩、灰岩和砂岩；②侵入岩发育的构造裂隙水；③某些热泉；④潜水、土壤水；⑤侵入岩现代风化壳地区

由于水化学探查技术包括对地下水的化学、同位素成分的分布、变化特征及规律的研究，因此，探查的基本原理涉及地下水动力学、化学动力学、化学热力学、气体地球化学、同位素水文学及测年学等。从系统论的观点出发，地下水是整个水循环系统（大气水、地表水、海水及地下水等）的有机组成部分；对于地下水系统来说，上述水循环中的其他环节是地下水系统相对应的环境，因此，水化学探查技术不仅包括对地下水，也包括对与地下水有联系的其他水体的研究。

由于水化学特征反映了环境条件不同的信息，这样就有可能依据地下水水化学特征识别水源。近年来，据此开展了多种方法的矿井地下水突水水源判别研究，如特征模型法、Piper 三线图法、模糊识别法、判别分析法、灰色关联度分析法、聚类分析法、模糊聚类分析法、Q 型群分析法等（陈陆望和宋正辉，2012；杨永国和黄福臣，2007；张许良等，2003；陈红江等，2009；杨立志，2016；李明山等，2006；张瑞钢等，2009；岳梅，2002）。

水化学探查技术多年来几乎被应用于防治水工作的各个环节中，并且取得了良好的效果。尤其在矿井突水水源、地下水径流通道、不同含水层水力联系（混合作用）及注浆效果等的判别与研究中成效显著（马培智等，1998；李金凯，1990）。

桃园煤矿煤系下伏灰岩地层的岩溶裂隙地下水对矿井安全开采威胁最大，是水害防治的重点。本书在分析各含水层水化学特征的基础上，结合本次放水试验水质监测结果，重点研究北八采区太灰水和砂岩水的水质变化趋势，进一步确定太原组灰岩含水层和煤层顶底板砂岩含水层的补给水源，为矿井水害防治提供可靠的地质依据，从而保证矿井的安全采掘。

7.2 数据搜集与采样测试

1）数据搜集

系统搜集矿井勘探阶段、建井阶段、生产阶段以及补勘过程中各含水层的水质化验资料和井下出水点的水质测试资料。汇总结果见表 7-2。

表 7-2　桃园煤矿（南部采区）各阶段水质测试成果表

含水层	取样日期（年、月、日）	取样地点	K^++Na^+	Ca^{2+}	Mg^{2+}	Cl^-	SO_4^{2-}	HCO_3^-	CO_3^{2-}	总矿化度	总硬度	永久硬度	暂时硬度	负硬度	总碱度	pH	水化学类型
			/(mg/L)														
四含水	2000.12.27	观测孔	119.42	60.91	50.50	68.03	76.97	505.25	16.81	646.705	359.93	0.00	359.53	0.00	442.35	8.20	Mg·K·Ca-HCO_3
太灰水	2007.3.4	北六下部车场/2灰	314.87	337.47	96.25	329.28	1064.40	436.34	0.00	1020.82	881.17	357.82	0.00	357.82	218.17	7.19	Ca·K·Mg-SO_4·Cl·HCO_3
	2006.4.27	南三二中车场及石门放水孔	271.15	242.88	79.72	256.16	761.87	454.39	0.00	1839.58	934.75	562.12	372.63	0.00	372.63	7.52	Ca·K·Mg-SO_4·HCO_3
砂岩水	2006.9.4	1062风巷顶板	599.38	14.04	9.38	378.34	156.41	745.36	43.86	1575.33	73.69	0.00	73.69	0.00	684.37	8.69	K-HCO_3·Cl
	2009.11.4	Ⅱ4轨道大巷	525.46	6.22	7.26	317.43	55.98	758.71	38.22	791.00	45.41	0.00	45.41	640.51	685.92	8.76	K-HCO_3·Cl
	2009.12.11	Ⅱ4轨道大巷3#钻场	845.39	9.99	3.88	311.19	936.39	510.81	29.70	1532.69	40.92	0.00	40.92	427.50	468.42	8.55	K-SO_4·Cl·HCO_3
	2010.9.17	1003工作面	648.19	6.63	10.82	299.89	609.99	433.91	35.29	1164.37	61.12	0.00	61.12	353.56	414.68	8.74	K-SO_4·Cl·HCO_3
	2009.12.14	Ⅱ轨道大巷3#钻场4孔	826.71	10.39	4.27	305.12	896.46	584.79	0.00	1493.98	43.52	0.00	43.52	436.04	479.56	8.28	K-SO_4·HCO_3·Cl
	2010.4.22	Ⅱ4运输上山	710.82	6.37	8.02	346.55	617.81	493.14	36.75	1247.69	48.91	0.00	48.91	416.77	465.68	8.48	K-SO_4·Cl·HCO_3
奥灰水	2001.6.10	2001观1孔	293.82	324.31	90.56	321.80	1081.68	305.00	0.00	2266.55	1182.41	932.21	250.20	0.00	250.20	7.50	Ca·K-SO_4·Cl
	2011.10.9	2011 观-1 关孔前3#	348.82	363.21	65.12	334.26	1133.55	349.83	0.00	1992.56	1175.06	888.18	286.88	0.00	286.88	7.73	Ca·K-SO_4·Cl
	2011.10.9	2011 观-1 关孔后1#	405.86	375.84	42.13	339.43	1163.18	373.63	0.00	2063.06	1111.97	805.58	306.39	0.00	306.39	7.70	Ca·K-SO_4·Cl
	2011.10.9	2011 观-1 关孔后2#	338.4	360.05	73.74	328.06	1123.67	375.05	0.00	2014.31	1202.66	895.09	307.57	0.00	307.57	7.75	Ca·K-SO_4·Cl

2）样品采集与测试

样品采集贯穿于放水前的放水试验工程施工和放水试验期间的各个阶段，共采集水样28个（放水前、后各14个），其中：地面观测孔太灰水样2个，奥灰水样3个，井下放水孔第一阶段水样2个，第二阶段水样4个，第三阶段水样2个。井田南部采区井下太灰出水点水样1个、砂岩出水点水样1个；北八采区放水前井下水样7个，放水期间6个。分别开展了常规水化学成分、微量元素和同位素等测试工作。样品采集与测试过程严格按照相关规范、规程要求进行（国家技术监督局，1991；中华人民共和国水利部，1994，2005）。

7.3　矿井含水层常规水化学特征

7.3.1　放水前矿井含水层常规水化学特征

1. *矿井南部采区各含水层常规水化学特征*

据桃园煤矿勘探与生产阶段水质分析成果资料（表7-2），桃园矿井南部采区即F2断层以南采区（大区）各主要含水层水化学指标特征表现如下。

1）第四系四含水

矿化度平均为0.65g/L，总硬度平均359.93mg/L，属于极硬水，无永久硬度，pH为8.20。在三种主要阳离子成分中，Na^{+}+K^{+}占优势，达58.88%，而Ca^{2+}和Mg^{2+}的总和仅占40.81%，Ca^{2+}含量所占比重较大。在阴离子成分中，HCO_3^-占的比重较大，达73.40%左右，Cl^-所占的比重稍大。四含水的水质特征反映其径流强度较大。四含水质Piper图如图7-1所示，主要离子成分含量如表7-2所示，水化学类型为HCO_3-Mg·Na·Ca型。

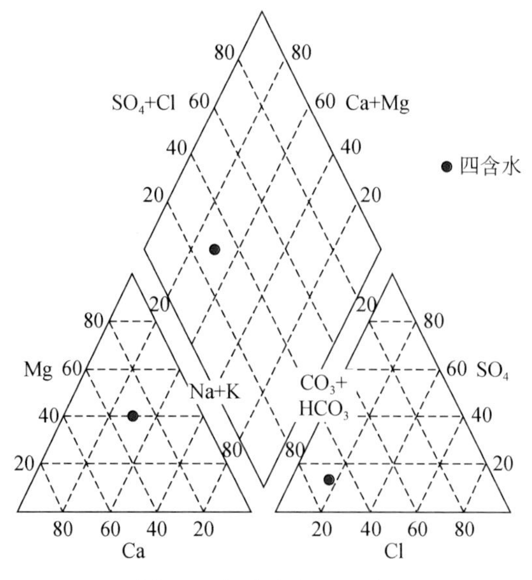

图7-1　四含水质Piper图

2）二叠系煤系砂岩裂隙含水层（组）水

主要指 6 煤至 10 煤间的煤层顶底板砂岩裂隙水。该层地下水总矿化度平均在 1.881g/L 左右，总硬度平均在 56mg/L，属微硬水，无永久硬度，存在负硬度为 454.4mg/L，pH 平均 8.58。阳离子中，$Na^{+}+K^{+}$所占比例较大，约达 80%，而 Ca^{2+}和 Mg^{2+}所占比例较小，约 10%。三种主要阴离子中，SO_4^{2-}占优势，其比例接近 50%，其次是 HCO_3^{-}，约占 30%。主要离子成分含量如表 7-2 所示，水化学类型为 $SO_4 \cdot Cl \cdot HCO_3$-Na 型。与第四系四含水相比，砂岩水中的 $Na^{+}+K^{+}$、SO_4^{2-}相对富集，反映深部含水层径流条件的进一步变化。砂岩含水层水质 Piper 图如图 7-2 所示。

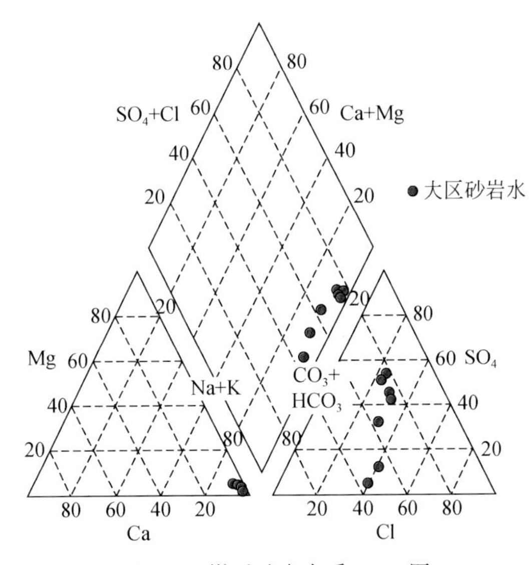

图 7-2　煤系砂岩水质 Piper 图

3）太原组灰岩含水层水

太灰含水层由于埋藏深度变化很大，不同深度上岩溶发育程度相差较大，水动力条件呈现显著的非均一性。矿化度在 1.752～2.362g/L，平均为 1.984g/L，变化幅度较大，也充分说明了太灰水质特征的不均一性。总硬度平均为 974mg/L，其中永久硬度为 603mg/L，属极硬水，pH 平均 7.15。三个主要阳离子中 Ca^{2+}、Mg^{2+}和 $Na^{+}+K^{+}$占的比例差距不是特别大，比例多在 20%～45%，其中以 Ca^{2+}占比较大，Mg^{2+}所占比例最小；三种主要阴离子成分中，SO_4^{2-}占主导优势，其相对比例多在 35%～40%；Cl^{-}所占比例也较大，约 30%；HCO_3^{-}所占比例较小，约 20%。主要离子成分含量见表 7-2，太灰水质 Piper 图见图 7-3，水化学类型为 $SO_4 \cdot HCO_3$-Ca · Na · Mg 或 $SO_4 \cdot Cl \cdot HCO_3$-Ca · Na · Mg 型。

4）奥灰含水层水

该层地下水水质分析结果较少，仅有本次放水试验施工钻孔所取的三个水质分析结果。总矿化度平均为 2.45g/L，总硬度平均为 1163mg/L，其中永久硬度为 862mg/L，属极硬水，无负硬度，pH 平均为 7.72。三个主要阳离子中，Ca^{2+}和 $Na^{+}+K^{+}$占比差距不大，多在 30%～50%，Mg^{2+}占比相对较小，约 10%。三种主要阴离子成分中，SO_4^{2-}、HCO_3^{-}占主导优势，其相对比例多在 40%左右，Cl^{-}所占比例较小，约 20%。主要离子成分含量见

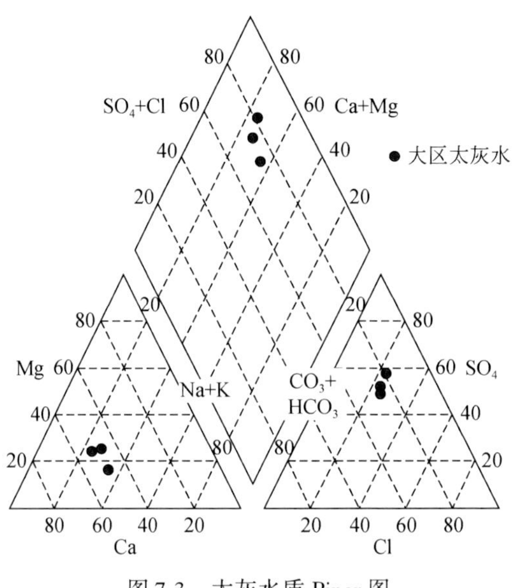

图 7-3　太灰水质 Piper 图

表 7-2，奥灰水质 Piper 图如图 7-4 所示，水化学类型为 SO_4 · Cl-Ca · Na 类型。

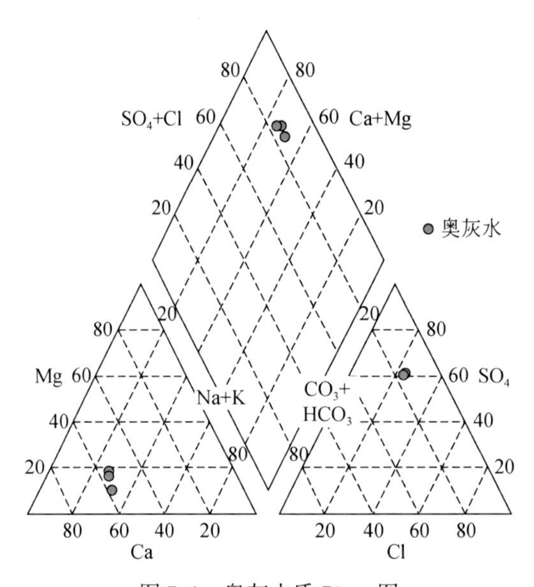

图 7-4　奥灰水质 Piper 图

对比各含水层的水文地球化学特征（表 7-2、图 7-5），可以看出，井田南部采区内地下水系统的水质有如下特征：①地下水总矿化度有随深度的增加而增大的趋势。②各含水层水质不同，相互之间的水力联系程度较弱。③煤系砂岩含水层水质分布较离散，且与其他各含水层水质存在较大差异，水力联系程度弱。

2. 北八采区各含水层常规水化学特征

放水前，在北八采区掘进过程和井下放水试验孔施工过程中，对煤系砂岩水和太灰水进行了取样化验，结果见表 7-3。两个含水层水质特征表现如下（吴基文等，2015a）。

表 7-3　桃园煤矿北八采区放水期间水质测试成果表

含水层	取样日期（年、月、日）	取样地点	K^++Na^+	Ca^{2+}	Mg^{2+}	Cl^-	SO_4^{2-}	HCO_3^-	CO_3^{2-}	总矿化度	总硬度	永久硬度	暂时硬度	负硬度	总碱度	pH	水化学类型
			/(mg/L)														
太灰水	2011.10.9	零采区放水孔	317.98	224.24	45.96	255.00	677.91	459.30	0.00	1621.86	749.20	372.55	376.65	0.00	376.65	7.12	Ca·K-SO_4·HCO_3·Cl
	2011.3.29	1#孔	292.33	356.87	121.98	356.71	1118.73	439.78	0.00	2135.19	1393.41	1032.76	360.65	0.00	360.65	7.42	Ca·Mg-SO_4·Cl
	2011.8.31	2011 观 2 孔	300.15	385.33	99.05	348.05	1196.93	347.45	0.00	2503.62	1370.04	1085.11	284.93	0.00	284.93	7.34	Ca·Mg-SO_4·Cl
砂岩水	2011.9.25	南区砂岩出水	603.13	12.93	10.82	292.05	428.89	602.08	21.07	1646.33	76.89	0	76.89	451.98	528.87	8.58	K-HCO_3·SO_4·Cl
	2011.4.13	北部井总回	171.7	367.81	104.12	341.01	885.76	391.46	0.00	1813.96	1347.18	1026.16	321.02	0.00	321.02	6.93	Ca·Mg-SO_4·Cl
	2011.4.18	8281 回风石门 1	266.16	364.65	118.92	339.27	1180.47	396.29	0.00	2114.18	1450.16	1125.18	324.98	0.00	324.98	6.78	Ca·Mg-SO_4·Cl
	2011.4.22	炸药库外 25m	273.45	373.71	108.71	327.06	1122.84	422.87	0.00	2084.21	1380.8	1034.02	346.78	0.00	346.78	6.87	Ca·Mg-SO_4·Cl
	2011.4.22	风门 25m	262.98	350.14	119.43	324.44	1129.43	368.84	0.00	2007.83	1366.09	1063.62	302.47	0.00	302.47	7.82	Ca·Mg-SO_4·Cl
	2011.4.22	变电所外 10m	270.64	358.56	117.39	330.54	1144.25	378.23	0.00	2042.67	1378.72	1068.53	310.17	0.00	310.17	7.91	Ca·Mg-SO_4·Cl
	2011.5.16	8281 回风石门 2	246.19	334.99	114.12	312.23	1013.36	425.22	0.00	1963.42	1306.4	957.7	348.7	0.00	348.7	6.89	Ca·Mg-SO_4·Cl
	2011.7.13	北八大巷	329.59	401.78	83.7	352.94	1221.63	362.96	0.00	2119.02	1347.93	1050.28	297.65	0.00	297.65	7.64	Ca·K-SO_4·Cl
北八上部车场砂岩涌水点	2011.9.16	T2	292.03	347.42	109.65	334.26	1136.02	365.53	0.00	2018.8	1318.99	1019.23	299.76	0.00	299.76	7.74	Ca·Mg·K-SO_4·Cl
	2011.9.21	T2	336.33	335.57	98.15	342.88	1145.89	361.73	0.00	2031.79	1242.1	945.46	296.64	0.00	296.64	7.66	Ca·Mg·K-SO_4·Cl
	2011.9.25	T2	368.74	347.42	80.44	337.71	1136.84	416.46	0.00	2099.24	1198.72	857.2	341.52	0.00	341.52	7.56	Ca·K-SO_4·Cl
	2011.9.16	T4	291.3	337.15	101.51	312.72	1065.22	418.84	0.00	2006.21	1259.84	916.37	343.47	0.00	343.47	6.96	Ca·Mg·K-SO_4·Cl
	2011.9.21	T4	331.27	343.47	64.64	322.2	1038.06	376.96	0.00	1925.9	1123.8	814.67	309.13	0.00	309.13	6.97	Ca·K-SO_4·Cl
	2011.9.25	T4	261.05	327.68	86.18	319.79	1051.64	412.22	0.00	2003.27	1173.09	827.66	345.43	0.00	345.43	6.97	Ca·Mg-SO_4·Cl
北八灰岩放水孔	2011.9.16	补 1#	314.99	421.32	84.46	346.32	1215.45	403.61	0.00	2167.19	1399.82	1068.84	330.98	0.00	330.98	6.77	Ca·K-SO_4·Cl
	2011.9.16	2#	300.06	418.48	91.93	345.46	1216.28	392.66	0.00	2150.73	1423.48	1101.47	322.01	0.00	322.01	6.88	Ca-SO_4·Cl
	2011.9.21	补 3#	297.18	406.63	90.97	356.66	1205.99	337.93	0.00	2069.76	1389.96	1112.84	277.12	0.00	277.12	7.02	Ca-SO_4·Cl
	2011.9.21	2#	225.56	416.11	61.29	174.88	1202.7	345.07	0.00	1895.29	1488.54	1205.56	282.98	0.00	282.98	6.67	Ca-SO_4
	2011.9.21	补 2#	320.44	394.79	83.79	347.36	1167.3	392.66	0.00	2103.65	1330.82	1008.81	322.01	0.00	322.01	7.04	Ca·K-SO_4·Cl
	2011.9.21	补 1#	357.37	414.53	59.85	353.22	1190.35	391.24	0.00	2130.63	1281.53	960.69	320.84	0.00	320.84	7.43	Ca·K-SO_4·Cl
	2011.9.25	补 3#	395.19	406.63	49.32	349.77	1212.57	392.66	0.00	2151.33	1218.44	896.43	322.01	0.00	322.01	7.64	Ca·K-SO_4·Cl
	2011.9.25	2#	330.99	410.58	83.79	356.66	1211.34	397.42	0.00	2164.13	1370.25	1044.34	325.91	0.00	325.91	7.37	Ca·K-SO_4·Cl

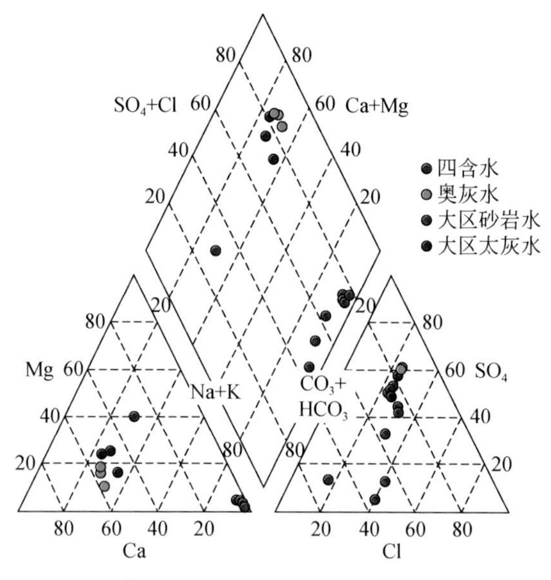

图 7-5　各含水层水质 Piper 图

1）煤系砂岩含水层水

a. 煤系砂岩含水层常规水化学特征

该区域煤系砂岩水主要指北八大巷及上部车场一带 10 煤 ~ 8_2煤顶底板砂岩裂隙水。该层地下水总矿化度平均在 2.366g/L 左右，总硬度平均为 1337mg/L，属极硬水，永久硬度为 1009mg/L，pH 平均为 7.26。阳离子中，Ca^{2+}和 Na^{+}+K^{+}占比相近，多在 30% ~45%，且以 Ca^{2+}比例稍多，Mg^{2+}所占比例最小；三种主要阴离子中，SO_4^{2-}占优势，其比例接近 60%，其次是 HCO_3^-，约占 25%。主要离子成分含量如表 7-3 所示，其水质 Piper 图见图 7-6，水化学类型为 SO_4 · Cl-Ca · Mg 型。

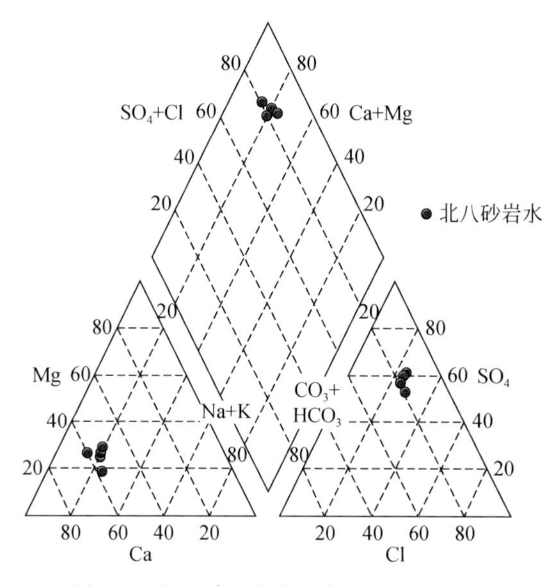

图 7-6　北八采区砂岩含水层水质 Piper 图

b. 北八采区煤系砂岩水与井田南部各含水层水质对比

将井田南部各含水层和北八采区煤系砂岩含水层水化学指标测试结果进行对比，见表7-4。从中得出以下几点认识。

表7-4　北八采区煤系砂岩水和太灰水与井田南部含水层水化学指标对比表

含水层	K^++Na^+	Ca^{2+}	Mg^{2+}	Cl^-	SO_4^{2-}	HCO_3^-	CO_3^{2-}	总硬度	永久硬度	负硬度	总矿化度	pH
	/(mg/L)											
四含水	119.4	60.9	50.5	68.0	76.9	505.3	16.8	359.9	0.0	0.0	647	8.2
砂岩水	594.9	8.3	6.8	281.3	462.8	516.1	25.6	48.8	0.0	340.8	1642	7.5
太灰水	301.4	268.2	74.0	280.2	834.7	450.0	0.0	974.3	605.3	0.0	1984	7.3
奥灰水	346.7	355.8	67.9	330.9	1125.6	350.9	0.0	1168.0	880.3	0.0	2393	7.7
北八砂岩水	273.9	343.7	115.8	330.2	1094.3	397.7	0.0	1336.8	1008.5	0.0	2357	7.2
北八太灰水	296.3	371.1	110.6	352.4	1157.8	393.7	0.0	1381.7	1059.0	0.0	2485	7.4

（1）北八采区煤系砂岩水与四含水水化学指标相比，两者差别明显，应无水力联系。

（2）与南部采区煤系砂岩水水化学指标对比可以看出，北八采区砂岩水 Ca^{2+}、Mg^{2+}、SO_4^{2-}含量高，无 CO_3^{2-}，矿化度高，总硬度大，存在永久硬度，pH 较低，与井田南部煤系砂岩水水化学指标存在较大差异，这在两者水质叠加 Piper 图上表现更清楚（图7-7），两者投点相距较远。由此表明，本区"砂岩水"已不具备正常砂岩裂隙水的水质特征（桂和荣和陈陆望，2007；陈陆望和宋正辉，2012；颜玉坤等，2004），应与其他含水层的水源补给有关。

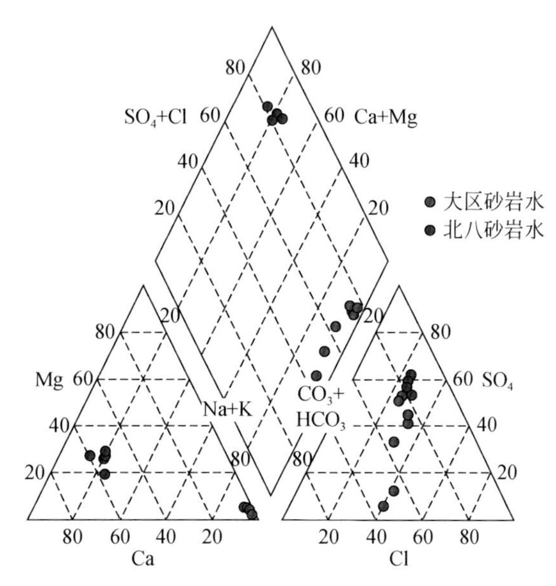

图7-7　北八采区与井田南部砂岩水水质叠加 Piper 图

（3）北八采区煤系砂岩水水化学指标与灰岩水的水化学指标基本相似，但与奥灰水水化学指标更加接近，水质叠加图中两者几乎重合（图7-8），由此说明，本区"砂岩水"

与奥灰含水层关系密切，应存在水力联系。

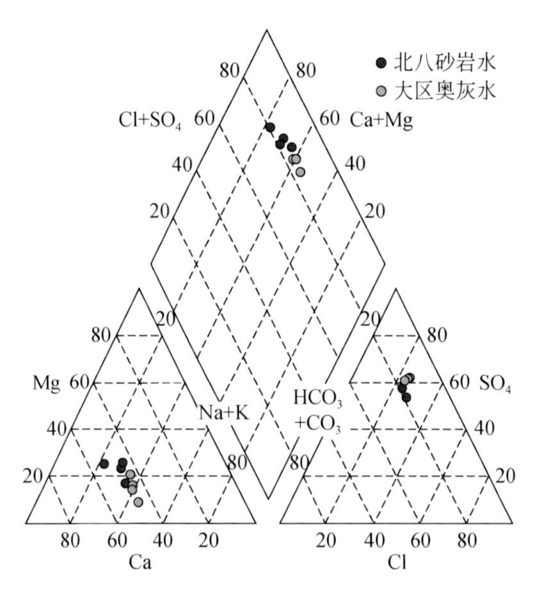

图 7-8　北八采区砂岩水与奥灰水水质叠加 Piper 图

2）太原组灰岩含水层水

a. 太灰含水层常规水化学特征

据地面观测孔和井下放水孔放水前所取样品测试结果（表 7-3），该区域太原组灰岩水总矿化度平均在 2.49g/L 左右，总硬度平均为 1382mg/L，属极硬水，pH 平均 7.38。三种阳离子中，Ca^{2+} 占比较大，约 50%，$Na^{+}+K^{+}$ 占比也较大，约达 30%，而 Mg^{2+} 含量较高，约 15%。三种主要阴离子中，SO_4^{2-} 占优势，其比例在 60% 以上，HCO_3^- 和 Cl^- 占比相近，约占 20%，水化学类型为 SO_4·Cl-Ca·Mg 型。太灰含水层水质 Piper 图见图 7-9。

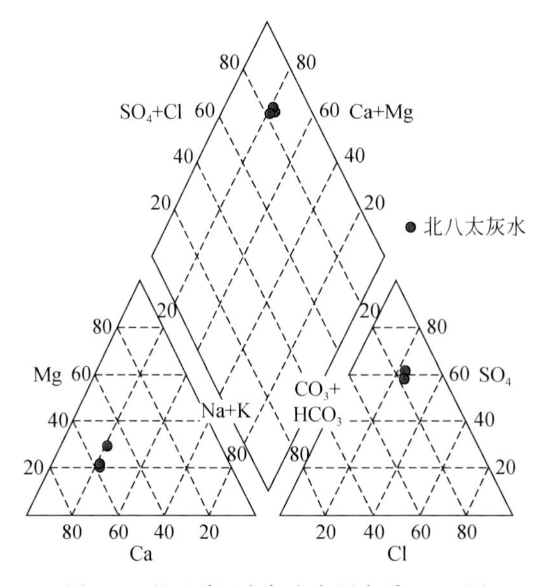

图 7-9　北八采区太灰含水层水质 Piper 图

b. 北八采区太原组灰岩水与井田南部采区各含水层水化学指标对比

将北八采区太原组灰岩含水层水化学指标测试结果与井田南部各含水层水化学指标进行对比（吴基文等，2015b），结果见表 7-4 和图 7-10。从中得出以下几点认识。

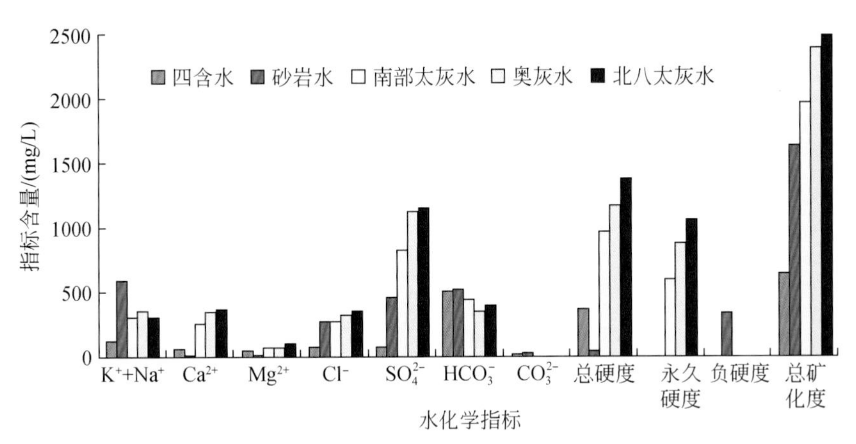

图 7-10　北八采区太灰水与井田南部各含水层水化学指标含量对比图

（1）北八采区太原组灰岩水与井田南部采区四含水、煤系砂岩水水化学指标相比，差别较大，应无水力联系。

（2）与南部采区太原组灰岩水水化学指标相比，北八采区太原组灰岩水 Ca^{2+}、Mg^{2+}、SO_4^{2-} 含量高，矿化度高，总硬度、永久硬度高，两者水化学指标存在一定差异，这在水质叠加 Piper 图上表现更清楚（图 7-11），两者投点区域不重叠。由此表明，本区“太原组灰岩水”已不具备正常太原组灰岩水的水质特征，应与某一含水层的水源补给有关。

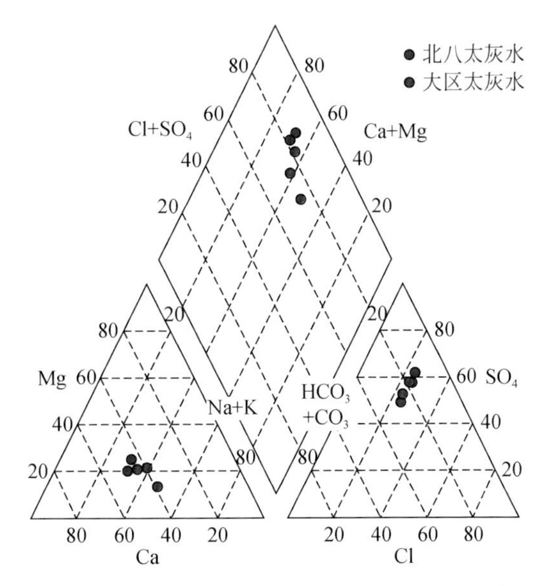

图 7-11　北八采区与井田南部太灰含水层水质叠加图

（3）北八采区太原组灰岩水水化学指标与奥陶系灰岩水的水化学指标十分接近，水质叠加图中两者几乎重合（图 7-12），由此说明，本区“太原组灰岩水”与奥陶系灰岩含水层关系密切，接受奥灰水的补给，实为奥灰水。

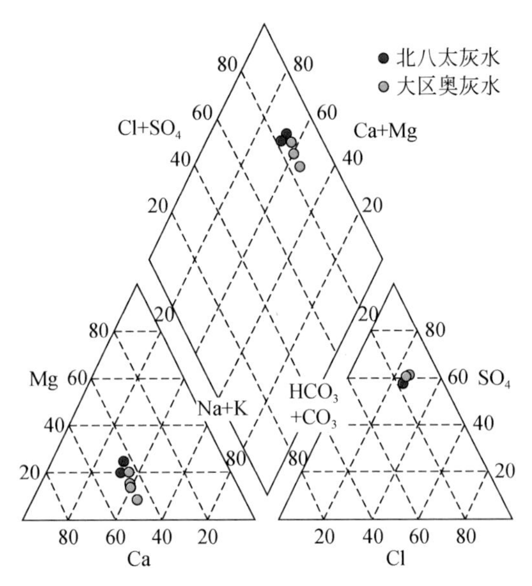

图 7-12　北八采区太灰与奥灰含水层水质叠加图

综合分析北八采区两含水层的水文地球化学特征，可以看出，北八采区内地下水系统的水质十分相近（图 7-13），且与奥灰水质基本一致（图 7-14），说明该区域地下水受到奥灰水的补给。

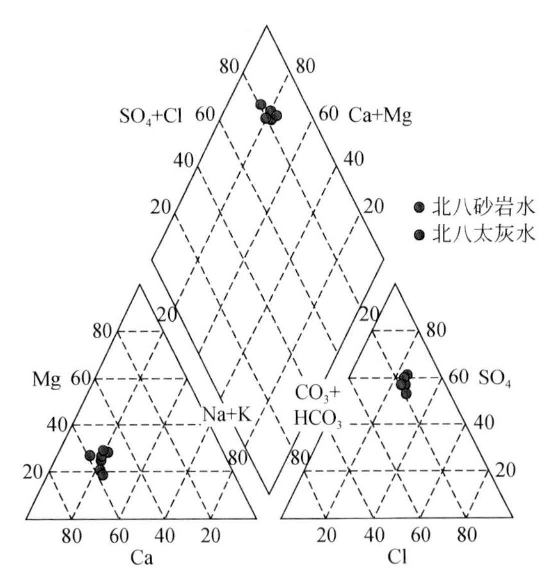

图 7-13　北八太灰水和砂岩水水质叠加图

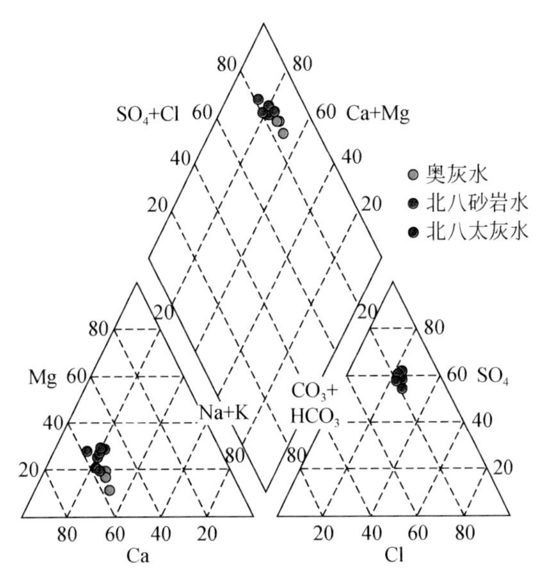

图7-14　北八各含水层水质质与奥灰水质叠加图

7.3.2　放水试验期间各含水层常规水化学变化特征

1. 放水试验期间太灰含水层常规水化学指标变化特征

在放水试验过程中，对4个放水孔进行了连续水样测试，以监测水质变化情况，分析太灰与外界补给源和其他含水层水力联系情况。在放水试验期间采取水样8个，另有各补勘孔成孔期间采取的4个水质成果作为含水层水质背景资料。水质监测数据如表7-3所示。相关水质Piper叠加图见图7-15。

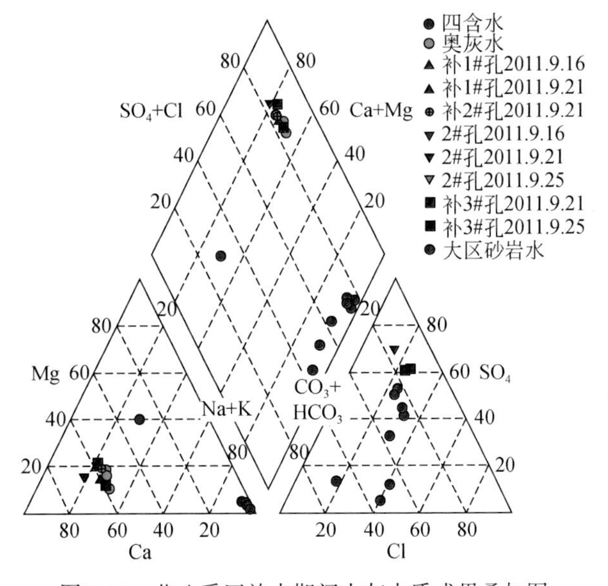

图7-15　北八采区放水期间太灰水质成果叠加图

从表 7-3 中可看出，太灰水质类型为 SO_4 · Cl-Ca、SO_4 · Cl-Ca · Na 两种类型，pH 平均为 7. 14，阴离子以 SO_4^{2-} 为主，阳离子主要为 Ca^{2+}、Na^+。矿化度多在 2. 5g/L 以上。在放水试验过程中，北八采区太灰水质总体变化不大，部分水质指标均在平均背景值附近变动，但部分水质指标呈现有规律性变化（图 7-16），主要表现为：随放水时间的延续，总矿化度逐渐增加，总硬度和永久硬度逐渐减少，pH 增加，SO_4^{2-} 逐渐增加，Mg^{2+} 相对减少，K^++Na^+ 含量增加，水质类型由 SO_4^{2-} · Cl-Ca 型向 SO_4 · Cl-Ca · Na 型转变。说明放水过程中补给源的水质特征与采区的太灰水水质类型相近但略有不同。通过与奥灰水质对比可以看出，增加的成分恰好是奥灰水中含量较高的成分，减少的成分则是奥灰水中含量较少的成分。由此可以推断，放水试验期间存在较明显的奥灰水的补给。说明北八采区太原组灰岩含水层与奥陶系灰岩含水层之间存在较密切的水力联系。

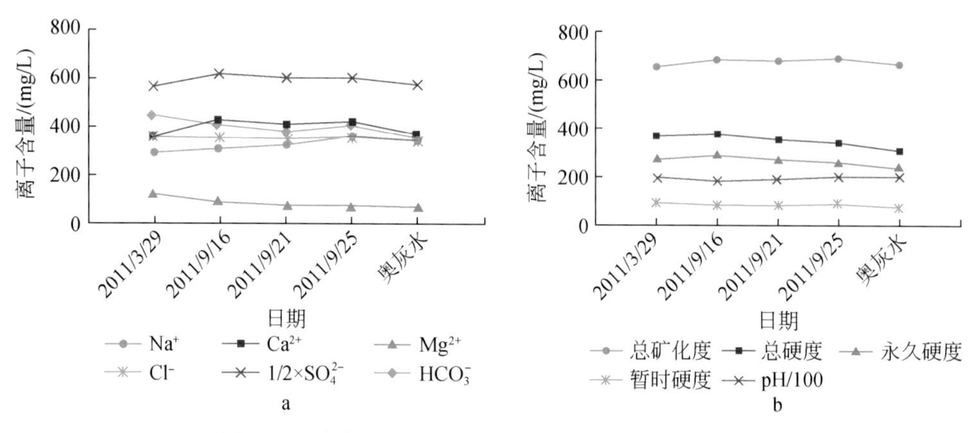

图 7-16　放水期间北八采区太灰水质指标变化趋势图

2. *放水试验中砂岩含水层常规水化学特征变化特征*

在放水试验过程中，对上部车场砂岩涌水点进行了连续水样测试，以监测水质变化情况，分析砂岩水与外界补给源和其他含水层水力联系情况，水质监测数据如表 7-3 所示。相关水质 Piper 叠加图见图 7-17。

从表 7-3 可看出，本区砂岩水水质类型为 SO_4 · Cl-Ca · Mg · Na 型和 SO_4 · Cl-Ca · Na 型两种类型，pH 平均为 7. 31，阴离子以 SO_4^{2-} 为主，Cl^- 和 HCO_3^- 相近；阳离子主要为 Ca^{2+}、Na^+，两者相差不大。矿化度多在 2. 2 g/L 以上。在放水试验过程中，北八采区上部车场砂岩水质总体变化不大，部分水质指标均在平均背景值附近变动，但部分水质指标呈现有规律性变化（图 7-18），主要表现为：随放水时间的延续，总硬度和永久硬度逐渐减少，K+Na^+ 含量逐渐增加，水质类型由 SO_4 · Cl-Ca Mg · Na 型向 SO_4 · Cl-Ca · Na 型转变。这种变化与放水期间太灰水质变化趋势略有不同（吴基文等，2015b）。同时说明放水过程中补给源的水质有变化。通过与各含水层水质对比可知，增加的成分恰好是奥灰水中含量较低的成分，是砂岩水中含量较高的成分，说明放水试验期间有奥灰水的补给，但补给量在减小，且有砂岩水的介入，这与放水期间该区砂岩涌水量逐渐减小的监测结果是一致的。这种现象在水质 Piper 叠加图也有较明显的表现（图 7-17）。

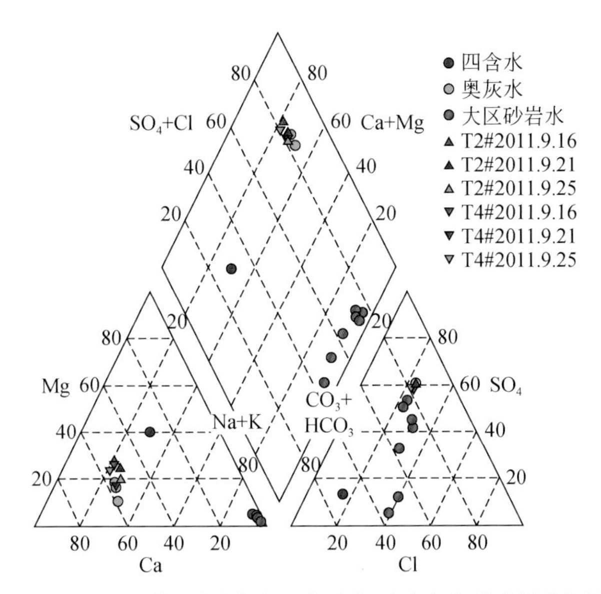

图 7-17　北八采区放水期间上部车场砂岩水水质成果叠加图

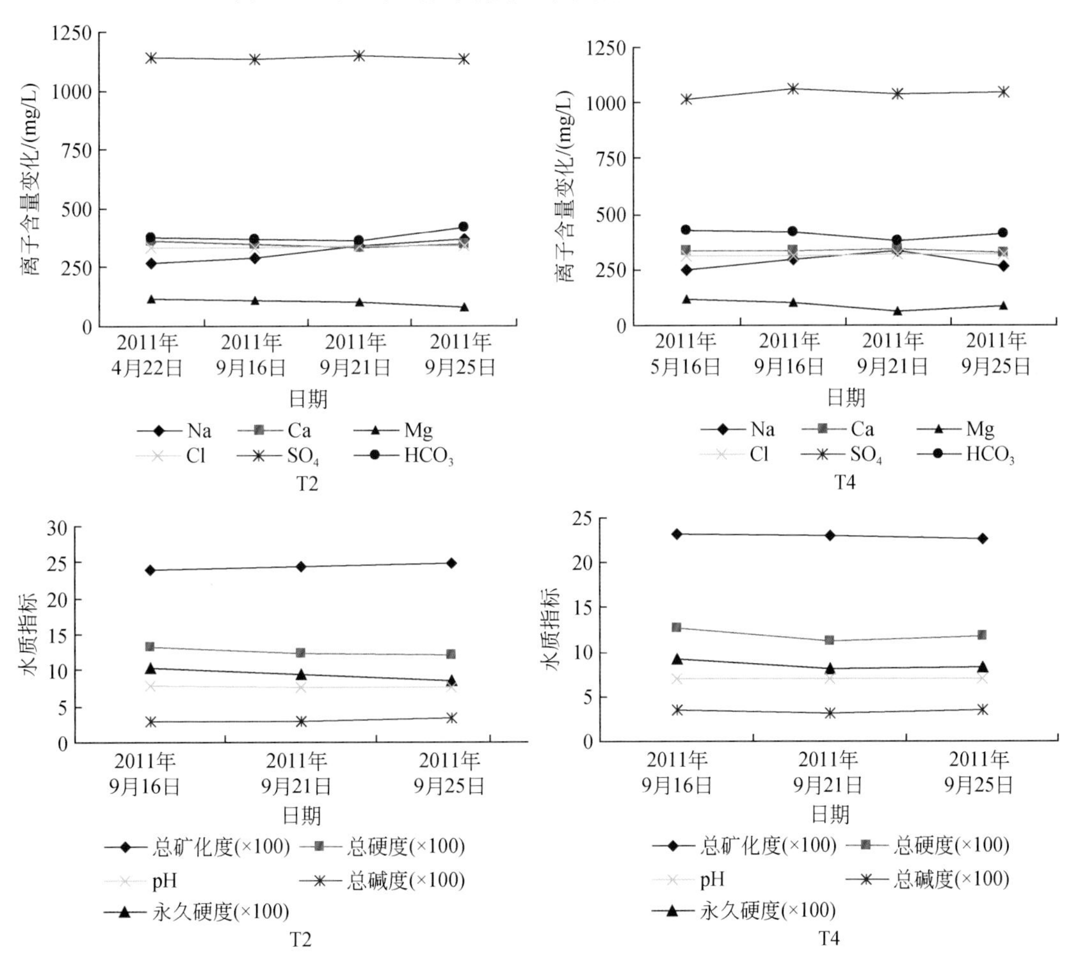

图 7-18　放水期间北八采区上部车场砂岩水水质指标变化趋势图

通过放水试验期间的太灰水质和砂岩水质资料分析可以看出，其矿化度、总硬度、Ca^{2+}、Mg^{2+}、SO_4^{2-}含量等与奥灰水基本一致，充分说明上部车场砂岩水、太灰水与奥灰水存在较密切的水力联系。

7.4 矿井含水层微量元素水文地球化学特征

7.4.1 概况

岩石、土壤、水体等任何自然体中至少含有两种化学元素（刘桂建，1999），一类是在自然体中含量较大的元素，通常称为常量元素，另一类为含量较小的元素，称为微（痕）量元素，两者浓度相差很大，通常相差2～3个数量级到10数量级。目前，我国多采用程介克方法对研究对象中所含元素进行分类（程介克，1986），根据元素的丰度将元素划分为常量元素［$(10^4\sim10^6)\times10^{-6}$］、微量元素［$(10^2\sim10^4)\times10^{-6}$］、痕量元素［$(1\sim10^2)\times10^{-6}$］、超痕量元素［小于$1\times10^{-6}$］。地下水中除常量元素外，微量元素、痕量元素和超痕量元素也是人们研究的重要内容，但是主要元素与微量元素的区别是相对的，常因具体的研究对象而异，故本书把含量小于10mg/L的元素统称为微量元素。

地下水化学成分是复杂的，主要取决于水的起源和后期的形成过程。不同起源的地下水，其原始微量元素组成不同。在地壳中广泛分布的来自大气降水或地表水的渗入，其含盐量一般较小并含有大气中的O_2、N_2等，而与沉积物同时形成的沉积水由于长期的地质历史过程，受到不同程度的变质，因此含盐量高，常含有I、Br等微量元素。新生水一般富集了B、F等微量元素并富含CO_2等。无论是沉积水还是新生水，在与周围介质相互作用过程中，其微量元素组成都会发生变化，其形成作用通常有溶滤作用、吸附作用、氧化还原作用和水的混合作用（桂和荣和陈陆望，2007）。

（1）溶滤作用：大气降水遇岩石及其他在风化作用、成壤作用与生物化学作用下产生的衍生物时，水在不破坏矿物结晶格架情况下，将可溶解的微量组分带走，参与地下水循环。例如，在某些金属硫化物矿床的氧化带，溶滤作用使地下水中富集各种微量元素（Cu、Fe等）；在某些花岗岩体裂隙中的热水中常富含Li和重金属，而油田地下水中富集I、B、Br等微量元素。

（2）吸附作用：吸附是固体表面的一种普遍现象。在液相与固相接触时，液相和固相表面之间常常产生微量元素交换。阳离子交换吸附作用一般被认为是地下水溶解的微量元素组分的主要作用，在水中通常以离子状态存在，并分别带正电荷（成为阳离子）和负电荷（成为阴离子）。岩石颗粒的表面往往带负电荷，因此能吸附某些阳离子。当含某种微量元素成分的地下水与岩石颗粒接触时，水中某些微量元素阳离子被岩石颗粒表面吸附，以代替原被吸附的微量元素阳离子，而原被吸附的微量元素则进入水中，改变了地下水的化学成分（李学礼，1982）。另外，当pH小于临界值时，岩石颗粒表面带正电荷吸附阴离子，表现为阴离子交换吸附作用。

表 7-5　放水期间桃园矿井含水层微量元素测试结果

（单位：10^{-6}）

含水层	取样地点	取样时间	Al	Ba	Be	Bi	Cd	Co	Cr	Cu	Ga	Li	Mn	Sn	Sb	Sr	V
北八太灰水	补 1#	2011. 9. 16	0. 0655	0. 0545	0. 0106	0. 2770	0. 0385	0. 0325	0. 0585	0. 0605	0. 0429	0. 1892	0. 0357	0. 3463	0. 0429	12. 9723	0. 0205
	C2#	2011. 9. 16	0. 0041	0. 0409	0. 0101	0. 3146	0. 0364	0. 0554	0. 0582	0. 0777	0. 0432	0. 1867	0. 0245	0. 3054	0. 0772	10. 0980	0. 0607
	补 3#	2011. 9. 21	0. 0747	0. 0642	0. 0103	0. 2836	0. 0390	0. 0401	0. 0576	0. 0568	0. 0403	0. 1899	0. 0358	0. 4061	0. 0925	17. 0107	0. 0290
	补 2#	2011. 9. 21	0. 0869	0. 0591	0. 0101	0. 3028	0. 0349	0. 0351	0. 0576	0. 0565	0. 0452	0. 1897	0. 0281	0. 4087	0. 1005	14. 3838	0. 0480
	补 3#	2011. 9. 27	0. 0724	0. 0587	0. 0105	0. 2814	0. 0325	0. 0285	0. 0535	0. 0450	0. 0476	0. 1907	0. 0299	0. 3532	0. 0647	—	0. 0123
	C2#	2011. 9. 27	0. 0964	0. 0703	0. 0101	0. 2891	0. 0338	0. 0318	0. 0559	0. 0339	0. 0500	0. 1908	0. 0757	0. 5336	0. 0650	—	0. 0220
南区太灰水	零采区放水孔	2011. 10. 2	0. 0607	0. 0214	0. 0022	0. 0600	0. 0420	0. 0259	0. 0400	0. 0300	0. 0807	0. 2773	0. 0250	0. 2404	—	10. 6500	—
北八上部车场砂岩水	T4	2011. 9. 16	0. 0453	0. 0534	0. 0103	0. 2827	0. 0421	0. 0344	0. 0598	0. 0604	0. 0372	0. 1875	0. 0644	0. 4010	0. 0566	10. 7682	0. 0297
	T2	2011. 9. 16	0. 0523	0. 0539	0. 0102	0. 2867	0. 0427	0. 0364	0. 0573	0. 0637	0. 0367	0. 1873	0. 0247	0. 3773	0. 0331	14. 7001	0. 0017
	T2	2011. 9. 27	0. 0779	0. 0571	0. 0105	0. 2917	0. 0318	0. 0392	0. 0538	0. 0397	0. 0419	0. 1869	0. 0835	0. 5031	0. 1006	—	0. 0299
	T4	2011. 9. 27	0. 1039	0. 0580	0. 0103	0. 2700	0. 0358	0. 0344	0. 0556	0. 0489	0. 0484	0. 1889	0. 1026	0. 5013	0. 0965	—	0. 0117
南区砂岩水	南区砂岩水	2011. 9. 29	0. 0521	0. 0817	0. 0099	0. 2812	0. 0320	0. 0328	0. 0529	0. 0410	0. 0422	0. 1850	0. 0263	0. 4297	0. 1447	3. 4200	0. 0144
南区奥灰水	2011 观 1 孔 3#	2011. 10. 9	0. 0614	0. 0274	0. 0024	0. 0800	0. 0400	0. 0278	0. 0300	0. 0500	0. 0816	0. 3600	0. 0300	0. 1525	—	11. 0700	—
	2011 观 1 孔 2#	2011. 10. 9	0. 0592	0. 0364	0. 0025	0. 1000	—	0. 0240	—	0. 0600	0. 0812	0. 8078	—	0. 2145	—	9. 8400	—

续表

含水层	取样地点	取样时间	Zn	Ni	Pb	Ce	Dy	Er	Eu	Gd	Ho	La	Lu	Nd	Sm	Sc	Tm	Si
北八太灰水	补 1#	2011. 9. 16	0. 0330	0. 0040	0. 0361	0. 0158	0. 0089	0. 0023	0. 0044	0. 2294	0. 0096	0. 0067	0. 0063	0. 0058	0. 0015	0. 0020	0. 0244	9. 3500
	C2#	2011. 9. 16	0. 0280	0. 0264	0. 0083	0. 0014	0. 0091	0. 0007	0. 0043	0. 2340	0. 0095	0. 0060	0. 0064	0. 0056	0. 0011	0. 0019	0. 0231	9. 4700
	补 3#	2011. 9. 21	0. 0274	0. 0336	0. 0944	0. 0209	0. 0085	0. 0018	0. 0044	0. 2414	0. 0099	0. 0070	0. 0061	0. 0046	0. 0007	0. 0018	0. 0215	10. 0900
	补 2#	2011. 9. 21	0. 0255	0. 0291	0. 0473	0. 0193	0. 0088	0. 0011	0. 0045	0. 2413	0. 0095	0. 0070	0. 0062	0. 0074	0. 0001	0. 0019	0. 0264	8. 5900
	补 3#	2011. 9. 27	0. 0255	0. 0315	0. 0934	0. 0198	0. 0084	0. 0032	0. 0045	0. 2351	0. 0098	0. 0068	0. 0063	0. 0077	0. 0027	0. 0019	0. 0151	8. 9000
南区太灰水	零采区放水孔	2011. 10. 2	0. 0200	—	—	—	—	—	—	0. 0753	0. 0100	0. 0100	0. 0100	0. 0100	—	—	0. 0149	11. 9739
北八上部车场砂岩水	T4	2011. 9. 16	0. 0327	0. 0287	0. 0043	0. 0148	0. 0063	0. 0013	0. 0044	0. 2543	0. 0097	0. 0065	0. 0064	0. 0062	0. 0001	0. 0018	0. 0258	5. 8300
	T2	2011. 9. 16	0. 0257	0. 0347	0. 0584	0. 0118	0. 0093	0. 0025	0. 0046	0. 2347	0. 0092	0. 0066	0. 0063	0. 0049	0. 0026	0. 0019	—	5. 6000
	T2	2011. 9. 27	0. 0320	0. 0302	0. 1242	0. 0246	0. 0061	0. 0015	0. 0044	0. 2879	0. 0101	0. 0062	0. 0067	0. 0045	0. 0005	0. 0019	0. 0216	5. 3700
	T4	2011. 9. 27	0. 0579	0. 0270	0. 0645	0. 0201	0. 0052	0. 0023	0. 0042	0. 2840	0. 0101	0. 0079	0. 0065	0. 0054	0. 0005	0. 0020	0. 0156	5. 7400
	C2#	2011. 9. 27	0. 0258	0. 0326	0. 1819	0. 0258	0. 0067	0. 0019	0. 0041	0. 2420	0. 0095	0. 0078	0. 0066	0. 0035	0. 0005	0. 0020	0. 0186	8. 6900
南区砂岩水	南区砂岩水	2011. 9. 29	0. 0228	0. 0202	0. 1655	0. 0011	0. 0096	0. 0058	0. 0041	0. 0287	0. 0107	0. 0068	0. 0067	0. 0026	0. 0016	0. 0020	0. 0173	3. 6500
南区奥灰水	2011 观 1 孔 3#	2011. 10. 9	0. 0200	—	—	—	—	—	—	0. 0768	0. 0100	0. 0100	0. 0100	0. 0100	—	—	0. 0171	11. 3616
	2011 观 1 孔 2#	2011. 10. 9	0. 0150	—	—	—	—	—	—	0. 0790	0. 0100	0. 0100	0. 0100	0. 0100	—	—	0. 0160	6. 2168

（3）氧化还原作用：地下水中许多反应涉及气相、液相及固相间的电子转换，其结果是使反应物和生成物氧化态发生变化。地下水中含有多种氧化态的微量元素，这些元素对氧化还原很敏感，当地下水中氧化还原环境发生变化，其反应也发生变化，从而改变了地下水微量元素组成。

（4）水的混合作用：在地下水循环时，由于各地区地质构造的复杂性，不同类型的地下水之间发生混合是很普遍的。两种或数种不同化学成分的地下水相混合时所形成的地下水，其中化学成分与混合前的地下水都有所不同，因此混合后的地下水微量元素组成将有所改变。

由此可知，不同的含水层赋存在不同的岩层介质中，其微量元素应存在一定的差异。为此，为了评价北八采区各含水层的水质差异及水力联系，对矿井内及北八采区以及放水期间的各含水层水进行了取样，送至中国科学技术大学结构中心采用ICP-MS测试Al、Zn、Ba、V等20多种微量元素，测试结果见表7-5。

7.4.2　矿井含水层微量元素特征

通过对矿井南部三个含水层中微量元素测试结果对比（表7-5和图7-19），三个含水层中微量元素存在一定差异，其中砂岩水差异较大，与灰岩水明显不同，而太灰水与奥灰水总体差异较小。

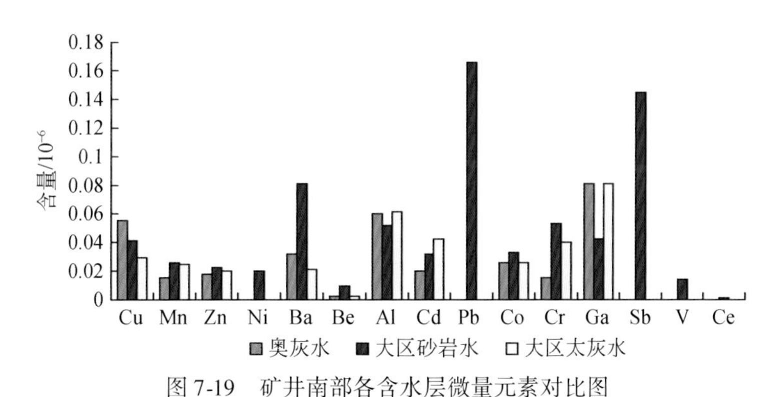

图7-19　矿井南部各含水层微量元素对比图

7.4.3　北八采区含水层微量元素特征

对北八采区砂岩水和太灰水的微量元素进行了对比分析（表7-5和图7-20），其中Cu、Ba、Be、Al、Cd、Co、Cr、Ga、Sb、Ce等微量元素差异性较小；与奥灰水中微量元素对比可知（图7-20），两者也存在较大的相似性。

同时将两含水层中的微量元素分别与大区两含水层进行了对比，可以看出：北八采区砂岩水中微量元素与大区砂岩水存在较大差异，如图7-21所示；北八采区灰岩水中微量元素与大区灰岩水也存在较大差异，如图7-22所示。

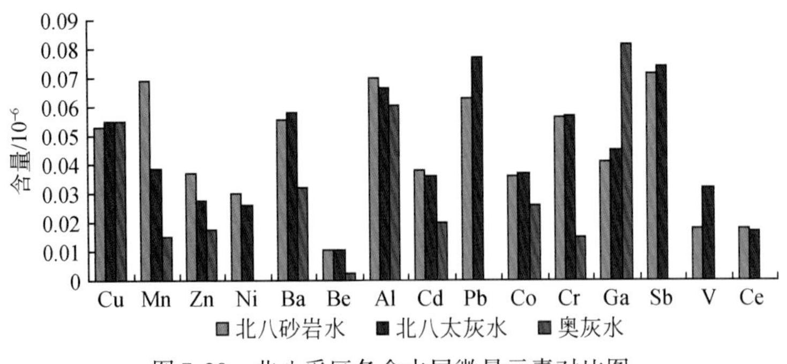

图 7-20　北八采区各含水层微量元素对比图

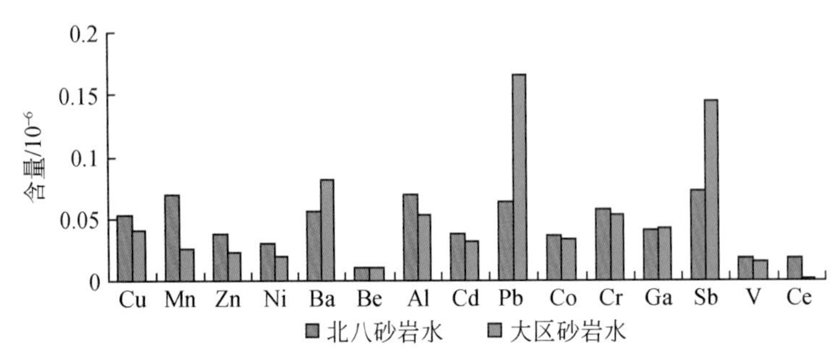

图 7-21　北八采区砂岩水与大区砂岩水中微量元素对比图

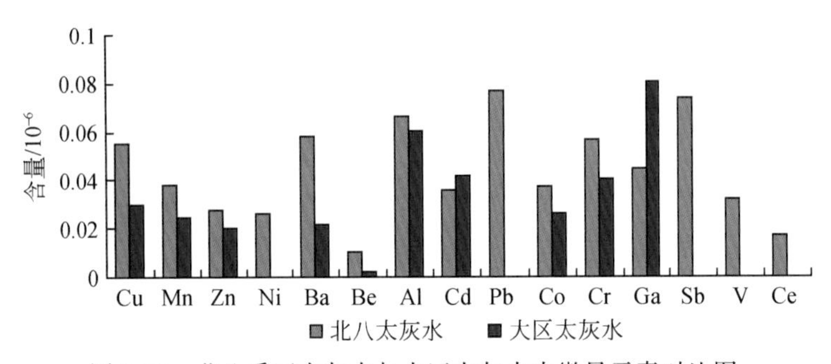

图 7-22　北八采区太灰水与大区太灰水中微量元素对比图

由此可以推断，北八采区砂岩水不同于大区砂岩水，而与灰岩水中微量元素成分相近；北八采区太灰水也不同于大区太灰水，说明受到奥灰水的影响，即与奥灰水存在水力联系。

对各含水层中镧系元素也进行了对比（图 7-23），可以看出，各含水层中镧系元素的分布也表现出同样的特征。

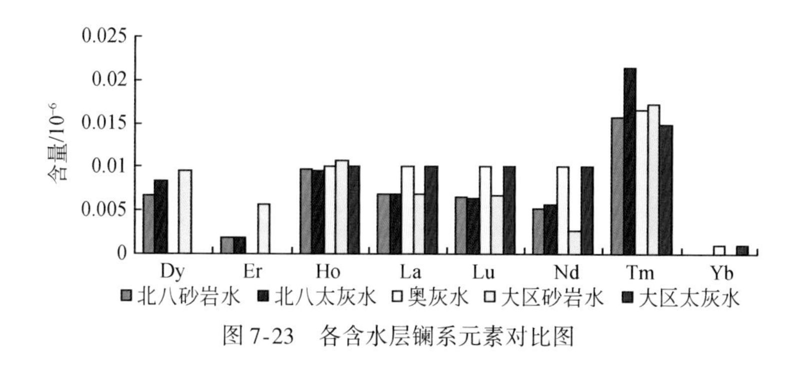

图 7-23　各含水层镧系元素对比图

7.4.4　放水试验期间各含水层微量元素变化特征

在放水试验过程中，对 4 个放水孔进行了连续水样测试，以监测水质变化情况，分析太灰与外界补给源及其他含水层的水力联系情况。在放水试验期间共采取水样 6 个，测试结果见表 7-5，不同时间对比见图 7-24。从图中可以看出，放水过程中太灰水中微量元素存在一定的变化，如 Cu、Zn、Cd、Co、V 等微量元素有减小的趋势，而 Mn、Ni、Ba、Al、Pb、Ga、Ce 等微量元素有增大的趋势，并且这种变化趋势逐步接近奥灰水相应微量元素含量，说明北八采区太灰水与奥灰水存在补给关系。

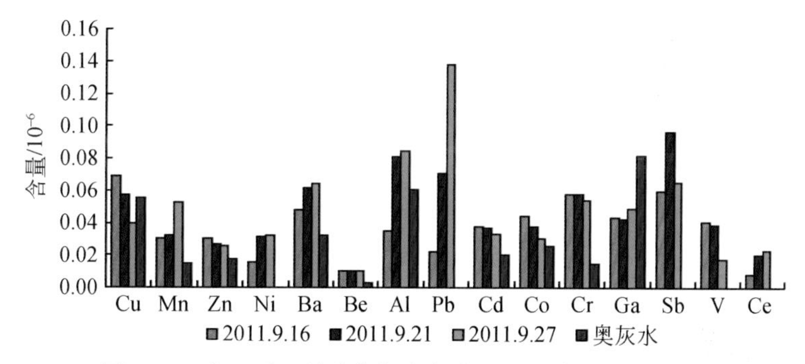

图 7-24　北八采区放水期间太灰水微量元素变化对比图

在放水试验过程中，同时也对上部车场砂岩涌水点进行了连续取样，以监测水质变化情况，共采水样 4 个，测试数据如表 7-5 所示，对比图见图 7-25。

从图可以看出，放水过程中砂岩水中微量元素也存在一定的变化，如 Cu、Ni、Cd、Cr 等微量元素有减小的趋势，而 Mn、Zn、Ba、Al、Pb、Ga、Ce、Co、V 等微量元素有增大的趋势，说明有外界水的介入。但与太灰水相比多种元素相似，少量元素如 Zn、Ni、V 等呈相反变化趋势，说明两者均有奥灰水的补给外，尚有别的水源的介入。

放水期间镧系元素变化也表现出同样的特征，如图 7-26、图 7-27 所示。

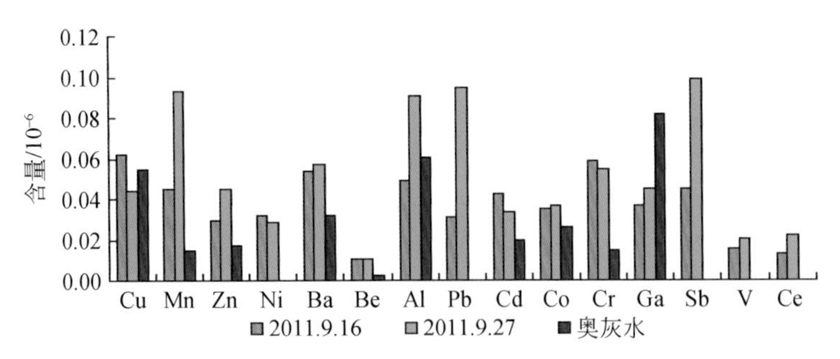

图 7-25　北八采区放水期间上部车场砂岩水微量变化对比图

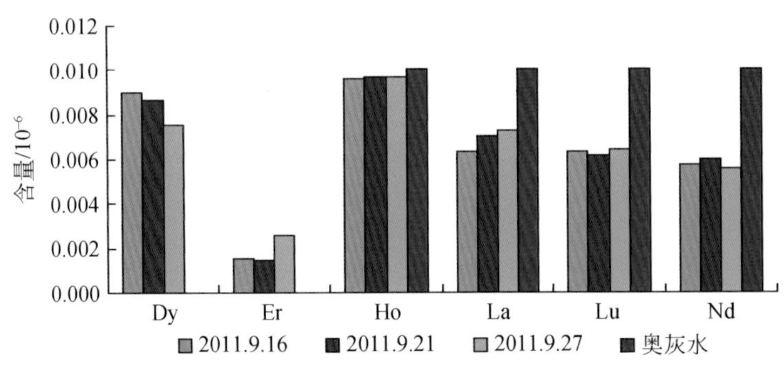

图 7-26　放水期间太灰水镧系元素变化对比图

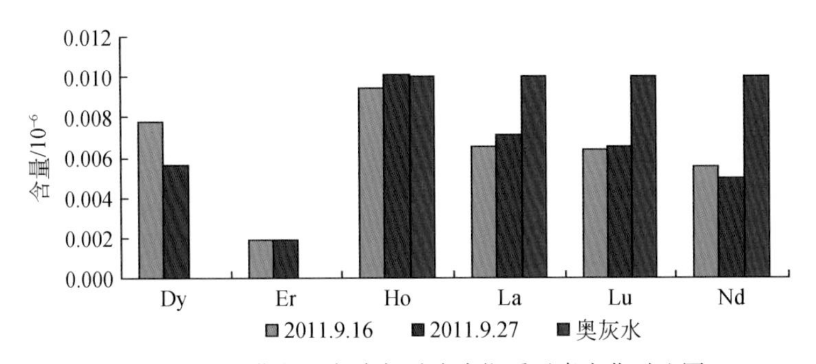

图 7-27　放水期间上部车场砂岩水镧系元素变化对比图

7.5　矿井含水层氢氧稳定同位素水文地球化学特征

7.5.1　概况

同位素理论应用于水文地质学领域，仍是一门正在发展的新学科。同位素水文地球化学在理论方面主要研究地下水及其中溶解化学组分的同位素组成及其在时间和空间上的演化规律（王怀颖等，1994；王恒纯，1991）；在生产实践方面主要研究如何应用同位素方法解决水文地球化学问题（钟亚平，2001；桂和荣和陈陆望，2005；谢昌运和庞西岐，

1994)。在氢氧稳定同位素水文地球化学分析中将使用如下几个有关同位素的基本概念。

(1) 同位素丰度是指某元素的各种同位素在给定的范畴，如宇宙、大气圈、水圈、岩石圈、生物圈中的相对含量。

(2) R 值指样品中某种同位素含量（或丰度）之比。其表达式为

$$R = \frac{X^*}{X}$$

式中，X^* 为重同位素含量；X 为常见轻同位素含量。

(3) δ 值是指样品的同位素比值（R_m）相对于标准样品同位素比值（R_s）的千分偏差，其表达式为

$$\delta‰ = \left(\frac{R_m - R_s}{R_s}\right) \times 1000$$

氢有两种同位素：^1H 和 ^2H（D），它们的天然平均丰度分别为 99.9844% 和 0.0156%，彼此间相对质量相差较大，因而同位素分馏特别明显。氧有三种同位素：^{18}O、^{17}O、^{16}O，其平均丰度分别为 99.762%、0.038%、0.200%。在自然界中，^{16}O 与 ^{18}O 的丰度较高，彼此间质量差也较大，所以在地学研究中大都使用 $^{16}O/^{18}O$。^{17}O 的丰度低，只有在特殊研究中才应用。

7.5.2　矿井地下水氢氧稳定同位素测试结果与分析

1) 测试结果

本次利用放水试验共采集测试样品 7 个，北八采区 4 个（2 个砂岩水、2 个太灰水），南部采区 2 个（1 个砂岩水、1 个太灰水），奥灰长观孔 1 个，引用文献四含水 1 个。本次试验在中国科学技术大学测试中心进行，测试结果如表 7-6 所示。

表 7-6　桃园矿地下水氢氧稳定同位素测试结果

序号	样品编号	取样地点	取样时间	水样类型	$\delta^{18}O$/‰	δD/‰
1	217	北八上部车场 T4 点	2011.9.16	砂岩水	-8.00	-62.77
2	219	北八上部车场 T2 点	2011.9.16	砂岩水	-8.47	-55.77
3	218	北八大巷 C2 放水孔	2011.9.16	太灰水	-7.79	-63.17
4	221	北八大巷补 3 放水孔	2011.9.27	太灰水	-8.31	-53.97
5	229	2011 观 1 孔	2011.10.9	奥灰水	-8.77	-62.93
6	226	南部采区	2011.9.29	砂岩水	-8.31	-40.88
7	228	南部零采区放水孔	2011.10.2	太灰水	-8.47	-79.00
8		南部采区		四含水	-9.33	-70.30

注：四含水测试数据引自桂和荣和陈陆望（2007）。

2）含水层氢氧稳定同位素分布特征

由表7-6数据编制了δ^{18}O-δD关系散点图（图7-28），从中可以看出：北八采区太灰水（3号、4号）和上部车场砂岩水（1号、2号）的氢氧稳定同位素分布特征基本一致（在蓝色圈内），且与奥灰水的氢氧稳定同位素分布特征最相近，而与南部采区四含水、太灰水和砂岩水的氢氧稳定同位素分布特征相差较大。另外，随放水时间的延长，太灰水的氢氧稳定同位素分布逐渐接近奥灰水的氢氧稳定同位素分布（由3号—4号—5号）。由此说明，北八采区太灰水、煤系砂岩水是同一水源，且与奥灰水存在密切的水力联系，即接受奥灰水的补给。

同时表明，氢氧稳定同位素分布特征所反映的北八采区各含水层之间的水力联系与常规水化学、微量元素等所分析的结果是一致的。

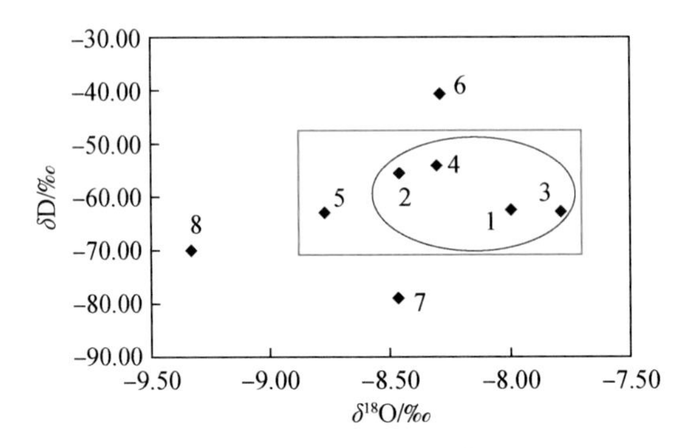

图7-28　桃园矿井各含水层水δ^{18}O-δD关系图

7.6　北八采区含水层水源判别

井田某些含水层的水质较为相似，仅靠水质类型难以区分含水层水质之间的细微差别，难以判别水源。因此，有必要对矿井四含水、奥灰水、砂岩水和太灰水分别进行聚类分析，分析各含水层水化学特征，为矿井涌水水源判别提供依据。本书所采用的聚类方法是系统聚类法（邱国良，2012；赵宝峰，2015；翟晓荣等，2016）。

7.6.1　系统聚类分析模型的建立

对含m个（本书为6个）测试指标的每一水样样本，可定义为m维空间的点，在m维空间中的任意两点，其相似性可用“距离”度量，定义为“d_{ij}”。若将任一样本看作一类，其类间相似性可用欧氏距离D_E表示，则

$$D_E = d_{ij} = \left[\sum_{l=1}^{m} (x_{il} - x_{jl})^2 \right]^{\frac{1}{2}} \tag{7-1}$$

式中，l为样本指标数，l=1，2，…，m；i、j为样本序号；x_{il}、x_{jl}为样本各指标。

系统聚类法即对n个样本计算出两两间距离d_{ij}，从中找出距离最小的两类G_p与G_q，合并成一个新类G_r；重新计算新类与其他各类间的距离，再将欧氏距离最小的两类合并；

重复以上过程至所有样本聚为一类为止。由聚类分析的基本原理可知（谭荣波和梅晓仁，2007），样本之间亲密程度最高的，即距离最小的最先合并。

7.6.2　含水层水化学系统聚类分析

依据分析在井田采集四类充水水源：四含水、奥灰水、砂岩水和太灰水，根据常规水化学特征选取 Ca^{2+}、$Na^{+}+K^{+}$、Mg^{2+}、HCO_3^-、Cl^-、SO_4^{2-} 六个指标。在四类水源中共有 21 个水样，水样实测数据见表 7-7。

表 7-7　水样实测数据　（单位：mg/L）

水样性质	取样日期	取样地点	编号	$K^{+}+Na^{+}$	Ca^{2+}	Mg^{2+}	Cl^-	SO_4^{2-}	HCO_3^-
大区四含水	2000. 12. 27	观测孔	DSH	119. 42	60. 91	50. 50	68. 03	76. 97	505. 25
大区太灰水	2011. 10. 9	零采区放水孔	DT	317. 98	224. 24	45. 96	255. 00	677. 91	459. 30
大区砂岩水	2011. 9. 25	大区砂岩水	DS	603. 13	12. 93	10. 82	292. 05	428. 89	602. 08
大区奥灰水	2011. 10. 9	2011 观 1 关孔后	DO	372. 13	367. 95	57. 94	333. 75	1143. 43	374. 34
北八砂岩水	2011. 5. 16	8282 回风石门	BS	246. 19	334. 99	114. 12	312. 23	1013. 36	425. 22
	2011. 9. 16	T2	BS-T21	292. 03	347. 42	109. 65	334. 26	1136. 02	365. 53
	2011. 9. 21	T2	BS-T22	336. 33	335. 57	98. 15	342. 88	1145. 89	361. 73
	2011. 9. 25	T2	BS-T23	368. 74	347. 42	80. 44	337. 71	1136. 84	416. 46
	2011. 9. 16	T4	BS-T41	291. 30	337. 15	101. 51	312. 72	1065. 22	418. 84
	2011. 9. 21	T4	BS-T42	331. 27	343. 47	64. 64	322. 20	1038. 06	376. 96
	2011. 9. 25	T4	BS-T43	261. 05	327. 68	86. 18	319. 79	1051. 64	412. 22
北八灰岩水	2011. 3. 29	1#	BT	292. 33	356. 87	121. 98	356. 71	1118. 73	439. 78
	2011. 9. 16	补 1#	BT-F11	314. 99	421. 32	84. 46	346. 32	1215. 45	403. 61
	2011. 9. 16	2#	BT-F12	300. 06	418. 48	91. 93	345. 46	1216. 28	392. 66
	2011. 9. 21	补 3#	BT-F21	297. 18	406. 63	90. 97	356. 66	1205. 99	337. 93
	2011. 9. 21	2#	BT-F22	225. 56	416. 11	61. 29	174. 88	1202. 70	345. 07
	2011. 9. 21	补 2#	BT-F23	320. 44	394. 79	83. 79	347. 36	1167. 30	392. 66
	2011. 9. 21	补 1#	BT-F24	357. 37	414. 53	59. 85	353. 22	1190. 35	391. 24
	2011. 9. 25	补 3#	BT-F31	395. 19	406. 63	49. 32	349. 77	1212. 57	392. 66
	2011. 9. 25	2#	BT-F32	330. 99	410. 58	83. 79	356. 66	1211. 34	397. 42

根据检测指标，对表 7-7 中的四含水、奥灰水、砂岩水和太灰水分别进行系统聚类分析，结果见表 7-8。从表 7-8 中可以看出：①大区四个含水层之间欧氏距离都较大，在 459. 311 ~ 1176. 126，说明四者之间具有相对独立性，为四个相对独立的含水层；②北八砂岩水与太灰水欧氏距离为 126. 344，两者水质亲密度程度高，并且与奥灰距离最小，即与奥灰水关系最密切，见表 7-9。

表 7-8　各含水层系统聚类欧氏距离计算结果

含水层	1：DSH	2：DT	3：DS	4：DO	5：BS	6：BT
1：DSH	0.000	681.411	649.046	1176.126	1018.873	1138.194
2：DT	681.411	0.000	459.311	503.842	372.865	478.619
3：DS	649.046	459.311	0.000	863.593	784.278	856.533
4：DO	1176.126	503.842	863.593	0.000	200.184	126.537
5：BS	1018.873	372.865	784.278	200.184	0.000	126.344
6：BT	1138.194	478.619	856.533	126.537	126.344	0.000

表 7-9　北八采区各含水层水质与大区含水层水质欧氏距离对比表

北八采区含水层	大区含水层			
	大区四含水	大区砂岩水	大区太灰水	大区奥灰水
北八砂岩水	1018.873	784.278	372.865	200.184
北八太灰水	1138.194	856.533	478.619	126.537

将实际的距离按比例调整到 0 ~ 25 的范围，用逐级连线的方式连接性质相近的样本和新类，直至并为一类。图 7-29 为系统树状图，清晰地表示了聚类的全过程。聚类结果见表 7-10，从中可以看出，当聚为 4 类时北八各含水层与奥灰聚为一类，大区四含为一类，大区砂岩水为一类，大区太灰为一类。进一步说明北八砂岩水和太灰水受到奥灰水的补给，三者为同源。

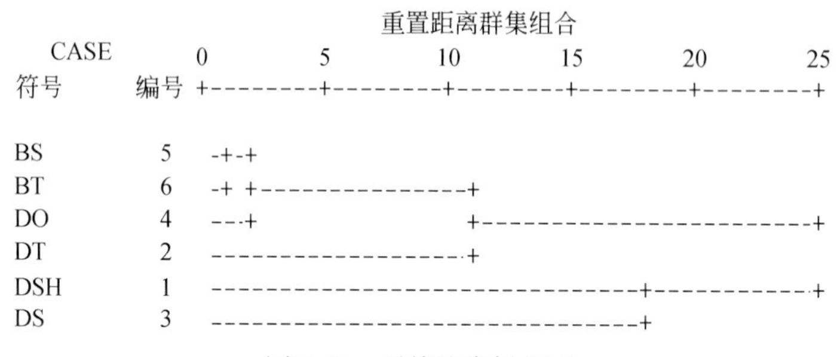

图 7-29　系统聚类树状图

表 7-10　水质聚类结果表

含水层	1：DSH	2：DT	3：DS	4：DO	5：BS	6：BT
四种聚类	1	2	3	4	4	4

7.6.3　放水试验过程期间各含水层水化学系统聚类分析

对北八采区含水层放水试验期间所取水样的水质与奥灰水质进行聚类分析，计算了各水样水质与奥灰水质的欧氏距离，结果见表 7-11。从表中可以看出，随着放水试验的进行，各含水层水质与奥灰水质的欧氏距离有变化的趋势，太灰水与奥灰水的欧氏距离呈减小的趋势，而砂岩水与奥灰水的欧氏距离略呈增长趋势（图 7-30）。这与上述分析结果一致。

表 7-11　放水期间水质非相似矩阵

含水层	欧氏距离	备注	含水层	欧氏距离	备注
	1：DO			1：DO	
1：DO	0	奥灰水	9：BT-F12	121.172	第一阶段/太灰水
2：BS-T21	98.205	第一阶段/砂岩水	10：BT-F21	118.19	第二阶段/太灰水
3：BS-T22	64.772	第二阶段/砂岩水	11：BT-F22	231.134	第二阶段/太灰水
4：BS-T23	52.654	第三阶段/砂岩水	12：BT-F23	71.771	第二阶段/太灰水
5：BS-T41	133.865	第一阶段/砂岩水	13：BT-F24	72.508	第二阶段/太灰水
6：BS-T42	116.434	第二阶段/砂岩水	14：BT-F31	86.457	第三阶段/太灰水
7：BS-T43	157.522	第三阶段/砂岩水	15：BT-F32	99.234	第三阶段/太灰水
8：BT-F11	114.098	第一阶段/太灰水			

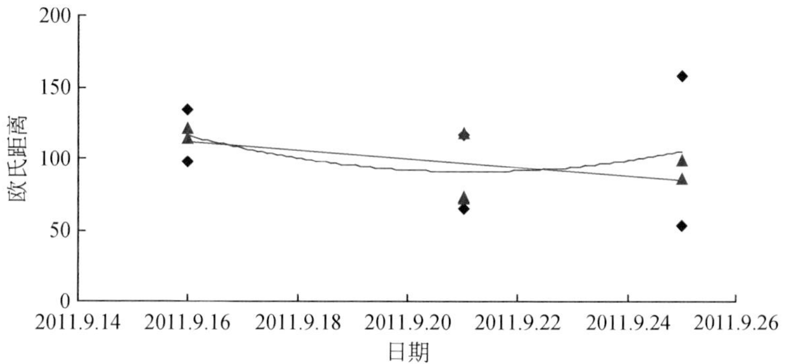

图 7-30　放水期间北八采区各含水层与奥灰水质欧氏距离变化趋势图

第8章　北八采区水文地质条件综合评价

8.1　桃园矿井奥灰水文地质特征与地下水流场分析

奥灰含水层是区域性强富水含水层，是皖北矿区煤矿开采的间接充水含水层。奥陶系第一层灰岩上距10煤200m，距8煤270m，正常情况下奥灰水不会对煤层开采构成威胁。但若与太灰、断层或导水陷落柱存在水力联系，将会给矿井造成极大危害。

8.1.1　古地形特征

宿南矿区煤系形成后，经过一个漫长地质历史的多期地质作用。本区是在宿南向斜构造之上叠加了不同时期、不同规模和不同方向的正、逆断层，使得岩体失去其完整性。在区内桃园北部的F1、F2断层、西寺坡逆断层及祁东南部的魏庙断层导致地层断裂与凹陷，这对本区古地形高差影响较大，具有一定的控制作用。东部的西寺坡逆断层使奥陶系和石炭系地层隆起，此外，宿南背斜对西部隆起起了关键的作用。在地质构造基础上，还叠加风化剥蚀作用，形成了沉积之前的古地形，即中间低洼、两边较高以及北高南低的特点（许光泉等，2003，2005）。

宿南矿区的总体结构是一个以古生界为基底的新生代盆地，自中新世以来，由地壳区域性上升转变为区域性下沉，并接受沉积，形成新生界松散层沉积物，包括三隔、四含地层。在盆地中部古地形最洼，松散层厚度也最大，向两侧灰岩分布区古地形抬升，四含厚度也逐渐减小（葛晓光，2000，2002）。

桃园井田位于宿南矿区的北部，西部外围灰岩区基岩古地形较高，松散地层较薄。另外在矿井中北部F2断层上盘下降区，地势低洼。总体来看，矿井古地形为西部高、东部低、北部高、南部低的地貌现象。

8.1.2　地下水流场

根据井田勘探和生产过程中所施工的抽水试验孔、水文长观孔等揭露的各含水层初始水位，结合矿井涌水特征和各含水层之间的水力联系以及本次放水试验成果（表8-1），可以看出，本矿井各含水层初始水位均为正值，且灰岩水的水位高于四含和砂岩水。结合古地形特点，矿井总的地下水流场为由西部流向东部，北部流向南部；从矿井开采及放水试验来看，矿井内各含水层是相互联系的，一个流向为奥灰水经露头区补给四含，再补给太灰及砂岩裂隙含水层，由采空区排泄；另一个流向为奥灰水通过F2断层直接补给太灰及砂岩裂隙含水层，由采掘巷道排泄，此为桃园井田及北八采区地下水流场概况，如图8-1

所示。

表 8-1　桃园井田各含水层水位变化统计表

含水层名称	孔号	水位（时间）/m	水位（时间）/m	水位（时间）/m	位置
奥灰	98 观 1	+13. 20（1998. 9）	+5. 57（2002. 12）	-7. 54（2011. 8）	南部
	2001 观 1	+9. 10（2001. 6）	+3. 65（2004. 3）	-6. 49（2011. 9）	
	2011 观 1			-6. 05（2011. 10）	
太灰（1～4 灰）	95 观 1		-49. 20（2004. 3）	-68. 72（2010. 4）	南部
	97 观 1		-115. 81（2004. 3）	-191. 69（2010. 4）	
	8-3	+22. 55（勘探）			
	2010 观 1			-6. 57（2010. 10）	北八
	2011 观 2			-6. 30（2011. 8）	
太灰（5～11 灰）	98 观 2	+14. 20（1998. 10）		+8. 65（2011. 8）	
	98 观 3		-105. 39（2004. 3）	-212. 67（2010. 4）	南部
四含	95 观 2		-63. 66（2004. 3）	-57. 41（2010. 4）	
	2000 观 1		-64. 12（2004. 3）	-143. 74（2010. 4）	
	03 观 1	-34. 23（2004. 3）	-72. 08（2010. 4）	-82. 37（2011. 8）	
	06 观 1		-88. 53（2007. 10）	-81. 28（2011. 8）	
	07 观 1		-3. 95（2009. 11）	-6. 29（2011. 8）	北八
	水 08	+21. 38（补勘）			南部
	$4\text{-}5_6$	+19. 07（勘探）			
	补 5_1	+15. 20（勘探）			
10 煤砂岩水	补 2_6	+18. 83（勘探）			南部
7-8 煤砂岩水	补 2_5	+20. 19（勘探）			南部
	7_{10}	+6. 26（勘探）			

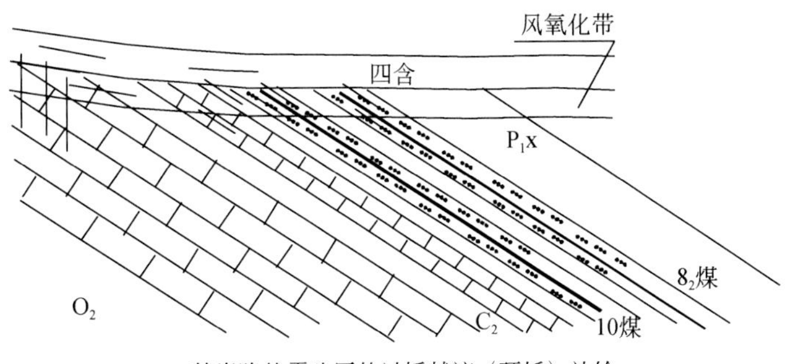

a.基岩隐伏露头区的过桥越流（顶托）补给

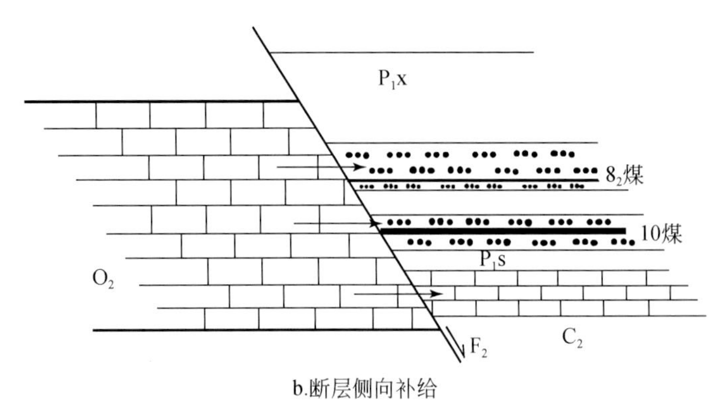

b.断层侧向补给

图 8-1　桃园矿井开采地下水流向示意图

8.1.3　奥灰含水层富水性评价

井田内揭露奥灰最大厚度为143.39m，主要成分为石灰岩，上部裂隙发育，有水蚀锈斑，局部溶洞、溶穴发育，直径0.6～1.2cm，岩心破碎，并出现冲洗液全漏现象。据抽水试验资料（表8-2），该含水层 q=0.718～3.61L/(s·m)，为富水性中等至强的含水层，是矿井其他含水层的补给源，也是矿井充水的间接含水层，对矿井开采威胁也最大。

表 8-2　桃园井田奥灰抽水试验成果表

孔号	试验含水层厚度/m	水位标高/m	单位涌水量/[L/(s·m)]	渗透系数/(m/d)
98 观 1	110.80	+13.20	1.59	1.92
2001 观 1	143.39	+9.10	3.61	1.98
2011 观 1	58.38	-6.05	0.718～0.727	1.34～1.45

8.2　北八采区水文地质条件评价

8.2.1　太灰含水层水文地质特征

1. 补给条件

桃园煤矿属隐伏煤田，区内西部存在灰岩的隐伏露头，北部边界为F1断层，南部与淮北祁南煤矿相连，东部灰岩向深部和远方延伸，矿区位于地下水的补给和径流区内。矿井南部开采10煤层而长期疏放太灰水，使得太灰地下水由浅部向深部流动。在天然条件下太灰水在该矿不存在天然泄水点，目前的排泄点主要为人工泄水点。

北八采区位于桃园井田的北部，其西部为太灰的隐伏露头，北部被F1断层切割，南部为F2断层与矿井南部相连，东部灰岩向深部和远方延伸。

根据本次放水试验资料及以往地质与水文地质资料分析，北八采区太灰处于相对独立的水文地质单元。

放水试验以前，认为本区太灰含水层补给方式有 3 种：①在隐伏露头通过天窗补给；②断层带接受奥灰补给；③通过区域性的层间流动的本层远方补给。通过放水试验，对这个问题有了较清楚的认识。

能够造成奥灰补给太灰的断层在本区主要为 F2 断层。

F2 正断层最大落差 435m，倾向北北东，即北八采区在该断层的上盘，存在奥灰对接补给现象，如图 8-2 所示。

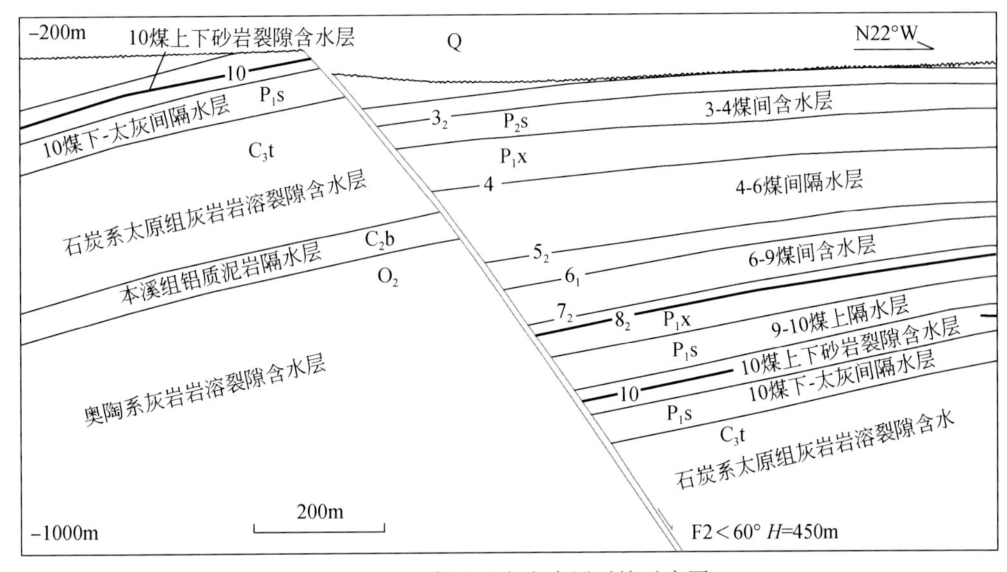

图 8-2　F2 断层两盘含水层对接示意图

为了了解 F2 断层的导水性，桃园煤矿先后施工了水 05-1 和水 05-2 两个探查孔，并根据钻进情况，基本认定原岩条件下 F2 断层为弱导水-不导水断层，其垂向导水性十分微弱。

为了了解奥灰与太灰的水力联系，在断层两盘布置了 98 观 3（5-11 灰）和 2011 观 2（1～4 灰）观测孔，下盘 98 观 3 孔水位为-167m，而上盘 2011 观 2 孔水位为-8.48m，且北八采区井下放水孔补 3 孔的涌水量越过 $200m^3/h$（未全打开）。显然，北八采区内高水位和大水量都是奥灰对太灰的对接引起的。

F1 正断层落差 650m，倾向北东，即北八采区在该断层的下盘，不存在与奥灰对接补给现象。F1 断层与 F2 断层成因类型相同，皆属于宿北断裂的伴生断层，只是 F1 断层比 F2 断层的断距更大一些而已。因此可以推断两个断层的基本性质（包括“水文地质性质”）是相似的，可以认为 F1 断层也是不导水断层。从工程可行性角度看，即便 F1 断层的导水性强于 F2 断层，由于 F1 断层北部的上盘地层属于富水性较差的煤系地层，在两盘对接沟通情况下也不至于带来严重水患问题。

太原组的远程补给：远程补给是太灰含水层远方未知的补给方式。桃园煤矿包括北八采区的东部、井田南部为人为边界，太灰含水层向远方延伸。这样桃园煤矿仅为这一大面积含水层的一部分。桃园煤矿与祁南煤矿、祁东煤矿相连，存在着水力联系，应与桃园煤矿存在远程补给关系。

采区西部为煤层隐伏露头，为非断层边界，广泛存在着水平越层补给条件：奥灰等下伏含水层通过第四系导水底砾层和隐伏基岩露头导水风化带补给煤层顶底板砂岩、太灰等上覆含水层，这是一种过桥式越流补给，或称谓承压含水层的顶托补给，见图 8-3。

隐伏露头区太原组 L1 ~ L4 灰的出露宽度达 40m，长度达 3000m，所以应存在一定的补给量。

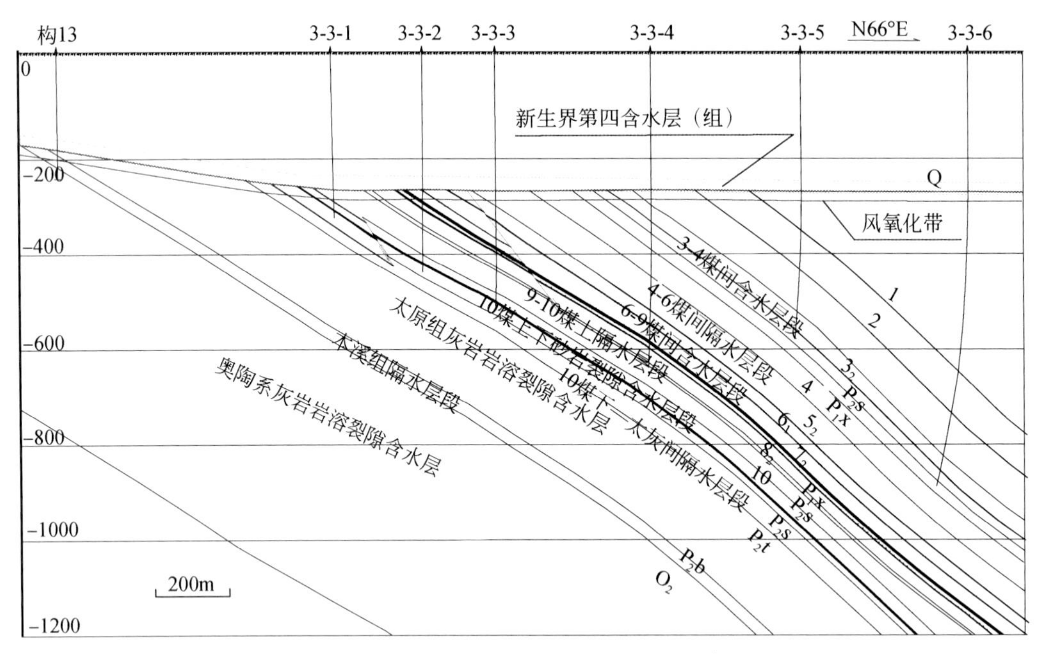

图 8-3　北八采区 3-3 线水文地质剖面示意图

2. 补给强度分析

补给强度指的是单位时间内流入含水层水量的大小。这个数据很难获得，但其相对大小可由放水试验过程中水位稳定情况和关闸以后的水位恢复情况反映出来。补给的强弱没有严格的界限。一般来说对于某一放水量，水位在几小时内稳定，就认为对于该放水量，含水层的补给强度是大的，否则就认为强度不大；如果在几日内，或在放水期间难以稳定的，则认为补给强度小。从图 8-4 中可以看出，放水期间各放水阶段，北八采区太灰各观测孔水位很快达到稳定状态，说明有强富水含水层（奥灰）补给且强度较大。

恢复水位也很好地说明了该区太灰含水层的补给强度。图 8-5 为放水孔关闭后 24h 的水位恢复曲线。曲线显示，各观测孔的水位基本稳定，说明外来的补给量较大。

3. 太灰富水性评价

1）井下物探探查结果

北八大巷、北风井回风通道电法探测结果如图 8-6 所示。从图中可以看出，北八大巷、北风井回风通道视电阻率低阻异常的分布形态及其在剖面上的导升情况。

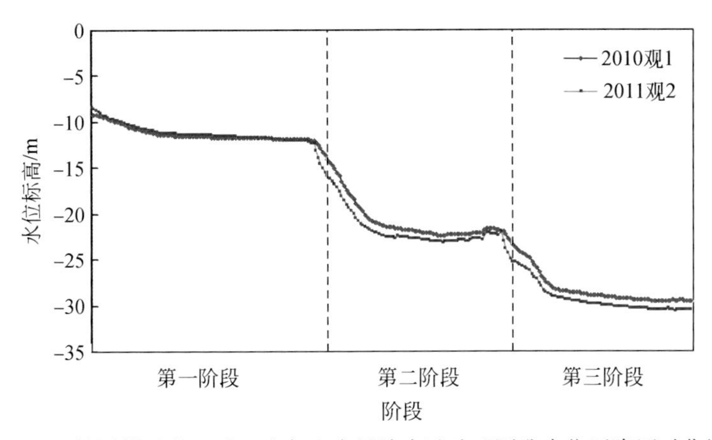

图 8-4　桃园煤矿北八采区太灰含水层放水试验观测孔水位下降历时曲线

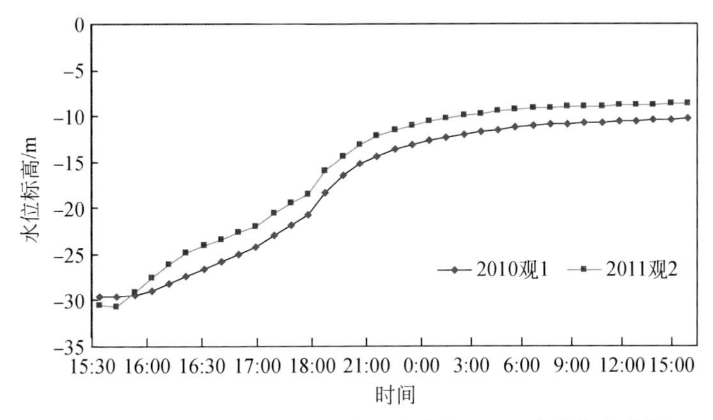

图 8-5　桃园煤矿北八采区放水试验关孔后 24h 水位恢复曲线

（1）北八大巷视电阻率低阻异常断面图上主要存在 6 处异常，依次命名为 1 号、2 号、3 号、4 号、5 号和 6 号（图 8-6a）。其中 1 号异常主要分布在 N66 ~ N69 号测量点范围，异常的中心主要集中在底板下 60 ~ 90m 深度；2 号异常主要发育在光 2 号测量点到 N71 号测量点间，该异常附近发育有 D8F03 断层，疑似受断层裂隙发育影响；3 号异常主要发育在 N71 ~ N72 号测量点，在 N71 号点附近，浅部和深部均存在视电阻率相对较低的值，疑似该处裂隙在浅部和深部均相对发育；4 号异常主要发育在 N72 ~ N73 号测量点，该处异常区主要反映在底板下 60m 以浅的层段；5 号异常主要发育在临 4 到 G16 号测量点间，6 号异常主要在临 3 ~ G15 号测量点，5 号、6 号异常性质相近，主要表现为深部灰岩异常。

（2）北风井回风通道视电阻率低阻异常断面图上主要存在两处范围相对较大的视电阻率低阻异常，异常部位分别位于 H2 往西北方向 20 ~ 70m 范围和 H1 往西北方向 20 ~ 70m 范围，依次命名为 7 号、8 号异常（图 8-6b）。7 号异常区的范围相对较大，但幅值相对较小；8 号异常区在浅部和深部均存在视电阻率相对较低的值，从物性角度分析，疑似该处含水裂隙相对发育。

（3）构造含水情况分析。从现有资料来看，北八大巷掘进过程中揭露的断层有：D8F21、D8F03、DF5 和 D8F05 断层。根据物探结果分析，北八大巷内存在多处低阻异常区。将物探成果图与八采区采掘工程平面图对照来看：D8F21 断层附近发育有范围相对较小的视电阻率异常区；D8F03 断层位于 1、2、3 号异常附近，推断该异常是断层裂隙发育影响所致；DF5 和 D8F05 断层在 5 号异常区附近均有反映。

据井下综合物探探查（详见第 5 章），结果表明，北八大巷有四处底板灰岩富水异常区，北八采区上部车场及回风、人行、轨道上山有 2 处底板灰岩富水异常区。

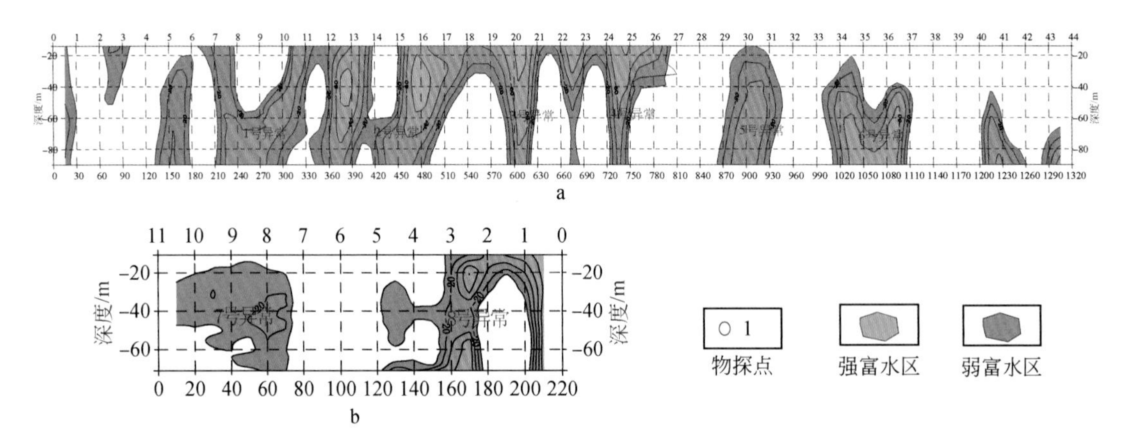

图 8-6　北八大巷、北风井回风通道电法探测成果图

a. 北八大巷视电阻率低阻异常断面图；b. 北风井回风通道视电阻率低阻异常断面图

2）地面钻孔探查结果

2010 年 10 ~ 11 月，在北八采区施工了 2010 观 1 孔，孔深 360m，终孔层位 4 灰，揭露第四系、下二叠统山西组底部、石炭系太原组 1 ~ 4 灰，如图 8-7 所示。其中，1 灰厚 2.90m，浅黄-灰黄色，块状，隐晶质，见有海相动物化石，上部风化呈浅黄色，见有溶洞 2 ~ 4cm，泥质充填，全漏；2 灰厚 3.51m，灰色，块状，隐晶质，局部裂隙较发育，裂隙被方解石脉充填，漏失量为 2.37m^3/h；3 灰厚 10.61m，浅灰色，块状，隐晶质，裂隙较发育，且被方解石脉充填，见有海相动物化石，中部岩心较破碎，漏失量为 5.00m^3/h；4 灰厚 12.23m，灰色，厚层状，隐晶质，裂隙较发育，且被方解石脉充填，局部含有燧石结核，见有大量海相动物化石，中部见泥质充填，漏失量为 8.20m^3/h。说明该区域岩溶较发育。

2011 年 7 ~ 8 月，在北八采区施工了 2011 观 2 孔，孔深 336.81m，终孔层位四灰，揭露第四系、石炭系太原组 1 ~ 4 灰，如图 8-8 所示。其中，1 灰厚 0.70m，浅黄-灰黄色，薄层状，含海相动物化石，上部风化呈浅黄色，裂隙发育，全漏，漏失量大于 15m^3/h；2 灰厚 3.81m，深灰色，块状，中下部岩心破碎；3 灰厚 11.30m，浅灰-肉红色，块状，裂隙较发育，且被方解石脉充填，岩心较破碎；4 灰厚 22.47m，灰色夹肉红色，块状，隐晶质，局部含有燧石结核，见有大量海相动物化石，裂隙较发育，且被方解石脉充填，中上部岩心破碎。整个灰岩层全漏失，说明该区域岩溶较发育。钻孔岩心照片见图 8-9。

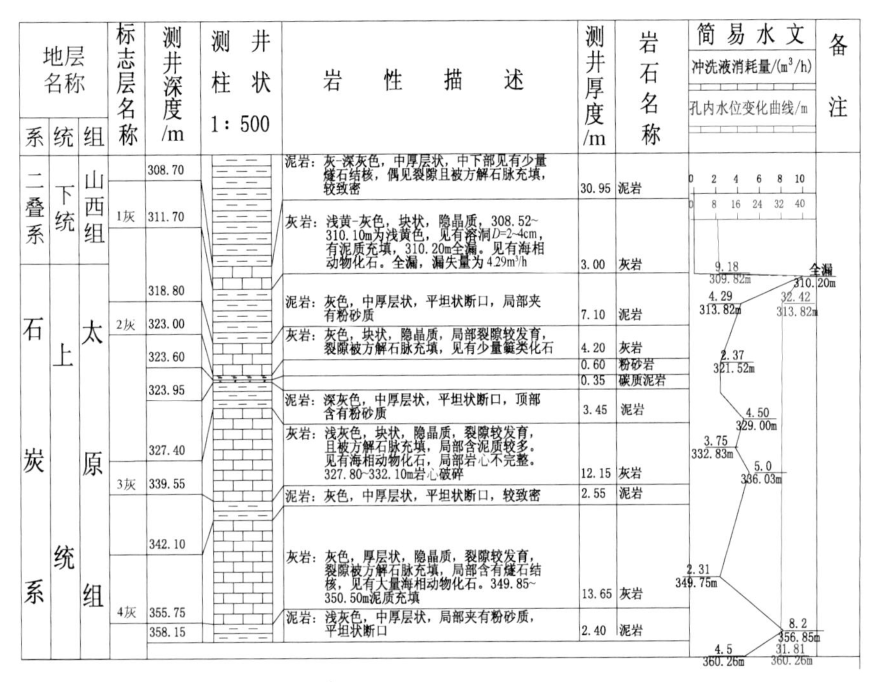

图 8-7　2010 观 1 孔柱状示意图

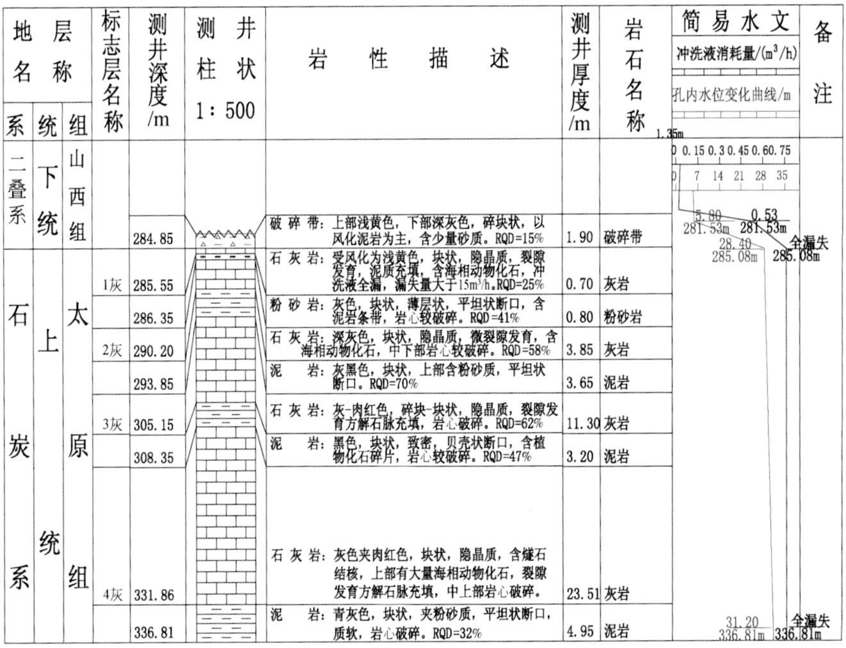

系	统	组	标志层名称	测井深度/m	测井柱状 1：500	岩性描述	测井厚度/m	岩石名称	简易水文（冲洗液消耗量/(m³/h)；孔内水位变化曲线/m）	备注
二叠系	下统	山西组		284.85		破碎带：上部浅黄色，下部深灰色，碎块状，以风化泥岩为主，含少量砂质。RQD=15%	1.90	破碎带	1.35m；0 0.15 0.3 0.45 0.6 0.75；0 7 14 21 28 35；5.80 281.53m；0.53 281.53m；28.40 285.08m；全漏失 285.08m	
石炭系	上统	太原组	1灰	285.55		石灰岩：受风化为浅黄色，块状，隐晶质，裂隙发育，泥质充填，含海相动物化石，冲洗液全漏，漏失量大于15m³/h。RQD=25%	0.70	灰岩		
				286.35		粉砂岩：灰色，块状，薄层状，平坦状断口，含泥岩条带，岩心较破碎。RQD=41%	0.80	粉砂岩		
			2灰	290.20		石灰岩：深灰色，块状，隐晶质，微裂隙发育，含海相动物化石，中下部岩心较破碎。RQD=58%	3.85	灰岩		
				293.85		泥岩：灰黑色，块状，上部含粉砂质，平坦状断口。RQD=70%	3.65	泥岩		
			3灰	305.15		石灰岩：灰-肉红色，碎块-块状，隐晶质，裂隙发育方解石脉充填，岩心破碎。RQD=62%	11.30	灰岩		
				308.35		泥岩：黑色，块状，致密，贝壳状断口，含植物化石碎片，岩心较破碎。RQD=47%	3.20	泥岩		
			4灰	331.86		石灰岩：灰色夹肉红色，块状，隐晶质，含燧石结核，上部有大量海相动物化石，裂隙发育方解石脉充填，中上部岩心破碎。	23.51	灰岩		
				336.81		泥岩：青灰色，块状，夹粉砂质，平坦状断口，质软，岩心破碎。RQD=32%	4.95	泥岩	31.20 336.81m；全漏失 336.81m	

图 8-8　2011 观 2 孔柱状示意图

3）太灰富水性评价

从北八采区太灰钻孔涌水量来看，太灰含水层的富水性是较强的。从表 8-3 可以看

图 8-9　2011 观 2 孔岩心照片

出，八北采区放水试验井下成孔施工过程中，所有钻孔均有出水现象，水压高，水量大多在 50 m^3/h 以上，补 3 孔放水量达 210m^3/h，阀门尚未全打开，且水量都非常稳定。地面两观测孔成孔均进行了抽水试验，2010 观 1 孔 $q=0.422$L/(s · m)，2011 观 2 孔 $q=0.633$L/(s · m)；根据 4 个放水孔的现场观测资料，采用裘布依公式反求其水位降深，得到四个放水孔的单位涌水量 q 约为 0.7956 L/(s · m)。《煤矿防治水规定》中规定中等富水性 q 为 0.1 ~ 1L/(s · m)，强富水性 q 为 1 ~ 5L/(s · m)，考虑区域的岩溶发育不均一性，区域内的太灰含水层应属于中等至强富水性。上述资料表明太灰含水层的富水性是较强的。

表 8-3　北八采区井上、下放水孔、观测孔成孔情况表

孔号	孔深/m	终孔层位	成孔出水情况	放水孔实际放水量/(m^3/h)	备注
C1	108.0	3 灰	10m^3/h，4.7MPa		井下
C2	70.7	2 灰	45m^3/h，4.0MPa	57	井下
C3	55.9	2 灰	50 ~ 60m^3/h		井下
C4	52.7	2 灰	50m^3/h，4.3MPa，37℃		井下
C5	21.8	1 灰	70m^3/h，4.3MPa		井下
补 1	70.4	3 灰	40m^3/h，4.2MPa	38	井下
补 2	70.5	3 灰	30m^3/h，4.5MPa	26	井下
补 3	44.1	3 灰	80m^3/h，4.4MPa	>208	井下

续表

孔号	孔深/m	终孔层位	成孔出水情况	放水孔实际放水量/(m^3/h)	备注
补 4	75.1	4 灰	50m^3/h，4.7MPa		井下
2010 观 1	360.26	4 灰	q=0.422L/(s·m)，水位-6.57m		地面
2011 观 2	336.81	4 灰	q=0.663L/(s·m)，水位-6.30m		地面

4）太灰含水层的透水性

含水层的透水性直接表现在富水性强度和放水试验的降落漏斗形态以及观测孔反映的灵敏度上。

从北八采区太灰钻孔涌水量来看（表 8-3），太灰含水层的富水性较强。

放水试验的降深等值线形态也很好地证明了太灰含水层的强度。放水试验的最大降深为 27m，等降深线为长轴平行于 F2 断层的椭圆浅碟形（图 6-5）。该图反映了两个问题：一是灰岩总体连通性好。含水层的连通性越好，降落漏斗扩展范围越广，漏斗的水力坡度越小。二是灰岩的透水性存在各向异性。长轴方向透水性较强，短轴方向透水性较弱。这种方向上的差异显然受构造的控制，与 F2 断层形成的构造作用有关，区域内受 DF5 断层的直接影响，形成两个椭圆形降落漏斗。

透水性的强弱还反映在水位响应的灵敏度上。观测孔的水位对放水试验反应越快，观测孔和放水孔之间水力联系越强，越直接。本次放水试验发现，北八采区各太灰观测孔的水位反应均十分灵敏，如图 8-10 所示，反映地下水连通性较好。

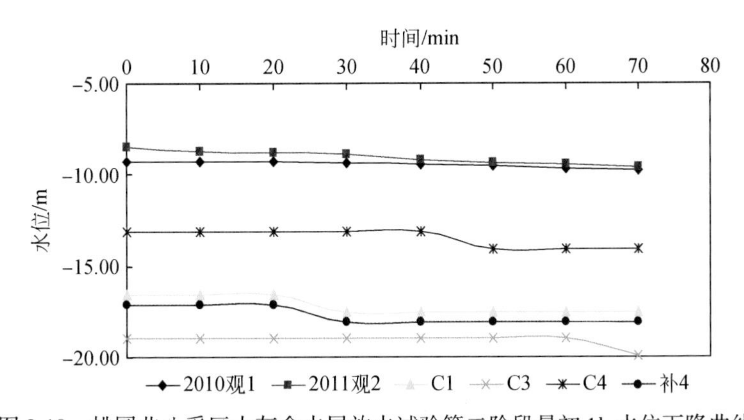

图 8-10　桃园北八采区太灰含水层放水试验第二阶段最初 1h 水位下降曲线

8.2.2　新生界松散层含、隔水层水文地质特征

新生界由上至下划分为四个含水层组，分别为一、二、三和四含水层组，隔水层组三个，分别为一隔、二隔和三隔。其中，三隔在桃园井田范围内底板埋深 205.5～293.3m，厚度 90m 左右，主要为灰绿、棕红色的黏土和砂质黏土，三隔上部岩性成分较纯，局部呈半固结状态，中下部可塑性好，膨胀性强，部分地带钙质含量高，有固结的钙质黏土或钙质成分分布，总体上三隔分布范围广，全区分布稳定，岩层以黏土为主，隔水性能好，是

全区较好的隔水层，阻隔了上部各含水层与其下部各含水层之间的水力联系，也是一、二和三含对煤层开采无影响的原因之一。对煤层开采影响较大的松散层含水层为第四含水层组（四含）(杨本水等，2003；孔一繁和汪永茂，2003)。

该含水层位于古近系底部，直接覆于基岩之上，全区均有分布，砂砾层厚度为 2.8 ~ 39.14m，在 F2 断层附近含水层厚度较大，最大厚度达 39.14m，向北逐渐减小，与古地形分布有关。本采区内的基岩面越向西部的外围灰岩区，基岩古地形越高，松散新地层越薄。另一个特点是在采区南端是 F2 断层上盘下沉区，地势低洼。在四含厚度分布上，比较杂乱，总体来看，在地势最低的东南端（如 4-5、4-3 等钻孔处）四含厚度较大，达 25 ~ 30m，而西部基岩隆起区四含尖灭（表 8-4）。四含岩性为砾石层、砂砾半胶结砾岩、黏土质砾石、砂及黏土质砂等。其中夹有 1 ~ 5 层薄层状黏土及砾石质黏土、砂质黏土、钙质黏土及泥灰岩等隔水层。四含下部与基岩面接触层段均有砾石分布，砾石颗粒比较大，砾径普遍在几厘米到几分米，砾石成分几乎全部是石灰岩、白云岩，少见砂岩（图 8-11）。

表 8-4　北八采区四含厚度及基岩面标高统计表

孔号	基岩面标高/m	四含厚度/m	孔号	基岩面标高/m	四含厚度/m
2-1	-245.40	4.70	3-3-3	-267.80	6.70
2-2	-252.31	5.64	3-4-1	-272.50	10.80
2-3	-251.50	6.00	3-4-2	-285.90	19.70
2-2-1	-246.50	3.40	3-5	-272.80	11.70
2-2-2	-250.70	5.60	构 15	-275.13	6.28
2-2-3	-252.20	6.60	构 16	-251.66	6.50
2-2-4	-253.90	5.20	构 17	-247.32	7.29
2-3	-251.50	6.00	98 观 1	-240.22	3.83
2-3-3	-260.20	7.17	2001 观 1	-247.29	14.82
2-3-4	-255.40	6.00	2007 观 1	-242.38	4.45
3-1	-274.21	5.26	2010 观 1	-244.55	22.50
3-3	-272.57	19.83	2011 观 1	-247.50	20.55
3-3-1	-265.30	8.90	2011 观 2	-257.75	3.95
3-3-2	-264.80	10.60	构 13	-180.80	0.00

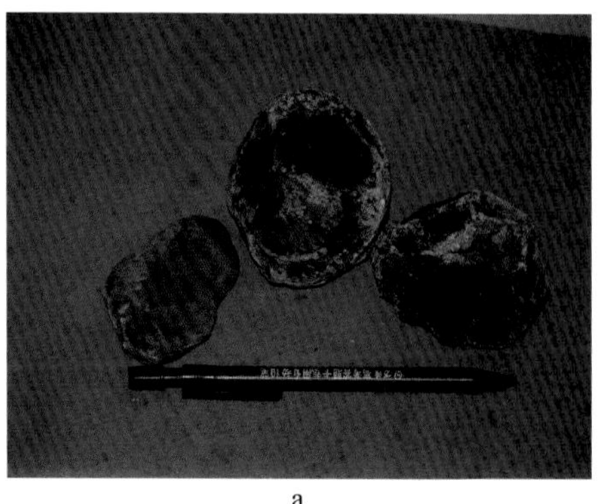

a

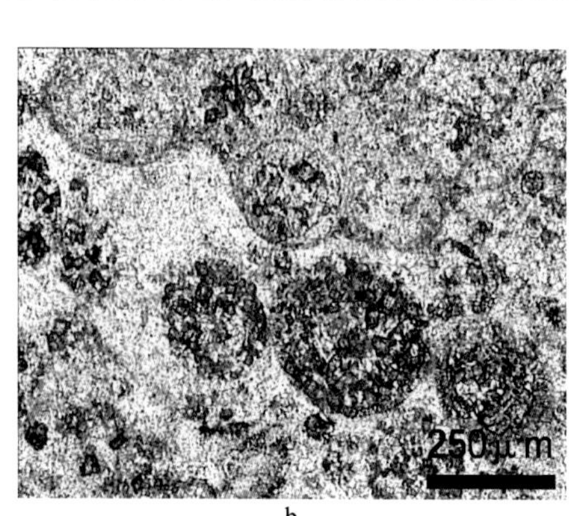

b

c

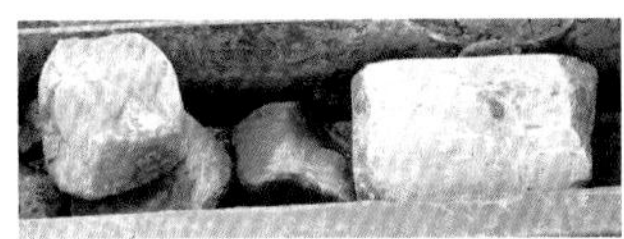

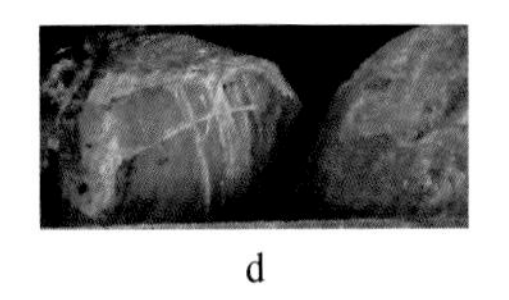

d

图 8-11 四含砾石成分宏观与微观特征

a. 2007 观 1 孔，253 ~ 255m，砾石以灰岩为主，砾径数厘米至数十厘米；b. 2007 观 1 孔，245 ~ 255m，白云岩化鲕状灰岩，推测层位为奥灰（单偏光）；c. 2007 水 1 孔，315 ~ 320m，生物碎屑泥晶灰岩，富含腕足类、有孔虫等；灰岩淡灰色，推测层位属于太灰（正交偏光）；d. 2011 观 2 孔，砾石以白云质灰岩为主，砾径数厘米至数十厘米

2011 观 1、2011 观 2 孔在钻进至“四含”层位砾石层时，简易水文观测表明，冲洗液明显消耗，2011 观 1 孔在 252m 冲洗液全部漏失，漏失量大于 $15m^3/h$，孔内水位急剧下降，现场堵漏用水泥 10t、黄泥粉 25t、锯末 1.5t。2011 观 2 孔在 278.67m 冲洗液全部漏失，漏失量大于 $15m^3/h$，孔内水位急剧下降，现场堵漏用水泥 8t、黄泥粉 10t、锯末 1.0t。为施工安全，现场不得不停钻、扩孔、下套管保护孔壁。由此说明，该两孔四含砾石层透水性强。

根据 2007 水 1 孔、2007 观 1 孔压水试验，四含渗透系数 k 在 $3.878\times10^{-5} \sim 10.71\times10^{-5}$cm/s，单位涌水量 $q=0.004936 \sim 0.009327$L/(s · m)，应属于弱富水、弱透水类型。2010 观 1 孔施工过程中未见底含漏失现象。

通过对比分析可以看出，位于灰岩露头区的四含砾石层钻孔漏失量大，透水性强；而位于煤层露头区附近的四含砾石层透水性弱，且底含砾石层厚度小（一般 4 ~ 6m），据抽水资料该区域四含为弱富水性含水层。

由此可见，四含厚度不均一，富水性也存在不均一性。

通过对 2007 观 1 孔水位资料分析，2007 年 3 月水位标高为 0.00m，至 2009 年 11 月水位为-3.95m，至本次放水试验前（2011 年 9 月 16 日）水位为-6.25m，水位呈下降趋势，应与采区采掘活动有关，而且该孔放水试验前的水位与该区太灰、奥灰水位基本一致。

该孔距井下太灰放水孔平面距离为 2170m，放水期间水位下降 2.92m，关孔后水位逐渐恢复，说明与太灰含水层存在水力联系。但从放水期间水质来看，虽有四含水的补给，但太灰水质基本无变化，且与奥灰水质相近，说明四含接受奥灰顶托补给，并越流补给太灰，其水位、水质基本一致也说明了这一点。

8.2.3 煤层顶底板砂岩含水层特征

北八采区上部车场 10 煤顶底板砂岩涌水量约为 $100m^3/h$，经过 3 年多时间并没有衰减；$8_2$82 工作面回风石门从 2011 年 4 月初开始掘进，单个锚杆眼最大涌水量达 $3m^3/h$，现掘进头出水量达 $10m^3/h$；在北八采区掘进过程中，共采 8 个水样（表 7-2），水温都在 29℃以上，水质化验结果 Ca^{2+}、Mg^{2+} 含量较高，显示出与灰岩水成分相似，反映出与南区砂岩水明显不同。

放水试验期间，设置了两个测水站和 4 个测水点，观测砂岩出水水量和水温的变化及其补给关系。1#测水站水量平均为 $40m^3/h$ 左右，2#测水站水量平均为 30 m^3/h 左右，水量较大；区域砂岩水水温较高，在 29.2 ~ 30.1℃。水质化验结果显示与奥灰水质基本一致。表明本区砂岩水与奥灰水有联系。究其原因是 F2 断层作用，本区煤层顶底板砂岩与对盘奥灰对接，接受奥灰的补给。放水试验监测结果表明，随放水时间的增加，水量、水温有减小的趋势，水质总体与奥灰相同但略有变化，这与太灰放水导致奥灰水头降低补给砂岩水减弱有关，同时也进一步说明，F2 断层在该区段是导水的。

据三维地震精细解译成果，10 煤层顶板富水性较强区域为：南部 F2 断层发育的边界部位、西部边界至井底车场、北部边界；在陷落柱发育部位、研究区东北部边界其富水性中等。10 煤层底板富水性较强区域为：南部 F2 断层发育部位、西部边界中部露头区、北部边界东端。8_2煤层顶板富水性大部分区域中等偏强；8_2煤层底板富水性较强区域分布在西部边界中部露头区、研究区东北部属富水性较强的区域，南部 F_2断层发育部位、陷落柱发育部位、研究区东部边界中部富水性中等。

井下综合物探探查结果表明，北八大巷、北八采区上部车场及回风、人行、轨道上山等多处存在顶底板砂岩富水异常区。

8.2.4　断层导水性分析

本次仅对 F2 断层和 DF5 断层的导水性进行讨论。

为了研究这两条断层的导水性，放水试验时在 F2 的两盘分别布置了 2001 观 1、98 观 3、2011 观 1 和 C1 四个观测孔，其中 2011 观 1 孔因施工原因未参与放水试验观测，但其成孔时的水位与 2001 观 1 孔相近。在 DF5 断层两盘分别存在着 C3、C4 二个观测孔。

1）F2 断层导水性分析

F2 正断层最大落差 435m，倾向北北东，在北六北部的奥灰与上盘北八采区二叠系下石盒子组和石炭系灰岩对接（图 8-2）。造成上盘太灰观测孔富水性强，水位高，出水量大，水温高；下石盒子组煤层（中煤组）顶底板砂岩出水量大，水温也高。

放水试验期间，上盘太灰观测孔水位下降 20 多米，下盘的 2001 观 1 孔奥灰水位下降 2.75m，并且具有很好的同步性；放水孔关闭后，各观测孔水位恢复也表现出同样的特征，这说明在水平方向上 F2 断层在本段是导水的。

随放水的进行，上部车场各测水站的水量呈逐渐减小的趋势，这与对盘奥灰水位的降低，其补给量减小有关。上部车场砂岩涌水量的变化也进一步说明 F2 断层在该区段是相通的。

而放水试验期间 98 观 3 孔的水位基本不变且有上升趋势，说明下盘太灰（5-11 灰）与上盘太灰（1 ~4 灰）无水力联系，同时也表明下盘太灰与奥灰水力联系弱，显示出 F2 断层在该段是隔水的，也说明 F2 断层在垂向上透水性弱。

据 2005 水 1 和 2005 水 2 钻孔对 F2 断层探查结果，钻进冲洗液消耗量小而稳定，最大注水量分别为 5l/h 和 9. 5l/h。以额定泵量 2. 5l/s 压水试验，水压升高较快。单位吸水量 $\omega=0.00295\ l/\mathrm{min}\cdot \mathrm{m}^2$，渗透系数 $k=0.00604\mathrm{m/d}$，属于弱透水性断层。在北八大巷过 F2 断层前，于北八大巷 F40 测点前 186m 处施工了 3 个探查孔，1#、2#孔内水量约 0. 2t/h，3#孔无水。各孔均揭露了破碎带，带宽 70. 5m，破碎严重，胶结物呈泥状，遇水泥化。北八大巷顺利通过 F2 断层，说明 F2 断层在该区段是不导水、不含水的。

综上分析，当奥灰与对盘太灰和煤层顶底板砂岩对接时，F2 断层存在侧向导水，且导水性较强；F2 断层在垂向上导水性弱。

2）DF5 断层导水性分析

DF5 断层是地质勘探确定、生产时期揭露的断层。其断距为 30m，走向北西 50°，倾角 70°，倾向北东 40°。勘探和生产阶段都证实该断层不导水，30m 断距使得太灰含水层和砂页岩对接，断层两盘的含水层的联系本应较弱，但是，放水试验显示下盘的 C4 孔和上盘的 C3 孔的水位响应是同步的，即 C4 孔水位没有因为 DF5 断层的阻隔而滞后。同时放水试验资料表明，C4 孔水位较高，存在高水位异常现象，可能与 DF5 断层切割深部奥灰，受到奥灰水的垂向补给有关。开采前应加强探查工作。

8.3　北八采区采掘工作面涌水量预计

8.3.1　采掘工作面正常涌水量预计

北八采区工作面涌水量主要为煤层顶底板砂岩裂隙水，但其受到奥灰的补给，为一动态储量。

1）考虑边界条件时各煤层工作面涌水量预计

计算模型采用“大井法”，其北部边界为 F1 隔水断层，南部以 F2 断层为奥灰水补给边界，东西为径流自然边界，故将其边界概化为平行隔水供水边界，如图 8-12 所示。

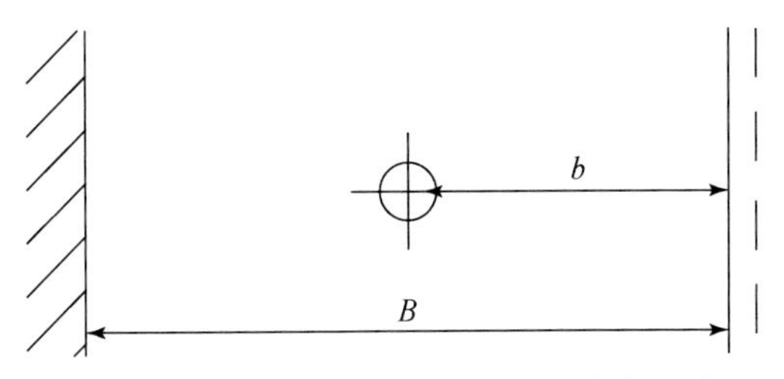

图 8-12　工作面涌水量预测模型边界条件概化图

$$Q=\frac{2\pi KMS}{\ln\left(\frac{4B}{\pi r_0}\cot\frac{\pi b}{B}\right)} \tag{8-1}$$

以单个工作面为例，由于其出水断面并非整个工作面，故 r_0 应取控顶距 L 的长度 30m，b 为 700m，B 为 2500m。10 煤工作面顶底板砂岩裂隙含水层（段）厚度 $M=27\mathrm{m}$；

8_2煤工作面顶底板砂岩裂隙含水层（段）厚度 $M=28$m。砂岩水的水头考虑奥灰的补给，应与其一致。故煤系砂岩裂隙含水层静止水位标高采用奥灰水位值-6.05m（2011 观 1 孔成孔水位），采区第一个工作面底板标高取-350m，则降深 $S=350-6.05=344$m。

煤系砂岩裂隙含水层渗透系数的估算：本采区无砂岩水抽水资料，需对其渗透系数进行估算。

根据上部车场巷道砂岩出水量，采用完整水平巷道的流量公式：

$$Q = KL\frac{(2H_0 - M)M - h_0}{2R} \tag{8-2}$$

式中，L 为巷道长度，m；K 为渗透系数，m/d；H_0为水头高度，m；M 为含水层厚度，m；h_0为巷道高度，m；R 为巷道至补给边界距离，m；Q 为巷道单侧涌水量，m^3/h。

根据北八采区采掘资料，$L=600$m；$H_0=320-6.05=314$m；$M=10$m；$h_0=4$m；$R=1500$m；$Q=40/2=20m^3/h$。代入式（8-2），求得 $K=0.3886$m/d。与大区补 2-6 孔抽水试验取得的渗透系数 0.48m/d（10 煤顶底板砂岩水）和补 2-5 孔抽水试验取得的渗透系数 0.66m/d（7、8 煤组砂岩水）基本一致。

将上述参数代入式（8-1），得 8_2煤工作面顶底板砂岩涌水量为 219.18m^3/h；10 煤工作面顶底板砂岩涌水量为 210.84m^3/h。

2）不考虑边界条件采区涌水量预计

该含水层组计算方法采用“大井法”，采用承压转无压涌水量计算公式：

$$Q = 1.366K\frac{(2H - M)M - h^2}{\lg R_0 - \lg r_0} \tag{8-3}$$

渗透系数取值为 $K=0.3886$m/d；砂岩水的水头考虑奥灰的补给，应与其一致，故煤系砂岩裂隙含水层静止水位标高采用奥灰水位值-6.05 m（2011 观 1 孔成孔水位），采区平均底板标高取-366m，则降深 $s=366-6.05=360$m；开采区走向 2500m，倾斜宽 700m，面积 175000m^2。

10 煤工作面顶底板砂岩裂隙含水层（段）厚度 $M=27$m；8_2煤工作面顶底板砂岩裂隙含水层（段）厚度 $M=28$m。$r_0=\sqrt{F/\pi}=236$m；$s=366-6.05=360$m；$R=10S\sqrt{K}=10\times360\sqrt{0.3886}=2244.16$m；$R_0=R+r_0=236+2244.16=2480.16$m。

将以上数据代入式（8-3），计算得北八采区一水平各主采煤层顶底板砂岩涌水量分别如下。

10 煤：$Q=9722.24m^3/d=405.1m^3/h$；

8_2煤：$Q=10067.77m^3/d=419.5m^3/h$。

若采区一水平按 2～4 面布置开采，则单个工作面的涌水量分别如下。

10 煤：$Q=101.3\sim202.5m^3/h$；

8_2煤：$Q=104.9\sim209.8m^3/h$。

3）比拟法预计采区砂岩涌水量

采用公式如下：

$$Q = Q_0\sqrt{F/F_0}\sqrt{\lg s/\lg s_0} \tag{8-4}$$

式中，Q 为预计采区涌水量，m^3/h；s 为水位降低值，m；F 为主采煤层采用面积，m^2；

F_0为生产矿井采空区面积，m^2；Q_0为生产矿井实测矿井涌水量，m^3/h；s_0为生产矿井水位降深，m。

根据桃园煤矿历年矿井涌水量统计结果，2003～2012 年矿井实测正常涌水量平均为 $666m^3/h$，最大涌水量是 2010 年 2 月测得为 $845m^3/h$。根据矿井涌水量构成，其中砂岩水约占 64%，则矿井砂岩正常涌水量平均为 $426m^3/h$，最大涌水量为 $539m^3/h$。南部采区不论是 10 煤工作面还是 8、7 煤工作面，其正常涌水量即砂岩涌水量，一般为 $5\sim10m^3/h$。

水位降低 s 值为开采水平标高与主采煤层顶底板砂岩裂隙含水层精查期间的静止水位标高的差值 $s=520+16.69=536.69m$。目前采空区面积约 $5.9km^2$。

F 选用北八采区各可采煤层储量估算面积为 $1.75km^2$。

水位降深采用开采水平与 2011 年观 1 孔实测静止水位标高-6.05m 的差值，$s=520-6.05=514m$。

利用式（8-4），估算北八采区砂岩正常涌水量为 $231m^3/h$，最大涌水量为 $292m^3/h$。

综上所述，由比拟法计算的结果偏小，这与北八采区与矿井南部采区煤层顶底板砂岩含水层的水文地质条件存在差异有关；由公式计算的结果基本相近。考虑北八砂岩富水性较强，故建议 8_2煤工作面正常涌水量取 $220m^3/h$，10 煤工作面正常涌水量取 $210m^3/h$，供工作面排水工程设计时参考。

8.3.2　太灰含水层突水量预计

1）按公式计算

本含水组采用底板进水的非完整井计算公式：

$$Q=\frac{2\pi Ksr}{\frac{\pi}{2}+\frac{r}{M}\left(1+1.185\lg\frac{R}{4M}\right)} \tag{8-5}$$

式中，r 为引用半径，m；K 为渗透参数，m/d；M 为含水层厚度，m；s 为水位降深，m；R 为引用影响半径（$R_0=10S\sqrt{K}=2703.75m$，$R=R_0+r=2747.75m$）。

工作面突水面积采用工作面长 $a=100m$，宽 $b=50m$ 计算，$\eta=1.16$，$r_0=1.16\times(100+50)/4=44m$；水位降取目前水位与工作面最低标高（-520m 水平）之差的 1/3，即 $S=513/3=171m$；含水层厚度采用穿过太原组 1～4 灰 2010 观 1 孔 33.0m。根据放水试验资料计算所得的平均 $K=2.50m/d$。

采用上述参数，利用式（8-5）预计-520m 水平太灰的可能最大理论突水量为 $987\ m^3/h$。

2）类比分析

（1）桃园煤矿 1022 工作面曾发生多次突水事故，最大突水量达 $550m^3/h$，鉴于北八采区水文地质条件的复杂性，若该采区发生太灰突水，预计该区太灰突水量不小于 $550m^3/h$。

（2）淮北相邻矿井太灰突水水量情况统计如表 8-5 所示，从表中可以看出，各矿突水量变化较大。由断层导致的突水量较大，为 $800\sim1000m^3/h$，由底板裂隙引起的突水量在 $150\sim600m^3/h$，一般为 $220\sim350m^3/h$。

表 8-5　淮北相邻矿井 10（6）煤工作面底板突水情况统计

矿名	工作面	采煤方法	回采位置/m	突水量/（m^3/h）	水压/MPa	底隔厚度/m	采深/m	备注	突水原因
刘一矿	Ⅱ623	炮采	45（机巷向上 25m）	220	4.2，突水后 3.52	52	−520	最大瞬时水量 370m^3/h	裂隙
	Ⅱ626	炮采	95（机巷向上 35m）	150（220）	4.3，突水后 3.34	55	−540		裂隙
新庄矿	12201	炮采	切眼	200	3.0	55	−460	混合水	裂隙
车集矿	2201	综采	47/110/220	140/300/300	4.5	50±2	−400	未改造突水 3 次	裂隙
	2107	综采	54	855	5.02	50±2	−550		裂隙
	2401	综采	65	650	6.0	50±2	−650		裂隙
	2106	炮采	100/120	100/100	3.5/3.0	50±2	−390	未改造突水 2 次	裂隙
	2104	炮采	断层尖灭带突水	800	2.5	50±2	−400	断层落差 0～50m	工作面距断层尖灭带 30 多米
	2111	炮采	110	110	4.0	50±2	−580		裂隙
	2404	炮采	老塘滞后突水位置不明	200	4.5	50±2	−700		裂隙
杨庄矿	Ⅱ611	综采	30/40	30/350	2.09	49	−195		裂隙
	Ⅱ616	综采	收作线附近	105	2.57	52	−223		裂隙
	Ⅱ617	综采	42/60	59.87/3153	3.11	44.3	−291		裂隙
陈四楼	2301	炮采	70/100	350/1080（稳定 320）	4.4			突水改造重开切眼后又出水	裂隙
朱庄矿	Ⅲ622	综采	机巷 180m，风巷 160m	1000	3.0	51	−320	工作面距断层 15m，断层落差 7.5m	断层牵引厚度减小到 43.5m（突水距断层 15～50m）

同时还可以看出：①突水位置在工作面推进 30～100m 范围，一般在初次来压与周期来压期间；②突水原因多为裂隙或断层引起的。

桃园矿井北八采区 10 煤赋存条件与上述矿井相比，煤层特征相似，底隔厚度相近，采深相近，采煤方法与工艺相同，若发生突水，其特征应与上述特征一致。因此，在回采过程中应加强监测，特别注意的是易突水位置。

综上所述，根据大井法理论计算、本矿突水资料和相邻矿井类似条件工作面的突水实例，结合北八采区工作面的地质与水文地质实际，预计-520m 水平太灰突水量在 1000 m^3/h 左右。可作为矿井排水能力设计时参考。

第9章 结　　论

9.1 主 要 结 论

本书在系统分析淮北矿区桃园矿井地质及水文地质条件的基础上，针对该矿北八采区极复杂的地质与水文地质条件，采用地面钻孔补充勘查、井下综合物探、三维地震勘探及其资料精细解释、放水试验、水文地球化学探查、室内试验、数值模拟等研究方法，系统地开展了构造极复杂采区水文地质条件的立体探查与综合评价研究，并应用于煤矿生产实际，取得了较显著的经济效益和社会效益。本书研究取得的主要成果和结论如下。

（1）地面和井下钻孔探查表明：太灰上段1～4灰裂隙溶洞发育、含水丰富，是矿井充水的主要含水层及充水水源。1～4灰总厚约33.0m，石灰岩颜色较浅，灰-浅灰色，厚度较稳定。单位涌水量 q=0.422～0.662L/(s·m)，渗透系数 k=1.512～1.856m/d，太灰矿化度平均2.55g/L，水质类型为 SO_4·Cl-Ca·Mg型，为富水中等的含水层组；10煤底板隔水层，厚度在49.46～62.72m，平均厚度为56.02m。隔水层多为砂岩泥岩互层组合结构，砂岩所占比例较大，发育原始导高现象，原始导升高度平均为7m左右。

（2）基于放水试验，基本查明了采区太灰含水层地下水的边界条件，采区北部边界F1断层为隔水边界，南部边界F2断层为补给边界，深部边界为进水边界，西部隐伏露头为进水边界；查明了本区太灰含水层地下水的补径排条件，研究区域补给主要来自区外同层水平径流补给、南部奥灰补给和露头区奥灰越流补给，F2断层为南部奥灰补给通道，与奥灰含水层水力联系较强。北八采区与南部采区太灰含水层水力联系弱，可视为两个独立的水文地质单元。

（3）分别利用放水试验阶段和恢复阶段的水位观测资料，采用解析法、配线法和图解法，考虑补给边界和三阶梯流量条件，对典型观测孔的水文地质参数进行求解，各种求参方法基本吻合，得出区域的导水系数 T=24.12～196.17m^2/d，平均为82.43m^2/d，渗透系数 k=0.7310～5.9445m/d，平均为2.50m/d。但由于断裂构造等因素的影响，采区内的不同块段水文地质参数呈现非均一性，总体为中等至强透水岩层，导水性较好。

（4）对放水前、放水期间太灰水和砂岩水的常规水化学和同位素进行了系统测试，并与矿井各含水层的水质资料进行了对比，对北八采区太灰水和砂岩水的水质特征和水源进行了分析和判别，结果表明：两含水层水质与奥灰水质基本一致，且水温较高，与南部采区存在明显差异；在放水试验过程中各含水层水质特征发生了较小变化，上部车场砂岩水涌水量和水温有减小趋势，太灰放水孔水温略有增高，这些较小变化的原因是放水试验水动力条件改变，与奥灰水补给强度发生变化有关，其水质类型仍与奥灰水基本一致，充分说明上部车场砂岩水、太灰水与奥灰水存在较密切的水力联系。

（5）根据不同位置观测孔的水位历时曲线变化趋势，分析了区内主要断层的隔水性能，F2 断层横向上不同深度其导水性存在差异，下部与奥灰对接段导水性较强，而垂向上导水性较弱；DF5 断层两侧观测孔水位存在一定差异，但水位响应是同步的，井下 C4 观测孔出现高水位异常，表明该断层不仅为导水性断层，且与奥灰沟通。

（6）根据北八采区煤层顶底板砂岩裂隙含水层水质、水温和水量特点，分析认为该含水层与奥灰之间存在水力联系，并通过 F2 断层接受奥灰水的补给。

（7）采用数值模拟手段对解析法求参结果进行了优化，并对放水试验过程期间的太灰地下水流场进行了分析，结果表明水文地质参数符合实际条件，地下水流场符合实际，模拟水位过程线与实测值拟合较好，验证了区域内太灰水径流条件较好，有较强的侧向补给。并根据模型对疏降水量和降深进行了模拟计算，结果表明，北八采区太灰在理论上是可以疏降的，但实际上历时较长，大降深的排水量较大，大大增加了矿井涌水量，远超过矿井的排水能力，因此深降强排在桃园矿北八采区实施是不可行的。

（8）利用先进的地震属性分析技术及地震多属性反演技术，对北八采区三维地震成果资料进行了精细解释，取得的主要成果有：①在对 8_2、10 煤层赋存形态进行精细解释的同时，精细研究了 8_2、10 煤层中断裂构造发育情况，控制了>5m 断裂构造的发育与分布并对落差<5m 的断层的分布进行精细解释。新解释断层或断层异常带 28 条，修正原三维解释断层 20 条。②研究了发育至 8_2、10 煤层中的断裂构造与奥灰之间连通性，进一步解释、分析了错断至奥灰顶界面的断裂构造，指出在研究区内有 8 条断层错断奥灰顶界面，有可能成为沟通奥灰水的通道。③研究分析了煤系地层中直径≥20m 的岩溶陷落柱的发育及分布，进一步明确了北部陷落柱的存在，并定量解释了陷落柱在 8_2、10 煤层中平面分布范围、形态及冒落高度，预测了该陷落柱属赋水性中等的含水陷落柱。④利用测井成果约束下的地震多属性反演地震波阻抗数据体、视电阻率体、视速度数据体及视孔隙度数据体反演成果，综合预测了 8_2、10 煤层顶底板岩层的赋水性及分布特征，圈定了煤层顶底板岩石（体）赋水性强的区域。精细解译成果为下一步采区防治水工作指明了靶区。

（9）采用并行电法、矿井瞬变电磁以及二维地震偏移成像探测技术，对北八采区北八大巷，上部车场、回风上山、人行上山、轨道上山及其附近巷道（顶板 60m、底板 80m）范围进行了综合物探探查，并结合巷道地质构造变化情况，对该工作面含水、导水构造的分布及连通性探测成果进行了综合分析，圈定了异常区域，为采掘过程中防治水工程布置提供了依据。

（10）在充分认识北八采区 10 煤底板隔水层性能和太灰含水层富水特征的基础上，分别采用斯列萨列夫公式和突水系数法对采区 10 煤开采底板突水危险性进行了评价，编制了 10 煤底板危险性预测分区图，为针对不同区域采取合理的防治水措施提供了依据。

（11）采用“大井法”计算模型，边界概化为平行隔水供水边界，对北八采区 8_2煤和 10 煤工作面煤层顶底板砂岩涌水量进行了预计，计算结果为：8_2煤工作面顶底板砂岩涌水量为 220m^3/h，10 煤工作面顶底板砂岩涌水量为 210m^3/h。

（12）采用底板进水的非完整井计算公式和类比法，结合北八采区工作面的地质与水文地质实际，预计−520m 水平太灰可能突水量在 1000m^3/h。

9.2 应用效果

在项目试验研究过程中，桃园煤矿依据北八采区综合探查与评价结果，制订了相应的水害防治措施，实现了北八采区的安全开拓和 $8_2$81 工作面的安全回采，之后推广应用到 $8_2$83、Ⅱ1024、Ⅱ1026 等工作面，已安全回采煤炭资源 135 万 t；并根据研究成果，优化采区巷道布置，减少了开拓工程量；同时采用底板注浆改造控水技术，减少了矿井排水量，实行排供结合，取得了较显著的经济效益。同时，该项研究成果也为桃园煤矿北八采区 1254 万 t 煤炭资源和深部采区煤炭的安全开采提供了技术保障。

本成果的应用，不仅实现了极复杂地质条件多水源充水采区煤层的安全高效开采，而且提高了煤炭资源回收率，延长了矿井服务年限，同时也保护了水资源和矿区环境，对两淮矿区乃至华北地区类似条件煤炭资源的安全回采具有重要的借鉴意义，具有广阔的推广应用前景，社会效益十分显著。

参考文献

陈兆炎，苏文智，郑世书，等 1989. 煤田水文地质学 . 北京：煤炭工业出版社 .

陈崇希，林敏 . 1996. 地下水动力学 . 武汉：中国地质大学出版社 .

陈丽红，董青红，赵庆杰 . 2004. 近松散层疏放开采的水文地质条件改造研究 . 中国矿业大学学报，33（6）：718-720.

陈陆望，宋正辉 . 2012. 华北隐伏型煤矿地下水水化学演化与突水水源判别 . 皖西学院学报 . 28（5）：19-22.

陈红江，李夕兵，刘爱华 . 2009. 矿井突水水源判别的多组逐步 Bayes 判别方法研究 . 岩土力学 . 30（12）：3655-3659.

程介克 . 1986. 痕量元素及痕量分析 . 痕量分析，（1）：90-110.

曹剑锋，迟宝明，王文科，等 . 2006. 专门水文地质学 . 北京：科学出版社 .

房佩贤，卫中鼎，廖资生 . 1996. 专门水文地质学 . 北京：地质出版社 .

高云伟 . 2007. 地下水系统数值模拟 . 吉林大学硕士学位论文 .

葛晓光 . 2000. 两淮煤田厚新生界底部含砾地层沉积物成因分析 . 煤炭学报，25（3）：225-229.

葛晓光 . 2002. 南黄淮新生界底部含水层沉积特征和工程性质 . 合肥：合肥工业大学出版社 .

葛伟亚 . 2004. 盐城市地下水系统三维数值模拟 . 河海大学博士学位论文 .

桂和荣，陈陆望 . 2005. 皖北矿区深部地下水环境同位素混合模式研究 . 煤炭科学技术，33（9）：68-71.

桂和荣，陈陆望 . 2007. 矿区地下水水文地球化学演化与识别 . 北京：地质出版社 .

《工程地质手册》编委会 . 2007. 工程地质手册（第四版）. 北京：中国建筑工业出版社 .

国家能源局 . 2010. 沉积岩中粘土矿物和常见非粘土矿物 X 衍射分析方法（SY/T5163—2010）. 北京：石油工业出版社 .

国家安全生产监督管理总局，国家煤矿安全监督局 . 2009. 煤矿防治水规定 . 北京：煤炭工业出版社 .

国家煤炭工业局 . 2001. 煤炭煤层气地震勘探规范（MT/T897—2000）. 北京：煤炭工业出版社 .

国家技术监督局 . 1991. 矿区水文地质工程地质勘探规范（GB12719—1991）. 北京：中国标准出版社 .

胡铁，谢水波，蒋明，等 . 2006. Visual Modflow 及其在地下水模拟中的应用 . 南华大学学报（自然科学版），20（2）：1-5.

胡水根 . 2006. 网络并行电法仪器的研制 . 安徽理工大学博士学位论文 .

韩东亚，葛晓光 . 2008. 基于阶梯流量压水试验水位恢复的含水层参数计算 . 煤田地质与勘探，36（3）：37-38.

静恩杰，李志聃 . 1995. 瞬变电磁法基本原理 . 中国煤田地质，7（2）：83-85.

孔一繁，汪永茂 . 2003. 安徽省祁东煤矿底砾含水层突水灾害成因与治理技术 . 中国地质灾害与防治学报，14（4）：67-70.

刘元会，常安定 . 2009. 利用抽水资料确定含水层参数的二分法 . 西安石油大学学报（自然科学版），24（4）：13-15.

刘盛东，吴荣新，张平松，等 . 2009. 三维并行电法勘探技术与矿井水害探查 . 煤炭学报，34（7）：927-932.

刘天放，李志聃 . 1993. 矿井地球物理勘探 . 北京：煤炭工业出版社 .

刘峰 . 2007. 矿井水害水源的水文地球化学探测技术 . 煤田地质与勘探 . 35（4）：62-64.

刘桂建 . 1999. 兖州矿区煤中微量元素的环境地球化学研究 . 中国矿业大学博士学位论文 .

李振春 . 2014. 地震偏移成像技术研究现状与发展趋势 . 石油地球物理勘探 . 49（1）：1-21.

李忠建，魏久传，徐建国，等 . 2010. 南屯煤矿群孔奥陶系石灰岩放水试验及数值模拟分析 . 水文地质工程地质，37（2）：16-20.
李培月. 2011. 非稳定流抽水试验确定越流承压含水层水文地质参数方法对比研究. 长安大学硕士学位论文.
李涛，李文平，孙亚军. 2011. 半干旱矿区近浅埋煤层开采潜水位恢复预测. 中国矿业大学学报，40（6）：894-900.
李明山，禹云雷，路风光. 2006. 姚桥煤矿矿井突水水源模糊综合评判模型. 勘查科学技术.（3）：16-21.
李金凯. 1990. 矿井岩溶水防治. 北京：煤炭工业出版社.
李学礼. 1982. 水文地球化学. 北京：原子能出版社.
陆基孟. 1993. 地震勘探原理（下册）. 北京：石油大学出版社.
马培智，郑士田，黄贤瑞. 1998. 范各庄井田奥灰水 NO_3^- 离子形成机理及在水源判别中的应用. 煤田地质与勘探，20（1）：48-50.
牛之琏. 2007. 时间域电磁法原理. 长沙：中南大学出版社.
彭苏萍. 2009. 中国煤炭资源开发与环境保护. 科技导报，27（17）：卷首语.
彭苏萍，张博，王佟. 2015. 我国煤炭资源"井"字形分布特征与可持续发展战略. 中国工程科学，17（09）：29-35.
潘国营，王佩璐. 2011. 基于群孔大型放水试验的寒灰水疏放可行性研究. 河南理工大学学报（自然科学版），30（6）：675-678.
邱国良. 2012. 桃园煤矿八采区可疏放性评价. 安徽理工大学硕士学位论文.
任改娟，杨立顺，回广荣，等. 2015. 传统公式法和 AquiferTest 计算水文地质参数的对比分析. 地下水，37（4）：165-167.
任柳妹，杨军耀，吕路. 2017. 潜水—微承压含水层水文地质参数求解方法研究. 水力发电，43（3）：38-43，83.
师永丽，张永波，张志强. 2015. 基于 AquiferTest 与 matlab 耦合的水文地质参数求解. 水电能源科学，33（8）：63-66.
沈照理，朱宛华，钟佐燊. 1993. 水文地球化学. 北京：地质出版社.
唐建益，方正. 1998. 煤矿采区实用地震勘探技术. 北京：煤炭工业出版社.
谭荣波，梅晓仁. 2007. SPSS 统计分析实用教程. 北京：科学出版社.
王作宇，刘鸿泉. 1993. 承压水上采煤. 北京：煤炭工业出版社.
王连国，宋扬. 2001. 底板突水的非线性特征及预测. 北京：煤炭工业出版社.
王桦，程桦，刘盛东. 2008. 基于二极电阻率法的并行电法勘探技术. 物探与化探，32（1）：44-48.
王广才，段琦，常永生. 2000. 矿井水害防治中的水文地球化学探查方法. 中国地质灾害与防治学报，11（10）：33-40.
王大纯，张人权. 1995. 水文地质学基础. 北京：地质出版社.
王庆永，贾忠华，刘晓峰，等. 2007. Visual MODFLOW 及其在地下水模拟中的应用. 水资源与水工程学报，18（5）：90-92.
王瑞久. 1985. 水文地质学的概念模型. 水文地质工程地质.（4）：29-32.
王怀颖，袁志梅，王瑞久. 1994. 岩溶地下水流系统和同位素地球化学研究. 北京：地质出版社.
王恒纯，1991. 同位素水文地质概论. 北京：地质出版社.
武强，董东林. 1999. 水资源评价的可视化专业软件（VisualModflow）与应用潜力. 水文地质工程地质，43（5）：21-23.
武强，董东林，石占华，等. 2000. 可视化地下水模拟评价新型软件系统（Visual Modflow）与矿井防治水. 煤炭科学技术，28（2）：18-23.

武强，赵苏启，董书林 . 2013. 煤矿防治水手册 . 北京：煤炭工业出版社 .

吴基文，徐胜平，翟晓荣，等 . 2015a. 淮北桃园煤矿北八采区煤系砂岩水水化学特征及其水源判别 . 中国安全生产科学技术 . 11（1）：84-90.

吴基文，翟晓荣，沈书豪，等 . 2015b. 淮北桃园煤矿北八采区太原组灰岩含水层放水试验水质监测成果分析 . 科学技术与工程 . 15（19）：74-79.

汪洋，张兴平，唐建益 . 2008. 基于三维地震层面属性解释煤矿小断层的研究 . 煤炭工程，（7）：90-92.

谢克昌 . 2014. 中国煤炭清洁高效可持续开发利用战略研究 . 北京：科学出版社 .

谢昌运，庞西歧 . 1994. 环境同位素技术在渭北矿区地下水研究中的应用 . 煤炭科学技术，22（2）：47-50.

徐睿，屠世浩，郑西贵 . 2009. 浅析断层构造突水机理及防治措施 . 煤矿安全，（1）：79-80.

许光泉，桂和荣 . 2002. 矿井大型放水试验及其意义 . 地下水，9（4）：200-201.

许光泉，严家平，桂和荣 . 2003. 影响新生界“底含”发育的因素及含水层参数修正 . 煤田地质与勘探，31（2）：40-41.

许光泉，沈慧珍，魏振岱，等 . 2005. 宿南矿区新生界底部沉积物特征与沉积模式 . 煤田地质与勘探，33（6）：10-13.

许光泉，葛晓光，赵宏海 . 2006. 桃园煤矿“四含”三维数值模型及疏放性研究 . 安徽理工大学学报（自然科学版），26（4）：17-23.

薛禹群 . 1986. 地下水动力学原理 . 北京：地质出版社 .

薛禹群 . 1997. 地下水动力学 . 北京：地质出版社 .

薛晓飞，张永波 . 2015. 截渗墙对地下水影响的数学模型与评价 . 水力发电，41（1）：15-23.

肖长来，梁秀娟，崔建铭，等 . 2005. 确定含水层参数的全程曲线拟合法 . 吉林大学学报（自然科学版），35（6）：752-755.

叶大年，金成伟 . 1984. X 射线粉末法及其在岩石学中的应用 . 北京：科学出版社 .

杨艳珍，张兴平 . 2005. 三维地震资料解释煤层中岩浆侵入体在晓南煤矿西二采区的应用 . 中国煤田地质，17（3）：45-46.

岳建华 . 1999. 矿井直流电法勘探 . 徐州：中国矿业大学出版社 .

岳梅 . 2002. 判断矿井突水水源灰色系统关联分析的应用 . 煤炭科学技术 . 30（4）：37-39.

于景邨 . 2001. 矿井瞬变电磁法理论与应用技术研究 . 中国矿业大学博士学位论文 .

杨海燕，岳建华 . 2015. 矿井瞬变电磁法理论与技术研究 . 北京：科学出版社 .

杨成田 . 1981. 专门水文地质学 . 北京：地质出版社 .

杨永国，黄福臣 . 2007. 非线性方法在矿井突水水源判别中的应用研究 . 中国矿业大学学报 . 36（3）：283-286.

杨立志 . 2016. Piper 三线图和特征离子在谢桥井田水源判别中的应用 . 科学技术创新 .（25）：14-15.

杨本水，王从书，阎昌银 . 2003. 祁东煤矿突水原因分析 . 煤田地质与勘探，31（1）：41-43.

颜玉坤，黄芳友，蔡学斌 . 2004. 任楼煤矿地下水系统的水化学特征 . 西部探矿工程 .（10）：89-91.

邹才能，张颖 . 2002. 油气勘探开发实用地震新技术 . 北京：石油工业出版社 .

翟晓荣，吴基文，韩东亚 . 2014. 补给边界群孔放水试验的含水层参数计算 . 中国矿业大学学报，43（5）：837-840，863.

翟晓荣，田诺成，张红梅，等 . 2016. 基于水化学成分与聚类分析的矿井水补给关系判别 . 中国地质灾害与防治学报 . 27（4）：88-92.

张兴平，林建东，唐建益 . 2008. 基于三维地震层间属性高精度识别煤矿陷落柱 . 煤炭科学与技术 . 36（7）：87-91.

张春立，张兴平 . 2002. 开滦范各庄煤矿地质特征及 F0 断层富水性 . 中国煤田地质，14（4）：21-22.
张胜业，潘玉玲 . 2004 应用地球物理学原理 . 武汉：中国地质大学出版社 .
张承斌，杨森，骆云秀 . 2012. 恒源煤矿大型群孔放水试验的研究分析 . 煤矿开采，17（5）：30-33.
张全兴，常安定 . 2008. 利用差分进化算法反求含水层参数 . 煤田地质与勘探，36（5）：54-57.
张许良，张子戌，彭苏萍 . 2003. 数量化理论在矿井突（涌）水水源判别中的应用 . 中国矿业大学学报 . 32（3）：251 ~ 254.
张瑞钢，钱家忠，马雷，等 . 2009. 可拓识别方法在矿井突水水源判别中的应用 . 煤炭学报 . 34（1）：33-38.
钟亚平，2001. 开滦煤矿防治水综合技术研究 . 北京：煤炭工业出版社 .
郑世书，陈江中，刘汉湖，等 . 1999. 专门水文地质学 . 徐州：中国矿业大学出版社 .
赵士华，张兴平 . 2003. 煤矿采区三维地震构造精细解释技术—全三维地震解释技术 . 中国煤田地质，15（5）：53-56.
赵宝峰 . 2015. 复合含水层条件下矿井突水水源模糊聚类判别 . 煤矿安全 . 46（7）：189-191.
中华人民共和国水利部 . 1994. 水质分析方法（SL78 ~ 89—94）. 北京：中国水利水电出版社 .
中华人民共和国水利部 . 1999. 水利水电工程地质勘察规范（国标 GB50287—99）. 北京：中国计划出版社 .
中华人民共和国水利部 . 2005. 水利水电工程钻孔抽水试验规程（SL320—2005）. 北京：中国水利水电出版社 .
Chen Q，Sidney S. 1997. Seismic at tribute technology for reservoir forecasting and monitoring. The Leading Edge，16（5）：445-456.
Haeth R C. 1987. Basic ground-water hydrology. New York：US Government Printing Office，51-53.
McDonald M G，Harbaugh A W. 1998. 郭卫星，卢国平编译 . MODFLOW 三维有限差分地下水流模型 . 南京：南京大学出版社 .
McDonald M G，Harbaugh A W. 2003. The history of MODFLOW. Groundwater，41（2）：280.
Samuel M P，Jha M K. 2003. Estimation of Aquifer Parameters from Pumping Test Data by Genetic Algorithm Optimiztion Technique. Journal of Irrigation and Drainage Engineering，129（5）：348-359.
Waterloo Hydrogeologic Inc. 1996. User's Manual of Visual Modflow. Ontario，Canada：Waterloo Hydrogeologic Inc，14-50.